信息技术基础

王 峰 周 杰 主编

中国科学技术大学出版社

内 容 简 介

本书共 9 章,包括绪论、信号转换、连续时间系统的时域分析、傅里叶变换、拉普拉斯变换、z 变换、信道、调制和信息的典型军事应用等。可以划分为六个部分,第一部分(第 1 章)阐述信息技术基础的基本概念。第二部分(第 2 章)主要讲述常用非电信号(声信号、光信号、电磁信号)向电信号转换的原理。第三部分(第 3 章～第 6 章)主要讲述信号的时域分析方法和变换域(频域、复频域、z 域)分析方法。第四部分(第 7 章)讨论信道对信号传输的影响。第五部分(第 8 章)讨论信号的调制与解调。第六部分(第 9 章)讨论信息的典型军事应用。

本书可作为军队院校非信息类专业通识课程的教材,也可作为其他高等院校相关专业学生学习的教学用书或读物,还可供相关工程技术人员学习参考,以及信息工程、通信工程、电子与通信工程研究生入学考试复习参考。

图书在版编目(CIP)数据

信息技术基础/王峰,周杰主编. —合肥:中国科学技术大学出版社,2022.2
ISBN 978-7-312-05145-6

Ⅰ.信… Ⅱ.①王… ②周… Ⅲ.电子计算机—高等学校—教材 Ⅳ.TP3

中国版本图书馆 CIP 数据核字(2021)第 019851 号

信息技术基础

XINXI JISHU JICHU

出版	中国科学技术大学出版社
	安徽省合肥市金寨路 96 号,230026
	http://press. ustc. edu. cn
	https://zgkxjsdxcbs. tmall. com
印刷	安徽省瑞隆印务有限公司
发行	中国科学技术大学出版社
经销	全国新华书店
开本	787 mm×1092 mm 1/16
印张	21.75
字数	556 千
版次	2022 年 2 月第 1 版
印次	2022 年 2 月第 1 次印刷
定价	58.00 元

前　言

随着信息技术的飞速发展,未来战争信息化的大趋势已不可逆转,为此未来的指挥员必须具备较高的信息素养。目前,世界各国都非常重视信息素养的培养。到底如何培养信息素养呢?为了回答这个问题,可以从信息素养的定义开始说起。信息素养的内涵主要包括两个方面:信息意识和信息技能。信息意识主要指要知道什么时候需要信息,信息技能主要指获取信息、传输信息、处理信息和应用信息的能力。信息技能主要通过学习信息类专业课程实现,信息意识主要在学习信息技能课程过程中逐步形成,这些对信息类专业学员比较容易,但对非信息类专业学员来说则可能存在一定困难。如何让非信息类专业的学员也能具备信息素养?这就需要开设信息类通识课程,以达到初步培养信息素养的目的。正是基于以上考虑,"信息技术基础"课程应运而生。

"信息技术基础"是陆军炮兵防空兵学院本科高等教育工科专业学员必修的一门通识课程,作为一门综合性工程技术基础课程,它是本科教育阶段首次任职培训的重要支撑课程。为实现党在新形势下的强军目标,突出军事指挥人才信息素养培养,发挥"信息技术基础"课程教学在军校教育中基础性、先导性、通用性的作用,课程教学以掌握基本概念、基本方法和典型军事应用为重点。

依据新修订的教学大纲和人才培养方案的要求,结合学员信息素养培养需要,我们编写了这本《信息技术基础》教材。本教材根据信息化战争信息制胜的特点,紧密结合人才培养需要,较为全面地介绍了支撑信息技术的基础理论,以信息化武器装备信息流程为牵引,围绕信息获取、信息传输、信息处理和信息使用等背后的支撑理论逐步展开讲解;适用于所有工科专业学员,具有较强的针对性、启发性、指导性,旨在帮助学员系统掌握信息技术基础知识,为学习其他信息技术打下坚实的理论基础,从信息意识、信息技能和信息链路等多个角度培养学员的信息素养,为学员掌握信息技术、驾驭信息装备、提高信息作战能力奠定坚实基础。

本书共9章。第1章绪论,介绍信息技术基础的基本概念;第2章信号转换,介绍典型非电信号向电信号转换的原理;第3章连续时间系统的时域分析,介绍信息技术基础时域分析的基本原理和基本方法;第4章傅里叶变换,介绍信息技术基础频域分析的基本原理和基本方法;第5章拉普拉斯变换,介绍信息技术基础复频域分析的基本原理和基本方法;第6章 z 变换,介绍信息技术基础 z 域分析的基本原理和基本方法;第7章信道,介绍信息传输通道的相关知识;第8章调制,介绍信息无线传输的基本原理;第9章信息的典型军事应用,介绍声音、图像和电磁波等信息在军事上的典型应用。

本书由王峰和周杰任主编,李傲梅、李文娟、高兴荣、柏诗玉、韩超燚、赵炯、赵娟、匡劲松、李娟娟和闫鲁婕任副主编。参加编写的还有张鹏、陈慧贤、王国华、罗军、丁函、韦哲、杨锦、李庆辉、杨雪梅、房晓阳等人。张金教授、柴金华教授、史国川教授、罗晓琳教授、王岐英副教授审阅了全部书稿，并提出了宝贵的意见和建议，在此一并表示衷心的感谢。

限于水平，书中难免有不妥之处，恳请读者批评指正。

编　者

2020 年 10 月

目　　录

第1章 绪 论

1.1 信息技术、信息与信号

1.1.1 信息技术

信息技术是研究信息的产生、获取、变换、传输、存储和利用的工程技术。本质上,信息技术是扩展人的信息器官功能的一类技术,主要包括三个层面:基础信息技术、主体信息技术和应用信息技术。

基础信息技术主要包括微电子技术、光电子技术、真空电子技术、超导电子技术、分子电子技术等。信息技术和信息系统在性能上的提高,归根到底源于基础信息技术的进步。

主体信息技术包含信息获取技术、信息传输技术、信息处理技术、信息控制技术等。这四项技术被称作信息技术的四基元,是完成信息获取、传输、处理、再生和施效等功能的设备与系统的开发、设计及实现的技术,是整个信息技术的主体。

应用信息技术泛指由以上信息技术派生出来的针对各种应用目的的技术群类。它包含了信息技术在工业、农业、交通、科学研究、文化教育、商业、医疗卫生、体育、艺术、行政管理、社会服务、家庭娱乐等各个领域的应用以及随之而形成的各行各业的信息系统。

1. 信息技术的特点

信息技术作为现代高技术的主导技术,已经渗透到经济、文化、教育等各个领域,引领人类快速走向信息时代。信息技术之所以能够发挥巨大作用,与信息技术本身的特点密不可分。信息技术最典型的特点就是高速度、高融合性、高渗透性。

高速度是信息技术的第一大特点,主要表现为信息技术发展快,信息处理电路与系统发展速度符合摩尔定律(集成电路上可容纳的晶体管数目每隔约 18 个月会增加一倍,而性能也将提升一倍)。短短数十年内,就处理速度而言,普通微机的主频已达到数 GHz,并集成了数个内核;就信息传输而言,已达 Tbit/s/光纤对,实践中已有 Tbit 级的路由交换器;就信息获取而言,手段越来越多,传感器的分辨率越来越高。

高融合性是信息技术的第二大特点。随着技术和业务的发展,原先各自独立展开的部分逐渐交叉、渗透,直至融合。交叉融合有不同的层次。首先是计算机联网。在局域网阶段,可以单独建网,发展到广域网时,就要依托通信网,因此出现了计算机与通信的融合。其次是信息传递、加工和信息内容的一体化,这在因特网上体现得比较明显,网上存在大量提供信息的网站,可以查阅到各种各样的信息。再进一步是信息基础设施和信息应用的结合,信息网可以提供各种用途的应用,从国家管理到电子商务,从网上聊天到交互式游戏等。曾广泛谈论的三网融合（即电话网、计算机网和有线电视网的融合），其含义有几个方面：一是采用公共的传输媒体；二是在一个网中提供不同的业务，综合业务数字网（integrated services digital network，ISDN）业务可传输图像，因特网上可以传输 IP（internet protocol，因特网协议）电话，也可以有电视节目，但已不是原来意义上的广播电视；三是由同一个经营者提供各种业务。目前，移动通信和因特网的结合及声像与因特网的结合快速发展，移动上网急速增加，信息家电高速发展。

高渗透性是信息技术的第三大特点。信息技术之所以成为新技术革命中的标志性技术，不仅在于它支撑了日益加速发展的信息产业，更重要的是信息技术已渗透到各行各业，正在改变人们的生产方式和生活方式。比如信息技术渗透到农业，形成了精细农业；信息技术渗透到制造业，形成了先进制造；信息技术渗透到工业流程，使之广泛采用自动控制；信息技术渗透到运输业，形成了现代指挥调度系统；信息技术渗透到流通业，产生了现代物流系统和电子商务；信息技术渗透到金融业，产生了电子货币和现代金融交易系统；信息技术渗透到教育，产生了远程教育；信息技术渗透到媒体，形成了第四媒体；信息技术渗透到娱乐业，出现了交互式电子游戏以及交互电视等；信息技术渗透到行政管理，形成了管理信息系统；信息技术渗透到军事领域，引发了方兴未艾的新军事变革，使得武器装备信息化、作战指挥自动化、教育训练模拟化。

2．信息技术的发展趋势

信息技术在最近几十年里得到了空前的发展，速度惊人。但是信息技术仍然是非常年轻的技术，有着极大的发展空间。基于目前的现状，从总体的发展来看，信息技术今后继续具有并呈现出如下主要趋势。

（1）数字化

信息一旦具有数字形式就容易加工处理、存储、传递和使用，有模拟电子技术所不具备的优势。数字信息可处理性好、可压缩性强、无差错率高、可拓展性好、保密性好、传输速率高，相应的数字化是实现多媒体、使通信系统走向网络智能化和个人化、使处理设备通用化的关键，最终有利于提高信息处理的速度和质量。

（2）网络化

信息的快速传输和广泛共享依赖于发达的通信系统。通信线路的数字化、网络化是近年来一直进行的工作，现在已经形成了公用电信网、电视广播网和计算机数据通信网等网络体系。公用电信网的干线已基本实现数字化、程控化，有线电视网的同轴电缆已连接到千家万户。

（3）综合化

信息技术的综合是指各种信息技术的综合、各种信息业务的综合和各种信息网络的综合。各种信息技术在发展过程中实现了综合，如计算机技术与通信技术的综合，无论信息的传输、交换还是通信处理的功能都采用数字技术，实现了网络技术一体化。信息业务的综合，即通过建立综合业务数字网 ISDN 和宽带综合业务数字网（B-ISDN），把电视、电话、电报、传真、语音、图像、数据、文字等各项信息业务综合在同一信息网上进行传送、交换和处理，并能在不同业务的终端之间实现互联、互通、互转。通过虚拟专用网（VPN），即在同一个物理网络上构建多个逻辑网络等技术，使各种专用网络逐渐走向综合。例如，视频会议和高速联网技术的进步将提升虚拟办公室及虚拟商务旅行等远程通信能力。在未来的虚拟世界里，视频会议将演变为更为逼真的虚拟会议。放置在体育场、音乐厅及商务场馆中的数以千计的全视角摄像机和立体声麦克风将为网络用户提供全面控制所看、所听和所体验事物的能力。

（4）宽带化

宽带化包括基础网的宽带化和接入网的宽带化。以通信光缆为骨干的基础网,其宽带化所依赖的技术是密集波分复用系统(DWDM)。DWDM 系统是目前世界上最先进的传输系统,同一条光纤可以承载多条不同波长的信道。当高速 TDM 技术与 DWDM 相结合时,能极有效地利用网络带宽。在局域网领域,作为用户和高速光纤传输连接节点的企业和ISP(internet service provider,因特网服务提供商)之中,千兆已经成为现实。随着对高速以太网需求的增加,下一步的发展趋势有可能是开发出新的以太网标准,向万兆进军。传输系统的宽带化是网络宽带化的核心和关键,目前采用同步数字系列(synchronous digital hierarchy,SDH)光传输系统,未来有望与 DWDM 系统相结合。

（5）智能化

智能化是信息技术的又一个重要的发展趋势,分为生物智能、人工智能和计算智能等方面。人工智能和计算智能的典型代表有智能网络、智能机器人、专家系统、智能计算机、智能终端等;人工神经网络则是对人脑的模仿,属于生物智能。智能网是近年来迅速发展的新的通信技术。智能网最终将实现电信网经营者和业务提供者能自行编程,使电信经营公司、业务提供者和用户三者均可参与业务生成过程,从而更经济、有效、全面地为用户提供各种电信服务。

1.1.2 信 息

信息(information)是一个古老而现代的话题。信息从人类诞生之日起就存在着,并伴随着人类的进化一直被人类所利用。在人类发展史上已经发生了四次信息革命。第一次信息革命产生了语言,人类拥有了描述世界、表达感情、即时交流的工具;第二次信息革命创造了文字,人类拥有了记载信息的工具;第三次信息革命产生了印刷,使信息的记载、传播、使用更加快速和广泛;当今时代正处于第四次信息革命中,其突出特征是信息的获取、传输和处理广泛采用计算机、网络和各种传感器,引发了生产力的高度发展。

当今社会已进入信息时代,人们每时每刻都可以通过各种媒体获得信息、处理和利用信息,信息以日益深入的程度影响着人们的日常生活和各种活动。那么,信息究竟是什么? 对于这个问题,至今没有一个统一的答案。目前,从不同科学门类的角度对信息的定义已有数百种之多,各有特点和局限性,没有一个被普遍接受。信息概念是理论界关注的焦点之一,也是争议最多、最具基础性和挑战性的核心概念之一。

从通俗意义上讲,信息指人们得到的消息,即原来不知道的知识。实际上,不仅人类能接受信息,其他生物也能接受信息,非生物也会受到信息的作用,只是在不同领域中通常不称其为信息,而称为刺激、激励或影响因素等。当今社会,虽然信息技术发展迅速并得到普遍应用,但是关于信息的定义却是纷繁复杂,特别是在人类知识体系中的自然科学与社会科学中,都存在着信息基本概念与内涵的自我界定现象。在日常生活中,信息经常与消息、情报、信号、资料、数据、指令、程序等相互交错,与知识、经验、陈述等密切相关,但是又不能相互等同,它们是有区别的。

信息是除物质、能量之外存在于客观世界的第三要素。在客观世界中,任何事物都不是孤立存在的,事物之间的联系本质上就是物质、能量和信息的交流。事物之间相互作用的三种基本方式是物质流、能量流和信息流,其中信息流具有特殊作用。物质、能量的流通往往以信息为先导,流通的方向、速度、质量、数量也由信息来指挥和调控,因此从一定意义上说,控制了信息也就控制了客观世界,了解了信息也就了解了客观世界。

信息同物质、能量一样,都是人类生存和发展不可缺少的宝贵资源,只是三者的作用各不相同。物质向人们提供的是材料,能量向人们提供的是动力,信息向人们提供的是知识和智慧。信息具有特殊的作用,对于人类具有重要现实意义。

1. 认知作用

教育实现信息在教师与学生间的传递,是学生从书本中汲取知识(信息)的过程。各种报刊、声像、广播等大众传媒向全社会传播各种消息(信息)。科学研究是为了弄清和掌握天文、地理、自然界等各种情况,即获取某种信息,有的是直接从自然界取得,有的是通过实验来取得。

2. 管理作用

大至国家,小至一个地方、一个企业,管理都需要信息。宏观调控依据的是收集来的各种信息;现代企业内部人财物、产供销的管理都离不开信息,整个管理过程也是一个信息流动的过程。

如果管理过程中信息量太大、太复杂,难以直接由人工处理,那就需要建立相应的信息系统,由信息系统来处理信息,从而完成各种管理。

3. 控制作用

控制作用主要是指信息在生产、工作流程中的应用,关键在于信息量、信息流动过程等的控制。基于信息控制的生产过程自动化已广泛应用于各个产业,如冶金、化工、电力、汽车制造等工业行业,且已渗透到第三产业,如电子数据交换应用于外贸中产生了无纸贸易。

4. 交流作用

交流主要是指社会成员个人之间的联系。无论是信件或是电话、传真直至电子信函,都是人与人之间思想、观点、感情的交流或事务的商洽。随着技术进步和人民生活水平的提高,人员流动范围更大,交流更为频繁,信息在这方面的作用日益突出。

5. 娱乐作用

电影、广播、电视等早已深入生活,向人们提供各种娱乐信息。

信息的作用远远不止以上几种,例如,金融业中的信息就已超出一般管理控制的范畴,电子货币本身也是一种信息,信息已经成为生产流程的基本内容。

信息同阳光、空气和水一样,自古有之,其基本属性和作用并未变化。但是信息在人类社会的不同历史阶段其重要性有着天壤之别。在现代信息技术诞生之前,人类靠感知器官直接获取信息,靠大脑加工处理信息,靠语言、手势传递信息,靠结绳等方式存储信息,获取、处理、传递和利用信息的能力都非常低,信息的作用并不突出。在现代信息技术诞生之后,计算机延伸了人类的信息处理能力,传感器延伸了人类的信息获取能力,通信延伸了人类的信息传输能力,人类获取、处理、传递信息的能力极大提高,信息需求也随之猛增,信息的地位和作用愈发显著,信息成为当今社会最紧缺的资源和发展的支配因素。

1.1.3　信号

信息的获取、传输、处理和应用是通过信号这个载体实现的,信号是用来传递某种消息或信息的物理形式。从一般意义上讲,信号是信息的载体,而信息是人们要了解或掌握的某种事物的属性。获取、传输、分析和处理以及存储信号的真正目的是要了解或掌握相关事物的属性。

在教室里,学员听到的是教员讲课发出的语音信号,每个学员会根据其各自的需要从这个语音信号中提取出对自己有用的知识信息;用手敲打墙壁并分析所听到的声音信号,能判断出此墙是空心墙还是实心墙;通过双方的约定,可视距离内用旗语信号可以传递相应信息。

在上述例子中,每个信号都含有人们所需要的不同信息,这些信号都可以通过感官直接获得,并由大脑对所获得的信号进行分析和判断,从而获取信号中含有的相应信息。但是,在许多实际应用中,人们往往很难凭借自己的感官直接从信号中获取所需要的信息,同时,所获得的信号还经常伴随着强噪声或干扰,这就要求人们利用其所掌握的知识从多个方面和角度对信号进行分析和计算,才能提取出所需要的相关信息。所以,掌握信号分析理论和处理方法是从信号中获取信息的先决条件。电子系统和计算机被创造出来用于辅助人们对信号进行分析和处理,它们"固化"的就是各种信号分析理论和处理方法。

在信号处理和计算过程中常需要简化算法以减少运算量,进而减少运算时间。为了把含有信息的信号传递出去,还需要采取各种信号传输技术和手段。

当然,信号是否有用是相对的。例如,在军事上,电磁干扰信号的施加方将干扰信号看作有用信号,而被施加方则将此信号看作噪声(干扰)信号。

本书将从多个角度对确知信号(或函数)进行分析和计算。尽管在实际应用中所涉及的信号一般都是随机信号,但本书所讨论的确知信号(或函数)的分析方法具有普遍性。

通常信号理论涉及许多内容,如信号分析、信号传输、信号检测与处理、信号综合等。信号分析主要讨论信号的描述方法或信号数学模型的建立、信号的基本特性以及信号运算等。信号传输主要讨论通信系统在人、系统和计算机之间的信息传递。信号综合则是根据具体的要求来设计、产生所需要的信号。本书对信号的一般规律和特性进行分析,并重点讨论通信系统中的调制原理,更多的知识还要在数字信号处理、自动控制原理、信息传输技术、数据通信技术、多源信息融合等课程中学习。

1.2 信号的描述与分类

1. 信号的描述

描述信号的基本方法是写出它的数学表达式,此表达式是时间的函数,绘出函数的图像,称为信号的波形。为便于讨论,在本书中常常把信号与函数两名词通用。除了表达式与波形这两种直观的描述方法之外,随着问题的深入,需要用频谱分析、各种正交变换以及其他方式来描述和研究信号。

2. 信号的分类

信号可从不同角度进行分类。

(1) 确定性信号与随机信号

若信号被表示为一确定的时间函数,对于指定的某一时刻,可确定一相应的函数值,这种信号称为确定性信号或规则信号。例如熟知的正弦信号。实际传输的信号往往具有不可预知的不确定性，这种信号称为随机信号或不确定的信号。如果通信系统中传输的信号都是确定的时间函数，接收者就不可能由它得知任何新的消息，这样也就失去了通信的意义。此外，在信号传输过程中，不可避免地要受到各种干扰和噪声的影响，这些干扰和噪声都具有随机特性。对于随机信号，不能给出确切的时间函数，只可能知道它的统计特性，如在某时刻取某一数值的概率。确定性信号与随机信号有着密切的联系，在一定条件下，随机信号也会表现出某种确定性。例如乐音表现为某种周期性变化的波形，电码可描述为具有某种规律的脉冲波形等。作为理论上的抽象，应该首先研究确定性信号，在此基础之上才能根据随机信号的统计规律进一步研究随机信号的特性。因此，本书主要讨论确定性信号。

规则信号又可分为周期信号与非周期信号。所谓周期信号就是依一定时间间隔周而复始，而且是无始无终的信号，它们的表示式可以写作

$$f(t) = f(t + nT) \quad (n = 0, \pm 1, \pm 2, \cdots) \tag{1-1}$$

满足此关系式的最小 T 值称为信号的周期。只要给出此信号在任一周期内的变化过程，便可确知它在任一时刻的数值。非周期信号在时间上不具有周而复始的特性。若令周期信号的周期 T 趋于无限大，则成为非周期信号。

具有相对较长周期的确定性信号可以构成所谓"伪随机信号"，从某一时段来看，这种信号似无规律，而经一定周期之后，波形严格重复。利用这一特点产生的伪随机码在通信系统中得到了广泛应用。

近年来，随着混沌（chaos）理论研究的深入，人们对混沌信号产生了巨大兴趣。这里不容易给出混沌信号的确切定义，通俗地讲，可以认为它是一种貌似随机而遵循严格规律产生的信号，描述方法比较复杂，这种信号的特性体现了无序中蕴含着有序的哲学思想。

（2）连续时间信号与离散时间信号

按照时间函数取值的连续性与离散性，可将信号划分为连续时间信号与离散时间信号（简称连续信号与离散信号）。如果在所讨论的时间间隔内，除若干不连续点之外，对于任意时间值都可给出确定的函数值，此信号就称为连续信号。例如正弦波和图 1-1（a）所示矩形脉冲都是连续信号。连续信号的幅值可以是连续的，也可以是离散的（只取某些规定值）。时间和幅值都为连续的信号又称为模拟信号。在实际应用中，模拟信号与连续信号两名词往往不予区分。与连续信号相对应的是离散信号。离散信号在时间上是离散的，只在某些不连续的规定瞬时给出函数值，在其他时刻没有定义。如图 1-1（b）所示，此图对应的函数 $x(t)$ 只在 $t = -2, -1, 0, 1, 2, 3, 4$ 离散时刻给出函数值 $2.1, -1, 1, 2, 0, 4.3, -2$。给出函数值的离散时刻的间隔可以是均匀的，如图 1-1（b）所示，也可以是不均匀的。一般情况都采用均匀间隔，这时自变量 t 简化为用整数序号 n 表示，函数符号写作 $x(n)$，仅当 n 为整数时 $x(n)$ 才有定义。离散时间信号也可认为是一组序列值的集合，以 $\{x(n)\}$ 表示。图 1-1（b）所示信号可写作序列

$$x(n) = \begin{cases} 2.1 & (n = -2) \\ -1 & (n = -1) \\ 1 & (n = 0) \\ 2 & (n = 1) \\ 0 & (n = 2) \\ 4.3 & (n = 3) \\ -2 & (n = 4) \end{cases} \tag{1-2}$$

为简化表达式,此信号也可写作

$$x(n) = \{2.1 \quad -1 \quad 1 \quad 2 \quad 0 \quad 4.3 \quad -2\} \tag{1-3}$$

数字"1"下面的箭头表示与 $n=0$ 相对应,左、右两边依次给出 n 取负和正整数时相应的 $x(n)$ 值。

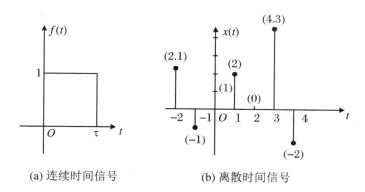

(a) 连续时间信号 (b) 离散时间信号

图 1-1 连续时间信号与离散时间信号示例

如果离散时间信号的幅值是连续的,则可称之为抽样信号,例如图 1-1(b)所示信号。另一种情况是离散信号的幅值也被限定为某些离散值,也即时间与幅值取值都具有离散性,这种信号又称为数字信号,例如在图 1-2 中,各离散时刻的函数取值只能是"0""1"两者之一。此外,还可以有幅度为多个离散值的多电平数字信号。

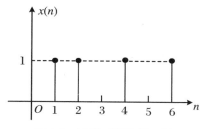

图 1-2 离散时间信号示例

自然界中存在的实际信号可能是连续的,也可能是离散的。例如,声道产生的语音、乐器发出的乐音、连续测量的温度曲线都是连续时间信号,而银行发布的利率、按固定时间间隔给出的股票市场指数、按年度或月份统计的人口数量或国民生产总值则是离散时间信号。数字计算机处理的是离散时间信号,当处理对象为连续信号时需要经抽样(采样)将它转换为离散时间信号。

（3）一维信号与多维信号

从数学表达式来看，信号可以表示为一个或多个变量的函数。语音信号可表示为声压随时间变化的函数，这是一维信号。而一张黑白图像每个点（像素）都具有不同的光强度，任一点又是二维平面坐标中两个变量的函数，这是二维信号。实际上，还可能出现更多维数变量的信号。例如电磁波在三维空间传播，同时考虑时间变量就构成四维信号。我们在此后的讨论中，一般情况下只研究一维信号，且自变量为时间；个别情况下自变量可能不是时间，例如在气象观测中，温度、气压或风速将随高度而变化，此时自变量为高度。

除以上划分方式之外，还可将信号分为能量受限信号与功率受限信号，以及调制信号、载波信号和已调信号等。

1.3　典　型　信　号

1.3.1　典型连续时间信号

1. 指数信号

指数信号的表达式为

$$f(t) = Ke^{\alpha t} \tag{1-4}$$

式中 α 是实数。若 $\alpha>0$，信号将随时间增长；若 $\alpha<0$，信号则随时间衰减；在 $\alpha=0$ 的情况下，信号不随时间变化，成为直流信号。常数 K 表示指数信号在 $t=0$ 时的初始值。指数信号的波形如图 1-3(a)所示。

指数 α 的绝对值大小反映了信号增长或衰减的速率，$|\alpha|$ 越大，增长或衰减的速率越快。通常把 $|\alpha|$ 的倒数称为指数信号的时间常数，记作 τ，即 $\tau=\dfrac{1}{|\alpha|}$，τ 越大，指数信号增长或衰减的速率越慢。

实际上，较多遇到的是衰减指数信号，例如图 1-3(b)所示的波形，其表达式为

$$f(t) = \begin{cases} 0 & (t<0) \\ e^{-\frac{t}{\tau}} & (t \geqslant 0) \end{cases} \tag{1-5}$$

在 $t=0$ 点，$f(0)=1$；在 $t=\tau$ 处，$f(\tau)=\dfrac{1}{e}=0.368$。即经时间 τ，信号衰减到原初始值的 36.8%。

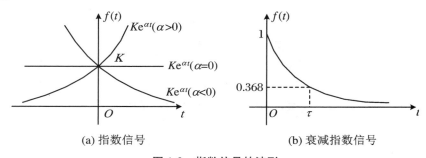

(a) 指数信号　　　　　　　　　(b) 衰减指数信号

图 1-3　指数信号的波形

指数信号的一个重要特性是它对时间的微分和积分仍然是指数形式。

2. 正弦信号

正弦信号和余弦信号两者仅在相位上相差 $\pi/2$，经常统称为正弦信号，一般写作

$$f(t) = K\sin(\omega t + \theta) \tag{1-6}$$

式中 K 为振幅，ω 是角频率，θ 称为初始相位。其波形如图 1-4 所示。

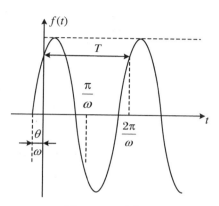

图 1-4　正弦信号

正弦信号是周期信号，其周期 T 与角频率 ω、频率 f 满足下列关系式：

$$T = \frac{2\pi}{\omega} = \frac{1}{f} \tag{1-7}$$

在信号与系统分析中，有时会遇到衰减的正弦信号，波形如图 1-5 所示，此正弦振荡的幅度按指数规律衰减，其表达式为

$$f(t) = \begin{cases} 0 & (t < 0) \\ K\mathrm{e}^{-\alpha t}\sin(\omega t) & (t \geqslant 0) \end{cases} \tag{1-8}$$

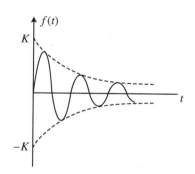

图 1-5　指数衰减的正弦信号

正弦信号和余弦信号常借助复指数信号来表示。由欧拉公式可知：

$$\mathrm{e}^{\mathrm{j}\omega t} = \cos(\omega t) + \mathrm{j}\sin(\omega t) \tag{1-9}$$

$$\mathrm{e}^{-\mathrm{j}\omega t} = \cos(\omega t) - \mathrm{j}\sin(\omega t) \tag{1-10}$$

所以有

$$\sin(\omega t) = \frac{1}{2\mathrm{j}}(\mathrm{e}^{\mathrm{j}\omega t} - \mathrm{e}^{-\mathrm{j}\omega t}) \tag{1-11}$$

$$\cos(\omega t) = \frac{1}{2}(\mathrm{e}^{\mathrm{j}\omega t} + \mathrm{e}^{-\mathrm{j}\omega t}) \tag{1-12}$$

与指数信号的性质类似,正弦信号对时间的微分与积分仍为同频率的正弦信号。

3. 复指数信号

如果指数信号的指数因子为一复数,则称之为复指数信号,其表达式为

$$f(t) = Ke^{st} \tag{1-13}$$

其中,$s = \sigma + j\omega$,σ 为复数 s 的实部,ω 是其虚部。借助欧拉公式将式(1-13)展开,可得

$$Ke^{st} = Ke^{(\sigma+j\omega)t} = Ke^{\sigma t}\cos(\omega t) + jKe^{\sigma t}\sin(\omega t) \tag{1-14}$$

此结果表明,一个复指数信号可分解为实、虚两部分。其中,实部包含余弦信号,虚部则包含正弦信号。指数因子的实部 σ 表征了正弦与余弦函数振幅随时间变化的情况。若 $\sigma > 0$,正弦、余弦信号是增幅振荡;若 $\sigma < 0$,正弦、余弦信号是衰减振荡。指数因子的虚部 ω 则表示正弦与余弦信号的角频率。两个特殊情况是:当 $\sigma = 0$,即 s 为纯虚数时,正弦、余弦信号是等幅振荡;当 $\omega = 0$,即 s 为实数时,则复指数信号成为一般的指数信号。最后,若 $\sigma = 0$ 且 $\omega = 0$,即 s 等于零时,则复指数信号的实部和虚部都与时间无关,成为直流信号。

虽然实际中不能产生复指数信号,但是它概括了多种情况,可以利用复指数信号来描述各种基本信号,如直流信号、指数信号、正弦或余弦信号以及增长或衰减的正弦与余弦信号。利用复指数信号可使许多运算和分析得以简化。在信号分析理论中,复指数信号是一种非常重要的基本信号。

4. Sa(t)信号(抽样信号)

Sa(t)函数即 Sa(t)信号是指 $\sin t$ 与 t 之比构成的函数,它的定义如下:

$$\mathrm{Sa}(t) = \frac{\sin t}{t} \tag{1-15}$$

抽样函数的波形如图 1-6 所示。注意到它是一个偶函数,在 t 的正、负两方向振幅都逐渐衰减,当 $t = \pm\pi, \pm2\pi, \cdots, \pm n\pi$ 时,函数值等于零。

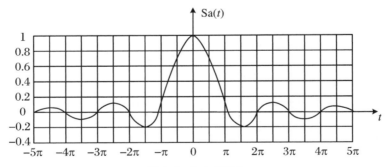

图 1-6　Sa(t)函数

Sa(t)函数还具有以下性质:

$$\int_0^{+\infty} \mathrm{Sa}(t)\mathrm{d}t = \frac{\pi}{2} \tag{1-16}$$

$$\int_{-\infty}^{+\infty} \mathrm{Sa}(t)\mathrm{d}t = \pi \tag{1-17}$$

与 Sa(t)函数类似的是 sinc(t)函数,它的表达式为

$$\mathrm{sinc}(t) = \frac{\sin(\pi t)}{\pi t} \tag{1-18}$$

有些书中将两种符号通用,即 Sa(t)也可用 sinc(t)表示。

5. 钟形信号

钟形信号（或称高斯函数）的定义是

$$f(t) = E\mathrm{e}^{-\left(\frac{t}{\tau}\right)^2} \tag{1-19}$$

波形见图 1-7。令 $t = \tau/2$，代入函数式，可得

$$f\left(\frac{\tau}{2}\right) = E\mathrm{e}^{-\frac{1}{4}} \approx 0.78E \tag{1-20}$$

这表明函数式中的参数 τ 是当 $f(t)$ 由最大 E 下降为 $0.78E$ 时所占据的时间宽度。

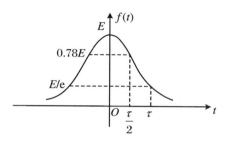

图 1-7　钟形信号

6. 单位斜变信号

斜变信号也称斜坡信号或斜升信号，是指从某一时刻开始随时间正比例增长的信号。如果增长的变化率是 1，就称为单位斜变信号，其波形如图 1-8 所示，表达式为

$$f(t) = \begin{cases} 0 & (t < 0) \\ t & (t \geqslant 0) \end{cases} \tag{1-21}$$

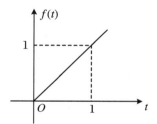

图 1-8　单位斜变信号

如果将起始点移至 t_0，则应写作

$$f(t - t_0) = \begin{cases} 0 & (t < t_0) \\ t - t_0 & (t \geqslant t_0) \end{cases} \tag{1-22}$$

其波形如图 1-9 所示。

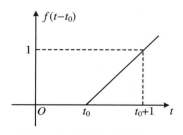

图 1-9　延迟的斜变信号

　　在实际应用中常遇到"截平的"斜变信号:在时间 τ 以后斜变波形被切平,如图 1-10 所示,其表达式为

$$f_1(t) = \begin{cases} \dfrac{K}{\tau}f(t) & (t < \tau) \\ K & (t \geqslant \tau) \end{cases} \tag{1-23}$$

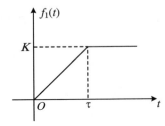

图 1-10　截平的斜变信号

图 1-11 所示三角形脉冲也可用斜变信号表示,写作

$$f_2(t) = \begin{cases} \dfrac{K}{\tau}f(t) & (t \leqslant \tau) \\ 0 & (t > \tau) \end{cases} \tag{1-24}$$

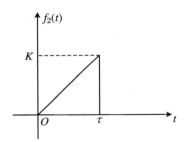

图 1-11　三角形脉冲信号

7. 单位阶跃信号

单位阶跃信号的波形如图 1-12(a)所示,通常以符号 $u(t)$ 表示:

$$u(t) = \begin{cases} 0 & (t < 0) \\ 1 & (t > 0) \end{cases} \tag{1-25}$$

在跳变点 $t = 0$ 处函数值未定义,或在 $t = 0$ 处规定函数值 $u(0) = \dfrac{1}{2}$。

　　单位阶跃函数的物理背景是在 $t = 0$ 时刻对某一电路接入单位电源(可以是直流电压源或直流电流源),并且无限持续下去。图 1-12(b)示出了某电路接入 1 V 直流电压源的情况,接入端口处的电压即为阶跃信号 $u(t)$。

　　容易证明,单位斜变函数的导数等于单位阶跃函数:

$$\frac{\mathrm{d}f(t)}{\mathrm{d}t} = u(t) \tag{1-26}$$

　　如果接入电源的时刻推迟到 $t = t_0$ 时刻($t_0 > 0$),那么可用一个"延时的单位阶跃函数"表示:

$$u(t - t_0) = \begin{cases} 0 & (t < t_0) \\ 1 & (t > t_0) \end{cases} \tag{1-27}$$

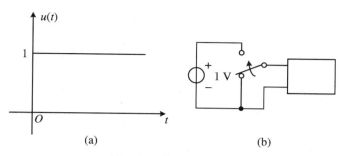

图 1-12　单位阶跃函数

其波形如图 1-13 所示。

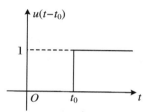

图 1-13　延时的单位阶跃函数

为了书写方便,常利用阶跃及其延时信号之差来表示矩形脉冲。如图 1-14 所示,对于图 1-14(a)所示信号,以 $R_T(t)$ 表示,有

$$R_T(t) = u(t) - u(t - T) \tag{1-28}$$

下标 T 表示矩形脉冲出现在 0 到 T 时刻之间。如果矩形脉冲对于纵坐标左右对称,如图 1-14(b)所示,则以符号 $G_T(t)$ 表示,有

$$G_T(t) = u\left(t + \frac{T}{2}\right) - u\left(t - \frac{T}{2}\right) \tag{1-29}$$

下标 T 表示其宽度。

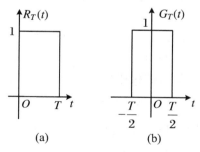

图 1-14　矩形脉冲

阶跃信号鲜明地表现出信号的单边特性,即信号在某接入时刻 t_0 以前的幅度为零。利用阶跃信号的这一特性,可以比较方便地以数学表达式描述各种信号的接入特性,例如图 1-15 所示的波形可写作

$$f_1(t) = \sin t \cdot u(t) \tag{1-30}$$

而图 1-16 则可表示为

$$f_2(t) = e^{-t}\left[u(t) - u(t - t_0)\right] \tag{1-31}$$

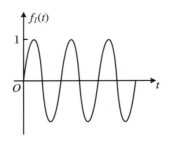 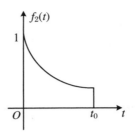

图 1-15　$\sin t \cdot u(t)$ 波形　**图 1-16**　$e^{-t}[u(t) - u(t - t_0)]$ 波形

利用阶跃信号还可以表示"符号函数",符号函数(signum)简写作 sgn(t),其定义如下:

$$\operatorname{sgn}(t) = \begin{cases} 1 & (t > 0) \\ -1 & (t < 0) \end{cases} \tag{1-32}$$

其波形见图 1-17。与阶跃函数类似,对于符号函数在跳变点也可不予定义,或者规定 sgn(0) = 0。显然,可以利用阶跃信号来表示符号函数:

$$\operatorname{sgn}(t) = 2u(t) - 1 \tag{1-33}$$

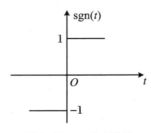

图 1-17　sgn(t)波形

8．单位冲激信号

某些物理现象需要用一个时间极短但取值极大的函数模型来描述,例如力学中瞬间作用的冲击力,电学中的雷击电闪,数字通信中的抽样脉冲等。"冲激函数"的概念就是以这类实际问题为背景而引出的。

冲激函数可用不同的方式来定义。首先分析矩形脉冲如何演变为冲激函数。图 1-18 示出了一个宽为 τ、高为 $1/\tau$ 的矩形脉冲,当保持矩形脉冲面积 1 不变,而使脉宽 τ 趋近于零时,脉冲幅度 $1/\tau$ 必趋于无穷大,此极限情况即为单位冲激函数,常记作 $\delta(t)$,又称为"δ 函数"。

$$\delta(t) = \lim_{\tau \to 0} \frac{1}{\tau}\left[u\left(t + \frac{\tau}{2}\right) - u\left(t - \frac{\tau}{2}\right)\right] \tag{1-34}$$

冲激函数用箭头表示,如图 1-19 所示。它示意表明 $\delta(t)$ 只在 $t = 0$ 点有一"冲激",在 $t = 0$ 点以外各处函数值都是零。

如果矩形脉冲的面积不是固定为 1,而是 E,则表示一个冲激强度为 E 倍单位值的 δ 函数,即 $E\delta(t)$(在用图形表示时,可将此强度 E 注于箭头旁)。

以上利用矩形脉冲系列的极限定义了冲激函数,这种极限不同于一般的极限概念,可称为广义极限。为引出冲激函数,规则函数系列的选取不限于矩形,也可换用其他形式。例如,一组底宽为 2τ、高为 $1/\tau$ 的三角形脉冲系列,如图 1-20(a)所示,若保持其面积等于 1,取 $\tau \to 0$ 的极限,同样可定义为冲激函数。此外,还可利用指数函数、钟形函数、抽样函数等

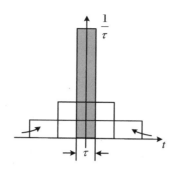

图 1-18　矩形脉冲演变为冲激函数

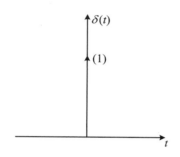

图 1-19　冲激函数

来演变为冲激函数,这些函数系列分别如图 1-20(b)、(c)、(d)所示,相应的表示式如下。

三角形脉冲:

$$\delta(t) = \lim_{\tau \to 0}\left\{ \frac{1}{\tau}\left(1 - \frac{|t|}{\tau}\right)\left[u(t + \tau) - u(t - \tau)\right] \right\} \tag{1-35}$$

双边指数脉冲:

$$\delta(t) = \lim_{\tau \to 0}\left(\frac{1}{2\tau}\mathrm{e}^{-\frac{|t|}{\tau}} \right) \tag{1-36}$$

钟形脉冲:

$$\delta(t) = \lim_{\tau \to 0}\left(\frac{1}{\tau}\mathrm{e}^{-\pi\left(\frac{t}{\tau}\right)^2} \right) \tag{1-37}$$

Sa(t)信号(抽样信号):

$$\delta(t) = \lim_{k \to +\infty}\left(\frac{k}{\pi}\mathrm{Sa}(kt) \right) \tag{1-38}$$

在式(1-38)中,k 越大,函数的振幅越大,且离开原点时函数振荡越快,衰减越迅速。由 Sa(t)信号的性质可知,曲线下的净面积保持 1。当 $k \to +\infty$ 时,得到冲激函数。

狄拉克(Dirac)给出了 δ 函数的另一种定义方式:

$$\begin{cases} \int_{-\infty}^{+\infty}\delta(t)\mathrm{d}t = 1 \\ \delta(t) = 0 \quad (t \neq 0) \end{cases} \tag{1-39}$$

此定义与式(1-34)的定义相符合,故有时也称 δ 函数为狄拉克函数。仿此,为描述在任一点 $t = t_0$ 处出现的冲激,可有如下的 $\delta(t - t_0)$ 函数之定义:

$$\begin{cases} \int_{-\infty}^{+\infty}\delta(t - t_0)\mathrm{d}t = 1 \\ \delta(t - t_0) = 0 \quad (当 t \neq t_0) \end{cases} \tag{1-40}$$

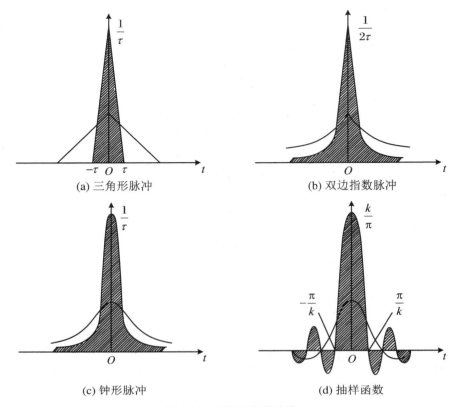

(a) 三角形脉冲　　　　　　　　　　　(b) 双边指数脉冲

(c) 钟形脉冲　　　　　　　　　　　(d) 抽样函数

图 1-20　冲激函数的演变

此函数的图形如图 1-21 所示。

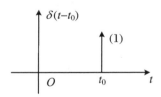

图 1-21　t_0 时刻出现的冲激 $\delta(t-t_0)$

如果单位冲激信号 $\delta(t)$ 与一个在 $t=0$ 点连续(且处处有界)的信号 $f(t)$ 相乘,则其乘积仅在 $t=0$ 处得到 $f(0)\delta(t)$,其余各点之乘积均为零,于是对于冲激函数,有如下的性质:

$$\int_{-\infty}^{+\infty}\delta(t)f(t)\mathrm{d}t = \int_{-\infty}^{+\infty}\delta(t)f(0)\mathrm{d}t = f(0) \tag{1-41}$$

类似地,对于延迟 t_0 的单位冲激信号有

$$\int_{-\infty}^{+\infty}\delta(t-t_0)f(t)\mathrm{d}t = \int_{-\infty}^{+\infty}\delta(t-t_0)f(t_0)\mathrm{d}t = f(t_0) \tag{1-42}$$

以上两式表明了冲激信号的抽样特性(或称"筛选"特性)。连续时间信号 $f(t)$ 与单位冲激信号 $\delta(t)$ 相乘并在 $-\infty$ 到 $+\infty$ 时间内取积分,可以得到 $f(t)$ 在 $t=0$ 点(抽样时刻)的函数值 $f(0)$,也即"筛选"出 $f(0)$。若将单位冲激移到 t_0 时刻,则抽样值取 $f(t_0)$。

除利用规则函数系列取极限或狄拉克的方法定义冲激函数之外,也可利用式(1-42)来定义冲激函数,这种定义方式以分配函数理论为基础。另外,δ 函数尺度运算为

$$\delta(at) = \frac{1}{|a|}\delta(t) \tag{1-43}$$

冲激函数还具有以下的性质:

$$\delta(t) = \delta(-t) \tag{1-44}$$

也即 δ 函数是偶函数。可利用下式证明:

$$\begin{aligned}
\int_{-\infty}^{+\infty} \delta(-t)f(t)\mathrm{d}t &= \int_{+\infty}^{-\infty} \delta(\tau)f(-\tau)\mathrm{d}(-\tau) \\
&= \int_{-\infty}^{+\infty} \delta(\tau)f(0)\mathrm{d}(\tau) \\
&= f(0)
\end{aligned} \tag{1-45}$$

这里用到了变量置换 $\tau = -t$。将所得结果与式(1-41)对照,即可得出 $\delta(t)$ 与 $\delta(-t)$ 相等的结论。

冲激函数的积分等于阶跃函数:

$$\begin{cases} \int_{-\infty}^{t} \delta(\tau)\mathrm{d}\tau = 1 \quad (t > 0) \\ \int_{-\infty}^{t} \delta(\tau)\mathrm{d}\tau = 0 \quad (t < 0) \end{cases} \tag{1-46}$$

将这对等式与 $u(t)$ 的定义式比较,就可给出

$$\int_{-\infty}^{t} \delta(\tau)\mathrm{d}\tau = u(t) \tag{1-47}$$

反过来,阶跃函数的微分应等于冲激函数:

$$\frac{\mathrm{d}}{\mathrm{d}t}u(t) = \delta(t) \tag{1-48}$$

此结论也可做如下的解释:阶跃函数在除 $t = 0$ 以外的各点都取固定值,其变化率都等于零。而在 $t = 0$ 有不连续点,此跳变的微分对应在零点的冲激。

我们来考察一个电路问题,以从物理方面理解 δ 函数的意义。在图 1-22 中,电压源 $v_C(t)$ 接向电容元件 C,假定 $v_C(t)$ 是斜变信号。

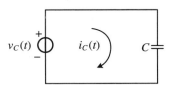

图 1-22 电压源接向电容元件

$$v_C(t) = \begin{cases} 0 & \left(t < -\frac{\tau}{2}\right) \\ \frac{1}{\tau}\left(t + \frac{\tau}{2}\right) & \left(-\frac{\tau}{2} < t < \frac{\tau}{2}\right) \\ 1 & \left(t > \frac{\tau}{2}\right) \end{cases} \tag{1-49}$$

波形如图 1-23(a)所示。电流 $i_C(t)$ 的表达式为

$$i_C(t) = C\frac{\mathrm{d}v_C(t)}{\mathrm{d}t} = \frac{C}{\tau}\left[u\left(t + \frac{\tau}{2}\right) - u\left(t - \frac{\tau}{2}\right)\right] \tag{1-50}$$

此电流为矩形脉冲,波形如图 1-23(b)所示。

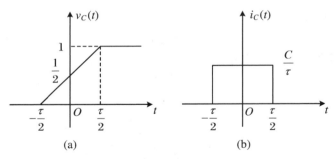

图 1-23　$v_C(t)$ 与 $i_C(t)$ 波形

当逐渐减小 τ,则 $i_C(t)$ 的脉冲宽度也随之减小,而其高度 C/τ 则相应加大,电流脉冲的面积 C 应保持不变。如果取 $\tau \to 0$ 的极限情况,则 $v_C(t)$ 成为阶跃信号,它的微分——电流 $i_C(t)$ 是冲激信号,写出表达式为

$$
\begin{aligned}
i_C(t) &= \lim_{\tau \to 0} C \frac{\mathrm{d} v_C(t)}{\mathrm{d}t} \\
&= \lim_{\tau \to 0} \frac{C}{\tau} \left[u\left(t + \frac{\tau}{2}\right) - u\left(t - \frac{\tau}{2}\right) \right] \\
&= C\delta(t)
\end{aligned}
\tag{1-51}
$$

此变化过程的波形示意如图 1-24 所示。

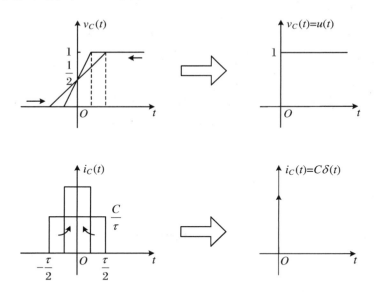

图 1-24　$\tau \to 0$ 时 $v_C(t)$ 与 $i_C(t)$ 波形

式(1-51)的结果表明,若要使电容两端在无限短时间内建立一定的电压,那么在此无限短时间内必须提供足够的电荷,这就需要一个冲激电流。或者说,由于冲激电流的出现,允许电容两端电压跳变。

根据网络对偶理论,上述概念也可用于理想电感模型。设电感 L 的端电压为 $v_L(t)$,电流为 $i_L(t)$,因为有 $v_L(t) = L \dfrac{\mathrm{d}}{\mathrm{d}t} i_L(t)$,所以当 $i_L(t)$ 是阶跃函数时,$v_L(t)$ 为冲激电压函数。若要使电感在无限短时间内建立一定的电流,那么在此无限短时间内必须提供足够的磁链,这就需要一个冲激电压。或者说,由于冲激电压的出现,允许电感电流跳变。

9. 冲激偶信号

冲激函数的微分(阶跃函数的二阶导数)将呈现正、负极性的一对冲激,称为冲激偶信号,以 $\delta'(t)$ 表示。可以利用规则函数系列取极限的概念引出 $\delta'(t)$,在此借助三角形脉冲系列,波形见图 1-25。三角形脉冲 $s(t)$ 底宽为 2τ,高度为 $1/\tau$,当 $\tau \rightarrow 0$ 时,$s(t)$ 成为单位冲激函数 $\delta(t)$。在图 1-25 左下方画出 $\dfrac{\mathrm{d}s(t)}{\mathrm{d}t}$ 波形,它是正、负极性的两个矩形脉冲,称为脉冲偶对,其宽度都为 τ,高度分别为 $\pm\dfrac{1}{\tau^2}$,面积都是 $1/\tau$。随着 τ 减小,脉冲偶对宽度变窄,幅度增大,面积仍为 $1/\tau$。当 $\tau \rightarrow 0$ 时,$\dfrac{\mathrm{d}s(t)}{\mathrm{d}t}$ 是正、负极性的两个冲激函数,其强度均为无限大,示于图 1-25 右下方,这就是冲激偶 $\delta'(t)$。

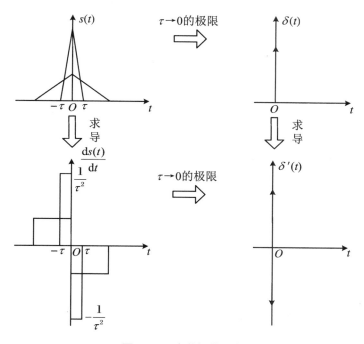

图 1-25　冲激偶的形成

冲激偶的一个重要性质是

$$\int_{-\infty}^{+\infty} \delta'(t)f(t)\mathrm{d}t = -f'(0) \tag{1-52}$$

这里 $f'(t)$ 在 0 点连续,$f'(0)$ 为 $f(t)$ 导数在零点的取值。此关系式可由分部积分展开而得到证明:

$$\int_{-\infty}^{+\infty} \delta'(t)f(t)\mathrm{d}t = f(t)\delta(t)\Big|_{-\infty}^{+\infty} - \int_{-\infty}^{+\infty} f'(t)\delta(t)\mathrm{d}t$$
$$= -f'(0) \tag{1-53}$$

对于延迟 t_0 的冲激偶 $\delta'(t-t_0)$,同样有

$$\int_{-\infty}^{+\infty} \delta'(t-t_0)f(t)\mathrm{d}t = -f'(t_0) \tag{1-54}$$

冲激偶信号的另一个性质是：它所包含的面积等于零，这是因为正、负两个冲激的面积相互抵消了。于是有

$$\int_{-\infty}^{+\infty} \delta'(t)\mathrm{d}t = 0 \tag{1-55}$$

1.3.2　典型离散时间序列

1. 单位样值信号(unit sample 或 unit impulse)

$$\delta(n) = \begin{cases} 1 & (n = 0) \\ 0 & (n \neq 0) \end{cases} \tag{1-56}$$

此序列只在 $n=0$ 处取单位值1，其余样点上都为零，图形如图 1-26 所示，也称为"单位取样""单位函数""单位脉冲"或"单位冲激"。它在离散时间系统中的作用，类似于连续时间系统中的单位冲激函数 $\delta(t)$。但应注意它们之间的重要区别：$\delta(t)$ 可理解为在 $t=0$ 点脉宽趋于零、幅度为无限大的信号，或由分配函数定义；而 $\delta(n)$ 在 $n=0$ 点取有限值，其值等于1。

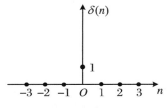

图 1-26　单位样值序列

2. 单位阶跃序列

$$u(n) = \begin{cases} 1 & (n \geqslant 0) \\ 0 & (n < 0) \end{cases} \tag{1-57}$$

其图形如图 1-27 所示。它类似于连续时间系统中的单位阶跃信号 $u(t)$，但应注意 $u(t)$ 在 $t=0$ 点发生跳变，往往不予定义(或定义为 1/2)，而 $u(n)$ 在 $n=0$ 点明确规定为 $u(0)=1$。

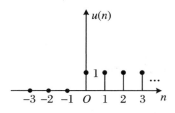

图 1-27　单位阶跃序列

3. 矩形序列

$$R_N(n) = \begin{cases} 1 & (0 \leqslant n \leqslant N-1) \\ 0 & (n < 0, n \geqslant N) \end{cases} \tag{1-58}$$

它从 $n = 0$ 开始,到 $n = N - 1$,共有 N 个幅度为 1 的数值,其余各点皆为零(见图 1-28)。矩形序列类似于连续时间系统中的矩形脉冲。显然,矩形序列取值为 1 的范围也可从 $n = m$ 到 $n = m + N - 1$,这种序列可写作 $R_N(n - m)$。

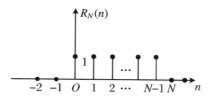

图 1-28　矩形序列

以上三种序列之间有如下关系:

$$u(n) = \sum_{K=0}^{+\infty} \delta(n - K) \tag{1-59}$$

$$\delta(n) = u(n) - u(n - 1) \tag{1-60}$$

$$R_N(n) = u(n) - u(n - N) \tag{1-61}$$

4. 斜变序列

$$x(n) = nu(n) \tag{1-62}$$

其图形如图 1-29 所示。它与连续时间系统中的斜变函数 $f(t) = t$ 相像。类似地,还可以给出 $n^2 u(n), n^3 u(n), \cdots, n^k u(n)$ 等序列。

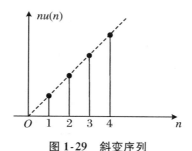

图 1-29　斜变序列

5. 指数序列

$$x(n) = a^n u(n) \tag{1-63}$$

当 $|a| > 1$ 时序列是发散的,$|a| < 1$ 时序列收敛。$a > 0$ 序列都取正值,$a < 0$ 序列在正、负之间摆动。图形分别如图 1-30(a)~(d)所示。此外,还可能遇到 $a^{-n} u(n)$ 序列,其图形请读者练习画出。

6. 正弦序列

$$x(n) = \sin(n\omega_0) \tag{1-64}$$

式中 ω_0 是正弦序列的频率,它反映序列值依次周期性重复的速率。例如 $\omega_0 = 2\pi/10$,则序列值每 10 个重复一次正弦包络的数值。若 $\omega_0 = 2\pi/100$,则序列值每 100 个循环一次。图 1-31 示出了 $\omega_0 = 0.1\pi$ 的情形,每经 20 个序列其值循环。显然,$\dfrac{2\pi}{\omega_0}$ 为整数时,正弦序列才具有周期 $\dfrac{2\pi}{\omega_0}$;若 $\dfrac{2\pi}{\omega_0}$ 不是整数而为有理数,则正弦序列还是周期性的,但其周期大于 $\dfrac{2\pi}{\omega_0}$;若

$\dfrac{2\pi}{\omega_0}$ 不是有理数,则正弦序列就不是周期性的了。无论正弦序列是否呈周期性,都称 ω_0 为它的频率。

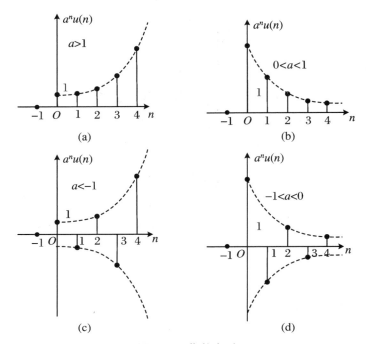

图 1-30　指数序列

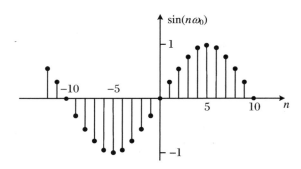

图 1-31　正弦序列 $\sin(n\omega_0)$

对连续信号中的正弦波抽样,可得正弦序列。例如,若连续信号为

$$f(t) = \sin(\Omega_0 t) \tag{1-65}$$

它的抽样值写作

$$x(n) = f(nT) = \sin(n\Omega_0 t) \tag{1-66}$$

因此有

$$\omega_0 = \Omega_0 T = \frac{\Omega_0}{f_s} \tag{1-67}$$

式中 T 是抽样间隔时间,f_s 是抽样频率 $\left(f_s = \dfrac{1}{T}\right)$。为区分 ω_0 与 Ω_0,称 ω_0 为离散域的频率(正弦序列频率),而称 Ω_0 为连续域的正弦频率。可以认为 ω_0 是 Ω_0 对于 f_s 取归一化之

值,即 $\dfrac{\Omega_0}{f_s}$。

与正弦序列相对应,还有余弦序列:

$$x(n) = \cos(n\omega_0) \tag{1-68}$$

7. 复指数序列

序列也可取复数值,称为复序列,它的每个序列值都可以是复数,具有实部与虚部。

$$x(n) = e^{j\omega_0 n} = \cos(n\omega_0) + j\sin(n\omega_0) \tag{1-69}$$

1.4 信号的运算

在信号的传输与处理过程中往往需要进行信号的运算,包括信号的移位(时移或延时)、反褶、尺度倍乘(压缩与扩展)、微分、积分以及两信号的相加或相乘。某些物理器件可直接实现这些运算功能。需要熟悉在运算过程中表达式对应的波形变化,并初步了解这些运算的物理背景。

1.4.1 移位、反褶和尺度

若将 $f(t)$ 表达式的自变量 t 更换为 $(t + t_0)$(t_0 为正或负实数),则波形上 $f(t + t_0)$ 相当于 $f(t)$ 在 t 轴上的整体移动,当 $t_0 < 0$($t_0 = -t_1$)时波形右移,当 $t_0 > 0$ 时($t_0 = t_2$)波形左移,如图 1-32 所示。

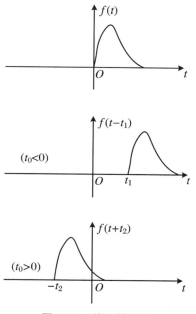

图 1-32 信号的移位

在雷达、声呐以及地震信号检测等问题中易找到信号移位现象的实例。如发射信号经同种介质传送到不同距离的接收机时,各接收信号相当于发射信号的移位,并具有不同的 t_0 值(同时有衰减)。在通信系统中,长距离传输电话信号时可能听到回波,这是幅度衰减的话音延时信号。

　　信号反褶表示将 $f(t)$ 的自变量 t 更换为 $-t$,此时 $f(-t)$ 的波形相当于将 $f(t)$ 以 $t=0$ 为轴反褶过来,如图 1-33 所示。此运算也称为时间轴反转。

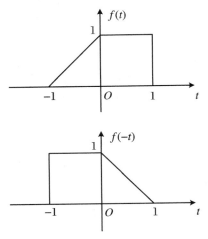

图 1-33　信号的反褶

　　如果将信号 $f(t)$ 的自变量 t 乘以正实系数 a,则信号波形 $f(at)$ 将是 $f(t)$ 波形的压缩 ($a>1$)或扩展($a<1$)。这种运算称为时间轴的尺度倍乘或尺度变换,也可简称为尺度。波形示例见图 1-34。

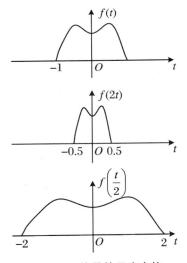

图 1-34　信号的尺度变换

　　若 $f(t)$ 是已录制声音的磁带,则 $f(-t)$ 表示将此磁带倒转播放产生的信号,而 $f(2t)$ 是此磁带以二倍速度加快播放的结果,$f\left(\dfrac{t}{2}\right)$ 则表示原磁带放音速度降至一半产生的信号。

　　综合以上三种情况,若将 $f(t)$ 的自变量 t 更换为 $(at+t_0)$(其中 a、t_0 是给定的实数),

此时,$f(at+t_0)$相当于 $f(t)$ 的扩展($|a|<1$)或压缩($|a|>1$),也可能出现时间上的反褶($a<0$)或移位($t_0\neq0$),而波形整体仍保持与 $f(t)$ 相似的形状。

例 1-1　已知信号 $f(t)$ 的波形如图 1-35(a)所示,试画出 $f(-3t-2)$的波形。

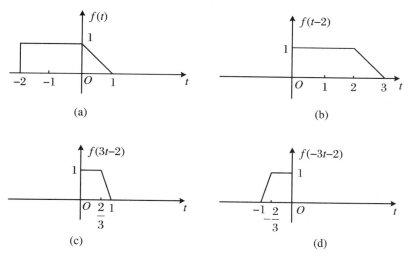

图 1-35　例 1-1 的波形

解　(1) 首先考虑移位的作用,求得 $f(t-2)$的波形如图 1-35(b)所示。

(2) 将 $f(t-2)$做尺度倍乘,求得 $f(3t-2)$的波形如图 1-35(c)所示。

(3) 将 $f(3t-2)$反褶,给出 $f(-3t-2)$的波形如图 1-35(d)所示。

如果改变上述运算的顺序,例如先求 $f(3t)$ 或先求 $f(-t)$,最终也会得到相同的结果。

1.4.2　微分和积分

信号 $f(t)$ 的微分运算是指 $f(t)$ 对 t 取导数,即

$$f'(t) = \frac{\mathrm{d}}{\mathrm{d}t} f(t) \tag{1-70}$$

信号 $f(t)$ 的积分运算是指 $f(\tau)$ 在 $(-\infty, t)$ 区间内做定积分,其表达式为

$$\int_{-\infty}^{t} f(\tau)\mathrm{d}\tau \tag{1-71}$$

图 1-36 和图 1-37 分别示出了微分与积分运算的例子。由图 1-36 可见,信号经微分后突出显示了它的变化部分。若 $f(t)$ 是一幅黑白图像信号,那么经微分运算后将使其图形的边缘轮廓突出。

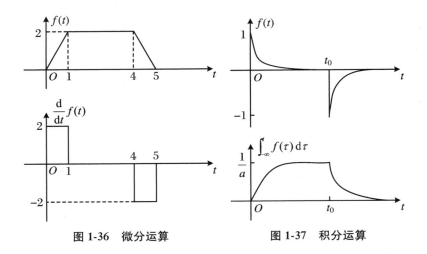

图 1-36　微分运算　　　　　　　图 1-37　积分运算

设

$$f(t) = \begin{cases} \mathrm{e}^{-\alpha t} & (0 < t < t_0) \\ \mathrm{e}^{-\alpha t} - \mathrm{e}^{-\alpha(t-t_0)} & (t_0 \leqslant t < +\infty) \end{cases} \tag{1-72}$$

式中 $t_0 \gg \dfrac{1}{\alpha}$。则 $f(t)$ 的积分运算为

$$\int_{-\infty}^{t} f(\tau)\mathrm{d}\tau = \begin{cases} \dfrac{1}{\alpha}(1 - \mathrm{e}^{-\alpha t}) & (0 < t < t_0) \\ \dfrac{1}{\alpha}(1 - \mathrm{e}^{-\alpha t}) - \dfrac{1}{\alpha}(1 - \mathrm{e}^{-\alpha(t-t_0)}) & (t_0 \leqslant t < +\infty) \end{cases} \tag{1-73}$$

由图 1-37 可见,信号经积分运算后其效果与微分相反,信号的突变部分变得平滑,利用这一作用可削弱信号中混入的毛刺(噪声)的影响。

1.4.3　两信号相加或相乘

下面给出这两种运算的例子。设 $f_1(t) = \sin(\Omega t)$,$f_2(t) = \sin(8\Omega t)$,两信号相加和相乘的表达式分别为

$$f_1(t) + f_2(t) = \sin(\Omega t) + \sin(8\Omega t) \tag{1-74}$$

$$f_1(t) \cdot f_2(t) = \sin(\Omega t) \cdot \sin(8\Omega t) \tag{1-75}$$

波形分别如图 1-38 和图 1-39 所示。必须指出,在通信系统的调制、解调等过程中将经常遇到两信号相乘的运算。

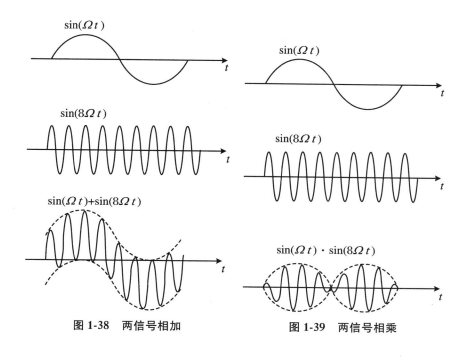

图 1-38　两信号相加　　　　图 1-39　两信号相乘

1.5　信号与系统

　　信号是信息的载体,信号的传输、交换和处理又是借助于系统而实现的。系统是由若干相互作用和相互依赖的事物组合而成的具有特定功能的整体。

　　在信息科学与技术领域,常常利用通信系统、控制系统和计算机系统进行信号的传输、交换和处理。实际上,往往需要将多种系统共同组成一个综合性的复杂系统,例如宇宙航行系统。

　　考虑电信号的传输、交换和处理,组成通信、控制和计算机系统的主要部件中包括大量的、多种类型的电路。电路也称电网络或网络。

　　信号、电路(网络)与系统之间有着十分密切的联系。离开了信号,电路与系统将失去意义。信号作为待传输信息的表现形式,可以看作运载信息的工具,而电路或系统则是为传送信号或对信号进行加工处理而构成的某种组合。研究系统所关心的问题是,对于给定信号形式与传输、处理的要求,系统能否与其相匹配,它应具有怎样的功能和特性;而研究电路问题的着眼点则在于,为实现系统功能与特性,应具有怎样的结构和参数。有时认为系统是比电路更复杂、规模更大的组合体,然而更确切地说,系统与电路二词的主要差异应体现在观察事物的着眼点或处理问题的角度方面。系统问题注意全局,而电路问题则关心局部。例如,仅由一个电阻和一个电容组成的简单电路,在电路分析中注重研究其各支路、回路的电流或电压;而从系统的观点来看,可以研究它如何构成具有微分或积分功能的运算器。

　　近年来,由于大规模集成化技术的发展以及各种复杂系统部件的直接采用,使系统、网络、电路以及器件这些名词的划分产生了困难,它们当中的许多问题相互渗透,需要统一分析、研究和处理,通常无法严格区分各名词的差异。在本书中,系统、网络和电路等名词通用。

在电路中传送的电信号一般指随时间变化的电压或电流,也可以是电容的电荷、线圈的磁通以及空间的电磁波等。系统的功能是实现电信号的传输、变换和处理。

广义来讲,系统的概念不仅限于电路、通信和控制方面,它涉及的范围十分广泛,应当包括各种物理系统和非物理系统、人工系统以及自然系统。

在系统或网络理论研究中,包括系统分析和系统综合两个方面。在给定系统的条件下,研究系统对于输入激励信号所产生的输出响应,这是系统分析问题。系统综合则是按某种需要先提出对于给定激励的响应,而后根据此要求设计系统。分析和综合两者关系密切,学习分析是学习综合的基础。

本书的讨论范围着重系统分析,以通信系统的基本问题为主要背景,研究信号经系统传输或处理的一般规律,着重基本概念和基本分析方法。

1.6　线性时不变系统

本书着重讨论确定性输入信号作用下的集总参数线性时不变系统(线性时不变:linear time-invariant,缩写为 LTI),在以后的文字叙述中,一般简称 LTI 系统,包括连续时间系统与离散时间系统。为便于全书的讨论,这里对线性时不变系统的一些基本特性做如下说明。

1. 叠加性与均匀性

对于给定的系统,$e_1(t)$、$r_1(t)$ 和 $e_2(t)$、$r_2(t)$ 分别代表两对激励与响应,则当激励是 $C_1 e_1(t) + C_2 e_2(t)$(C_1、C_2 分别为常数)时,系统的响应为 $C_1 r_1(t) + C_2 r_2(t)$。此特性示意于图 1-40。

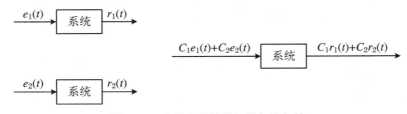

图 1-40　线性系统的叠加性与均匀性

由常系数线性微分方程描述的系统,如果起始状态为零,则系统满足叠加性与均匀性(齐次性)。若起始状态非零,必须将外加激励信号与起始状态的作用分别处理才能满足叠加性与均匀性,否则可能引起混淆。

2. 时不变特性

对于时不变系统,由于系统参数本身不随时间改变,因此在同样的起始状态之下,系统响应与激励施加于系统的时刻无关。写成数学形式为:若激励为 $e(t)$,产生响应 $r(t)$,则当激励为 $e(t - t_0)$ 时,响应为 $r(t - t_0)$。此特性示于图 1-41,它表明当激励延迟一段时间 t_0 时,其输出响应也同样延迟 t_0 时间,波形形状不变。

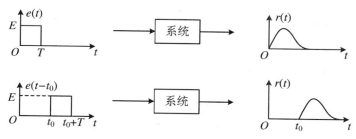

图 1-41　时不变特性

3．微分特性

对于 LTI 系统，满足如下的微分特性：若系统在激励 $e(t)$ 作用下产生响应 $r(t)$，则当激励为 $\dfrac{\mathrm{d}e(t)}{\mathrm{d}t}$ 时，响应为 $\dfrac{\mathrm{d}r(t)}{\mathrm{d}t}$。

根据线性与时不变性容易证明此结论。首先由时不变特性可知，激励 $e(t)$ 对应输出 $r(t)$，则激励 $e(t-\Delta t)$ 产生响应 $r(t-\Delta t)$。再由叠加性与均匀性可知，若激励为 $\dfrac{e(t)-e(t-\Delta t)}{\Delta t}$，则响应等于 $\dfrac{r(t)-r(t-\Delta t)}{\Delta t}$，取 $t\to 0$ 的极限，得到导数关系：

若激励为 $\displaystyle\lim_{\Delta t\to 0}\dfrac{e(t)-e(t-\Delta t)}{\Delta t}=\dfrac{\mathrm{d}r(t)}{\mathrm{d}t}$，则响应为 $\displaystyle\lim_{\Delta t\to 0}\dfrac{r(t)-r(t-\Delta t)}{\Delta t}=\dfrac{\mathrm{d}r(t)}{\mathrm{d}t}$。

这表明，当系统的输入由原激励信号改为其导数时，输出也由原响应函数变成其导数。显然，此结论可扩展至高阶导数与积分。图 1-42 示意表明了这一结果。

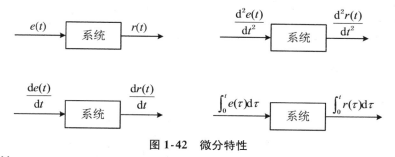

图 1-42　微分特性

4．因果性

因果系统是指系统在 t_0 时刻的响应只与 $t=t_0$ 和 $t<t_0$ 时刻的输入有关，否则即为非因果系统。也就是说，激励是产生响应的原因，响应是激励引起的后果，这种特性称为因果性（causality）。

例如，系统模型若为 $r_1(t)=e_1(t-1)$，则此系统是因果系统。如果 $r_2(t)=e_2(t+1)$，则为非因果系统。

通常由电阻器、电感线圈、电容器构成的实际物理系统都是因果系统。而在信号处理技术领域中，待处理的时间信号已被记录并保存下来，可以利用后一时刻的输入来决定前一时刻的输出（例如信号的压缩、扩展、求统计平均值等），那么这将构成非因果系统。在语音信号处理、地球物理学、气象学、股票市场分析以及人口统计学等领域都可能遇到此类非因果系统。

如果信号的自变量不是时间（例如在图像处理的某些问题中），则研究系统的因果性显得不很重要。

　　由常系数线性微分方程描述的系统若在 $t < t_0$ 时不存在任何激励,在 t_0 时刻起始状态为零,则系统具有因果性。

　　某些非因果系统的模型虽然不能直接由物理系统实现,然而它们的性能分析对于因果系统的研究具有重要的指导意义。

　　借"因果"这一名词,常把 $t = 0$ 时接入系统的信号(在 $t < 0$ 时函数值为零)称为因果信号(或有始信号)。对于因果系统,在因果信号的激励下,响应也为因果信号。

习　　题

　　1-1　什么是信息? 信息的作用有哪些?

　　1-2　信息与信号之间有何关系?

　　1-3　信号与系统之间有何关系?

　　1-4　分别判断题 1-4 图所示各波形是连续时间信号还是离散时间信号,若是离散时间信号是否为数字信号?

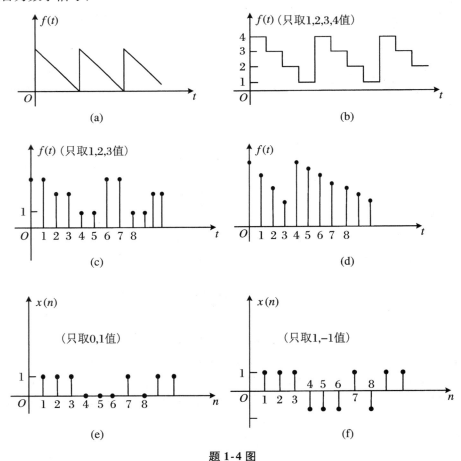

题 1-4 图

1-5 分别判断下列各函数式是连续时间信号还是离散时间信号,若是离散时间信号是否为数字信号?(各式中 n 为正整数)

(1) $e^{-at}\sin(\omega t)$;

(2) e^{-nT};

(3) $\cos(n\pi)$;

(4) $\sin(n\omega_0)$;

(5) $\left(\dfrac{1}{2}\right)^n$。

1-6 分别求下列周期信号的周期 T。

(1) $\cos(10t) - \cos(30t)$;

(2) e^{j10t};

(3) $[5\sin(8t)]^2$;

(4) $\sum\limits_{n=0}^{+\infty} (-1)^n [u(t - nT) - u(t - nT - T)]$($n$ 为正整数)。

1-7 对于例 1-1 所示信号,由 $f(t)$ 求 $f(-3t-2)$,但改变运算顺序,先求 $f(3t)$ 或先求 $f(-t)$,讨论所得结果是否与原例之结果一致。

1-8 已知 $f(t)$,为求 $f(t_0 - at)$,应按下列哪种运算才能求得正确结果(式中 t_0、a 都为正值)?

(1) $f(-at)$ 左移 t_0;

(2) $f(at)$ 右移 t_0;

(3) $f(at)$ 左移 $\dfrac{t_0}{a}$;

(4) $f(-at)$ 右移 $\dfrac{t_0}{a}$。

1-9 绘出下列各信号的波形。

(1) $[u(t) - u(t-T)]\sin\left(\dfrac{4\pi}{T}t\right)$;

(2) $[u(t) - 2u(t-T) + u(t-2T)]\sin\left(\dfrac{4\pi}{T}t\right)$。

1-10 写出题 1-10 图所示各波形的函数式。

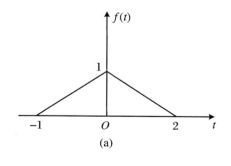
(a)

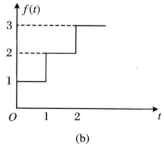
(b)

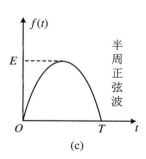
(c)

题 1-10 图

1-11 应用冲激信号的抽样特性,求下列各式表示的函数值。

(1) $\displaystyle\int_{-\infty}^{+\infty} f(t - t_0)\delta(t)\mathrm{d}t$;

(2) $\displaystyle\int_{-\infty}^{+\infty} f(t_0 - t)\delta(t)\mathrm{d}t$;

(3) $\int_{-\infty}^{+\infty} \delta(t - t_0) u\left(t - \dfrac{t_0}{2}\right) \mathrm{d}t$；

(4) $\int_{-\infty}^{+\infty} \delta(t - t_0) u(t - 2t_0) \mathrm{d}t$；

(5) $\int_{-\infty}^{+\infty} \delta(t + 2)(\mathrm{e}^{-t} + t) \mathrm{d}t$；

(6) $\int_{-\infty}^{+\infty} \delta\left(t - \dfrac{\pi}{6}\right)(t + \sin t) \mathrm{d}t$；

(7) $\int_{-\infty}^{+\infty} \mathrm{e}^{-\mathrm{j}\omega t} [\delta(t) - \delta(t - t_0)] \mathrm{d}t$。

1-12 判断下列系统是否为线性的、时不变的、因果的。

(1) $r(t) = \dfrac{\mathrm{d}e(t)}{\mathrm{d}t}$；

(2) $r(t) = e(t) u(t)$；

(3) $r(t) = \sin[e(t)] u(t)$；

(4) $r(t) = e(1 - t)$；

(5) $r(t) = e(2t)$；

(6) $r(t) = e^2(t)$；

(7) $r(t) = \int_{-\infty}^{t} e(\tau) \mathrm{d}\tau$。

1-13 有一线性时不变系统，当激励 $e_1(t) = u(t)$ 时，响应 $r_1(t) = \mathrm{e}^{-at} u(t)$，试求当激励 $e_2(t) = \delta(t)$ 时，响应 $r_2(t)$ 的表示式。（假设起始时刻系统无储能）

第2章 信号转换

信息获取是人们利用信息的首要条件,无论是民用方面还是军事领域,信息来源都非常广泛,获取的手段也多种多样,如军事上的雷达、声呐、激光测距机、红外热像仪、微光观察仪等,就是运用无线电波、红外线、可见光、声波等原理制成的各种传感器来进行侦察的。军事信息系统一般都是电子信息系统,而电子信息系统首先需要把获取的非电信号转化为电流、电压形式的电信号,然后才能进行传输、变换、存储等处理。实现非电信号转化为电信号的换能装置有三种:声电转换装置、光电转换装置和磁电转换装置。本章主要对声电转换、光电转换和磁电转换的基本原理进行讨论。

2.1 声 电 转 换

实现电能与声能之间相互转换的器件或装置称为电声换能器,简称换能器。

传声器(microphone,MIC)是一种将声信号转变为电信号的电声换能器,俗称话筒,又称微声器、麦克风。在语言通信(如电话)中使用的传声器,一般叫作传话器。它的作用是将声音信号转换成电信号,再送往调音台或放大器,最后从扬声器中播放出来。传声器在声音系统中是用来拾取声音的,它是整个音响系统的第一个环节,其性能、质量的好坏,对整个音响系统的影响很大。

传声器的种类很多。各式各样的音源有它们自己不同的声音特点,目前还没有一种传声器能把所有的声音特性都完美地拾取下来。因此,音响工程师们设计出各种不同类型的传声器,以适应不同音源特性的需要。传声器分类方法有多种,如按能量来源、声场作用、指向性和换能原理等分类。

按照能量来源可分为有源传声器和无源传声器两类。有源传声器用外加直流电源作为其能量来源,传声器的振膜在声场作用下其电学参量发生变化,据此可将声能转化为电能,又分碳粒式、半导体式以及射频式等类型。无源传声器可直接把振膜的振动能量转变为电能,而不消耗其他能量,分电磁式、电动式、压电式、电容式等类型。

按照声场作用力可分为压强式和压差式。声场作用力是指具体某点声压和振膜面积的乘积,这里的声压是标量,无方向性且与频率无关。

按照指向性可分为单向、双向、全向、8 字形、无指向和可变指向等。这种分类方法比较直观且容易理解,当声波波长接近其结构尺寸时都会发生衍射,产生相位损失、障板效应等,因而不可避免地要在高频区产生方向性。

按照换能原理可分为电动式、电容式、电磁式、半导体式和压电式。传声器本身只是一种换能器件,即将声能转换为电能,换能器件内部结构不同,那么它们的换能方式也就不同。

2.1.1　动圈式传声器

1. 换能原理

动圈式传声器主要由振膜、线圈、永久磁铁等组成,结构图如图 2-1 所示,线圈粘牢在振膜上,同时又处在磁场中。

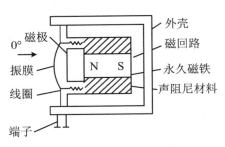

图 2-1　动圈式传声器结构图

动圈式传声器通常由一个约 0.35 mm 厚的聚酯薄膜来充当传声器的振膜。薄膜上精细地附着一个绕有导线的芯,通常称为音圈,它精确地悬挂在高强度磁场中,当声音到达时,膜片就随着声音前后颤动。当声波冲击薄膜的表面时,附着的线圈随声波的频率和振幅成正比例移动,使线圈切割永久磁铁提供的磁力线,根据电磁感应原理,在线圈两端就会产生感应电动势,线圈导线中就产生了有着特定大小和方向的模拟电信号,从而完成声电转换。通常情况下,动圈式传声器对声波的频率响应在 200～5000 Hz 之间,可以输出 0.3～3 mV 的音频电压。

由于动圈式传声器的线圈匝数很少,它的输出电压和输出阻抗(约 10 Ω)都很低,为了提高它的灵敏度,并使其与后接的放大器(或调音台)输入阻抗相匹配,在动圈式传声器中装有输出变压器以提高输出电压和输出阻抗。输出变压器有自耦和互感两种,根据圈匝比的不同,其输出阻抗有高阻和低阻两种。输出阻抗在 600 Ω 以下的,称为低阻传声器,有 200 Ω、600 Ω 等;高输出阻抗通常是 20 kΩ。为了适应阻抗变换的需要,有些传声器还设有输出阻抗变换装置,当改变传声器插座脚位或开关时,即可方便地改变其输出阻抗。

2. 特点

动圈式传声器的构造特点使其具有较强的抗机械冲击能力,且结构简单、稳定牢靠、使用方便、固有噪声小。早期的动圈式传声器灵敏度较低、频率范围窄,随着制造工艺的成熟,近几年出现了许多专业动圈式传声器,其特性和技术指标都很好,被广泛应用于语言广播和扩声系统中。例如森海塞尔(SENNHEISER)XS1 手持式有线人声动圈麦克风,如图 2-2 所示,适合人声和原声乐器,频率响应范围为 55～16000 Hz。

图 2-2　森海塞尔麦克风

在户外拾音或进行人声拾音时,风和人发声时的气流会冲击声电转换件的膜片,使传声器产生很大的杂音,甚至使振膜无法自由运动,这时需要进行防风。风罩就是起这个作用的,它由外壳的金属罩和内部的海绵体组成,金属罩可以抵抗外力的冲击,保护传声器;海绵体会减弱、阻止气流的进入。这样,人讲话时的气流运动和风的气流运动就不会影响拾音的效果了。由于声音不是气流的定向运动,而是一种机械波动,所以它受到风罩的影响很小。另外,声阻、尼龙网栅、谐振腔都是为了改进传声器声音质量而设立的声学处理措施。

2.1.2 电容式传声器

1. 换能原理

电容式传声器是一种目前性能相对较好的传声器类别,它的工作核心是电容器,在讲解该类传声器工作原理之前,有必要先了解电容器的基本知识。

电容器由两个间隔的金属板组成,在两块金属电极板之间施加一个电动势 U,电容器将充以电荷 Q,存储在电容器中,它们的关系式为

$$C = \frac{Q}{U} \tag{2-1}$$

式中,Q 为电量,C 为电容量。但是电容量的大小不是由以上两个物理量所决定的,而是与两极板的面积大小、中间的绝缘介质、两极板间的距离都有关系。关系式为

$$C = \frac{\varepsilon S}{4\pi k d} \tag{2-2}$$

保持其他物理量不变,电容量 C 与两极板间的距离 d 的关系是:d 越大,C 越小;d 越小,C 越大。如果保持电量 Q 恒定,变更极板的间距,电动势 U 则与电容 C 的改变成反比。如果使一个极板固定,另一个极板可移动,像一块振膜那样,随着声压的变化改变极板间的距离,即可组成一个基本的传声器。

电容式传声器的结构如图 2-3 所示,振膜和底极构成一个电容器,振膜由轻质的塑料膜镀金而成,底极由金属制成;它们处于一个极化电源的供电状态中,电容器的两端与负载电阻相连,负载电阻阻值很大,一般在 10^9 Ω 左右,这样,电压能加载在电容器上,而电容器上的电荷却很难运动;这一组器件最后与放大器相连,放大器也是一种输入阻抗非常高的放大电路。

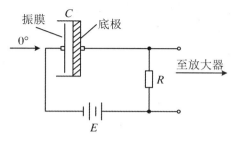

图 2-3 电容式传声器结构图

电容式传声器的工作原理是:当声波到来时,振膜在声压的驱动下前后运动,两个极板之间的距离就发生变化;极板距离变化导致电容器的电容量发生变化;由于负载电阻极大,电容器上的电荷很难运动,此时可以认为电容器上的电量 Q 不变,根据公式 $U = Q/C$,电容量 C 的变化导致电容器两端的电压 U 发生变化。这样,声压的变化→电容量的变化→电压

的变化,声音信号转化成电信号。

　　这里采用的是直流极化的方法,随着材料技术的发展,驻极体材料也被用到电容式传声器当中,被称为驻极体式传声器。驻极体是一种高分子材料,被极化后即使外加电压降为0,薄膜内部也会继续保持不变,如荧光碳、聚四氟乙烯等物质,在做了紫外线处理后,就会像永磁体一样永久带上电荷。此类传声器结构如图2-4所示。

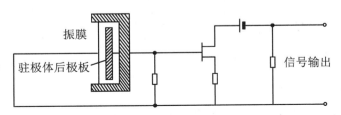

振膜

驻极体后极板

信号输出

图 2-4　驻极体式传声器结构图

　　驻极体式传声器的工作原理和一般电容式传声器相同,将驻极体物质用于电容式传声器的振膜或固定极板时,因其表面电位的存在而不需要加以极化电压,省去了电源,可以简化电路,使传声器小型化,并降低了造价。例如 ZMVP PR60 驻极体电容会议话筒就是驻极体电容传声器,如图2-5所示。该话筒可以 120° 全方位拾音,拾音头可前后摆动,幅度在 90°～120° 之间,拾音非常方便灵活。

图 2-5　ZMVP PR60 驻极体电容会议话筒

2. 特点

　　电容式传声器由于振膜极为轻薄,因而灵敏度高、动态范围宽、频率响应宽而平直,同时具有优越的瞬态响应和稳定性、极低的机械振动灵敏度、良好的音质等,但其制造工艺较复杂、成本也较高。电容式传声器广泛应用于电视、广播、电影及剧院等高保真录音场合,或用于科研上的精密声学测量场合,甚至因其灵敏度极其稳定且可绝对校准,能精确标定电压,而用作声学基准。

2.1.3　压电式传声器

　　压电式传声器是以具有压电效应的器件作为转换元件的传声器,其核心原理是利用压电效应实现电能与声能间的转换。

　　某些物质沿其一定方向施加压力或拉力时,会产生变形,该物质内部会产生极化现象,此时这种材料的两个表面将产生符号相反的电荷;当去掉外力后,又重新回到不带电状态,这种现象称为压电效应,有时候又把这种机械能转变为电能的现象称为"正压电效应"。反之,在某些物质的极化方向上施加电场,它会产生机械变形,当去掉外加电场后,该物质的变形随之消失,这种电能转变为机械能的现象称为"逆压电效应"(也称电致伸缩效应)。能够产生压电效应的材料主要包括压电晶体、压电陶瓷和压电高分子聚合物薄膜等。

　　压电式传声器的结构如图 2-6 所示。

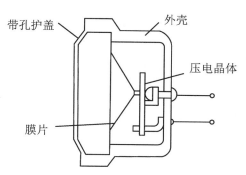

图 2-6　压电式传声器结构图

　　压电晶体的一个极面和膜片相连接,当声压作用在膜片上时膜片振动,膜片带动压电晶体产生机械振动,压电晶体在机械应力的作用下产生随声压大小变化而变化的电压,从而完成声电的转换。

　　压电式传声器广泛应用于水声器件、微音器和噪声计等方面。例如军事上使用的主动式声呐,压电式传声器就是其重要部件,主动式声呐的原理图如图 2-7 所示。

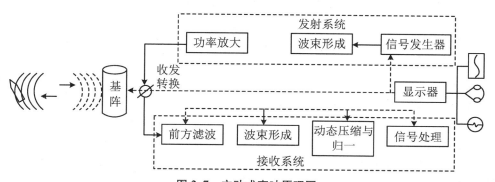

图 2-7　主动式声呐原理图

　　图 2-7 中所示的基阵,是由若干水声换能器以一定几何形状排列组合而成的阵列,常见外形有球形、柱形、平板形及线列形等。所谓水声换能器是发射和接收水下声信号的装置,其中应用最广泛的是完成电声转换的水声换能器,就是把电信号转换为水中声信号的水声发射器,以及把水中声信号转换为电信号的声波接收器或称水听器。水声换能器有可逆式与不可逆式之分,前者既可用作水声发射器,又可用作水听器;后者则不能兼有此两种作用。广泛应用的压电式水声换能器和磁致伸缩式水声换能器都属于前者。水声换能器虽然也可以单独使用,但多数情况下是以组成阵列的形式工作的,水声换能器阵列或称基阵,可以是单独的发射基阵或接收基阵,也可以是收发合一基阵。

2.2 光 电 转 换

光电转换最基本的理论是光的波粒二象性,即光是以电磁波方式传播的粒子。几何光学依据光的波动性研究了光的折射与反射规律,得出了许多关于光的传播、光学成像、光学成像系统和成像系统像差等的理论。物理光学依据光的波动性成功地解释了光的干涉、衍射等现象,为光谱分析仪器、全息摄影技术奠定了理论基础。然而,光的本质是物质,它具有粒子性,又称为光量子或光子。

光子具有动量与能量,可分别表示为

$$p = hf/c \tag{2-3}$$
$$E = hf \tag{2-4}$$

式中,$h = 6.626 \times 10^{-34}$ J·s,为普朗克常数;f 为光的振动频率(Hz);$c = 3 \times 10^8$ m/s,为光在真空中的传播速度。

光的量子性成功地解释了光与物质作用时所引起的光电效应,而光电效应又充分证明了光的量子性。

2.2.1 半导体物理基础

通常把电阻率在 $10^{-6} \sim 10^{-3}$ Ω·cm 范围内的物质称为导体,把电阻率在 10^{12} Ω·cm 以上的物质称为绝缘体,把电阻率介于两者之间的物质称为半导体。半导体具有重要的特殊性能,因此得到了广泛的应用。其特性是:(1) 半导体的电阻温度系数一般是负的,它对温度的变化非常敏感。根据这一特性,制作了许多半导体热探测元件。(2) 半导体的导电性能可受极微量杂质的影响而发生十分显著的变化。此外,随着所掺入的杂质的种类不同,可以得到相反导电类型的半导体。如在硅中掺入硼,可得到 P 型半导体;掺入锑,可得到 N 型半导体等。(3) 半导体的导电能力及性质会受热、光、电、磁等外界作用的影响而发生非常重要的变化。例如,沉积在绝缘基板上的硫化镉层不受光照时的阻抗可高达几十甚至几百兆欧,但一旦受到光照,电阻就会下降到几十千欧,甚至更小。利用半导体的特殊性,可制成光敏器件、热敏器件、场效应器件、体效应器件、霍耳器件、红外接收器件、电荷耦合器件,以及各种二极管、三极管、集成电路等。

1. 半导体能带

为了解释固体材料的不同导电特性,人们从电子能级的概念出发引入了能带理论,它是半导体物理的理论基础,利用能带理论,可以解释发生在半导体中的各种物理现象和各种半导体器件的工作原理。

在一般的原子中,内层的能级都是被电子填满的,当原子组成晶体后,与这些内层的能级相对应的能带也被电子所填满。能量最高的是价电子填满的能带,称为价带;价带以上的能带基本上是空的,其中最低的带称为导带;价带与导带之间的区域则称为禁带。一般绝缘体的禁带比较宽,价带被电子填满,导带是空的。半导体的能带和绝缘体相似,在理想的热力学零度下,半导体的能带中价带被电子填满,导带全空,禁带相比于绝缘体较窄,因此在一定条件下,价带的电子容易被激发到导带中,半导体很多重要的特性就是由此引起的。导体的能带情况只有两种:一是它的价带没有被电子填满,即高能量的电子只能填充价带的下半部分,而上半部分空着;二是它的价带与导带相重叠。绝缘体、半导体和导体的能带图如图2-8所示。

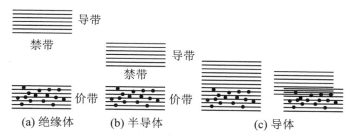

图 2-8　绝缘体、半导体和导体的能带图

需要指出的是,能带图并不实际存在,只是为了说明电子的能量分布情况而引入的。

2. 载流子的运动

半导体中存在能够自由导电的电子和空穴,在外界因素作用下,半导体又会产生非平衡电子和空穴,这些载流子的运动形式有扩散运动和漂移运动两种。

扩散运动是在载流子浓度不均匀的情况下,载流子无规则热运动的自然结果,它不是由电场力的推动而产生的。把载流子由热运动造成的从高浓度向低浓度的迁移运动称为扩散运动。对于杂质均匀分布的半导体,其平衡载流子的浓度分布也是均匀的,因此不会有平衡载流子的扩散,这时只考虑非平衡载流子的扩散。当然,对于杂质分布不均匀的半导体,需要同时考虑平衡载流子和非平衡载流子的扩散。

漂移运动是载流子在电场加速作用下进行的一种定向的运动。半导体中晶格原子和杂质离子在晶格点阵位置附近做热运动,而载流子则在晶格间做不规则的热运动,并在运动过程中不断与原子和杂质离子发生碰撞,从而改变其运动速度的大小和方向,这种现象称为散射。当存在外加电场时,载流子做定向的漂移运动,而由于散射作用,载流子的漂移运动在恒定的电场下具有一个稳定的平均漂移速度。

2.2.2　半导体对光的吸收

物体受光照射,一部分光被物体反射,一部分光被物体吸收,其余的光透过物体。那些被物体所吸收的光将改变物体的一些性能。

1. 本征吸收

半导体材料吸收光的原因,在于光与处在各种状态的电子、晶格原子、杂质原子的相互作用。其中最主要的光吸收是由于光子的作用使电子由价带跃迁到导带而引起的,这种吸收称为本征吸收。电子从半导体价带跃迁到导带是一种本征激发,所以本征光吸收也就是本征激发所对应的光吸收。由于激发,自由电子与空穴的浓度都有增加。由于价带顶和导带底之间存在一定的禁带宽度 E_g,因此,只有在入射光子的能量大于该材料的禁带宽度时,即 $hf \geqslant E_g$ 时,才可能发生本征激发。因而,对某一半导体而言,本征吸收存在着一个相应于禁带宽度的长波限 λ_0,超过这个 λ_0 界限,也就是频率更低时,就不能引起本征吸收。λ_0 的表达式为

$$\lambda_0 = hc/E_{\mathrm{g}} = 1.24/E_{\mathrm{g}} \quad (\mu\mathrm{m}) \tag{2-5}$$

式中，h 为普朗克常量，c 为光在真空中的传播速度。

本征吸收是很强的吸收，其吸收系数可达 $10^5/\mathrm{cm}$ 的数量级。因此，实际的光吸收发生在约等于 $10^{-6}\mathrm{cm}$ 这一薄层内。这说明与光吸收有关的现象，往往要受到表面状态的影响。

2．杂质吸收

处于杂质能级中的电子与空穴，也可以引起光的吸收，电子吸收光子，会从杂质能级跃迁到导带，而价带中的电子吸收光子会跃入杂质能级，在价带中留下空穴。在这种跃迁过程中，光子能量与本征吸收一样，也存在一个长波限 λ_0，即

$$\lambda_0 = hc/\Delta E_{\mathrm{i}} = 1.24/\Delta E_{\mathrm{i}} \quad (\mu\mathrm{m}) \tag{2-6}$$

式中，ΔE_{i} 为杂质的电离能。这时，引起杂质吸收的光子的最小能量应等于杂质的电离能，即 $hf = \Delta E_{\mathrm{i}}$。由于杂质电离能比禁带宽度 E_{g} 小，所以这种吸收出现在本征吸收限以外的长波区，即杂质吸收的长波限比本征吸收的长波限长。

不同的 ΔE_{i} 有不同的长波吸收限 λ_0，也就是说，只要在半导体中掺以合适的杂质，这种吸收可以在很宽的波段内发生。例如锗掺杂，可以制成截止波长为 $10 \sim 130\ \mu\mathrm{m}$ 范围的快速和高灵敏探测器的材料。

3．自由载流子吸收

在半导体材料的红外吸收光谱中发现，在本征吸收限长波侧还存在着强度随波长而增加的吸收。这种吸收是由于自由载流子在同一能带内不同能级之间的跃迁而引起的，因此称为自由载流子吸收。

当半导体处于足够低的温度中时，电子与晶格的联系显得非常微弱，此时吸收的辐射使载流子在带内的分布发生显著变化。这种现象虽不引起载流子浓度的变化，但由于电子的迁移率依赖于能量，上述过程导致迁移率改变，从而使这种吸收引起电导率的改变。

4．激子吸收

在某些情况下，电子在价带中空穴库仑场的束缚下运动，形成可动的电子-空穴对，称为激子。激子的能量小于自由电子的能量，因此能级处在禁带中。激子作为一个整体可以在晶格内自由运动，然而它是电中性的，不能产生电流。

价带中的电子吸收光子而形成激子时，所吸收光子的波长要比长波限更大些，即在长波限的长波侧形成一些很尖锐的吸收线，每条谱线对应于一定的激发态。

5．晶格吸收

在这种吸收过程中，光子直接转变成晶格原子的振动。晶格中晶格的振动也是量子化的，即能量的改变量只能取某些能量值 hf 的整倍数。

晶格吸收的光谱范围与晶格振动频率在同一数量级，通常波长范围在 $10 \sim 100\ \mu\mathrm{m}$。

以上 5 种吸收中，只有本征吸收和杂质吸收能够直接产生非平衡载流子，引起光电效应。其他吸收都不同程度地把辐射能转换为热能，使器件温度升高，使热激发载流子运动的速度加快，而不会改变半导体的导电特性。

2.2.3　光电效应

光与物质作用产生的光电效应可归纳为两大类：物质受到光照后向外发射电子的现象称为外光电效应，这种效应多发生于金属和金属氧化物；物质受到光照后所产生的光电子只

在物质内部运动,而不会逸出物质外部的现象称为内光电效应,这种效应多发生于半导体内,会使物质的电导率发生变化或产生光生伏特,是半导体器件的核心技术。

1. 外光电效应

当物质中的电子吸收了足够高的光子能量后,电子将逸出物质表面成为真空中的自由电子,这种现象称为光电发射效应或称为外光电效应。

如果发射体内电子吸收的光子能量大于发射体表面逸出功,则电子将以一定速度从发射体表面发射,光电子离开发射体表面时的初动能随入射光的频率线性增长,与入射光的强度无关。

$$hf = \frac{1}{2}mv_0^2 + A_0 \tag{2-7}$$

式中,$\frac{1}{2}mv_0^2$ 为光电子的初动能,m 为电子质量,v_0 为电子离开发射体表面时的速度,hf 为入射光子能量,A_0 为表面电子逸出功(从材料表面逸出时所需的最低能量),又称为功函数。

光电子能否产生,取决于光子的能量是否大于该物体的表面电子逸出功 A_0。不同的物质具有不同的逸出功,即每一个物体都有一个对应的光阈值,称为红限频率或波长限。光线频率低于红限频率,光子能量不足以使物体内的电子逸出,因而小于红限频率的入射光,光强再大也不会产生光电子发射,反之,入射光频率高于红限频率,即使光线微弱,也会有光电子射出。

基于外光电效应的器件称为光电发射器件,包括真空光电二极管、光电倍增管、变像管、像增强器和真空电子束摄像管等器件。20 世纪以来,由于半导体光电器件的发展和性能的提高,在许多应用领域,真空光电发射器件已经被性能价格比更高的半导体光电器件所占领。但是由于真空光电发射器件具有的较高灵敏度、快速响应等特点,它在微弱辐射的探测和快速弱辐射脉冲信息的捕捉等方面的应用仍有很多,如在天文上观测快速运动的星体或飞行物,以及在材料工程、生物医学工程和地质地理分析等领域的应用。

2. 内光电效应

(1) 光电导效应

光电导效应是光照变化引起半导体材料电导变化的现象。当光照射到半导体材料时,材料吸收光子的能量,使得非传导态电子变为传导态电子,引起载流子浓度增大,从而导致材料电导率增大。该现象是 100 多年来有关半导体与光作用的各种现象中最早为人们所知的现象。

对于本征半导体,在无光照时,由于热激发时只有少数电子从价带跃迁到导带,此时半导体的电导率很低,称为半导体的暗电导,用 σ_0 表示,且有

$$\sigma_0 = e(n\mu_c + p\mu_p) \tag{2-8}$$

式中,e 为电子电荷,n 和 μ_c 分别为无光照时导带电子密度和迁移率,p 和 μ_p 分别为无光照时价带空穴密度和迁移率。

当光入射到本征半导体材料上时,入射光子将电子从价带激发到导带,使导电电子、空穴数量变化 Δn、Δp,从而引起电导率变化 $\Delta\sigma$:

$$\Delta\sigma = e(\Delta n\mu_c + \Delta p\mu_p) \tag{2-9}$$

以 N 型半导体为例,V 为外加偏压,R_L 为负载电阻,L、W、d 分别为样品模型的长、宽、高,则探测器电极面积 $A = Wd$。若光功率 P 沿 x 方向均匀入射,光电导材料吸收系数

为 α，则入射光功率在材料内部沿 x 方向的变化为

$$P(x) = Pe^{-\alpha x} \tag{2-10}$$

式中，P 为 $x = 0$ 处的入射光功率。光生电子在外电场作用下的漂移电流 $J(x)$ 为

$$J(x) = e\mu n(x) \tag{2-11}$$

式中，$n(x)$ 为 x 处光生载流子密度，$\mu = \mu_e E = \mu_e V/L$ 为光生载流子在外电场 E 作用下的漂移速度。则探测器收集极上的光电流平均值为

$$i_p = \int_A J(x)\mathrm{d}A \tag{2-12}$$

将 $J(x)$ 代入，得光电流平均值为

$$i_p = We\mu \int_0^d n(x)\mathrm{d}x \tag{2-13}$$

$n(x)$ 与光生载流子的产生复合率有关，若非平衡载流子平均寿命为 τ_0，则复合率为 $n(x)/\tau_0$，产生率为 $\dfrac{\alpha P(x)}{WLh\nu}$，在稳态条件下产生率与复合率相等，由此得

$$n(x) = \frac{\alpha P(x)}{WLh\nu}\tau_0 = \frac{\alpha P\tau_0}{WLh\nu}\mathrm{e}^{-\alpha x} \tag{2-14}$$

于是光电导探测器输出的平均光电流为

$$i_p = \frac{\alpha P\tau_0\mu e}{Lh\nu}\int_0^d \mathrm{e}^{-\alpha x}\mathrm{d}x \tag{2-15}$$

同时求得，入射光功率全部被吸收时，探测器体内的平均光生载流子浓度为

$$n_0 = \frac{P\tau_0}{WLdh\nu} \tag{2-16}$$

此时光电流为

$$i_{p0} = \frac{P\tau_0\mu e}{Lh\nu} \tag{2-17}$$

根据量子效率的定义：

$$\eta = \frac{i_p}{i_{p0}} = \alpha \int_0^d \mathrm{e}^{-\alpha x}\mathrm{d}x \tag{2-18}$$

可求得

$$i_p = \frac{\eta P\tau_0\mu e}{Lh\nu} = \frac{e\eta P}{h\nu}\frac{\tau_0}{L/\mu} = \frac{e\eta P}{h\nu}\frac{\tau_0}{\tau_d} = \frac{Ge\eta P}{h\nu} \tag{2-19}$$

式中，$\tau_d = L/\mu$ 为外电场下载流子在电极间的渡越时间；$G = \tau_0/\tau_d$ 为光电探测器的内部增益，表示一个光生载流子对探测器外回路电流的有效贡献，它是光电导探测器的一个特有参数。为了提高其值，应该用平均寿命长、迁移率大的材料做探测器，且将探测器电极做成梳状，以减少极间距离。G 的大小随使用条件和器件本身的结构不同而不同，可在 10^{-3} 到 10^3 量级间很宽的范围内变化。

利用光电导效应材料（如硅、锗等本征半导体与杂质半导体，硫化镉、硒化镉、氧化铅等）可以制成电导率随入射光度量变化的器件，称为光电导器件或光敏电阻。

（2）光生伏特效应

光伏效应指光照使不均匀半导体或半导体与金属组合的不同部位之间产生电位差的现象。产生这种电位差的机理有多种，主要的一种是由于阻挡层的存在引起的，以 P-N 结为例来分析光伏效应。

    P-N 结结区存在一个由 N 指向 P 的内建电场,如图 2-9 所示,热平衡时,多数载流子的扩散作用与少数载流子的漂移作用相抵消,没有电流通过 P-N 结;当有光照射 P-N 结时,样品对光子的本征和非本征吸收都将产生光生载流子,但由于 P 区和 N 区的多数载流子都被势垒阻挡而不能穿过结区,因而只有本征吸收所激发的少数载流子能引起光伏效应。N 区的光生电子与 P 区的光生空穴以及结区的电子-空穴对扩散到结电场附近时,在内建电场的作用下漂移过结区,电子-空穴对被阻挡层的内建电场分开,光生电子与空穴分别被拉向 N 区与 P 区,从而在阻挡层两侧形成电荷堆积,产生与内建电场反向的光生电场,使得内建电场势垒降低,降低量等于光生电势差。光生电势差导致的光生电流 I_p 方向与结电流方向相反,而与 P-N 结反向饱和电流 I_0 同向,且 $I_p \geqslant I_0$。

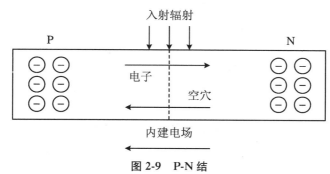

图 2-9　P-N 结

    并非所产生的全部光生载流子都对光生电流有贡献。设 N 区中空穴在其寿命 τ_p 时间内扩散距离为 L_p,P 区中电子在 τ_e 时间内扩散距离为 L_e,一般情况下 $L = L_p + L_e$ 远大于 P-N 结宽度,因而可得,P-N 结附近平均扩散距离 L 内所产生的光生载流子对光电流有贡献,此外的电子-空穴对在扩散过程中将复合掉,对 P-N 结光伏效应无贡献。

    光伏效应有两个重要参数:开路电压 V_{oc} 与短路电流 I_{sc},它们的定义都要从 P-N 结电流出发。光伏效应下 P-N 结的总电流为

$$I = I_0 e^{qV/KT} - (I_0 + I_p) = I_0 e^{qU/KT} - (I_0 + AE) \tag{2-20}$$

式中,E 为光照度,V 为结电压,T 为绝对温度,A 为光照面积。

    由此定义光照下 P-N 结外电路开路(即 $I = 0$)时 P 端对 N 端的电压为开路电压 V_{oc}:

$$V_{oc} = (KT/q)\ln\big[(AE + I_0)/I_0\big] \approx (KT/q)\ln(AE/I_0) \tag{2-21}$$

在一定温度下,它与光照度 E 呈对数关系,但最大值不超过接触电势差。

    短路电流 I_{sc} 定义为光照下 P-N 结外电路短路(即 $V = 0$)时,从 P 端流出,经过外电路流入 N 端的电流:

$$I_{sc} = AE \tag{2-22}$$

可见它在弱光照射下与 E 呈线性关系。

    利用光生伏特效应制造的光电敏感器件称为光生伏特器件。具有光生伏特效应的半导体材料很多,如硅(Si)、锗(Ge)、硒(Se)、砷化镓(GaAs)等半导体材料,利用这些材料能够制造出各种光生伏特器件,比如硅光电二极管、光电池、光电二极管、雪崩光电二极管以及光电三极管等,其中硅光生伏特器件具有制造工艺简单、成本低等特点,使它成为目前应用最广泛的光生伏特器件。

    光电发射器件与内光电器件对比:

    ① 光电发射器件的导电电子可以在真空中运动,因此可以通过电场加速电子的运动动

能,或通过电子的内倍增系统提高光电探测的灵敏度,使它能够快速地探测极其微弱的光信号,成为像增强器与变像器技术的基本元件。

② 很容易制造出均匀的大面积光电发射器件,这在光电成像器件方面非常有利。一般真空光电成像器件的空间分辨率要高于光电图像传感器。

③ 光电发射器件需要高稳定的高压直流电源设备,使得整个探测器体积庞大,功耗大,不适合野外操作,造价也昂贵。

④ 光电发射器件的光谱响应范围一般不如半导体光电器件宽。

2.3　磁电转换

在人类生存的空间中,无处不隐匿着形形色色的电磁波。激雷闪电的云层在发射电磁波,无数的地外星体在辐射着电磁波,世界各地的广播电台和通信、导航设备发出的信号在乘着电磁波飞驰,更不用说人们有意和无意制造出来的各种干扰电磁波……这些电磁波熙熙攘攘充满空间,实在是热闹非凡。如果说人们是生活在电磁波的海洋之中,那是毫不夸张的。以电磁波为媒介是获得信息的重要途径。

2.3.1　基本电磁概念和原理

电磁波的传播速度为3×10^8 m/s,这是宇宙中最快的速度。电磁波的电场矢量、磁场矢量具有频率、振幅、相位、极化等可变参量,这些可变参量都可以充当信息载体。电磁波由辐射源产生,在空间或媒质中传播,辐射时电磁波的频率、振幅、极化、变化规律等由辐射源决定,不同辐射源辐射的电磁波具有不同参量,因此可以从电磁波中获取有关辐射源自身特性的信息;从另一个角度来说,通过控制辐射源,可使电磁波参量以某种方式随信息而变化,把需要传送的信息调制到电磁波上随之辐射出去。传播时,电磁波参量受媒质影响而发生变化,不同媒质导致的变化规律也不同,因此电磁波参量的变化规律体现了媒质自身特性的信息。遇到障碍物电磁波会发生反射、折射、绕射、散射,不同障碍物的反射、折射、绕射、散射规律不同,造成的参量变化规律也不同,因此分析这些规律就能获取有关障碍物的信息。可见,电磁波是信息的最佳载体,是信息获取的理想工具,在军用、民用领域都得到了广泛应用。

如图 2-10 所示,按照频率的高低或波长的大小,人们把电磁波划分为不同的频段(或称波段)。不同频段的电磁波在信息获取、传输方面的作用不同。本节主要探讨无线电波频段的电磁波转换成电信号的基本原理。

2.3.2　电磁波的辐射与接收

在无线电波频段,辐射或接收电磁波的装置是天线,它是无线信息系统的重要组件。

天线的诞生可以追溯到 19 世纪 80 年代中后期赫兹验证无线电波存在的实验。如果用今天的技术概念来表述,赫兹的实验系统可以视作米波无线电收发系统,它的发射天线是终

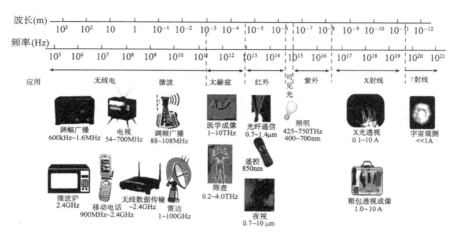

图 2-10　电磁波谱

端接有金属方板进行加载的偶极子天线,接收天线是一个谐振环。后来,赫兹还用抛物面天线做过实验。20 世纪初,马可尼在赫兹实验系统的基础上添加了调谐电路,建成了大型天线系统,成功地完成了横跨大西洋的无线电报实验,"天线"一词正式诞生。

随着无线电技术的发展,天线的工程应用已经从早期的无线电报、航海通信,逐渐扩展到民用、军用的众多环节。人们的生活空间中弥漫着各种天线辐射的电磁波。

1. 基本原理

根据麦克斯韦方程组可知,时变电荷及电流可以激发电磁场,且电磁场以波的形式脱离电荷、电流在空间中传播。不难理解,如果导体上存在随时间变化的电流,也就是导体中载流子的运动速度随时间按照一定规律变化,外部空间就会形成某种随时间变化的电磁场结构,表现为导行电磁波或无线电波的形式。

导行电磁波的概念可以参照图 2-11 所示的平行双线传输线来理解。平行双线中的电磁能量被束缚在两平行导线间及周围很小的区域内,表现为沿传输线轴向传输的导行电磁波,不能有效地向外部空间辐射。

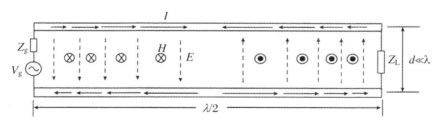

图 2-11　平行双线传输线的电流与场结构

如果使传输线导体的终端开放,或者再加上特定的附属结构,那么导行电磁波就会脱离传输线以无线电波的方式向远处传播,这时的导体及其附属结构就是一个天线。

图 2-12 给出了天线发射和接收电磁波的过程示意,这一过程可以描述为:发射信号在传输线中以导行电磁波的形式传输到发射天线,发射天线把导行电磁波转化为向空间传播的电磁波,在距离发射天线足够远的地方,电磁波近似为局部的平面电磁波;该局部平面电磁波照射到接收天线上,被接收下来并转化为导行电磁波,最后经传输线到达接收机。

发射天线和接收天线均是能量转换器,同一天线既可作为发射天线,也可作为接收天线,本节重点关注的是如何将无线电波转化为电信号。那么如果天线用作接收时,它的能量转换的物理过程是怎样的呢?

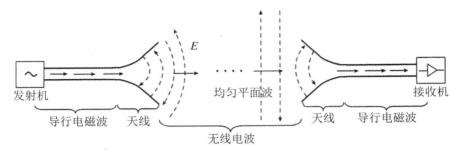

图 2-12　天线收发电磁波示意图

首先介绍天线接收无线电波并把它转变为高频电流能量的物理过程。设一接收天线放置在远离某一发射天线的辐射场中,发射天线所辐射的电磁波是球面波,但因接收天线远离发射天线,接收天线处的电磁波可认为是平面电磁波。如图 2-13 所示,设电磁波的传播方向与接收振子轴成 θ 角。电波的电场一般可分成两个分量:一个是和电波传播方向及天线轴线所构成的平面相垂直的分量 E_1,另一个是在上述平面内的分量 E_2,只有与天线平行的电场分量 $E_z = E_2\sin\theta$ 才能在天线上激励起电流,其余的电场分量因与天线垂直,不能在天线上激励起电流。在天线上取一段线元 dz,则在外场 E_z 的作用下,dz 线元导体内必然产生一个反电场 $-E_z$,以满足理想导体表面电场强度的切向分量为零的边界条件,这个反向电场在 dz 线元中所产生的感应电动势为

$$de = -E_z dz$$

根据天线理论,这个线元电动势在天线沿线以及在负载中产生的电流是可以计算出来的,而线元电动势分布于整个天线上,所以在负载 Z_L 中所产生的总电流将是所有线元电动势所产生的电流 dI 之和,即 $I = \int_{-l}^{l} dI$。这就是接收天线能量转换的物理过程。这种根据分布参数理论求出在负载中产生接收电流的分析方法称为感应电势法,这种方法的优点是物理概念清楚,但计算较复杂,因而在实际分析接收天线时,往往采用另一种方法——互易原理法。

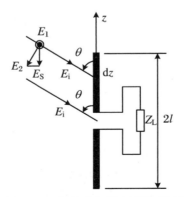

图 2-13　天线接收无线电波物理过程

所谓互易原理法,就是把电路理论中关于线性无源四端网络的互易原理推广应用于分析接收天线。根据互易原理,可以证明同一天线用作发射和用作接收时的电性能是完全相同的。而直接分析接收天线往往要比分析发射天线复杂得多,所以常利用互易原理,通过一个天线用作发射时的性能来求得它在用作接收天线时的性能。感兴趣的读者可以阅读相关文献资料。

天线要高效率地辐射或接收无线电波,必须具有如下特性:

(1)满足一定的阻抗条件。

根据传输线理论,天线作为传输线末端的负载和向外部空间传输能量的起点,要高效率地实现空间电磁波与导行电磁波间的转化,应该满足两个匹配条件——天线输入阻抗与传输线特性阻抗匹配,天线与自由空间波阻抗匹配。这两个匹配条件的满足是通过天线及其馈电系统的合理设计实现的。

(2)具备适当的极化方式。

天线的极化方式定义为天线用作发射天线时,所辐射电磁波的极化方式。按极化方式的不同,天线可分为线极化天线、圆极化天线。接收天线不能感应与之极化正交的电磁波信号。

(3)具有特定的方向性。

应使天线辐射的电磁波功率尽可能地分布于所期望的方向,或对所需方向的来波有最大的接收功率,同时又能最大限度地避免向不期望的方向泄漏电磁波或接收到不期望方向上的电磁波信号。

(4)有一定的频带宽度。

天线频带宽度指天线的阻抗、增益、极化或方向性等性能参数保持在允许值范围内的频率跨度。一般的天线都有明显的工作中心频率,带宽就是天线工作中心频率两侧的一段频率范围,超出这一频率范围,天线的性能参数将不能保证。

2.典型天线

实际应用中的天线种类繁多,这里简单介绍几种常见天线。

(1)振子天线

① 对称振子

对称振子是直线型天线,由两段直径、长度相等的直导线构成,直径 $2\rho_0 \ll \lambda$,两导线间距 $d \ll \lambda$,可以忽略不计,其结构如图 2-14 所示。对称振子适用于短波、超短波直至微波波段,因其结构简单、极化纯度高而被广泛应用于通信、雷达和探测等各种无线电设备中。它既可以作为独立的天线应用,也广泛用作天线阵中的单元,或者作为反射面天线的馈源。

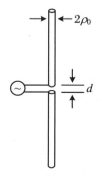

图 2-14 对称振子结构示意图

② 八木-宇田天线

八木-宇田天线也称为八木天线。它是一种引向天线,优点是结构与馈电简单、制作与维修方便、体积不大、重量轻、天线效率很高、增益可达 15 dB,还可用它作阵元组成引向天线阵以获取更高的增益。八木-宇田天线经过不断改进,已经广泛应用于分米波段通信、雷达、电视和其他无线电设备中。如图 2-15 所示。

图 2-15　八木-宇田天线

(2) 喇叭天线

金属波导口可以辐射电磁波,如果将其开口逐渐扩大、延伸,就形成了喇叭天线。基本的喇叭天线形式如图 2-16 所示。喇叭天线结构简单、频带较宽、功率容量大、易于制造和调整,被广泛应用于微波波段。既可以作为单独的天线应用,也可以作为反射面天线或透镜天线的馈源。

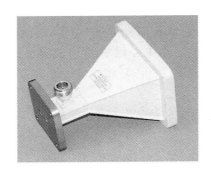

图 2-16　喇叭天线

(3) 反射面天线

典型的反射面天线有旋转抛物面天线、卡塞格伦天线、柱形面反射面天线、二面角反射面天线和平面反射面天线等。本节介绍旋转抛物面天线和卡塞格伦天线这两种最常见的反射面天线。

① 旋转抛物面天线

旋转抛物面天线结构如图 2-17 所示,图上画出了馈源和抛物反射面两部分,馈源所必需的支撑件等结构未标出。反射面一般是金属面,也可以由导体栅网构成,馈源置于抛物面焦点上。馈源一般是一种弱方向性的天线,通常为振子、小喇叭等,辐射球面波并照射到抛物面上。根据抛物面的聚焦作用,从焦点发出的球面波经过抛物面反射后将形成平面波,在抛物面开口面上形成同相场,可以使天线达到很高的增益。

能够作为馈源的天线有多种,如喇叭天线、对称振子等。馈源对整个抛物面天线的影响很大。

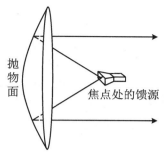

图 2-17　旋转抛物面天线

② 卡塞格伦天线

卡塞格伦天线是双反射面天线,广泛应用于卫星通信、射电天文以及单脉冲雷达中,其结构如图 2-18 所示。卡式天线的主反射面为抛物面,副反射面为双曲面,抛物面焦点与双曲面的右焦点重合,馈源安装于双曲面的左焦点。根据双曲面的特点,从左焦点发出的球面波,经反射后相当于从双曲面的右焦点发出的球面波,此球面波照射到抛物面上将形成平面波,所以卡塞格伦天线可以等效为抛物面天线。

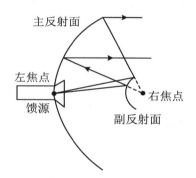

图 2-18　卡塞格伦天线结构示意图

(4) 典型相控阵天线

相控阵天线因采用波束电控,扫描速度极快,特别适合军事领域的应用。但它的实现依赖于阵列设计,技术复杂,加工工艺要求高,单元数量多且馈电移相器设计与实现的难度大,因此造价非常昂贵。

美国海军装备的宙斯盾系统的核心是四面阵舰载相控阵雷达——AN/SPY-1,如图 2-19(a)所示。它的四面阵天线可提供方位 360°、俯仰 90°覆盖。SPY-1 雷达对高空典型目标(高度 3000 m 以上,雷达截面积 3 m^2 时)的最大探测距离是 320 km。

爱国者导弹(Patriot missile)系统是美国研制的全天候多用途地空战术导弹系统,其搜索与制导雷达采用了相控阵天线,如图 2-19(b)所示。该天线包含 5000 个单元,使得天线可以极窄波束快速扫描天空,可以覆盖 100 km 的范围。爱国者雷达通过这些雷达波可以跟踪 100 个目标和 9 枚已发射的爱国者导弹。

(a) 宙斯盾系统　　　　　　　　(b) 爱国者导弹系统

图 2-19　典型相控阵天线

2.3.3　电磁波信息获取基本原理

电磁波信息获取的常用手段有三种：(1) 由物质、物体自身辐射的电磁波或者反射的自然电磁波(比如太阳光)来获取其信息，这是一种被动的信息获取方式，相应的应用有被动遥感、光学成像、热成像等，人的视觉也是这样的原理；(2) 人为设置电磁波辐射源，由物质、物体反射、散射或透射的电磁波来获取其信息，这是一种主动的信息获取方式，相应的应用有雷达、主动遥感、电磁检测、X 射线透视等；(3) 物体通过其他辐射源的电磁波来获取关于自身的信息，相应的应用有定位、导航等。下面以典型信息获取技术为例分析其基本原理。

1. 遥感

温度在绝对零度以上的宇宙天体、地表物体，如空气、土壤、植被、水域、生物等，都是电磁波辐射源。当这些物体受到电磁波照射时，会发生反射、透射、散射、吸收现象。物体辐射、反射、吸收电磁波的规律称为物体的波谱特性，由该物体的物理状态(比如温度、湿度)和化学特征(比如物质成分)决定。不同物体的波谱特性各不相同，可通过测量、分析来获取各种物体以及同一物体在不同状态下的波谱资料。

通过电磁波传感器接收某物体辐射或者反射、散射的电磁波，获取其波谱特性，再与已知物体的波谱特性进行比对，就可判别出物体的类别，进而获取其物理状态和化学特征等信息。利用这个原理，借助安装于高空的电磁波传感器，记录各种地物辐射、反射、散射的电磁波，从中提取地物的类型、变化规律、分布区域等信息，这种获取信息的手段和方法就是遥感。遥感技术可以全面、快速、高效地获取地球地物信息，在国民经济、国防军事方面具有重大意义。

常用遥感系统原理框图如图 2-20 所示。遥感方式可分为被动和主动两种，被动遥感系统不需要人工辐射电磁波，只接收地物辐射的电磁波或地物反射的自然辐射源(主要是太阳)电磁波，使用的电磁波频段一般为红外频段、可见光和微波频段；主动遥感系统通过人工辐射源辐射电磁波，然后接收地物反射的电磁波，一般采用微波频段。电磁波的接收装置统称为电磁波传感器，接收可见光可采用光学镜头，接收红外可采用红外传感器，接收微波可采用天线，传感器的作用是将电磁波转化为电信号。信号处理系统对电信号进行分析、处理，从中提取出物体的波谱特性或其他信息，然后根据需要进行信息存储、显示或者传送。

遥感设备可安放在热气球、飞机、卫星上，完成地质、地理、水文、海洋、环境等监测。在军事侦察方面，利用遥感技术可实现对军事装备、军事基地的侦察，应用红外、微波遥感不仅可以侦察地面目标，还可以发现隐蔽在地下、水下的目标，如仓库、坑道、发射基地、潜艇等。

红外遥感设备还可以发现军事装备发动机运行时的火焰、热气流,监视其动向。

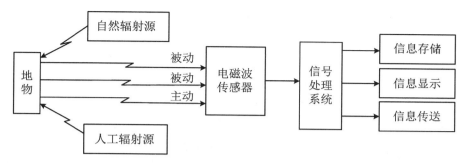

图 2-20 遥感系统原理框图

2. 雷达探测

雷达的主要功能是发现、跟踪目标并测定目标的参数,如坐标、速度、大小、形状等。雷达工作方式可分为被动式和主动式,被动雷达只接收目标辐射或者反射其他辐射源的电磁波,从中获取目标的信息;主动雷达发射电磁波然后接收目标反射、散射的电磁波,从而获取目标的信息。一般说到雷达均指主动雷达,其原理框图如图 2-21 所示,工作原理如下:雷达信号发生器依据雷达工作方式及欲探测目标的类型,产生某种形式的信号,例如脉冲信号、连续波信号等;发射机将该信号调制到一定频率的高频信号上,送至天线,形成向特定方向辐射的电磁波;若在此特定方向范围内存在目标,目标就会对电磁波产生反射、散射,反射波、散射波携带了关于目标的信息;一部分反射波、散射波回到雷达天线并进入接收机,转化成电信号,信号处理系统从中提取出目标的信息,然后进行存储、显示或传送。雷达通过收发转换开关控制天线,规律性地分时完成电磁波的发射和接收工作。

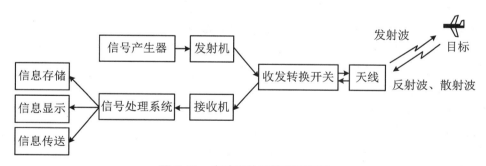

图 2-21 主动雷达系统原理框图

雷达可以依据反射波、散射波的来波方向测出目标的方向,依据发射与接收之间的时间差测出目标的距离,依据发射波、接收波之间的频率差测出目标的速度,还可以对目标进行成像,获得目标的大小、形状、材质等信息,因此雷达是利用电磁波获取信息的一种重要手段,广泛应用于国防军事中的预警、跟踪、火控、制导等方面,在航空、航天、航海、气象探测、地球探测、宇宙探测等领域也有广泛应用。

3. 无线电定位、导航

舰船、飞机、车辆或其他移动个体,利用导航站辐射的电磁波,获取自身的坐标、方向、速度等信息的技术,也就是无线电定位和导航技术,其原理框图如图 2-22 所示。

导航站的位置一般是固定的,其辐射的电磁波携带着导航站的位置、时间等信息。移动个体依据接收的来波方向就可以测出自身的方位,依据接收的来波传播时间就可以测出自

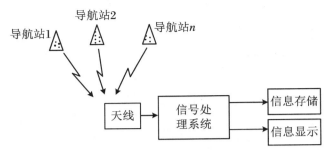

图 2-22　无线电定位导航系统原理框图

身与导航站的距离,不过这要求导航站的发射时刻与移动个体的计时开始时刻严格同步。也可以采用主动式测距法,移动个体主动发射询问信号,导航站接收到询问信号再发射回答信号,就可以准确测距。移动个体测出自身与若干不同位置导航站的距离,依据一定的几何算法,如双曲线定位法、三球交会定位法等,就可以获取自身的坐标、方向、速度等信息。

无线电导航站可以设置在地面、水面、空中或太空中。导航可采用的频段范围很宽,长波、超长波可用于地面、水面、水下导航系统,中波、超短波可用于地面、空中导航系统,微波可用于卫星导航系统。

无线电定位导航技术在航空、航天、航海、地面交通、救援方面起到了重要作用,在军事方面,也为侦察、巡逻、部队机动、目标探测、精确制导等应用提供了有力支持。

4.电磁检测

电磁检测原理与遥感原理类似,但目的、用途有所不同。电磁波传播过程中遇到物质时,会发生反射、散射、透射、吸收等现象,不同物质有不同规律,同一物质在不同物理状态下也有不同规律,这些规律可从反射波、散射波、透射波的参量中体现出来。因此,可以借助电磁波来获取关于物质的信息,比如物质成分、密度、湿度、含水量、温度等非电量,还有介电常数、磁导率、电导率等电参数。电磁检测还可以测量物质的几何参数,如距离、厚度、长度、丝径、球径等。因此,电磁检测广泛应用于工业、农业、医药领域,比如煤粉含碳量测量、粮食水分测量、钢板厚度测量等。电磁波可以穿透物质,因此电磁检测技术可以对物质内部进行非接触检测、无损检测,发现物质内部的结构形式或包含物,查找物质内部的空洞、裂缝等,可用于管道裂缝探查、机场箱包检查、人体 X 光透视等。

电磁检测系统的原理框图如图 2-23 所示,有的探测方法利用物质的反射波、散射波来进行,有的利用物质的透射波来进行。从微波、太赫兹到 X 射线、γ 射线频段的电磁波都可以用于电磁检测。

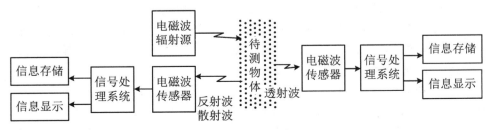

图 2-23　电磁检测系统原理框图

习　　题

2-1　简述传声器在声电系统中的地位和作用。

2-2　简述动圈式传声器的工作原理。

2-3　简述驻极体式传声器的工作原理。

2-4　简述内光电效应。

2-5　简述外光电效应。

2-6　天线的作用是什么？生活中还有哪些常用的天线？

2-7　简述无线电波接收的基本原理。

2-8　什么是信息获取技术？可通过哪些手段获取目标的信息？

第 3 章　连续时间系统的时域分析

线性时不变系统分析方法包括时间域和变换域两方面的问题(分别简称时域和变换域)。时域分析方法不涉及任何变换,直接求解系统的微分、积分方程,对于系统的分析与计算全部都在时间变量领域内进行。这种方法比较直观、物理概念清楚,是学习各种变换域方法的基础。

20 世纪 50 年代以前,时域分析方法着重研究微分方程的经典法求解。对于高阶系统或激励信号较复杂的情况,其计算过程相当繁琐,求解过程很不方便。正是由于这一原因,在相当长的一段时间内,人们的兴趣集中于变换域分析,例如借助拉普拉斯变换求解微分方程等。20 世纪 60 年代以后,由于计算机的广泛应用和各种软件工具的开发,从时域求解微分方程的技术变得比较方便;另一方面,在线性时不变系统中借助卷积方法求解响应日益受到重视,因而时域分析的研究与应用又进一步得到了发展。

3.1　时域经典法分析系统

3.1.1　系统数学模型(微分方程)的建立

为建立 LTI 系统的数学模型,需要列写描述其工作特性的微分方程。对于电系统,构成此方程的基本依据是电网络的两类约束特性。其一是元件约束特性,也即表征电路元件模型的关系式。例如二端元件电阻、电容、电感各自的电压与电流关系,以及多端元件互感、受控源、运算放大器等输出端口与输入端口之间的电压或电流关系。其二是网络拓扑约束,也即由网络结构决定的各电压、电流之间的约束关系。形式上以基尔霍夫电压定律(KVL)和基尔霍夫电流定律(KCL)给出。下面举例说明电路微分方程的建立过程。

例 3-1　对如图 3-1 所示的 RLC 并联电路,给定激励信号为电流源 $i_S(t)$,求并联电路的端电压 $v(t)$,并建立描述系统的微分方程。

解　设各支路电流分别为 $i_R(t)$、$i_L(t)$ 和 $i_C(t)$,以 $v(t)$ 作为待求响应函数,根据元件约束特性,有

$$i_R(t) = \frac{1}{R}v(t) \tag{3-1}$$

$$i_L(t) = \frac{1}{L}\int_{-\infty}^{t} v(\tau)\mathrm{d}\tau \tag{3-2}$$

$$i_C(t) = C\frac{\mathrm{d}}{\mathrm{d}t}v(t) \tag{3-3}$$

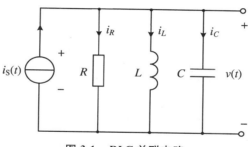

图 3-1　RLC 并联电路

根据基尔霍夫定律有

$$i_R(t) + i_L(t) + i_C(t) = i_S(t)$$

也即

$$C\frac{\mathrm{d}^2}{\mathrm{d}t^2}v(t) + \frac{1}{R}\frac{\mathrm{d}}{\mathrm{d}t}v(t) + \frac{1}{L}v(t) = \frac{\mathrm{d}}{\mathrm{d}t}i_S(t) \tag{3-4}$$

下面考虑一个机械位移系统数学模型的建立。对此类系统的建模依据是各种作用力与运动速度的关系式以及描述系统受力平衡的基本规律——达朗贝尔原理。

例 3-2　图 3-2 为一个二阶质块弹簧阻尼部件构成的机械位移系统,由于外力 $F_S(t)$ 的作用,检测块相对于左边的支撑结构将产生位移 $y(t)$,刚体质块的质量为 m,弹簧刚度系数为 k,阻碍质块运动的阻尼系数是 f。设位移速度 $v(t) = \dfrac{\mathrm{d}}{\mathrm{d}t}y(t)$,试建立 $v(t)$ 与 $F_S(t)$ 约束关系的表达式。

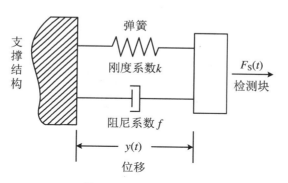

图 3-2　机械位移系统

解　设弹簧受力为 $F_k(t)$,由胡克定律可知

$$F_k(t) = ky(t) = k\int_{-\infty}^{t}v(\tau)\mathrm{d}\tau \tag{3-5}$$

阻尼力为 $F_f(t)$,它与移动速度成正比:

$$F_f(t) = fv(t) \tag{3-6}$$

物体运动惯性力以 $F_m(t)$ 表示,按牛顿第二定律有

$$F_m(t) = m\frac{\mathrm{d}}{\mathrm{d}t}v(t) \tag{3-7}$$

根据达朗贝尔原理,系统受力应保持平衡,因而有

$$m\frac{\mathrm{d}}{\mathrm{d}t}v(t) + fv(t) + k\int_{-\infty}^{t}v(\tau)\mathrm{d}\tau = F_S(t)$$

等式两端微分得

$$m\frac{\mathrm{d}^2}{\mathrm{d}t}v(t) + f\frac{\mathrm{d}}{\mathrm{d}t}v(t) + kv(t) = \frac{\mathrm{d}}{\mathrm{d}t}F_s(t) \tag{3-8}$$

此式即为图 3-2 所示机械位移系统的微分方程表达式。

虽然以上两例是性质完全不同的两个物理系统,但是对比式(3-4)和式(3-8)可以发现,它们的数学模型却一一对应,或者说这两个微分方程的形式完全相同。表 3-1 列出了两个物理系统参数之对比,左列的力学量与右列的电学量逐项对应,它们的约束规律表现出惊人的相似特征。

表 3-1 力学量与电学量的对比

力学量	电学量
速度 v	电压 v
力 F	电流 i
功率 vF	功率 vi
阻尼系数 f	电导 G(电阻 R 与 f 呈倒数对应)
阻尼力 $F_f = fv$	欧姆定律 $i = Gv$
质量 m	电容 C
弹簧刚度系数 $k\left(\text{或弹性系数}\frac{1}{k}\right)$	电感 L(L 与 k 呈倒数对应)
胡克定律 $F_k = k\int v(t)\mathrm{d}t$	电磁感应定律 $i = \frac{1}{L}\int v(t)\mathrm{d}t$
牛顿第二定律 $F_m = m\frac{\mathrm{d}v(t)}{\mathrm{d}t}$	电荷传递规律 $i = C\frac{\mathrm{d}v(t)}{\mathrm{d}t}$
达朗贝尔原理	基尔霍夫定律
$\sum\limits_{i=1}^{N} F_i = 0$	$\sum\limits_{k=1}^{N} i_k = 0$
$\sum\limits_{k=1}^{M} v_k = 0$	$\sum\limits_{j=1}^{M} v_j = 0$
谐振频率 $\sqrt{\dfrac{k}{m}}$	谐振频率 $\dfrac{1}{\sqrt{LC}}$
品质因数 $\dfrac{1}{f}\sqrt{km}$	品质因数 $\dfrac{1}{G}\sqrt{\dfrac{C}{L}}$
系统数学模型: $m\dfrac{\mathrm{d}^2 v(t)}{\mathrm{d}t^2} + f\dfrac{\mathrm{d}v(t)}{\mathrm{d}t} + kv(t) = \dfrac{\mathrm{d}F_s(t)}{\mathrm{d}t}$	系统数学模型: $C\dfrac{\mathrm{d}^2 v(t)}{\mathrm{d}t} + \dfrac{1}{R}\dfrac{\mathrm{d}v(t)}{\mathrm{d}t} + \dfrac{1}{L}v(t) = \dfrac{\mathrm{d}i_s(t)}{\mathrm{d}t}$

借助表 3-1 很容易将机械系统等效类比为电路系统,考虑到近代电路研究手段日趋成熟,并具有很强的分析功能,因而可以利用机电类比法分析与设计机械系统。

微电子与系统集成技术的飞速发展不仅使传统电路技术的实现与应用发生了一场革命,而且它的成功理念已经拓展到更为广泛的工程领域。近年来,出现了所谓"微电子机械系统"(micro electro mechanical systems,缩写为 MEMS,中文简称微机电系统)。它将机械装置与电子控制电路合并制作在同一芯片上,构成了智能化的传感器和传动器,并且可以完成必要的检测与计算。例如借助电参数的测量来确定机械位移的数值(如速度或加速度)。与传统的机械设备相比较,这类系统具有体积小、重量轻、功能强、噪声低等诸多优点,已经广泛应用于诸如人体保健、生物工程、导航和汽车系统等各种领域。实际上图 3-2 所示结构的形成背景即源于测量加速度参量的"微型加速度计"。

用微分方程不仅可以建立描述电路、机械等工程系统的数学模型,还可用于构建生物系统、经济系统、社会系统等各种科学领域。

3.1.2　用时域经典法求解微分方程

系统的微分方程一经建立,如果给定激励信号函数形式以及系统的初始状态(微分方程的初始条件),即可求解相应的响应。

对于一阶或二阶微分方程描述的电路系统,已在数学与电路课程中给出了其求解方法,下面在先修课程的基础上,将该方法引向高阶,给出 LTI 系统微分方程数学模型的一般求解规律。

如果组成系统的元件都是参数恒定的线性元件,则相应的数学模型是一个线性常系数微分方程(简称定常系统)。若此系统中各元件起始无储能,则构成一个线性时不变系统。

设系统的激励信号为 $e(t)$,响应为 $r(t)$,它的数学模型可利用一高阶微分方程表示为

$$C_0 \frac{\mathrm{d}^n r(t)}{\mathrm{d}t^n} + C_1 \frac{\mathrm{d}^{n-1} r(t)}{\mathrm{d}t^{n-1}} + \cdots + C_{n-1} \frac{\mathrm{d}r(t)}{\mathrm{d}t} + C_n r(t)$$

$$= E_0 \frac{\mathrm{d}^m e(t)}{\mathrm{d}t^m} + E_1 \frac{\mathrm{d}^{m-1} e(t)}{\mathrm{d}t^{m-1}} + \cdots + E_{m-1} \frac{\mathrm{d}e(t)}{\mathrm{d}t} + E_m e(t) \tag{3-9}$$

由微分方程的时域经典求解方法可知,式(3-9)的完全解由两部分组成,即齐次解与特解。此外,还需借助初始条件求出待定系数。下面依次说明求解过程。

1. 求齐次解 $r_h(t)$

当式(3-9)中的激励项 $e(t)$ 及其各阶导数都为零时,此方程的解即为齐次解,它应满足

$$C_0 \frac{\mathrm{d}^n r(t)}{\mathrm{d}t^n} + C_1 \frac{\mathrm{d}^{n-1} r(t)}{\mathrm{d}t^{n-1}} + \cdots + C_{n-1} \frac{\mathrm{d}r(t)}{\mathrm{d}t} + C_n r(t) = 0 \tag{3-10}$$

此方程也称为式(3-9)的齐次方程。齐次解的形式是形如 $A\mathrm{e}^{\alpha t}$ 函数的线性组合,令 $r(t) = A\mathrm{e}^{\alpha t}$,代入式(3-10),则有

$$C_0 A \alpha^n \mathrm{e}^{\alpha t} + C_1 A \alpha^{n-1} \mathrm{e}^{\alpha t} + \cdots + C_{n-1} A \alpha \mathrm{e}^{\alpha t} + C_n A \mathrm{e}^{\alpha t} = 0$$

简化为

$$C_0 \alpha^n + C_1 \alpha^{n-1} + \cdots + C_{n-1} \alpha + C_n = 0 \tag{3-11}$$

如果 α_k 是式(3-11)的根,则 $r(t) = A\mathrm{e}^{\alpha_k t}$ 将满足式(3-10)。称式(3-11)为微分方程(3-9)的特征方程,对应的 n 个根 $\alpha_1, \alpha_2, \cdots, \alpha_n$ 称为微分方程的特征根。

在特征根各不相同(无重根)的情况下,微分方程的齐次解为

$$r_h(t) = A_1 e^{\alpha_1 t} + A_2 e^{\alpha_2 t} + \cdots + A_n e^{\alpha_n t} = \sum_{i=1}^{n} A_i e^{\alpha_i t} \tag{3-12}$$

其中常数 $A_1, A_2, \cdots, A_n$ 由初始条件决定。

若特征方程(3-11)有重根,例如 α_1 是方程(3-11)的 k 阶重根,即

$$C_0 \alpha^n + C_1 \alpha^{n-1} + \cdots + C_{n-1} \alpha + C_n = C_0 (\alpha - \alpha_1)^k \prod_{i=2}^{n-k+1} (\alpha - \alpha_i) \tag{3-13}$$

则相应于 α_1 的重根部分将有 k 项,形如

$$(A_1 t^{k-1} + A_2 t^{k-2} + \cdots + A_{k-1} t + A_k) e^{\alpha_1 t} = \left(\sum_{i=1}^{k} A_i t^{k-i} \right) e^{\alpha_1 t} \tag{3-14}$$

不难证明其中的每一项都满足式(3-10)的齐次方程。

例 3-3　求微分方程 $\dfrac{d^2}{dt^2} r(t) + 6 \dfrac{d}{dt} r(t) + 8 r(t) = e(t)$ 的齐次解。

解　系统的特征方程为

$$\alpha^2 + 6\alpha + 8 = 0$$
$$(\alpha + 2)(\alpha + 4) = 0$$

特征根 $\alpha_1 = -2, \alpha_2 = -4$,故齐次解为

$$r_h(t) = A_1 e^{-2t} + A_2 e^{-4t}$$

2. 求特解 $r_p(t)$

微分方程特解 $r_p(t)$ 的函数形式与激励函数形式有关。将激励 $e(t)$ 代入方程(3-9)的右端,化简后右端函数式称为"自由项"。通常由观察自由项试选特解函数式,代入方程后求得特解函数式中的待定系数,即可给出特解 $r_p(t)$。几种典型激励函数对应的特解函数式列于表3-2,求解方程时可以参考。

表 3-2　与几种典型激励函数对应的特解

激励函数 $e(t)$	响应函数 $r(t)$ 的特解
E(常数)	B
t^p	$B_1 t^p + B_2 t^{p-1} + \cdots + B_p t + B_{p+1}$
e^{at}	$B e^{at}$
$\cos(\omega t)$	$B_1 \cos(\omega t) + B_2 \sin(\omega t)$
$\sin(\omega t)$	
$t^p e^{at} \cos(\omega t)$	$(B_1 t^\beta + \cdots + B_p t + B_{p+1}) e^{at} \cos(\omega t) +$
$t^p e^{at} \sin(\omega t)$	$(D_1 t^p + \cdots + D_p t + D_{p+1}) e^{at} \sin(\omega t)$

注:(1) 表中 B、D 是待定系数。

(2) 若 $e(t)$ 由几种激励函数组合,则特解也为其相应的组合。

(3) 若表中所列特解与齐次解重复,如激励函数 $e(t) = e^{at}$,齐次解也为 e^{at},则其特解为 $B_0 t e^{at}$。若特征根为二重根,即齐次解呈现 $t e^{at}$ 形式时,则特解为 $B_0 t^2 e^{at}$。高阶依此类推。

例 3-4　给定微分方程:

$$\frac{d^2 r(t)}{dt^2} + 2 \frac{dr(t)}{dt} + 3 r(t) = \frac{de(t)}{dt} + e(t)$$

如果已知:(1) $e(t) = t^2$;(2) $e(t) = e^t$,分别求两种情况下此方程的特解。

解　(1) 将 $e(t) = t^2$ 代入方程右端,得到 $t^2 + 2t$,为使等式两端平衡,试选特解函数式

$$r_\mathrm{p}(t) = B_1 t^2 + B_2 t + B_3$$

这里 B_1, B_2, B_3 为待定系数。将此式代入方程得

$$3B_1 t^2 + (4B_1 + 3B_2)t + (2B_1 + 2B_2 + 3B_3) = t^2 + 2t$$

等式两端各对应幂次的系数应相等,于是有

$$\begin{cases} 3B_1 = 1 \\ 4B_1 + 3B_2 = 2 \\ 2B_1 + 2B_2 + 3B_3 = 0 \end{cases}$$

联立求解得

$$B_1 = \frac{1}{3}, \quad B_2 = \frac{2}{9}, \quad B_3 = -\frac{10}{27}$$

所以特解为

$$r_\mathrm{p}(t) = \frac{1}{3}t^2 + \frac{2}{9}t - \frac{10}{27}$$

(2) 当 $e(t) = \mathrm{e}^t$ 时,很明显可选 $r_\mathrm{p}(t) = B\mathrm{e}^t$,这里 B 是待定系数。代入方程后有

$$B\mathrm{e}^t + 2B\mathrm{e}^t + 3B\mathrm{e}^t = \mathrm{e}^t + \mathrm{e}^t$$

$$B = \frac{1}{3}$$

于是特解为 $r_\mathrm{p}(t) = \dfrac{1}{3}\mathrm{e}^t$。

上面两部分求出的齐次解 $r_\mathrm{h}(t)$ 和特解 $r_\mathrm{p}(t)$ 相加即得方程的完全解:

$$r(t) = \sum_{i=1}^{n} A_i \mathrm{e}^{\alpha_i t} + r_\mathrm{p}(t) \tag{3-15}$$

3. 借助初始条件求待定系数 A

给定微分方程和激励信号 $e(t)$,为使方程有唯一解还必须给出一组求解区间内的边界条件,用以确定式(3-15)中的常数 $A_i(i=1,2,\cdots,n)$。对于 n 阶微分方程,若 $e(t)$ 是 $t=0$ 时刻加入,则把求解区间定为 $0 \leqslant t < +\infty$,一组边界条件可以给定为在此区间内任一时刻 t_0,要求解满足 $r(t_0), \dfrac{\mathrm{d}}{\mathrm{d}t}r(t_0), \dfrac{\mathrm{d}^2}{\mathrm{d}t^2}r(t_0), \cdots, \dfrac{\mathrm{d}^{n-1}}{\mathrm{d}t^{n-1}}r(t_0)$ 的各值。通常取 $t_0 = 0$,这样对应的一组条件就称为初始条件,记为 $r^{(k)}(0)(k=0,1,\cdots,n-1)$。把 $r^{(k)}(0)$ 代入式(3-15),有

$$\begin{cases} r(0) = A_1 + A_2 + \cdots + A_n + r_\mathrm{p}(0) \\ \dfrac{\mathrm{d}}{\mathrm{d}t}r(0) = A_1\alpha_1 + A_2\alpha_2 + \cdots + A_n\alpha_n + \dfrac{\mathrm{d}}{\mathrm{d}t}r_\mathrm{p}(0) \\ \cdots\cdots \\ \dfrac{\mathrm{d}^{n-1}}{\mathrm{d}t^{n-1}}r(0) = A_1\alpha_1^{n-1} + A_2\alpha_2^{n-1} + \cdots + A_n + \dfrac{\mathrm{d}^{n-1}}{\mathrm{d}t^{n-1}}r_\mathrm{p}(0) \end{cases} \tag{3-16}$$

由此可以求出要求的常数 $A_i(i=1,2,\cdots,n)$。用矩阵形式表示为

$$\begin{bmatrix} r(0) - r_\mathrm{p}(0) \\ \dfrac{\mathrm{d}}{\mathrm{d}t}r(0) - \dfrac{\mathrm{d}}{\mathrm{d}t}r_\mathrm{p}(0) \\ \vdots \\ \dfrac{\mathrm{d}^{n-1}}{\mathrm{d}t^{n-1}}r(0) - \dfrac{\mathrm{d}^{n-1}}{\mathrm{d}t^{n-1}}r_\mathrm{p}(0) \end{bmatrix} = \begin{bmatrix} 1 & 1 & \cdots & 1 \\ \alpha_1 & \alpha_2 & \cdots & \alpha_n \\ \vdots & \vdots & & \vdots \\ \alpha_1^{n-1} & \alpha_2^{n-1} & \cdots & \alpha_n^{n-1} \end{bmatrix} \begin{bmatrix} A_1 \\ A_2 \\ \vdots \\ A_n \end{bmatrix} \tag{3-17}$$

其中由各 α 值构成的矩阵称为范德蒙德矩阵（Vandermonde matrix）。由于 α_i 值各不相同，因而它的逆矩阵存在，这样就可以唯一地确定常数 $A_i(i=1,2,\cdots,n)$。

以上简单回顾了线性常系数微分方程的经典解法。从系统分析的角度，称线性常系数微分方程描述的系统为时不变系统。式(3-9)中齐次解表示系统的自由响应。式(3-11)表示系统特性的特征方程根 $\alpha_i(i=1,2,\cdots,n)$ 称为系统的"固有频率"（或"自由频率""自然频率"），它决定了系统自由响应的全部形式。完全解中的特解称为系统的强迫响应，可见强迫响应只与激励函数的形式有关。整个系统的完全响应由系统自身特性决定的自由响应 $r_h(t)$ 和与外加激励信号 $e(t)$ 有关的强迫响应 $r_p(t)$ 两部分组成，即式(3-15)。

为了说明上述方法的综合应用，下面给出一个借助时域经典法求解电路问题的实例。

例 3-5　如图 3-3 所示电路，已知激励信号 $e(t)=\sin(2t)u(t)$，初始时刻，电容两端电压均为零，求输出信号 $v_2(t)$ 的表示式。

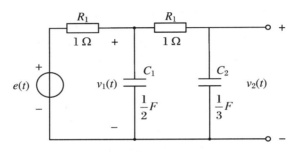

图 3-3　例 3-5 电路

解　（1）列写微分方程：

$$\frac{\mathrm{d}^2 v_2(t)}{\mathrm{d}t^2} + 7\frac{\mathrm{d}v_2(t)}{\mathrm{d}t} + 6v_2(t) = 6\sin(2t) \quad (t \geqslant 0)$$

（2）为求齐次解，写出特征方程：

$$\alpha^2 + 7\alpha + 6 = 0$$

特征根为

$$\alpha_1 = -1, \quad \alpha_2 = -6$$

齐次解为

$$A_1\mathrm{e}^{-t} + A_2\mathrm{e}^{-6t}$$

（3）查表 3-2 知特解为

$$B_1\sin(2t) + B_2\cos(2t)$$

代入原方程求系数 B：

$$-4B_1\sin(2t) - 4B_2\cos(2t) + 14B_1\cos(2t) - 14B_2\sin(2t)$$
$$+ 6B_1\sin(2t) + 6B_2\cos(2t) = 6\sin(2t)$$

简化为

$$(2B_1 - 14B_2 - 6)\sin(2t) + (14B_1 + 2B_2)\cos(2t) = 0$$

因此有

$$\begin{cases} 2B_1 - 14B_2 - 6 = 0 \\ 14B_1 + 2B_2 = 0 \end{cases}$$

解得

$$B_1 = \frac{3}{50}, \quad B_2 = -\frac{21}{50}$$

求出特解为

$$\frac{3}{50}\sin(2t) - \frac{21}{50}\cos(2t)$$

（4）完全解为

$$v_2(t) = A_1 \mathrm{e}^{-t} + A_2 \mathrm{e}^{-6t} + \frac{3}{50}\sin(2t) - \frac{21}{50}\cos(2t)$$

已知电容 C_2 初始端电压为零，因此 $v_2(0)=0$，又因为电容 C_1 初始端电压也为零，于是流过 R_2、C_2 的初始电流也为零，即 $\dfrac{\mathrm{d}v_2(0)}{\mathrm{d}t}=0$。借助这两个初始条件，可以写出

$$\begin{cases} 0 = A_1 + A_2 - \dfrac{21}{50} \\ 0 = -A_1 - 6A_2 + \dfrac{3}{25} \end{cases}$$

由此解得

$$A_1 = \frac{12}{25}, \quad A_2 = -\frac{3}{50}$$

完全解为

$$v_2(t) = \frac{12}{25}\mathrm{e}^{-t} - \frac{3}{50}\mathrm{e}^{-6t} + \frac{3}{50}\sin(2t) - \frac{21}{50}\cos(2t) \quad (t \geqslant 0)$$

以上求解线性常系数微分方程的过程可用流程图示意于图 3-4。

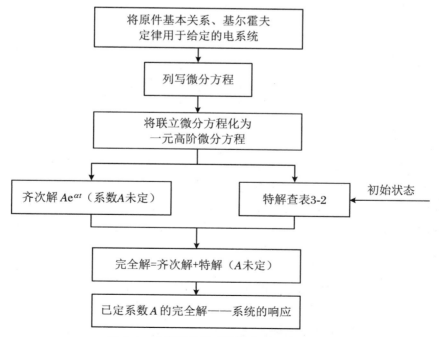

图 3-4　求解线性常系数微分方程的流程图

以上复习了用时域经典法求解线性常系数微分方程的分析方法。很明显，这种方法的不足之处是求解过程比较繁琐，优点是对于表明和理解系统产生响应的物理概念比较清楚。

待到学习过拉普拉斯变换方法之后可以看到用该方法求解上述同类问题所需过程明显得以简化,但是物理概念被冲淡。本章注重理解物理概念,而拉普拉斯变换注重常见电路的具体分析与计算。另外,对于比较复杂的信号或电路,完全可借助计算机软件工具求解,无需再用书面的手写计算。

3.1.3 起始点的跳变——从 0_- 到 0_+ 状态的转换

作为一个数学问题,往往把微分方程的初始条件设定为一组已知的数据,利用这组数据可以确定方程解中的系数 A。对于实际的系统模型,初始条件要根据激励信号接入瞬时系统所处的状态而决定。在某些情况下,此状态可能发生跳变,这将使确定初始条件的工作复杂化。

为研究这一问题,首先初步介绍系统状态的概念。系统在 $t=t_0$ 时刻的状态是一组必须知道的最少量数据,根据这组数据、系统数学模型以及 $t>t_0$ 接入的激励信号,就能够完全确定以后任意时刻系统的响应。对于 n 阶系统,这组数据由 n 个独立条件给定,这 n 个独立条件可以是系统响应的各阶导数值。

由于激励信号的作用,响应 $r(t)$ 及其各阶导数有可能在 $t=0$ 时刻发生跳变,为区分跳变前后的状态,以 0_- 表示激励接入之前的瞬时,以 0_+ 表示激励接入以后的瞬时。与此对应,给出 0_- 时刻和 0_+ 时刻的两组状态,即

$$r^{(k)}(0_-) = \left[r(0_-), \frac{dr(0_-)}{dt}, \cdots, \frac{d^{n-1}r(0_-)}{dt^{n-1}} \right] \tag{3-18}$$

称这组状态为"0_- 状态"或"起始状态",它包含了为计算未来响应所需要的过去全部信息。另一组状态是

$$r^{(k)}(0_+) = \left[r(0_+), \frac{dr(0_+)}{dt}, \cdots, \frac{d^{n-1}r(0_+)}{dt^{n-1}} \right] \tag{3-19}$$

这组状态被称为"0_+ 状态"或"初始状态",也可称为"导出的起始状态"。

一般情况下,用时域经典法求得微分方程的解答应限于 $0_+ < t < +\infty$ 的时间范围。因而不能以 0_- 状态作为初始条件,而应当利用 0_+ 状态作为初始条件,也即将 0_+ 状态的数据代入式(3-16)或式(3-17),以求得系数 A_i。

对于实际的电网络系统,为决定其数学模型的初始条件,可以利用系统内部储能的连续性,这包括电容储存电荷的连续性以及电感储存磁链的连续性。具体表现规律为:在没有冲激电流(或阶跃电压)强迫作用于电容的条件下,电容两端电压 $v_C(t)$ 不发生跳变;在没有冲激电压(或阶跃电流)强迫作用于电感的条件下,流经电感的电流不发生跳变。这时有

$$v_C(0_+) = v_C(0_-)$$
$$i_L(0_+) = i_L(0_-)$$

然后根据元件特性约束和网络拓扑约束求出 0_+ 时刻其他电流或电压值。

对于简单的电路,按上述原则容易判断待求函数及其导数起始值发生的跳变,读者在先修课程中已有初步认识。下面举出两个例子,复习有关求解方法,并对起始值跳变的物理概念及其与数学方程的联系给出说明。

例 3-6 如图 3-5(a)所示 RC 一阶电路,电路中无储能,起始电压和电流都为 0,激励信号 $e(t)=u(t)$,求 $t>0$ 系统的响应——电阻两端电压 $v_R(t)$。

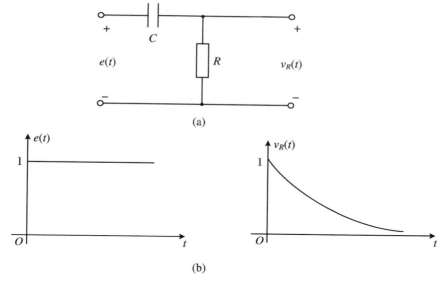

图 3-5　例 3-6 的电路和波形

解　根据 KVL 和元件特性写出微分方程：

$$e(t) = \frac{1}{RC} \int_{-\infty}^{t} v_R(\tau)\mathrm{d}\tau + v_R(t) \tag{3-20}$$

也即

$$\frac{\mathrm{d}v_R(t)}{\mathrm{d}t} + \frac{1}{RC}v_R(t) = \frac{\mathrm{d}e(t)}{\mathrm{d}t} \tag{3-21}$$

很明显，当 $RC \ll 1$ 时，这是一个近似微分电路，或从频域观察是一个高通滤波器。已知 $v_R(0_-) = 0$，当输入端激励信号发生跳变时，电容两端电压应保持连续值，仍等于 0，而电阻两端电压将产生跳变，即 $v_R(0_+) = 1$。至此，可依经典法求得齐次解等于 $A\mathrm{e}^{-\frac{t}{RC}}$，$A$ 为待定系数。由于式(3-21)右端在 $t > 0_+$ 以后等于零，故特解为 0。写出完全解：

$$v_R(t) = A\mathrm{e}^{-\frac{t}{RC}} \tag{3-22}$$

将 0_+ 条件代入求出 $A = 1$，最终给出本题解答：

$$v_R(t) = \mathrm{e}^{-\frac{t}{RC}} \quad (t \geqslant 0) \tag{3-23}$$

画出波形如图 3-5(b)所示。

在以上分析过程中，利用了电容两端电压连续性这一物理概念求得 $v_R(0_+)$ 值。实际上，也可以不考虑物理意义，而从微分方程的数学规律求得这一结果。为说明这一分析方法，将 $e(t) = u(t)$ 代入式(3-21)右端，可以得到

$$\frac{\mathrm{d}v_R(t)}{\mathrm{d}t} + \frac{1}{RC}v_R(t) = \delta(t) \tag{3-24}$$

为保持方程左、右两端各阶奇异函数平衡，可以判定等式左端最高阶项应包含 $\delta(t)$，由此推出 $v_R(t)$ 应包含单位跳变值，也即 $v_R(0_+) = v_R(0_-) + 1 = 1$。

这种方法可推广至二阶或高阶电路。

例 3-7　电路如图 3-6 所示，在激励信号电流源 $i_s(t) = \delta(t)$ 的作用下，求电感支路电流 $i_L(t)$。激励信号接入之前系统中无储能，各支路电流 $i_R(0_-)$、$i_C(0_-)$ 和 $i_L(0_-)$ 都为零。

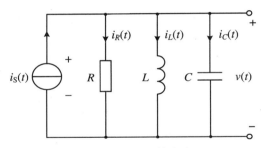

图 3-6 例 3-7 的电路

解 根据 KCL 和电路元件约束特性列出方程:

$$LC\frac{\mathrm{d}^2 i_L(t)}{\mathrm{d}t^2} + \frac{L}{R}\frac{\mathrm{d}i_L(t)}{\mathrm{d}t} + i_L(t) = i_S(t) \tag{3-25}$$

整理后得

$$\frac{\mathrm{d}^2 i_L(t)}{\mathrm{d}t^2} + \frac{1}{RC}\frac{\mathrm{d}i_L(t)}{\mathrm{d}t} + \frac{1}{LC}i_L(t) = \frac{1}{LC}\delta(t) \tag{3-26}$$

首先,判断 $i_L(0_+)$ 和 $\dfrac{\mathrm{d}i_L(0_+)}{\mathrm{d}t}$ 的值。根据方程左、右两端奇异函数平衡原理可知,左端二阶导数项应含有冲激项 $\dfrac{1}{LC}\delta(t)$ 以保持与右端对应,因而一阶导数项将产生跳变值 $\dfrac{1}{LC}$;而一阶导数项不含 $\delta(t)$,因而 $i_L(t)$ 在零点没有跳变(若一阶导数项含 $\delta(t)$,则二阶项要出现 $\delta'(t)$,破坏了左、右端的平衡)。由此写出

$$i_L(0_+) = i_L(0_-) + 0 = 0$$

$$\frac{\mathrm{d}i_L(0_+)}{\mathrm{d}t} = \frac{\mathrm{d}i_L(0_-)}{\mathrm{d}t} + \frac{1}{LC} = \frac{1}{LC}$$

相应的物理意义解释如下:在激励作用瞬间,电感支路电流 $i_L(t)$ 没有发生跳变,而它的电压 $L\dfrac{\mathrm{d}i_L(t)}{\mathrm{d}t}$ 出现了 $\dfrac{1}{C}$ 的跳变值,当然这也是电容两端电压的跳变值。

写出系统的特征方程为

$$\alpha^2 + \frac{1}{RC}\alpha + \frac{1}{LC} = 0$$

齐次解表达式为

$$i_L(t) = A_1\mathrm{e}^{\alpha_1 t} + A_2\mathrm{e}^{\alpha_2 t} \tag{3-27}$$

式中的 A_1、A_2 为两个待定系数,α_1、α_2 是特征方程的两个根,它们分别等于

$$\alpha_{1,2} = -\frac{1}{2RC} \pm \sqrt{\frac{1}{(2RC)^2} - \frac{1}{LC}} \tag{3-28}$$

由于方程右端在 $t > 0_+$ 时刻之后为零,因而特解等于零,齐次解即为完全解。利用初始条件代入齐次解表达式可求得系数 A_1、A_2。

$$i_L(0_+) = A_1 + A_2 = 0$$

$$\frac{\mathrm{d}i_L(0_+)}{\mathrm{d}t} = \alpha_1 A_1 + \alpha_2 A_2 = \frac{1}{LC}$$

由此解得

$$A_1 = \frac{1}{LC}\frac{1}{(\alpha_1 - \alpha_2)}, \quad A_2 = -\frac{1}{LC}\frac{1}{(\alpha_1 - \alpha_2)} \tag{3-29}$$

为简化推导,引入符号

$$\omega_0 = \frac{1}{\sqrt{LC}} \tag{3-30}$$

$$\omega_\mathrm{d} = \sqrt{\frac{1}{LC} - \frac{1}{(2RC)^2}} = \sqrt{\omega_0^2 - \frac{1}{(2RC)^2}} \tag{3-31}$$

于是有

$$\alpha_{1,2} = -\frac{1}{2RC} \pm \sqrt{\frac{1}{(2RC)^2} - \omega_0^2} = -\frac{1}{2RC} \pm \mathrm{j}\omega_\mathrm{d} \tag{3-32}$$

将 $\alpha_{1,2}$ 和 $A_{1,2}$ 分别代入式(3-27)可求得最终结果。下面考虑电路耗能与储能的不同相对条件,分成几种情况给出 $i_L(t)$ 表达式。

(1) 电阻 $R \rightarrow +\infty$ 。

$$\alpha_{1,2} = \pm \mathrm{j}\omega_0$$
$$i_L(t) = \omega_0 \sin(\omega_0 t) \tag{3-33}$$

由于并联电阻为无限大,没有损耗,电路中只有 L 与 C 的储能交换,因而形成等幅正弦振荡。

(2) $\frac{1}{2RC} < \omega_0$ 。

$$i_L(t) = \frac{\omega_0^2}{\omega_\mathrm{d}} \mathrm{e}^{-\frac{t}{2RC}} \sin(\omega_\mathrm{d} t) \tag{3-34}$$

电阻虽有一些损耗,但仍可产生衰减振荡。电阻 R 越大衰减越慢,而当 R 较小时,衰减很快,以致过渡到因阻尼过大而不能产生振荡,即以下两种情况。

(3) $\frac{1}{2RC} = \omega_0, \alpha_1 = \alpha_2 = \frac{1}{2RC}$ 。

$$i_L(t) = t\mathrm{e}^{-\frac{t}{2RC}} \tag{3-35}$$

(4) $\frac{1}{2RC} > \omega_0$ 。

$$i_L(t) = \frac{\omega_0^2}{\omega_\mathrm{d}} \mathrm{e}^{-\frac{t}{2RC}} \sinh(\omega_\mathrm{d} t) \tag{3-36}$$

给出本例的目的是进一步认识系统响应在起始点产生跳变的现象,并练习对简单电路从 0_- 状态导出 0_+ 状态的方法。不难发现,随着系统阶次的升高,无论从电路物理概念出发或借助方程左、右端奇异函数平衡的方法都将使求解过程更加繁琐。

综上分析可以看出,本节研究的主要目的是从时域观察系统初始值产生跳变的物理现象,初步认识它与数学模型的对应,无需关注解题技巧。

3.2 零输入响应与零状态响应

将信号从不同角度进行分解,往往能给 LTI 系统响应的研究带来许多方便。在 3.1.2 节把微分方程的完全解分为两个部分——齐次解和特解,体现了信号分解的研究思想。

齐次解的函数特性仅依赖于系统本身,与激励信号的函数形式无关,因而称为系统的自由响应(或固有响应)。但应注意,齐次解的系数 A 仍与激励信号有关。特解的形式完全由激励函数决定,因而称为系统的强迫响应(或受迫响应)。

把完全解分成齐次解与特解的组合仅仅是可能分解的形式之一。按照分析计算的方便或适应不同要求的物理解释,还可采取其他形式的分解。另一种广泛应用的重要形式是分解为"零输入响应"与"零状态响应"。

零输入响应的定义为:没有外加激励信号的作用,只由起始状态(起始时刻系统储能)所产生的响应。以 $r_{zi}(t)$ 表示。

零状态响应的定义为:不考虑起始时刻系统储能的作用(起始状态等于零),由系统外加激励信号所产生的响应。以 $r_{zs}(t)$ 表示。

按照上述定义,$r_{zi}(t)$ 必然满足方程

$$C_0 \frac{d^n}{dt^n} r_{zi}(t) + C_1 \frac{d^{n-1}}{dt^{n-1}} r_{zi}(t) + \cdots + C_{n-1} \frac{d}{dt} r_{zi}(t) + C_n r_{zi}(t) = 0 \tag{3-37}$$

并符合起始状态 $r^{(k)}(0_-)$ 的约束。它是齐次解中的一部分,可以写出

$$r_{zi}(t) = \sum_{k=1}^{n} A_{zik} e^{\alpha_k t} \tag{3-38}$$

由于从 $t<0$ 到 $t>0$ 都没有激励的作用,而且系统内部结构不会发生改变,因而系统的状态在零点不会发生变化,也即 $r^{(k)}(0_+) = r^{(k)}(0_-)$。常系数 A_{zik} 可由 $r^{(k)}(0_-)$ 决定。

而 $r_{zs}(t)$ 应满足方程

$$C_0 \frac{d^n}{dt^n} r_{zs}(t) + C_1 \frac{d^{n-1}}{dt^{n-1}} r_{zs}(t) + \cdots + C_{n-1} \frac{d}{dt} r_{zs}(t) + C_n r_{zs}(t)$$

$$= E_0 \frac{d^m}{dt^m} e(t) + E_1 \frac{d^{m-1}}{dt^{m-1}} e(t) + \cdots + E_{m-1} \frac{d}{dt} e(t) + E_m e(t) \tag{3-39}$$

并符合 $r^{(k)}(0_-) = 0$ 的约束。其表达式为

$$r_{zs}(t) = \sum_{k=1}^{n} A_{zsk} e^{\alpha_k t} + B(t) \tag{3-40}$$

其中 $B(t)$ 是特解。可见,在激励信号作用下,零状态响应包括两个部分,即自由响应的一部分与强迫响应之和。

归纳上述分析结果,可写出以下表达式:

$$r(t) = r_{zi}(t) + r_{zs}(t)$$

$$= \underbrace{\sum_{k=1}^{n} A_{zik} e^{\alpha_k t}}_{\text{零输入响应}} + \underbrace{\sum_{k=1}^{n} A_{zsk} e^{\alpha_k t} + B(t)}_{\text{零状态响应}}$$

$$= \underbrace{\sum_{k=1}^{n} A_k e^{\alpha_k t}}_{\text{自由响应}} + \underbrace{B(t)}_{\text{强迫响应}} \tag{3-41}$$

同时可给出以下重要结论:

(1) 自由响应和零输入响应都满足齐次方程的解。

(2) 自由响应和零输入响应的系数完全不同。零输入响应的 A_{zik} 仅由起始储能情况决定,而自由响应的 A_k 要同时依从于起始状态和激励信号。

(3) 自由响应由两部分组成,其中,一部分由起始状态决定,另一部分由激励信号决定,两者都与系统自身参数密切关联。

（4）若系统起始无储能，即 0_- 状态为零，则零输入响应为零，但自由响应可以不为零，由激励信号与系统参数共同决定。

（5）零输入响应由 0_- 时刻到 0_+ 时刻不跳变，此时刻若发生跳变可能出现在零状态响应分量之中。

下面给出一个简单的例子，通过一些具体的计算可以理解上述一般分析。

例 3-8　已知系统方程为

$$\frac{\mathrm{d}r(t)}{\mathrm{d}t} + 3r(t) = 3e(t)$$

若起始状态为 $r(0_-) = \dfrac{3}{2}$，激励信号 $e(t) = u(t)$，求系统的自由响应、强迫响应、零输入响应、零状态响应以及完全响应。

解　（1）由方程求出特征根 $\alpha = -3$，齐次解是 $A\mathrm{e}^{-3t}$，由激励信号 $u(t)$ 求出特解是 1。完全响应表达式为

$$r(t) = A\mathrm{e}^{-3t} + 1$$

由方程两端奇异函数平衡条件易判断，$r(t)$ 在起始点无跳变，$r(0_+) = r(0_-) = \dfrac{3}{2}$。利用此条件解出系数 $A = \dfrac{1}{2}$，所以完全解为

$$r(t) = \frac{1}{2}\mathrm{e}^{-3t} + 1$$

式中，第一项 $\dfrac{1}{2}\mathrm{e}^{-3t}$ 为自由响应，第二项 1 为强迫响应。

（2）求零输入响应。此时，特解为零。由初始条件求出系数 $A = \dfrac{3}{2}$，于是有

$$r_{\mathrm{zi}}(t) = \frac{3}{2}\mathrm{e}^{-3t}$$

再求零状态响应。此时令 $r(0_+) = 0$，解出相应的系数 $A = -1$，于是有

$$r_{\mathrm{zs}}(t) = -\mathrm{e}^{-3t} + 1$$

将以上二者合成为完全响应，并与第（1）步结果比较可以写出

$$r(t) = \overbrace{\frac{3}{2}\mathrm{e}^{-3t}}^{\text{自由响应}} \underbrace{- \mathrm{e}^{-3t}}_{\text{零状态响应}} \overbrace{+ 1}^{\text{强迫响应}}$$

（零输入响应）

对于 LTI 系统响应的分解，除按以上两种方式划分之外，另一种情况是将完全响应分解为"瞬态（暂态）响应"和"稳态响应"的组合。当 $t \to +\infty$ 时，响应趋近于零的分量称为瞬态响应；而当 $t \to +\infty$ 时，保留下来的分量称为稳态响应。例如在例 3-8 中 $\dfrac{1}{2}\mathrm{e}^{-3t}$ 是瞬态响应，而稳态响应是 1。

基于观察问题的不同角度，形成了上述三种系统响应的分解方式。其中，自由响应与强迫响应分量的构成是沿袭经典法求解微分方程的传统概念，将完全响应划分为与系统特征对应以及和激励信号对应的两个部分。而零输入响应与零状态响应则是依据引起系统响应的原因来划分，前者是由系统内部储能引起的，而后者是外加激励信号产生的输出。至于瞬态与稳态响应的组合，只注重分析响应的结果，将长时间稳定之后的表现与短时间的过渡状

态区分开来。在当代 LTI 系统研究领域中,零状态响应的概念具有突出的重要意义,这是由于:

(1) 大量的通信与电子系统实际问题只需研究零状态响应。

(2) 求解零状态响应,可以不再采用比较繁琐的经典法,而是利用卷积方法求解(见 3.4 节),这样可使问题简化并且便于和各种变换域方法沟通。

(3) 按零输入响应与零状态响应分解有助于理解线性系统叠加性和齐次性的特征。

对于第(3)点,前文已指出(3.1.2 节开始),若系统起始状态为零(内部无储能),则由常系数线性微分方程描述的系统是线性时不变系统,应满足叠加性与均匀性。例如,在上述例 3-8 中,如果保持起始状态仍为原值,将激励信号倍乘系数 C,那么零状态响应也要倍乘 C,由于零输入响应没有变化,系统的完全响应与激励信号之间不能满足线性倍乘的规律,因此不能认为系统是线性的。然而,若令起始无储能,那么,激励信号的倍乘必将引起零状态响应(也即完全响应)的倍乘,当然系统是线性的。反过来,若将起始状态的作用也视为对系统施加的激励,当零状态响应为零(也即不加激励)时,起始状态的数值与零输入响应之间同样满足线性倍乘规律。

综上所述,得出以下结论。

由常系数线性微分方程描述的系统在下述意义上是线性的:

(1) 零状态线性:当起始状态为零时,系统的零状态响应对于各激励信号呈线性。

(2) 零输入线性:当激励为零时,系统的零输入响应对于各起始状态呈线性。

(3) 把激励信号与起始状态都视为系统的外施作用,则系统的完全响应对两种外施作用也呈线性。

3.3 冲激响应与阶跃响应

以单位冲激信号 $\delta(t)$ 作为激励,系统产生的零状态响应称为"单位冲激响应"或简称"冲激响应",以 $h(t)$ 表示。

以单位阶跃信号 $u(t)$ 作为激励,系统产生的零状态响应称为"单位阶跃响应"或简称"阶跃响应",以 $g(t)$ 表示。

冲激函数与阶跃函数代表了两种典型信号,求它们引起的零状态响应是线性系统分析中常见的典型问题,这是对此两种响应感兴趣的原因之一。另一方面,信号分解的一种重要方式是把待研究的信号分解为许多冲激信号的基本单元之和,或阶跃信号之和。当要计算某种激励信号对于系统产生的零状态响应时,可先分别计算系统对其被分解的冲激信号或阶跃信号的零状态响应,然后叠加即得所需之结果。这就是用卷积求零状态响应的基本原理。因此,本节的研究,正是为卷积分析做准备。

若已知描述系统的方程如下:

$$C_0 \frac{\mathrm{d}^n r(t)}{\mathrm{d}t^n} + C_1 \frac{\mathrm{d}^{n-1} r(t)}{\mathrm{d}t^{n-1}} + \cdots + C_{n-1} \frac{\mathrm{d}r(t)}{\mathrm{d}t} + C_n r(t)$$

$$= E_0 \frac{\mathrm{d}^m e(t)}{\mathrm{d}t^m} + E_1 \frac{\mathrm{d}^{m-1} e(t)}{\mathrm{d}t^{m-1}} + \cdots + E_{m-1} \frac{\mathrm{d}e(t)}{\mathrm{d}t} + E_m e(t)$$

在给定 $e(t)$ 为单位冲激信号的条件下,来求 $r(t)$,即冲激响应 $h(t)$。很明显,将 $e(t) = \delta(t)$ 代入方程,则等式右端就出现了冲激函数和它的逐次导数,即各阶的奇异函数。待求的 $h(t)$ 函数式应保证上式左、右两端奇异函数相平衡。$h(t)$ 的形式将与 m 和 n 的相对大小有着密切关系。一般情况下有 $n > m$,着重讨论这种情况。此时,方程左端的 $\dfrac{\mathrm{d}^n r(t)}{\mathrm{d}t^n}$ 项应包含冲激函数的 m 阶导数 $\dfrac{\mathrm{d}^m \delta(t)}{\mathrm{d}t^m}$,以便与右端相匹配,依次有 $\dfrac{\mathrm{d}^{n-1} r(t)}{\mathrm{d}t^{n-1}}$ 项对应有 $\dfrac{\mathrm{d}^{m-1} \delta(t)}{\mathrm{d}t^{m-1}}$,…。若 $n = m + 1$,则 $\dfrac{\mathrm{d}r(t)}{\mathrm{d}t}$ 项要对应有 $\delta(t)$,而 $r(t)$ 项将不包含 $\delta(t)$ 及其各阶导数项。这表明,在 $n > m$ 的条件下,冲激响应 $h(t)$ 函数式中将不包含 $\delta(t)$ 及其各阶导数项。

　　根据定义,$\delta(t)$ 及其各阶导数在 $t > 0$ 时都等于零。于是,上式右端在 $t > 0$ 时恒等于零,因此冲激响应 $h(t)$ 应与齐次解的形式相同,如果特征根包括 n 个非重根,则

$$h(t) = \sum_{k=1}^{n} A_k \mathrm{e}^{\alpha_k t} \tag{3-42}$$

此结果表明,$\delta(t)$ 信号的加入,在 $t = 0$ 时刻引起了系统的能量储存,而在 $t = 0_+$ 以后,系统的外加激励不复存在,只有由冲激引入的能量储存作用,这样就把冲激信号源转换(等效)为非零的起始条件,响应形式必然与零输入响应相同(相当于求齐次解)。

　　余下的问题是如何确定式(3-42)中的系数 A_k。回顾在例 3-7 中已经求解了 RLC 并联电路在电流源 $\delta(t)$ 作用下产生的冲激响应(而例 3-6 是求阶跃响应),在那里,按照经典法的严格步骤从 0_- 值求得 0_+ 值,再由 0_+ 状态解出系数 A_k。在下面的例子中,将改变求解方法,利用方程两端奇异函数系数匹配直接求出系数 A_k,这样可以省去求 0_+ 状态的过程,使问题简化。

　　例 3-9　已知描述某线性时不变系统的微分方程为

$$\frac{\mathrm{d}r(t)}{\mathrm{d}t} + 3r(t) = 2e(t)$$

试求系统的冲激响应 $h(t)$。

　　解　根据系统冲激响应 $h(t)$ 的定义知,当 $e(t) = \delta(t)$ 时,$r(t)$ 即为 $h(t)$,即原微分方程为

$$\frac{\mathrm{d}h(t)}{\mathrm{d}t} + 3h(t) = 2\delta(t)$$

由于微分方程的特征根 $\alpha_1 = -3$,因此冲激响应 $h(t)$ 的形式为

$$h(t) = A\mathrm{e}^{-3t}u(t)$$

式中,A 为待定系数,将 $h(t)$ 代入原微分方程有

$$\frac{\mathrm{d}}{\mathrm{d}t}\left[A\mathrm{e}^{-3t}u(t)\right] + 3A\mathrm{e}^{-3t}u(t) = 2\delta(t)$$

即

$$A\mathrm{e}^{-3t}\delta(t) - 3A\mathrm{e}^{-3t}u(t) + 3A\mathrm{e}^{-3t}u(t) = 2\delta(t)$$

化简得

$$A\delta(t) = 2\delta(t)$$

解得 $A = 2$。因此可得系统的冲激响应为

$$h(t) = 2\mathrm{e}^{-3t}u(t)$$

　　注意这里的方法与例3-7采用的方法不同,在本例中绕过了求 $h(0_+)$ 与 $h'(0_+)$ 的问题,将 $h(t)$ 表示式代入方程,利用奇异函数项平衡的原理,直接求出系数 A。

　　如果把这里的方法用于求解例3-7,可以得到完全相同的答案,为便于讨论,将那里的系统模型表达式抄录如下:

$$\frac{\mathrm{d}^2 i_L(t)}{\mathrm{d}t^2} + \frac{1}{RC}\frac{\mathrm{d}i_L(t)}{\mathrm{d}t} + \frac{1}{LC}i_L(t) = \frac{1}{LC}\delta(t)$$

待求函数 $i_L(t)$ 即冲激响应 $h(t)$,设特征根为 α_1 和 α_2,可以写出

$$h(t) = (A_1 \mathrm{e}^{\alpha_1 t} + A_2 \mathrm{e}^{\alpha_2 t})u(t)$$

$$\frac{\mathrm{d}h(t)}{\mathrm{d}t} = (A_1 + A_2)\delta(t) + (\alpha_1 A_1 \mathrm{e}^{\alpha_1 t} + \alpha_2 A_2 \mathrm{e}^{\alpha_2 t})u(t)$$

$$\frac{\mathrm{d}^2 h(t)}{\mathrm{d}t} = (A_1 + A_2)\delta'(t) + (\alpha_1 A_1 + \alpha_2 A_2)\delta(t)$$
$$+ (\alpha_1^2 A_1 \mathrm{e}^{\alpha_1 t} + \alpha_2^2 A_2 \mathrm{e}^{\alpha_2 t})u(t)$$

将此结果代入给定的微分方程,其左端前两项得到

$$(A_1 + A_2)\delta'(t) + \left[\frac{1}{RC}(A_1 + A_2) + \alpha_1 A_1 + \alpha_2 A_2\right]\delta(t)$$

右端对应的 $\delta'(t)$ 项为零,而 $\delta(t)$ 项等于 $\frac{1}{LC}$,于是给出

$$\begin{cases} A_1 + A_2 = 0 \\ \frac{1}{RC}(A_1 + A_2) + \alpha_1 A_1 + \alpha_2 A_2 = \frac{1}{LC} \end{cases}$$

也即

$$\begin{cases} A_1 + A_2 = 0 \\ \alpha_1 A_1 + \alpha_2 A_2 = \frac{1}{LC} \end{cases}$$

至此,已经得到与前文例3-7中求解系数 A_1、A_2 的代数方程完全一致的结果。当然,以下全部答案也都一样。在此推导过程中也是绕过了求 $h(0_+)$ 和 $h'(0_+)$ 的步骤,直接找到了 A_1 和 A_2。

　　以上讨论了 $n>m$ 的情况。如果 $n=m$,冲激响应 $h(t)$ 将包含一个 $\delta(t)$ 项。而 $n<m$ 时,$h(t)$ 还要包含 $\delta(t)$ 的导数项。各奇异函数项系数的求法仍由方程两边系数平衡而得到。

　　用以上方法求得一些一阶、二阶系统的冲激响应,列于表3-3中备查。

　　当系统受阶跃信号激励时,方程右端可能包括阶跃函数、冲激函数及其导数。这时,求阶跃响应的方法与求冲激响应的方法类似,但应注意,由于方程右端阶跃函数的出现,在阶跃响应的表示式中除齐次解之外还应增加特解项(阶跃函数项)。

　　求冲激响应与阶跃响应的另一种方法是拉普拉斯变换法。本章介绍的方法着重说明这两种响应的基本概念,而拉普拉斯变换方法更简便、实用。以后将看到,时域方法往往可以与变换域方法相互补充、配合运用。

　　冲激响应与阶跃响应完全由系统本身决定,与外界因素无关。这两种响应之间有一定的依从关系,如已求得其中之一,则另一响应即可确定。

表 3-3　冲激响应 $h(t)$

系统方程		冲激响应 $h(t)$
一阶 （特征根 $\alpha = -C$）	$\dfrac{\mathrm{d}r(t)}{\mathrm{d}t} + Cr(t) = Ee(t)$	$Ee^{\alpha t}u(t)$
	$\dfrac{\mathrm{d}r(t)}{\mathrm{d}t} + Cr(t) = E\dfrac{\mathrm{d}e(t)}{\mathrm{d}t}$	$E\delta(t) + E\alpha e^{\alpha t}u(t)$
二阶 （特征根 $\alpha_1, \alpha_2 =$ $\dfrac{-C_1 \pm \sqrt{C_1^2 - 4C_2}}{2}$）	$\dfrac{\mathrm{d}^2 r(t)}{\mathrm{d}t^2} + C_1\dfrac{\mathrm{d}r(t)}{\mathrm{d}t} + C_2 r(t)$ $= Ee(t)$	$\dfrac{E}{\alpha_1 - \alpha_2}(e^{\alpha_1 t} - e^{\alpha_2 t})u(t)$
	$\dfrac{\mathrm{d}r^2(t)}{\mathrm{d}t^2} + C_1\dfrac{\mathrm{d}r(t)}{\mathrm{d}t} + C_2 r(t)$ $= E\dfrac{\mathrm{d}e(t)}{\mathrm{d}t}$	$\dfrac{E}{\alpha_1 - \alpha_2}(\alpha_1 e^{\alpha_1 t} - \alpha_2 e^{\alpha_2 t})u(t)$

　　由 LTI 系统的基本特性可知，若系统的输入由原激励信号改为其导数时，输出也由原响应函数变成其导数。显然，此结论也适用于激励信号由阶跃经求导而成为冲激的这一特殊情况。因此，若已知系统的阶跃响应为 $g(t)$，其冲激响应 $h(t)$ 可由下式求得：

$$h(t) = \frac{\mathrm{d}}{\mathrm{d}t}g(t) \tag{3-43}$$

反之，若已知冲激响应 $h(t)$，也可求出 $g(t)$：

$$g(t) = \int_0^t h(\tau)\mathrm{d}\tau \tag{3-44}$$

　　在系统理论研究中，常利用冲激响应或阶跃响应表征系统的某些基本性能，例如，因果系统的充分必要条件可表示为：当 $t<0$ 时，冲激响应（或阶跃响应）等于零，即

$$h(t) = 0 \quad (t < 0) \tag{3-45}$$

或

$$g(t) = 0 \quad (t < 0) \tag{3-46}$$

此外，还可利用 $h(t)$ 说明系统的稳定性，将在后续章节中研究。

3.4　卷　　积

　　如果将施加于线性系统的信号分解，而且对于每个分量作用于系统产生之响应易于求得，那么根据叠加定理，将这些响应取和即可得到原激励信号引起的响应。这种分解可表示为诸如冲激函数、阶跃函数或三角函数、指数函数这样一些基本函数之组合。卷积（convolution）方法的原理就是将信号分解为冲激信号之和，借助系统的冲激响应，从而求解系统对任意激励信号的零状态响应。卷积方法最早的研究可追溯至 19 世纪初期的数学家欧拉（Euler）、泊松（Poisson）等人，以后许多科学家对此问题陆续做了大量工作，其中最值得记起的是杜阿美尔（Duhamel）。

随着信号与系统理论研究的深入以及计算机技术的发展,卷积方法得到日益广泛的应用。在现代信号处理技术的多个领域,如通信系统、地震勘探、超声诊断、光学成像、系统辨识等方面都在借助卷积或解卷积(反卷积——卷积的逆运算)解决问题。许多有待深入开发研究的新课题也都依赖卷积方法。

1. 借助冲激响应与叠加定理求系统零状态响应

设激励信号 $e(t)$ 可表示成如图 3-7(a) 所示的曲线。把它分解为许多相邻的窄脉冲。以 $t = t_1$ 处的脉冲为例,设此脉冲的持续时间等于 Δt_1。Δt_1 取得越小,则脉冲幅值与函数值越为逼近。当 $\Delta t_1 \rightarrow 0$ 时,$e(t)$ 可表示为 $\sum e(t_1)\delta(t - t_1)\Delta t_1$。设此系统对单位冲激 $\delta(t)$ 的响应为 $h(t)$,那么,根据线性时不变系统的基本特性可求得:$t = t_1$ 处的冲激信号 $[e(t_1)\Delta t_1]\delta(t - t_1)$ 的响应必然等于 $[e(t_1)\Delta t_1] \cdot h(t - t_1)$,如图 3-7(b) 所示。

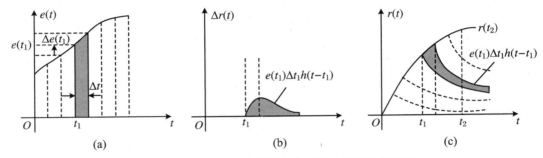

图 3-7 借助冲激响应与叠加定理求系统零状态响应

如果要求得到 $t = t_2$ 时刻的响应 $r(t_2)$,只要将 t_2 时刻以前的所有冲激响应相加即可,图 3-7(c) 示出了相加的过程和结果。将此结果写成数学表示式应为

$$r(t_2) = \lim_{\Delta t_1 \rightarrow 0} \sum_{t_1 = 0}^{t_2} e(t_1) h(t_2 - t_1) \Delta t_1 \qquad (3-47)$$

或写为积分形式:

$$r(t_2) = \int_0^{t_2} e(t_1) h(t_2 - t_1) \mathrm{d}t_1 \qquad (3-48)$$

如将上式中 t_2 改写为 t,把 t_1 以 τ 代替,则可得到

$$r(t) = \int_0^t e(\tau) h(t - \tau) \mathrm{d}\tau \qquad (3-49)$$

此结果表明,如果已知系统的冲激响应 $h(t)$ 以及激励信号 $e(t)$,欲求系统的零状态响应 $r(t)$,可将 $h(t)$ 与 $e(t)$ 函数的自变量 t 分别改写作 $t - \tau$ 和 τ,取积分限为 $0 \sim t$,计算 $e(\tau)$ 与 $h(t - \tau)$ 相乘函数对变量 τ 的积分,即可得所需响应 $r(t)$。注意,这里积分变量虽为 t,但经定积分运算,代入积分限以后,所得结果仍为 t 的函数。此积分运算即为卷积积分。

上述导出过程也可用表 3-4 概括。很明显,这是在线性时不变(LTI)系统条件下得到的结果。

表 3-4　卷积表达式的导出

激励信号	响应信号	理论依据
$\delta(t)$	$h(t)$	定义
$\delta(t-\tau)$	$h(t-\tau)$	时不变特性
$[e(\tau)\Delta\tau]\delta(t-\tau)$	$[e(\tau)\Delta\tau]h(t-\tau)$	齐次性（均匀性） 叠加性 线性
$\displaystyle\sum_{\tau=0}^{t}e(\tau)\delta(t-\tau)\Delta\tau$	$\displaystyle\sum_{\tau=0}^{t}e(\tau)h(t-\tau)\Delta\tau$	
$\displaystyle\int_{0}^{t}e(\tau)\delta(t-\tau)\mathrm{d}\tau$	$\displaystyle\int_{0}^{t}e(\tau)h(t-\tau)\mathrm{d}\tau$	$\Delta\tau\to0$ 求和 → 积分

例 3-10　如图 3-8 所示 RL 电路，激励信号为电压源 $e(t)$，响应是电流 $i(t)$，求冲激响应 $h(t)$，并利用卷积积分求系统对 $e(t)=u(t)-u(t-t_0)$ 的响应。

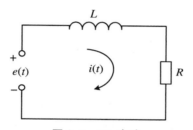

图 3-8　RL 电路

解　（1）求 $h(t)$。为此，写出微分方程：

$$L\frac{\mathrm{d}i(t)}{\mathrm{d}t}+Ri(t)=e(t) \tag{3-50}$$

特征根为

$$\alpha=-\frac{R}{L} \tag{3-51}$$

查表 3-3（或利用方程两端奇异函数平衡关系）容易求得系统的冲激响应为

$$h(t)=\frac{1}{L}\mathrm{e}^{-\frac{R}{L}t}u(t) \tag{3-52}$$

（2）若 $e(t)=u(t)-u(t-t_0)$，利用卷积积分求 $i(t)$，则有

$$
\begin{aligned}
i(t)&=\int_{0}^{t}\left[u(\tau)-u(\tau-t_0)\right]\cdot\frac{1}{L}\mathrm{e}^{-\frac{R}{L}(t-\tau)}\mathrm{d}\tau\\
&=\int_{0}^{t}\frac{1}{L}\cdot\mathrm{e}^{-\frac{R}{L}(t-\tau)}\mathrm{d}\tau\cdot u(t)-\int_{t_0}^{t}\frac{1}{L}\cdot\mathrm{e}^{-\frac{R}{L}(t-\tau)}\mathrm{d}\tau\cdot u(t-t_0)\\
&=\frac{1}{R}\mathrm{e}^{-\frac{R}{L}(t-\tau)}\Big|_{0}^{t}\cdot u(t)-\frac{1}{R}\mathrm{e}^{-\frac{R}{L}(t-\tau)}\Big|_{t_0}^{t}\cdot u(t-t_0)\\
&=\frac{1}{R}(1-\mathrm{e}^{-\frac{R}{L}t})u(t)-\frac{1}{R}\left[1-\mathrm{e}^{-\frac{R}{L}(t-t_0)}\right]u(t-t_0)
\end{aligned} \tag{3-53}
$$

卷积的方法借助于系统的冲激响应。与此方法对照，还可以利用系统的阶跃响应求系统对任意信号的零状态响应，这时应把激励信号分解为许多阶跃信号之和，分别求其响应然后再叠加，这种方法称为杜阿美尔积分，其原理与卷积类似，此处不再讨论。

在以上的讨论中,把卷积积分的应用限于线性时不变系统。对于非线性系统,由于违反叠加定理,卷积积分因而不能应用。对于线性时变系统,仍可借助卷积求零状态响应,但应注意,由于系统的时变特性,冲激响应是两个变量的函数,这两个参量是冲激加入时间 τ、响应观测时间 t,冲激响应的表示式为 $h(t,\tau)$,求零状态响应的卷积积分写为

$$r(t) = \int_0^t h(t,\tau)e(\tau)\mathrm{d}\tau \tag{3-54}$$

前面研究的时不变系统仅仅是时变系统的一个特例,对于时不变系统,冲激响应由观测时刻与激励接入时刻的差值决定,于是式(3-54)中的 $h(t,\tau)$ 简化为 $h(t-\tau)$,这就是前面式(3-49)的结果。

2. 卷积积分及其积分限的确定

暂且离开利用卷积求线性系统零状态响应的物理问题,而从数学意义上给出卷积积分运算的定义,并研究其积分限的确定。

设函数 $f_1(t)$ 与函数 $f_2(t)$ 具有相同的变量 t,将 $f_1(t)$ 与 $f_2(t)$ 经以下的积分可得到第三个相同变量的函数 $s(t)$:

$$s(t) = \int_{-\infty}^{+\infty} f_1(\tau)f_2(t-\tau)\mathrm{d}\tau \tag{3-55}$$

此积分称为卷积积分,常用简写符号" $*$ "(或" $\otimes$ ")表示 $f_1(t)$ 与 $f_2(t)$ 的卷积运算,于是,式(3-55)可写为

$$s(t) = \int_{-\infty}^{+\infty} f_1(\tau)f_2(t-\tau)\mathrm{d}\tau = f_1(t) * f_2(t) \tag{3-56}$$

式(3-55)规定的变量置换、相乘、积分的运算规律与前面式(3-49)完全一致,只是积分限有所不同。下面说明,当 $f_1(t)$ 与 $f_2(t)$ 受到某种限制时,可以得到与前面相同的积分限。

如果对于 $t<0$,$f_1(t)=0$,那么式(3-55)中的 $f_1(\tau)$ 可表示为 $f_1(\tau) \cdot u(\tau)$,因此积分下限应从零开始,于是有

$$f_1(t) * f_2(t) = \int_0^{+\infty} f_1(\tau)f_2(t-\tau)\mathrm{d}\tau \tag{3-57}$$

相反,若 $f_1(t)$ 不受此限,而当 $t<0$ 时 $f_2(t)=0$,那么式(3-55)中的函数 $f_2(t-\tau)$ 对于 $t-\tau<0$ 的时间范围(即 $\tau>t$ 范围)应等于零,因此积分上限应取 t,于是有

$$f_1(t) * f_2(t) = \int_{-\infty}^{t} f_1(\tau)f_2(t-\tau)\mathrm{d}\tau \tag{3-58}$$

若 $f_1(t)$ 与 $f_2(t)$ 在 $t<0$ 时都等于零,就会得到

$$f_1(t) * f_2(t) = \begin{cases} 0 & (t<0) \\ \int_0^t f_1(\tau)f_2(t-\tau)\mathrm{d}\tau & (t \geqslant 0) \end{cases} \tag{3-59}$$

现在可以回到式(3-49),在那里,由于激励信号 $e(t)$ 在 $t=0$ 时刻接入,也即在 $t<0$ 时 $e(t)$ 等于零,而且对于因果系统,其冲激响应 $h(t)$ 在 $t<0$ 时也等于零,因此卷积积分的积分限应与式(3-59)一致,也是 $0\sim t$。借助卷积的图形解释,可以把积分限的关系看得更清楚。

3. 图形法求卷积

卷积积分的图解说明可以帮助理解卷积的概念,把一些抽象的关系形象化,便于分段计算。

设系统的激励信号为 $e(t)$,如图 3-9(a)所示,冲激响应为 $h(t)$,如图 3-9(b)所示。利

用卷积求零状态响应的一般表达式为

$$r(t) = e(t) * h(t) = \int_{-\infty}^{+\infty} e(\tau)h(t - \tau)\mathrm{d}\tau \qquad (3\text{-}60)$$

可以看出,式中积分变量为 τ,而 $h(t-\tau)$ 表示在 τ 的坐标系中 $h(\tau)$ 需要进行反褶和移位,分别如图 3-9(c)、(d)所示,然后将 $e(\tau)$ 与 $h(t-\tau)$ 的重叠部分相乘做积分。

按照上述理解可将卷积运算分解为以下 5 个步骤:

(1) 改换图形横坐标自变量,波形仍保持原状,将 t 改写为 τ(如图 3-9(a)、(b)中所注)。

(2) 把其中的一个信号反褶(如图 3-9(c)所示)。

(3) 把反褶后的信号移位,移位量是 t,这样 t 是一个参变量。在 τ 坐标系中,$t>0$,图形右移;$t<0$,图形左移(如图 3-9(d)所示)。

(4) 两信号重叠部分相乘:$e(\tau)h(t-\tau)$。

(5) 完成相乘后图形的积分。

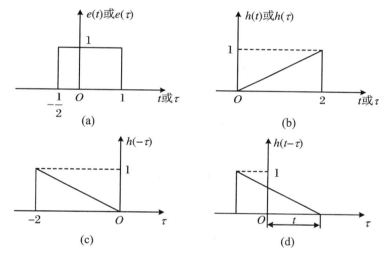

图 3-9　卷积的图形解释

按上述步骤完成的卷积积分结果如下:

(1) $-\infty < t < -\dfrac{1}{2}$,如图 3-10(a)所示。

$$e(t) * h(t) = 0$$

(2) $-\dfrac{1}{2} \leqslant t < 1$,如图 3-10(b)所示。

$$e(t) * h(t) = \int_{-\frac{1}{2}}^{t} 1 \times \frac{1}{2}(t - \tau)\mathrm{d}\tau$$

$$= \frac{t^2}{4} + \frac{t}{4} + \frac{1}{16}$$

(3) $1 \leqslant t < \dfrac{3}{2}$,如图 3-10(c)所示。

$$e(t) * h(t) = \int_{-\frac{1}{2}}^{1} 1 \times \frac{1}{2}(t - \tau)\mathrm{d}\tau$$

$$= \frac{3}{4}t - \frac{3}{16}$$

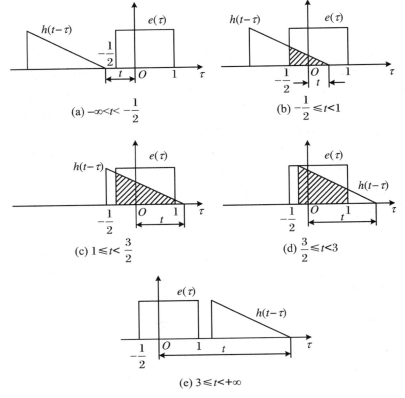

图 3-10　卷积积分的求解过程

(4) $\dfrac{3}{2} \leqslant t < 3$，如图 3-10(d) 所示。

$$e(t) * h(t) = \int_{t-2}^{1} 1 \times \frac{1}{2}(t - \tau)\mathrm{d}\tau$$

$$= -\frac{t^2}{4} + \frac{t}{2} + \frac{3}{4}$$

(5) $3 \leqslant t < +\infty$，如图 3-10(e) 所示。

$$e(t) * h(t) = 0$$

以上各图中的阴影面积即为相乘积分的结果。最后，若以 t 为横坐标，将与 t 对应的积分值描成曲线，就是卷积积分 $e(t) * h(t)$ 的函数图像，如图 3-11 所示。

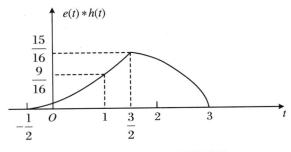

图 3-11　图 3-9 卷积积分结果

从以上图解分析可以看出,卷积中积分限的确定取决于两个图形交叠部分的范围。卷积结果所占有的时宽等于两个函数各自时宽的总和。

也可以把 $e(t)$ 反褶、移位计算,得到的结果相同,读者可自行完成。其理论依据是卷积运算的交换律,详见卷积的性质。

对于一些简单信号的卷积运算,可借助图解分析方法较快地得到运算结果。例如,两个波形完全相同的矩形脉冲,若宽度都为 T,则两者卷积后将得到底宽为 $2T$ 的三角形脉冲。读者可练习画图研究这一过程,注意观察当矩形脉冲出现时间改变时,相应的三角形产生的位置也将随之移动。

4. 卷积的性质

作为一种数学运算,卷积运算具有某些特殊性质,这些性质在信号与系统分析中有重要作用。利用这些性质还可以使卷积运算简化。

(1) 代数性质

通常乘法运算中的代数定律也适用于卷积运算。

① 交换律

$$f_1(t) * f_2(t) = f_2(t) * f_1(t) \tag{3-61}$$

把积分变量 τ 改换为 $(t - \lambda)$,即可证明此定律:

$$f_1(t) * f_2(t) = \int_{-\infty}^{+\infty} f_1(\tau) f_2(t - \tau) \mathrm{d}\tau = \int_{-\infty}^{+\infty} f_2(\lambda) f_1(t - \lambda) \mathrm{d}\lambda = f_2(t) * f_1(t)$$

这意味着两函数在卷积积分中的次序是可以交换的。

② 分配律

$$f_1(t) * [f_2(t) + f_3(t)] = f_1(t) * f_2(t) + f_1(t) * f_3(t) \tag{3-62}$$

分配律用于系统分析,相当于并联系统的冲激响应,等于组成并联系统的各子系统冲激响应之和,如图 3-12 所示。

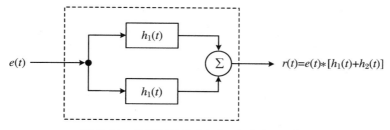

图 3-12　并联系统的 $h(t) = h_1(t) + h_2(t)$

③ 结合律

$$[f_1(t) * f_2(t)] * f_3(t) = f_1(t) * [f_2(t) * f_3(t)] \tag{3-63}$$

这里包含两次卷积运算,是一个二重积分,只要改换积分次序即可证明此定律:

$$[f_1(t) * f_2(t)] * f_3(t) = \int_{-\infty}^{+\infty} \left[\int_{-\infty}^{+\infty} f_1(\lambda) f_2(\tau - \lambda) \mathrm{d}\lambda \right] f_3(t - \tau) \mathrm{d}\tau$$

$$= \int_{-\infty}^{+\infty} f_1(\lambda) \left[\int_{-\infty}^{+\infty} f_2(\tau - \lambda) f_3(t - \tau) \mathrm{d}\tau \right] \mathrm{d}\lambda$$

$$= \int_{-\infty}^{+\infty} f_1(\lambda) \left[\int_{-\infty}^{+\infty} f_2(\tau) f_3(t - \tau - \lambda) \mathrm{d}\tau \right] \mathrm{d}\lambda$$

$$= f_1(t) * [f_2(t) * f_3(t)]$$

结合律用于系统分析,相当于串联系统的冲激响应,等于组成串联系统的各子系统冲激响应的卷积,如图 3-13 所示。

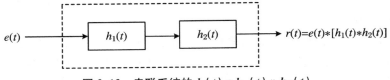

图 3-13 串联系统的 $h(t) = h_1(t) * h_2(t)$

(2) 微分与积分

上述卷积代数定律与乘法运算的性质类似,但是卷积的微分或积分却与两函数相乘的微分或积分性质不同。

两个函数卷积后的导数等于其中一函数的导数与另一函数的卷积,其表示式为

$$\frac{\mathrm{d}}{\mathrm{d}t}[f_1(t) * f_2(t)] = f_1(t) * \frac{\mathrm{d}f_2(t)}{\mathrm{d}t}$$
$$= \frac{\mathrm{d}f_1(t)}{\mathrm{d}t} * f_2(t) \tag{3-64}$$

由卷积定义可证明此关系式:

$$\frac{\mathrm{d}}{\mathrm{d}t}[f_1(t) * f_2(t)] = \frac{\mathrm{d}}{\mathrm{d}t}\int_{-\infty}^{+\infty} f_1(\tau)f_2(t - \tau)\mathrm{d}\tau$$
$$= \int_{-\infty}^{+\infty} f_1(\tau)\frac{\mathrm{d}f_2(t - \tau)}{\mathrm{d}t}\mathrm{d}\tau$$
$$= f_1(t) * \frac{\mathrm{d}f_2(t)}{\mathrm{d}t} \tag{3-65}$$

同样可以证得

$$\frac{\mathrm{d}}{\mathrm{d}t}[f_2(t) * f_1(t)] = f_2(t) * \frac{\mathrm{d}f_1(t)}{\mathrm{d}t} \tag{3-66}$$

显然,$f_2(t) * f_1(t)$ 也即 $f_1(t) * f_2(t)$,故式(3-66)成立。

两函数卷积后的积分等于其中一函数之积分与另一函数之卷积,其表示式为

$$\int_{-\infty}^{t}[f_1(\lambda) * f_2(\lambda)]\mathrm{d}\lambda = f_1(t) * \int_{-\infty}^{t} f_2(\lambda)\mathrm{d}\lambda$$
$$= f_2(t) * \int_{-\infty}^{t} f_1(\lambda)\mathrm{d}\lambda \tag{3-67}$$

证明如下:

$$\int_{-\infty}^{t}[f_1(\lambda) * f_2(\lambda)]\mathrm{d}\lambda$$
$$= \int_{-\infty}^{t}\left[\int_{-\infty}^{+\infty} f_1(\tau)f_2(\lambda - \tau)\mathrm{d}\tau\right]\mathrm{d}\lambda$$
$$= \int_{-\infty}^{+\infty} f_1(\tau)\left[\int_{-\infty}^{t} f_2(\lambda - \tau)\mathrm{d}\lambda\right]\mathrm{d}\tau$$
$$= f_1(t) * \int_{-\infty}^{t} f_2(\lambda)\mathrm{d}\lambda \tag{3-68}$$

借助卷积交换律同样可求得 $f_2(t)$ 与 $f_1(t)$ 之积分相卷积的形式,于是式(3-67)全部得到证明。

应用类似的推演可以导出卷积的高阶导数或多重积分之运算规律。

设 $s(t) = [f_1(t) * f_2(t)]$，则有

$$s^{(i)}(t) = f_1^{(j)}(t) * f_2^{(i-j)}(t) \tag{3-69}$$

此处，当 i、j 取正整数时为导数的阶次，取负整数时为重积分的次数。读者可自行证明。一个简单的例子是

$$\frac{\mathrm{d}f_1(t)}{\mathrm{d}t} * \int_{-\infty}^{t} f_2(\lambda)\mathrm{d}\lambda = f_1(t) * f_2(t) \tag{3-70}$$

在运用式(3-70)求解时必须注意 $f_1(t)$ 和 $f_2(t)$ 应满足时间受限条件，当 $t \to -\infty$ 时函数值应等于零。

（3）与冲激函数或阶跃函数的卷积

函数 $f(t)$ 与单位冲激函数 $\delta(t)$ 卷积的结果仍然是函数 $f(t)$ 本身。根据卷积定义以及冲激函数的特性容易证明：

$$\begin{aligned}
f(t) * \delta(t) &= \int_{-\infty}^{+\infty} f(\tau)\delta(t-\tau)\mathrm{d}\tau \\
&= \int_{-\infty}^{+\infty} f(\tau)\delta(\tau-t)\mathrm{d}\tau \\
&= f(t)
\end{aligned} \tag{3-71}$$

这里用到了 $\delta(x) = \delta(-x)$，因此 $\delta(t-\tau) = \delta(\tau-t)$。

进一步有

$$\begin{aligned}
f(t) * \delta(t-t_0) &= \int_{-\infty}^{+\infty} f(\tau)\delta(t-t_0-\tau)\mathrm{d}\tau \\
&= f(t-t_0)
\end{aligned} \tag{3-72}$$

这表明，与 $\delta(t-t_0)$ 信号相卷积的结果，相当于把函数本身延迟 t_0。

利用卷积的微分和积分特性，不难得到以下一系列结论。

对于冲激偶 $\delta'(t)$，有

$$f(t) * \delta'(t) = f'(t) \tag{3-73}$$

对于单位阶跃函数 $u(t)$，可以求得

$$f(t) * u(t) = \int_{-\infty}^{t} f(\lambda)\mathrm{d}\lambda \tag{3-74}$$

推广到一般情况可得

$$f(t) * \delta^{(k)}(t) = f^{(k)}(t) \tag{3-75}$$

$$f(t) * \delta^{(k)}(t-t_0) = f^{(k)}(t-t_0) \tag{3-76}$$

式中 k 表示求导或取重积分的次数。当 k 取正整数时表示导数阶次，k 取负整数时为重积分的次数，例如 $\delta^{(-1)}(t)$ 即 $\delta(t)$ 的积分——单位阶跃函数 $u(t)$，$u(t)$ 与 $f(t)$ 之卷积得到 $f^{(-1)}(t)$，即 $f(t)$ 的一次积分式，这就是式(3-74)。

卷积的性质可以用来简化卷积运算，以图 3-9 所示的两函数卷积运算为例，利用式(3-70)，可得

$$r(t) = e(t) * h(t) = \frac{\mathrm{d}}{\mathrm{d}t}e(t) * \int_{-\infty}^{t} h(\lambda)\mathrm{d}\lambda$$

其中

$$\frac{\mathrm{d}}{\mathrm{d}t}e(t) = \delta\left(t+\frac{1}{2}\right) - \delta(t-1)$$

其图形如图 3-14(a)所示。

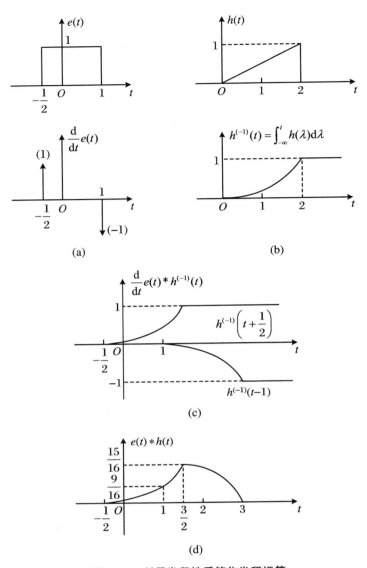

图 3-14 利用卷积性质简化卷积运算

$$h^{(-1)}(t) = \int_{-\infty}^{t} h(\lambda)\mathrm{d}\lambda = \int_{-\infty}^{t} \frac{1}{2}\lambda[u(\lambda) - u(\lambda - 2)]\mathrm{d}\lambda$$

$$= \left(\int_{0}^{t} \frac{1}{2}\lambda\mathrm{d}\lambda\right)u(t) - \left(\int_{2}^{t} \frac{1}{2}\lambda\mathrm{d}\lambda\right)u(t - 2)$$

$$= \frac{1}{4}t^2 u(t) - \frac{1}{4}(t^2 - 4)u(t - 2)$$

$$= \frac{1}{4}t^2[u(t) - u(t - 2)] + u(t - 2)$$

其图形如图 3-14(b)所示。

$$\frac{\mathrm{d}}{\mathrm{d}t}e(t) * \int_{-\infty}^{t} h(\lambda)\mathrm{d}\lambda = \frac{1}{4}\left(t + \frac{1}{2}\right)^2\left[u\left(t + \frac{1}{2}\right) - u\left(t - \frac{3}{2}\right)\right] + u\left(t - \frac{3}{2}\right)$$

$$-\left\{\frac{1}{4}\ (t-1)^2\left[u(t-1)-u(t-3)\right]+u(t-3)\right\}$$

$$=\begin{cases}\dfrac{1}{4}\left(t+\dfrac{1}{2}\right)^2 & \left(-\dfrac{1}{2}\leqslant t<1\right)\\[3mm]\dfrac{1}{4}\left(t+\dfrac{1}{2}\right)^2-\dfrac{1}{4}\ (t-1)^2=\dfrac{3}{4}\left(t-\dfrac{1}{4}\right) & \left(1\leqslant t<\dfrac{3}{2}\right)\\[3mm]1-\dfrac{1}{4}\ (t-1)^2 & \left(\dfrac{3}{2}\leqslant t<3\right)\end{cases}$$

如图 3-14(c)、(d)所示,与图 3-9 的结果一致。

从以上讨论可以看出,如果对某一信号微分后出现冲激信号,则卷积最终结果是另一信号对应积分后平移叠加的结果。

卷积积分的工程近似计算是把信号按需要进行抽样离散化形成序列,积分运算用求和代替,因而问题化为两序列的卷积和,得出的结果再适当进行内插,即可求出最终结果。

习　　题

3-1　求下列各函数 $f_1(t)$ 与 $f_2(t)$ 的卷积 $f_1(t)*f_2(t)$。

(1) $f_1(t)=u(t)$,$f_2(t)=\mathrm{e}^{-\alpha t}u(t)$;

(2) $f_1(t)=\delta(t)$,$f_2(t)=\cos(\omega t+45°)$;

(3) $f_1(t)=(1+t)\left[u(t)-u(t-1)\right]$,$f_2(t)=u(t-1)-u(t-2)$;

(4) $f_1(t)=\cos(\omega t)$,$f_2(t)=\delta(t+1)-\delta(t-1)$;

(5) $f_1(t)=\mathrm{e}^{-\alpha t}u(t)$,$f_2(t)=(\sin t)u(t)$。

3-2　求下列两组卷积,并注意相互间的区别。

(1) $f(t)=u(t)-u(t-1)$,求 $s(t)=f(t)*f(t)$;

(2) $f(t)=u(t-1)-u(t-2)$,求 $s(t)=f(t)*f(t)$。

3-3　已知 $f_1(t)=u(t+1)-u(t-1)$,$f_2(t)=\delta(t+5)+\delta(t-5)$,$f_3(t)=\delta\left(t+\dfrac{1}{2}\right)+\delta\left(t-\dfrac{1}{2}\right)$,画出下列各卷积波形。

(1) $s_1(t)=f_1(t)*f_2(t)$;

(2) $s_2(t)=f_1(t)*f_2(t)*f_2(t)$;

(3) $s_3(t)=\left\{\left[f_1(t)*f_2(t)\right]\left[u(t+5)-u(t-5)\right]\right\}*f_2(t)$;

(4) $s_4(t)=f_1(t)*f_3(t)$。

3-4　某 LTI 系统,输入信号 $e(t)=2\mathrm{e}^{-3t}u(t)$,在该输入下的响应为 $r(t)$,即 $r(t)=H[e(t)]$,又已知 $H\left(\dfrac{\mathrm{d}}{\mathrm{d}t}e(t)\right)=-3r(t)+\mathrm{e}^{-2t}u(t)$,求该系统的单位冲激响应 $h(t)$。

3-5　题 3-5 图所示系统由几个"子系统"组成,各子系统的冲激响应分别为

$h_1(t)=u(t)$(积分器),　$h_2(t)=\delta(t-1)$(单位延时),　$h_3(t)=-\delta(t)$(倒相器)

试求总的系统的冲激响应 $h(t)$。

3-6　已知系统的冲激响应 $h(t)=\mathrm{e}^{-2t}u(t)$。

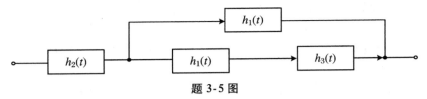

题 3-5 图

（1）若激励信号为 $e(t) = e^{-t}[u(t) - u(t-2)] + \beta\delta(t-2)$，式中 β 为常数，试确定响应 $r(t)$；

（2）若激励信号可表示为 $e(t) = x(t)[u(t) - u(t-2)] + \beta\delta(t-2)$，式中 $x(t)$ 为任意 t 函数，要求系统在 $t>2$ 时的响应为零，试确定 β 值应等于多少。

3-7　对如题 3-7 图所示的函数，用图解的方法粗略画出 $f_1(t)$ 与 $f_2(t)$ 卷积的波形，并计算卷积积分 $f_1(t) * f_2(t)$。

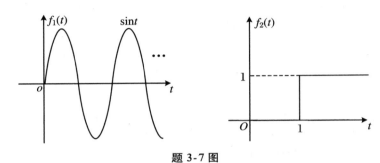

题 3-7 图

第 4 章　傅里叶变换

第 3 章从时域的角度将信号分解成不同时间位置、被相应时刻信号幅度加权的冲激信号之和。信号经过分解后，就像是在时间轴上用木杆竖起的一排连续高低不等的栅栏。当信号作用于系统时，这些不同强度的冲激信号就按顺序依次作用于系统，从而可推导出在任意时刻 t 的系统零状态响应，进而得到卷积积分。

本章将从变换域的角度来对信号进行分析。同第 3 章一样，本章讨论的出发点仍是将信号表示成一组基本信号的线性组合，只是这里所用的基本信号是复指数信号。在变换域分析中，首先讨论傅里叶变换。傅里叶变换是在傅里叶级数正交函数展开的基础上发展而产生的，这方面的问题也称为傅里叶分析。

傅里叶是法国著名的数学家，出生于 1768 年，致力于研究热传导理论，1822 年他发表了著作《热的分析理论》，提出了将周期函数展开成正弦级数的原理，奠定了傅里叶级数的理论基础。傅里叶提出的另一个更为著名的论断是：一个非周期信号可以表示为不成谐波关系的正弦信号的加权积分，也就是傅里叶变换。

信号的傅里叶分析方法不仅应用于电力、通信、雷达、声呐和控制等领域，还应用于力学、光学和各种线性系统分析等领域。现代通信技术、数字信号处理技术的发展和应用都离不开傅里叶分析，傅里叶分析方法已广泛应用在信号分析及系统分析和设计之中。

虽然傅里叶分析方法不是信息科学与技术领域中唯一的变换域方法，但是由于它在此领域中有着极其广泛的应用，因此可以把傅里叶分析看作是研究其他变换方法的基础。后来随着计算机技术的普遍应用，在傅里叶分析方法中又出现了"快速傅里叶变换"（FFT），FFT 被证明非常适合于高效的数字实现，它将计算变换所需的时间减少了几个数量级。可以说 FFT 为这一数学工具赋予了新的生命力。目前，快速傅里叶变换的研究与应用已相当成熟，而且仍在不断更新与发展。

本章将从傅里叶级数正交函数展开问题开始讨论，引出傅里叶变换，建立信号频谱的概念。通过典型信号频谱以及傅里叶变换性质的研究，初步掌握傅里叶分析方法的应用。

4.1　周期信号的傅里叶级数

4.1.1　三角函数形式的傅里叶级数

高等数学中曾给出傅里叶级数的定义，即周期函数 $f(t)$ 可以表示成三角函数的线性组合。若 $f(t)$ 的周期为 T_1，角频率 $\omega_1 = \dfrac{2\pi}{T_1}$，频率 $f_1 = \dfrac{1}{T_1}$，傅里叶级数展开表达式为

$$f(t) = a_0 + a_1\cos(\omega_1 t) + b_1\sin(\omega_1 t) + a_2\cos(2\omega_1 t)$$
$$+ b_2\sin(2\omega_1 t) + \cdots + a_n\cos(n\omega_1 t) + b_n\sin(n\omega_1 t) + \cdots$$
$$= a_0 + \sum_{n=1}^{+\infty}\left[a_n\cos(n\omega_1 t) + b_n\sin(n\omega_1 t)\right] \tag{4-1}$$

式中 n 为正整数,各次谐波成分的幅度值按以下各式计算。

直流分量:

$$a_0 = \frac{1}{T_1}\int_{t_0}^{t_0+T_1} f(t)\,\mathrm{d}t \tag{4-2}$$

余弦分量的幅度:

$$a_n = \frac{2}{T_1}\int_{t_0}^{t_0+T_1} f(t)\cos(n\omega_1 t)\,\mathrm{d}t \tag{4-3}$$

正弦分量的幅度:

$$b_n = \frac{2}{T_1}\int_{t_0}^{t_0+T_1} f(t)\sin(n\omega_1 t)\,\mathrm{d}t \tag{4-4}$$

其中 $n = 1, 2, \cdots$。

通常积分区间 $t_0 \sim t_0 + T_1$ 取为 $0 \sim T_1$ 或 $-\dfrac{T_1}{2} \sim \dfrac{T_1}{2}$。

周期信号展开成傅里叶级数必须满足一定的条件,即被展开的函数 $f(t)$ 需要满足如下充分条件,这组条件称为"狄里赫利(Dirichlet)条件":

(1) 在一个周期内,如果有间断点存在,则间断点的数目应为有限个。

(2) 在一个周期内,极大值和极小值的数目应为有限个。

(3) 在一个周期内,信号是绝对可积的,即 $\int_{t_0}^{t_0+T_1}|f(t)|\,\mathrm{d}t$ 等于有限值(T_1 为周期)。

一般的周期信号都能满足狄里赫利条件,因此除非特殊情况,一般不再考虑这个条件。

若将式(4-1)中同频率项加以合并,可以写成另一种形式:

$$f(t) = c_0 + \sum_{n=1}^{+\infty}\left[c_n\cos(n\omega_1 t + \varphi_n)\right] \tag{4-5}$$

或

$$f(t) = d_0 + \sum_{n=1}^{+\infty}\left[d_n\sin(n\omega_1 t + \theta_n)\right]$$

比较式(4-1)和式(4-5),可以看出傅里叶级数中各个量之间有如下关系:

$$\begin{cases} a_0 = c_0 = d_0 \\ c_n = d_n = \sqrt{a_n^2 + b_n^2} \\ a_n = c_n\cos\varphi_n = d_n\sin\theta_n \\ b_n = -c_n\sin\varphi_n = d_n\cos\theta_n \\ \tan\theta_n = \dfrac{a_n}{b_n} \\ \tan\varphi_n = -\dfrac{b_n}{a_n} \end{cases} \tag{4-6}$$

由式(4-1)可以看到,周期信号 $f(t)$ 由直流 a_0 以及无穷多个不同频率且具有不同幅度和初相位的正弦(或余弦)信号叠加而成。通常把频率为 f_1($f_1 = 1/T_1$)的分量称为基波,频率为 $2f_1, 3f_1, \cdots$ 的分量分别称为二次谐波、三次谐波……可见,傅里叶级数中的各正弦(或余弦)

信号的频率必定是基频 f_1 的整数倍。

　　式(4-3)至式(4-6)表明,周期信号傅里叶级数中的任一正弦(或余弦)分量都可以由它的幅度 a_n、b_n、c_n 以及相位 φ_n 还有角频率 $n\omega_1$ 这三个参数来决定。如果把 c_n 对 $n\omega_1$ 的关系绘成如图 4-1(a)所示的线图,便可清楚而直观地看出各频率分量的相对大小。这种图称为信号的幅度频谱或简称为幅度谱。图中每条线代表某一频率分量的幅度,称为谱线。连接各谱线顶点的曲线(图 4-1(a)中虚线所示)称为频谱的包络线,它反映了各频率分量的幅度变化情况。类似地还可以画出各分量的相位 φ_n 对频率 $n\omega_1$ 的线图,这种图称为相位频谱或简称相位谱。由图 4-1 可以看出,周期信号的频谱只会出现在 $0,\omega_1,2\omega_1,\cdots$ 这些离散频率点上,我们把这种频谱称为离散谱,它是周期信号频谱的主要特点。

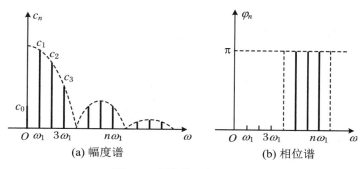

(a) 幅度谱　　　　　　　　　(b) 相位谱

图 4-1　周期信号频谱举例

4.1.2　指数形式的傅里叶级数

　　周期信号的傅里叶级数展开也可表示为指数形式。已知

$$f(t) = a_0 + \sum_{n=1}^{+\infty} \left[a_n \cos(n\omega_1 t) + b_n \sin(n\omega_1 t) \right] \tag{4-7}$$

根据欧拉公式:

$$\cos(n\omega_1 t) = \frac{1}{2}(e^{jn\omega_1 t} + e^{-jn\omega_1 t})$$

$$\sin(n\omega_1 t) = \frac{1}{2j}(e^{jn\omega_1 t} - e^{-jn\omega_1 t})$$

把上式代入式(4-7),得

$$f(t) = a_0 + \sum_{n=1}^{+\infty} \left[\frac{a_n - jb_n}{2} e^{jn\omega_1 t} + \frac{a_n + jb_n}{2} e^{-jn\omega_1 t} \right] \tag{4-8}$$

令

$$F(n\omega_1) = \frac{1}{2}(a_n - jb_n) \quad (n = 1,2,\cdots) \tag{4-9}$$

考虑到 a_n 是 n 的偶函数,b_n 是 n 的奇函数(见式(4-3)、式(4-4)),由式(4-9)可知

$$F(-n\omega_1) = \frac{1}{2}(a_n + jb_n)$$

将上述结果代入式(4-8),得到

$$f(t) = a_0 + \sum_{n=1}^{+\infty} \left[F(n\omega_1) e^{jn\omega_1 t} + F(-n\omega_1) e^{-jn\omega_1 t} \right]$$

令 $F(0) = a_0$，考虑到

$$\sum_{n=1}^{+\infty} F(-n\omega_1) \mathrm{e}^{-jn\omega_1 t} = \sum_{n=-1}^{-\infty} F(n\omega_1) \mathrm{e}^{jn\omega_1 t}$$

得到 $f(t)$ 的指数形式傅里叶级数：

$$f(t) = \sum_{n=-\infty}^{+\infty} F(n\omega_1) \mathrm{e}^{jn\omega_1 t} \tag{4-10}$$

若将式(4-3)、式(4-4)代入式(4-9)，就可以得到指数形式傅里叶级数的系数 $F(n\omega_1)$（简写作 F_n）：

$$F_n = \frac{1}{T_1} \int_{t_0}^{t_0+T_1} f(t) \mathrm{e}^{-jn\omega_1 t} \mathrm{d}t \tag{4-11}$$

其中 n 为从 $-\infty$ 到 $+\infty$ 的整数。

从式(4-6)、式(4-9)可以看出 F_n 与其他系数有如下关系：

$$\begin{cases} F_0 = c_0 = d_0 = a_0 \\ F_n = |F_n| \mathrm{e}^{j\varphi_n} = \frac{1}{2}(a_n - jb_n) \\ F_{-n} = |F_{-n}| \mathrm{e}^{-j\varphi_n} = \frac{1}{2}(a_n + jb_n) \\ |F_n| = |F_{-n}| = \frac{1}{2}c_n = \frac{1}{2}d_n = \frac{1}{2}\sqrt{a_n^2 + b_n^2} \\ |F_n| + |F_{-n}| = c_n \\ F_n + F_{-n} = a_n \\ b_n = j(F_n - F_{-n}) \\ c_n^2 = d_n^2 = a_n^2 + b_n^2 = 4F_nF_{-n} \\ (n = 1, 2, \cdots) \end{cases} \tag{4-12}$$

由于复指数形式的傅里叶级数中的 F_n 一般是复函数，所以又称这种频谱为复数频谱。根据 $F_n = |F_n| \mathrm{e}^{j\varphi_n}$，可以画出复数幅度谱 $|F_n| - \omega$ 与复数相位谱 $\varphi_n - \omega$，如图 4-2(a)、(b) 所示。此时每个正弦(或余弦)信号的"三参数"中的幅度、初相位都包含在复数 F_n 中，频率信息在复指数 $\mathrm{e}^{-jn\omega_1 t}$ 中，因此带来的问题是，为了将正弦(或余弦)信号的幅度和初相位放在一个复数 F_n 中一起表示，在数学中就出现了负频率，而 F_n 的模 $|F_n|$ 只有正弦(或余弦)信号幅度的一半，另外一半放在负频率处，只有把负频率项与相应的正频率项成对地合并起来，才是实际的频谱函数。这里负频率的出现完全是数学运算的结果，没有任何实际的物理意义。

下面利用傅里叶级数的有关结论研究周期信号的功率特性。为此，把傅里叶级数表示式(4-1)或式(4-10)的两边平方，并在一个周期内进行积分，再利用三角函数及复指数函数的正交性，就可以得到周期信号 $f(t)$ 的平均功率 P 与傅里叶系数有下列关系：

$$P = \overline{f^2(t)} = \frac{1}{T_1} \int_{t_0}^{t_0+T_1} f^2(t) \mathrm{d}t$$

$$= a_0^2 + \frac{1}{2} \sum_{n=1}^{+\infty} (a_n^2 + b_n^2) = c_0^2 + \frac{1}{2} \sum_{n=1}^{+\infty} c_n^2$$

$$= \sum_{n=-\infty}^{+\infty} |F_n|^2 \tag{4-13}$$

此式表明,周期信号的平均功率等于傅里叶级数展开各谐波分量有效值的平方和,即时域和频域的能量守恒。式(4-13)称为帕塞瓦尔定理(或方程)。

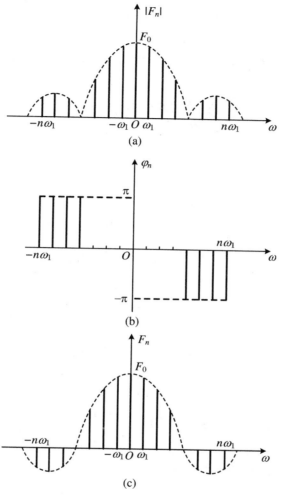

图 4-2　周期信号的复数频谱

4.1.3　周期矩形脉冲信号的傅里叶级数分析

设周期矩形脉冲信号 $f(t)$ 的脉冲宽度为 τ,脉冲幅度为 E,重复周期为 T_1(角频率 $\omega_1 = 2\pi f_1 = 2\pi / T_1$),如图 4-3 所示。

此信号在一个周期内 $\left(-\dfrac{T_1}{2} \leqslant t \leqslant \dfrac{T_1}{2}\right)$ 的表示式为

$$f(t) = E\left[u\left(t + \frac{\tau}{2}\right) - u\left(t - \frac{\tau}{2}\right)\right]$$

利用式(4-1),可以把周期矩形脉冲信号 $f(t)$ 展成三角形式的傅里叶级数:

$$f(t) = a_0 + \sum_{n=1}^{+\infty}\left[a_n\cos(n\omega_1 t) + b_n\sin(n\omega_1 t)\right]$$

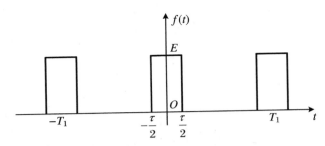

图 4-3　周期矩形信号的波形

根据式(4-3)、式(4-4)可以求出各系数,其中直流分量

$$a_0 = \frac{1}{T_1} \int_{-\frac{T_1}{2}}^{\frac{T_1}{2}} f(t)\mathrm{d}t = \frac{1}{T_1} \int_{-\frac{\tau}{2}}^{\frac{\tau}{2}} E\mathrm{d}t = \frac{E\tau}{T_1} \tag{4-14}$$

余弦分量的幅度为

$$a_n = \frac{2}{T_1} \int_{-\frac{T_1}{2}}^{\frac{T_1}{2}} f(t)\cos(n\omega_1 t)\mathrm{d}t$$

$$= \frac{2}{T_1} \int_{-\frac{\tau}{2}}^{\frac{\tau}{2}} E\cos\left(n\,\frac{2\pi}{T_1}t\right)\mathrm{d}t$$

$$= \frac{2E}{n\pi}\sin\left(\frac{n\pi\tau}{T_1}\right)$$

或写作

$$a_n = \frac{2E\tau}{T_1}\mathrm{Sa}\left(\frac{n\pi\tau}{T_1}\right) = \frac{E\tau\omega_1}{\pi}\mathrm{Sa}\left(\frac{n\omega_1\tau}{2}\right) \tag{4-15}$$

其中 Sa 为抽样函数:

$$\mathrm{Sa}\left(\frac{n\pi\tau}{T_1}\right) = \frac{\sin\left(\dfrac{n\pi\tau}{T_1}\right)}{\left(\dfrac{n\pi\tau}{T_1}\right)}$$

由于 $f(t)$ 是偶函数,由式(4-4)可知

$$b_n = 0$$

这样,周期矩形信号的三角形式傅里叶级数为

$$f(t) = \frac{E\tau}{T_1} + \frac{2E\tau}{T_1}\sum_{n=1}^{+\infty}\mathrm{Sa}\left(\frac{n\pi\tau}{T_1}\right)\cos(n\omega_1 t) \tag{4-16}$$

或

$$f(t) = \frac{E\tau}{T_1} + \frac{E\tau\omega_1}{\pi}\sum_{n=1}^{+\infty}\mathrm{Sa}\left(\frac{n\omega_1\tau}{2}\right)\cos(n\omega_1 t)$$

若将 $f(t)$ 展开成指数形式的傅里叶级数,由式(4-11)可得

$$F_n = \frac{1}{T_1} \int_{-\frac{\tau}{2}}^{\frac{\tau}{2}} E\mathrm{e}^{-\mathrm{j}n\omega_1 t}\mathrm{d}t$$

$$= \frac{E\tau}{T_1}\mathrm{Sa}\left(\frac{n\omega_1\tau}{2}\right)$$

所以

$$f(t) = \sum_{n=-\infty}^{+\infty} F_n\mathrm{e}^{\mathrm{j}n\omega_1 t} = \frac{E\tau}{T_1}\sum_{n=-\infty}^{+\infty}\mathrm{Sa}\left(\frac{n\omega_1\tau}{2}\right)\mathrm{e}^{\mathrm{j}n\omega_1 t}$$

对式(4-16)而言,若给定 τ、T_1(或 ω_1),就可以求出 E 的直流分量、基波与各次谐波分量的幅度:

$$c_n = a_n = \frac{2E\tau}{T_1}\mathrm{Sa}\left(\frac{n\pi\tau}{T_1}\right) \quad (n = 1,2,\cdots)$$

$$c_0 = a_0 = \frac{E\tau}{T_1}$$

图 4-4(a)和(b)分别示出了幅度谱 $|c_n|$ 和相位谱 φ_n 的图形,考虑到这里 c_n 是实数,因此一般把幅度谱 $|c_n|$、相位谱 φ_n 合画在一幅图上,如图 4-4(c)所示。同样,也可画出复数频谱 F_n,如图 4-4(d)所示。

从以上分析可以得出,周期信号的频谱特点是:

(1) 离散性

周期信号的频谱由离散的谱线组成,这种频谱称为离散频谱或线谱。两根谱线的间隔为 $\omega_1 = \frac{2\pi}{T_1} = 2\pi f_1$,周期信号的周期越大,两个谱线越靠近。

(2) 谐波性

各次谐波的频率都是基波频率 $\omega_1 = \frac{2\pi}{T_1} = 2\pi f_1$ 的整数倍,而且相邻谐波的频率间隔是均匀的,谱线在频率轴上的位置是 $\omega_1 = \frac{2\pi}{T_1} = 2\pi f_1$ 的整数倍。

(3) 收敛性

谱线幅度随 n 趋于无穷大而衰减到零,因此这种频谱具有收敛性或衰减性。说明周期信号包含的高频信号分量幅度小。

(4) 信号频带宽度

周期矩形信号的频谱包含无穷多条谱线,也就是说它是由无穷多个频率分量构成的。但其主要能量集中在包络函数 $\mathrm{Sa}\left(\frac{\omega\tau}{2}\right) = \dfrac{\sin\left(\frac{\omega\tau}{2}\right)}{\frac{\omega\tau}{2}}$ 的第一个零点 $\left(\frac{\omega\tau}{2} = \pi\right)$ 以内,此处角频率 $\omega = \frac{2\pi}{\tau}$,如图 4-5 所示。实际上,在允许一定失真的条件下,可以要求一个通信系统只把 $\omega \leqslant \frac{2\pi}{\tau}$ 频率范围内的各个频谱分量传送过去,而舍弃 $\omega > \frac{2\pi}{\tau}$ 的分量。因此,常常把 $\omega = 0 \sim \frac{2\pi}{\tau}$ 这段频率范围称为矩形信号的频带宽度,记作 B,于是有

$$B_\omega = \frac{2\pi}{\tau}$$

或

$$B_f = \frac{1}{\tau} \tag{4-17}$$

显然,频带宽度 B 只与脉宽 τ 有关,而且成反比关系。

图 4-6、图 4-7 分别讨论了脉宽 τ 和周期 T_1 这两个参数中有一方发生变化时周期矩形信号频谱的变化规律,图 4-6 画出了当 τ 保持不变,而 $T_1 = 5\tau$ 和 $T_1 = 10\tau$ 两种情况时的频谱;图 4-7 画出了当 T_1 保持不变,而 $\tau = \frac{T_1}{5}$ 和 $\tau = \frac{T_1}{10}$ 两种情况时的频谱。

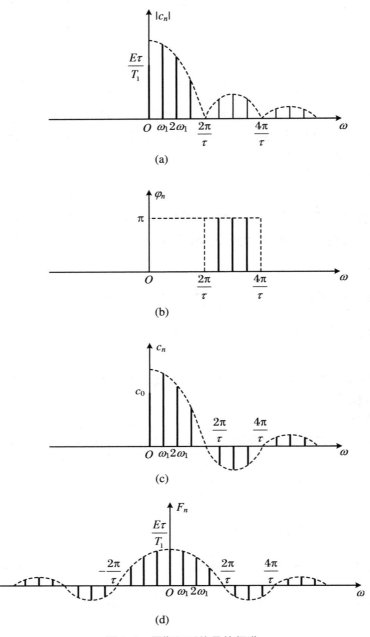

图 4-4 周期矩形信号的频谱

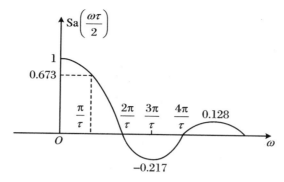

图 4-5　周期矩形信号归一化频谱包络线

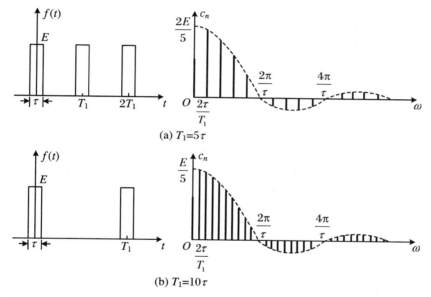

图 4-6　不同 T_1 值下周期矩形信号的频谱

4.2　非周期信号的傅里叶变换

4.2.1　傅里叶变换的定义

前面讨论了周期信号的傅里叶级数以及周期信号的离散频谱,通过信号频谱可以把周期信号 $f(t)$ 中呈谐波关系的各个正弦(或余弦)信号的"三参数"(即幅度、初相位和频率)都表示出来,知道了"三参数"也就知道了有关信号的信息。

本节将把上述傅里叶分析方法推广到非周期信号中去,导出非周期确定信号的傅里叶变换。非周期信号的傅里叶变换也同样表示了原信号含有的所有不同频率正弦(或余弦)信号的三参数信息。

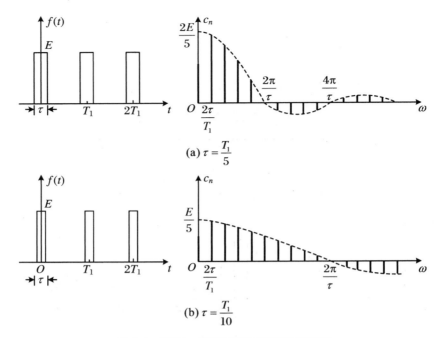

图 4-7 不同 τ 值下周期矩形信号的频谱

为了对傅里叶变换表示的实质能有更深入的了解,这里仍然以周期矩形脉冲信号为例。由图 4-8 可见,当周期 T_1 无限增大时,周期信号就可以看作是周期 T_1 趋于无穷大的非周期信号。由周期信号的频谱特点可知,随着周期信号的周期 T_1 不断增大,谱线的间隔 $\omega_1\left(=\dfrac{2\pi}{T_1}\right)$ 不断减小。当周期 $T_1 \rightarrow \infty$ 时,谱线的间隔将趋于无穷小,此时,原来的离散频谱就变成连续频谱。

对于信号频谱而言,当 $T_1 \rightarrow \infty$ 时,每个谱线的长度 $F(n\omega_1)$ 将趋于零。这说明,$f(t)$ 含有的各个频率分量的幅度都趋于零,按 4.1 节所表示的频谱将化为乌有,失去应有的意义;但是从物理概念上考虑,既然成为一个信号,必然含有一定的能量,无论信号怎样分解,其所含能量是不变的。所以不管周期增大到什么程度,频谱的分布依然存在。或者从数学角度看,在极限情况下,无限多的无穷小量之和,仍可等于一有限值,此有限值的大小取决于信号的能量。

为了表征各个频率分量之间的关系,这里引用了频谱分布关系函数,将 $F(\omega)$ 称为非周期信号 $f(t)$ 的"频谱密度函数",简称为频谱函数。下面由周期信号的傅里叶级数推导出傅里叶变换,并说明频谱密度函数的意义。

设有一周期信号 $f(t)$ 及其复数频谱 $F(n\omega_1)$ 如图 4-8(a)所示,将 $f(t)$ 展成指数形式的傅里叶级数:

$$f(t) = \sum_{n=-\infty}^{+\infty} F(n\omega_1) \mathrm{e}^{\mathrm{j}n\omega_1 t}$$

其频谱为

$$F(n\omega_1) = \frac{1}{T_1} \int_{-\frac{T_1}{2}}^{\frac{T_1}{2}} f(t) \mathrm{e}^{-\mathrm{j}n\omega_1 t} \mathrm{d}t$$

两边乘以 T_1,得

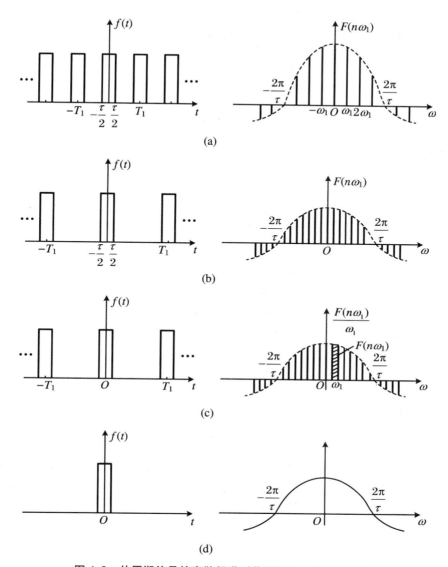

图 4-8　从周期信号的离散频谱到非周期信号的连续频谱

$$F(n\omega_1)T_1 = \frac{2\pi F(n\omega_1)}{\omega_1} = \int_{-\frac{T_1}{2}}^{\frac{T_1}{2}} f(t)\mathrm{e}^{-\mathrm{j}n\omega_1 t}\mathrm{d}t \qquad (4\text{-}18)$$

对于非周期信号,重复周期 $T_1 \to \infty$,重复频率 $\omega_1 \to 0$,谱线间隔 $\Delta(n\omega_1) \to \mathrm{d}\omega$,而离散频率 $n\omega_1$ 变成连续频率 ω。在这种极限情况下,$F(n\omega_1) \to 0$,但 $\dfrac{2\pi F(n\omega_1)}{\omega_1}$ 可望不趋于零,而趋近于有限值,且变成一个连续函数,通常记作 $F(\omega)$ 或 $F(\mathrm{j}\omega)$,即

$$F(\omega) = \lim_{\omega_1 \to 0} \frac{2\pi F(n\omega_1)}{\omega_1} = \lim_{T_1 \to +\infty} F(n\omega_1)T_1 \qquad (4\text{-}19)$$

上式中,$\dfrac{F(n\omega_1)}{\omega_1}$ 表示单位频带的频谱值,即频谱密度的概念。因此将 $F(\omega)$ 称为原函数 $f(t)$ 的频谱密度函数,或简称为频谱函数。若以 $\dfrac{F(n\omega_1)}{\omega_1}$ 的幅度为高,以间隔 ω_1 为宽画一个

小矩形,如图 4-8(c)所示,则该小矩形的面积等于 $n\omega_1$ 频率处的频谱值 $F(n\omega_1)$。

这样,式(4-18)在非周期信号的情况下将变成

$$F(\omega) = \lim_{T_1 \to +\infty} \int_{-\frac{T_1}{2}}^{\frac{T_1}{2}} f(t) \mathrm{e}^{-\mathrm{j}n\omega_1 t} \mathrm{d}t$$

即

$$F(\omega) = \int_{-\infty}^{+\infty} f(t) \mathrm{e}^{-\mathrm{j}\omega t} \mathrm{d}t \tag{4-20}$$

同样,对傅里叶级数

$$f(t) = \sum_{n=-\infty}^{+\infty} F(n\omega_1) \mathrm{e}^{\mathrm{j}n\omega_1 t}$$

考虑到谱线间隔 $\Delta(n\omega_1) = \omega_1$,上式可改写为

$$f(t) = \sum_{n\omega_1=-\infty}^{+\infty} \frac{F(n\omega_1)}{\omega_1} \mathrm{e}^{\mathrm{j}n\omega_1 t} \Delta(n\omega_1)$$

在前述极限的情况下,上式中各量应做如下改变:

$$n\omega_1 \to \omega$$
$$\Delta(n\omega_1) \to \mathrm{d}\omega$$
$$\frac{F(n\omega_1)}{\omega_1} \to \frac{F(\omega)}{2\pi}$$
$$\sum_{n\omega_1=-\infty}^{+\infty} \to \int_{-\infty}^{+\infty}$$

于是,傅里叶级数变成积分形式:

$$f(t) = \frac{1}{2\pi} \int_{-\infty}^{+\infty} F(\omega) \mathrm{e}^{\mathrm{j}\omega t} \mathrm{d}\omega \tag{4-21}$$

式(4-20)、式(4-21)是用周期信号的傅里叶级数通过极限的方法导出的非周期信号频谱的表达式,称为傅里叶变换。通常将式(4-20)称为傅里叶正变换,将式(4-21)称为傅里叶逆变换。为书写方便,习惯上采用如下符号。

傅里叶正变换:

$$F(\omega) = \mathscr{F}[f(t)] = \int_{-\infty}^{+\infty} f(t) \mathrm{e}^{-\mathrm{j}\omega t} \mathrm{d}t$$

傅里叶逆变换:

$$f(t) = \mathscr{F}^{-1}[F(\omega)] = \frac{1}{2\pi} \int_{-\infty}^{+\infty} F(\omega) \mathrm{e}^{\mathrm{j}\omega t} \mathrm{d}\omega$$

式中 $F(\omega)$ 是 $f(t)$ 的频谱函数,它一般是复函数,可以写作

$$F(\omega) = |F(\omega)| \mathrm{e}^{\mathrm{j}\varphi(\omega)}$$

其中 $|F(\omega)|$ 是 $F(\omega)$ 的模,称为信号 $f(t)$ 幅度谱,它表征信号中各频率分量幅度的相对大小;$\varphi(\omega)$ 是 $F(\omega)$ 的相位函数,称为信号 $f(t)$ 的相位谱,它代表信号中各频率分量的初相位。由图 4-1 可以看出,它们都是角频率 ω 的连续函数,在形状上与相应的周期信号频谱包络线相同。

式(4-21)也可以改写为三角函数形式,即

$$f(t) = \frac{1}{2\pi} \int_{-\infty}^{+\infty} F(\omega) \mathrm{e}^{\mathrm{j}\omega t} \mathrm{d}\omega = \frac{1}{2\pi} \int_{-\infty}^{+\infty} |F(\omega)| \mathrm{e}^{\mathrm{j}[\omega t + \varphi(\omega)]} \mathrm{d}\omega$$

$$= \frac{1}{2\pi} \int_{-\infty}^{+\infty} |F(\omega)| \cos[\omega t + \varphi(\omega)] \mathrm{d}\omega + \frac{\mathrm{j}}{2\pi} \int_{-\infty}^{+\infty} |F(\omega)| \sin[\omega t + \varphi(\omega)] \mathrm{d}\omega$$

可见,非周期信号和周期信号一样,也可以分解成许多不同频率的正、余弦分量。不同的是,由于非周期信号的周期趋于无穷大,基频趋于无穷小,因此非周期信号包含了从零频到无限高的所有频率分量。同时,由于周期趋于无穷大,任意能量有限的信号在各频率点的分量幅度 $\dfrac{|F(\omega)|\mathrm{d}\omega}{\pi}$ 趋于无穷小,所以非周期确定信号的频谱不能再用各频率分量的幅度来表示,而改用频谱密度函数来表示。

确定信号存在傅里叶变换也应该满足一定的条件,这种条件类似于傅里叶级数的狄里赫利条件,不同之处仅仅在于时间范围由一个周期变成无限的区间。即非周期确定信号的傅里叶变换存在的充分条件是信号 $f(t)$ 满足绝对可积条件:

$$\int_{-\infty}^{+\infty} |f(t)| \mathrm{d}t < + \infty$$

4.2.2　典型非周期信号的傅里叶变换

1. 单边指数信号

单边指数信号如图 4-9(a)所示,其表达式为

$$f(t) = \begin{cases} \mathrm{e}^{-at} & (t \geqslant 0) \\ 0 & (t < 0) \end{cases}$$

其中 a 为正实数。

由

$$F(\omega) = \int_{-\infty}^{+\infty} f(t) \mathrm{e}^{-\mathrm{j}\omega t} \mathrm{d}t = \int_{0}^{+\infty} \mathrm{e}^{-at} \mathrm{e}^{-\mathrm{j}\omega t} \mathrm{d}t = \int_{0}^{+\infty} \mathrm{e}^{-(a+\mathrm{j}\omega)t} \mathrm{d}t$$

得

$$\begin{cases} F(\omega) = \dfrac{1}{a + \mathrm{j}\omega} \\ |F(\omega)| = \dfrac{1}{\sqrt{a^2 + \omega^2}} \\ \varphi(\omega) = -\arctan\left(\dfrac{\omega}{a}\right) \end{cases} \tag{4-22}$$

单边指数信号的幅度谱 $|F(\omega)|$ 和相位谱 $\varphi(\omega)$ 如图 4-9(b)、(c)所示。

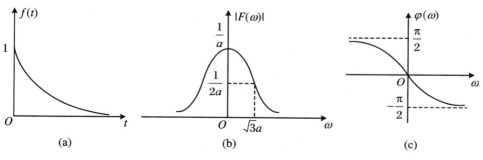

图 4-9　单边指数信号的波形及频谱

2．双边指数信号

双边指数信号的表达式为

$$f(t) = e^{-a|t|} \quad (-\infty < t < +\infty)$$

其中 a 为正实数。

因 $F(\omega) = \displaystyle\int_{-\infty}^{+\infty} f(t)e^{-j\omega t}dt = \int_{-\infty}^{+\infty} e^{-a|t|} e^{-j\omega t}dt$ ，得

$$\begin{cases} F(\omega) = \dfrac{2a}{a^2 + \omega^2} \\[2mm] |F(\omega)| = \dfrac{2a}{a^2 + \omega^2} \\[2mm] \varphi(\omega) = 0 \end{cases} \tag{4-23}$$

双边指数信号的波形 $f(t)$、幅度谱 $|F(\omega)|$ 如图 4-10 所示。

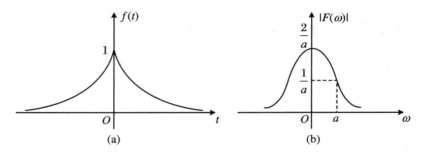

图 4-10　双边指数信号的波形及频谱

3．矩形脉冲信号

矩形脉冲信号的表达式为

$$f(t) = E\left[u\left(t + \frac{\tau}{2}\right) - u\left(t - \frac{\tau}{2}\right)\right]$$

其中 E 为脉冲幅度，τ 为脉冲宽度。

因 $F(\omega) = \displaystyle\int_{-\infty}^{+\infty} f(t)e^{-j\omega t}dt = \int_{-\frac{\tau}{2}}^{\frac{\tau}{2}} Ee^{-j\omega t}dt$ ，得

$$F(\omega) = \frac{2E}{\omega}\sin\left(\frac{\omega\tau}{2}\right) = E\tau\left[\frac{\sin\left(\dfrac{\omega\tau}{2}\right)}{\dfrac{\omega\tau}{2}}\right] \tag{4-24}$$

因

$$\left[\frac{\sin\left(\dfrac{\omega\tau}{2}\right)}{\dfrac{\omega\tau}{2}}\right] = \mathrm{Sa}\left(\frac{\omega\tau}{2}\right)$$

所以

$$F(\omega) = E\tau \cdot \mathrm{Sa}\left(\frac{\omega\tau}{2}\right)$$

这样，矩形脉冲信号的幅度谱和相位谱分别为

$$|F(\omega)| = E\tau \left|\mathrm{Sa}\left(\frac{\omega\tau}{2}\right)\right|$$

$$\varphi(\omega) = \begin{cases} 0 & \left(\dfrac{4n\pi}{\tau} < |\omega| < \dfrac{2(2n+1)\pi}{\tau}\right) \\ \pi & \left(\dfrac{2(2n+1)\pi}{\tau} < |\omega| < \dfrac{4(n+1)\pi}{\tau}\right) \end{cases} \quad (n = 0, 1, 2, \cdots)$$

因为 $F(\omega)$ 在这里是实函数,通常用一条 $F(\omega)$ 曲线同时表示幅度谱 $|F(\omega)|$ 和相位谱 $\varphi(\omega)$,如图 4-11 所示。

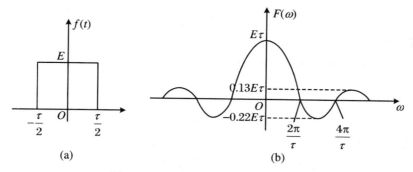

图 4-11　矩形脉冲信号的波形及频谱

虽然矩形脉冲信号是时域有限信号,但是它的频谱却以 $\mathrm{Sa}\left(\dfrac{\omega\tau}{2}\right)$ 的规律变化,分布在无限宽的频率范围上,其主要的信号能量集中在 $f = 0 \sim \dfrac{1}{\tau}$ 的低频段。一般认为脉冲信号频谱的有效带宽是原点到第一个零点的宽度,即矩形脉冲信号的有效带宽为

$$B \approx \frac{1}{\tau} \tag{4-25}$$

4. 钟形脉冲信号

钟形信号又称高斯信号,它的表达式为

$$f(t) = E\mathrm{e}^{-\left(\frac{t}{\tau}\right)^2} \quad (-\infty < t < +\infty) \tag{4-26}$$

因

$$\begin{aligned} F(\omega) &= \int_{-\infty}^{+\infty} f(t)\mathrm{e}^{-\mathrm{j}\omega t}\,\mathrm{d}t \\ &= \int_{-\infty}^{+\infty} E\mathrm{e}^{-\left(\frac{t}{\tau}\right)^2}\mathrm{e}^{-\mathrm{j}\omega t}\,\mathrm{d}t \\ &= E\int_{-\infty}^{+\infty} \mathrm{e}^{-\left(\frac{t}{\tau}\right)^2}\left[\cos(\omega t) - \mathrm{j}\sin(\omega t)\right]\mathrm{d}t \\ &= 2E\int_{0}^{+\infty} \mathrm{e}^{-\left(\frac{t}{\tau}\right)^2}\cos(\omega t)\,\mathrm{d}t \end{aligned}$$

积分后可得钟形脉冲信号的傅里叶变换为

$$F(\omega) = \sqrt{\pi}E\tau \cdot \mathrm{e}^{-\left(\frac{\omega\tau}{2}\right)^2} \tag{4-27}$$

它是一个正实函数,所以钟形信号的相位谱为零。说明钟形信号中只含有余弦分量而没有正弦分量。图 4-12 所示为钟形脉冲信号的波形和频谱。钟形脉冲信号的波形和频谱具有相同的形状,均为钟形。

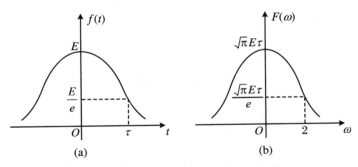

图 4-12　钟形脉冲信号的波形及频谱

5．符号函数

符号函数(或称正负号函数)以符号 sgn 记,其表达式为

$$f(t) = \text{sgn}(t) = \begin{cases} +1 & (t > 0) \\ 0 & (t = 0) \\ -1 & (t < 0) \end{cases} \tag{4-28}$$

符号函数不满足绝对可积条件,但它却存在傅里叶变换。可以借助于符号函数与双边指数衰减函数相乘,先求得此乘积信号 $f_1(t)$ 的频谱 $F_1(\omega)$,即

$$F_1(\omega) = \int_{-\infty}^{+\infty} f_1(t) e^{-j\omega t} dt$$

这样

$$F_1(\omega) = \int_{-\infty}^{0} (-e^{at}) e^{-j\omega t} dt + \int_{0}^{+\infty} e^{-at} e^{-j\omega t} dt$$

其中 $a > 0$。再积分并化简,可得

$$\begin{cases} F_1(\omega) = \dfrac{-2j\omega}{a^2 + \omega^2} \\ |F_1(\omega)| = \dfrac{2|\omega|}{a^2 + \omega^2} \\ \varphi_1(\omega) = \begin{cases} +\dfrac{\pi}{2} & (\omega < 0) \\ -\dfrac{\pi}{2} & (\omega > 0) \end{cases} \end{cases} \tag{4-29}$$

其波形和幅度谱如图 4-13 所示。

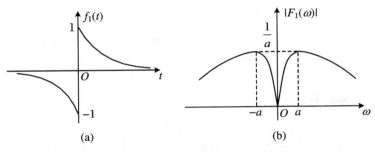

图 4-13　指数信号 $f_1(t)$ 的波形及频谱

求出 $F_1(\omega)$ 之后再对 $F_1(\omega)$ 取极限,从而可得出符号函数 $f(t)$ 的频谱 $F(\omega)$,即

$$F(\omega) = \lim_{a \to 0} F_1(\omega) = \lim_{a \to 0}\left(\frac{-2\mathrm{j}\omega}{a^2 + \omega^2}\right)$$

所以

$$\begin{cases} F(\omega) = \dfrac{2}{\mathrm{j}\omega} \\[2mm] |F(\omega)| = \dfrac{2}{|\omega|} \\[2mm] \varphi(\omega) = \begin{cases} -\dfrac{\pi}{2} & (\omega > 0) \\[2mm] \dfrac{\pi}{2} & (\omega < 0) \end{cases} \end{cases} \tag{4-30}$$

其波形和频谱如图 4-14 所示。

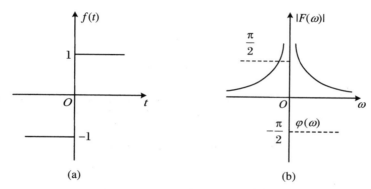

(a)   (b)

图 4-14　符号函数的波形及频谱

6. 升余弦脉冲信号

升余弦脉冲信号的表达式为

$$f(t) = \frac{E}{2}\left[1 + \cos\left(\frac{\pi t}{\tau}\right)\right] \quad (0 \leqslant |t| \leqslant \tau) \tag{4-31}$$

其波形如图 4-15 所示。

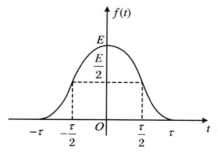

图 4-15　升余弦脉冲信号的波形

因为

$$F(\omega) = \int_{-\infty}^{+\infty} f(t)\mathrm{e}^{-\mathrm{j}\omega t}\,\mathrm{d}t$$

$$= \int_{-\tau}^{\tau} \frac{E}{2}\left[1 + \cos\left(\frac{\pi t}{\tau}\right)\right]\mathrm{e}^{-\mathrm{j}\omega t}\,\mathrm{d}t$$

$$= \frac{E}{2} \int_{-\tau}^{\tau} e^{-j\omega t} dt + \frac{E}{4} \int_{-\tau}^{\tau} e^{j\frac{\pi t}{\tau}} e^{-j\omega t} dt + \frac{E}{4} \int_{-\tau}^{\tau} e^{-j\frac{\pi t}{\tau}} e^{-j\omega t} dt$$

$$= E\tau Sa(\omega\tau) + \frac{E\tau}{2} Sa\left[\left(\omega - \frac{\pi}{\tau}\right)\tau\right] + \frac{E\tau}{2} Sa\left[\left(\omega + \frac{\pi}{\tau}\right)\tau\right]$$

显然 $F(\omega)$ 由三项构成,它们都是矩形脉冲的频谱,只是有两项沿频率轴左、右平移了 $\omega = \frac{\pi}{\tau}$。把上式化简,则可得到

$$F(\omega) = \frac{E\sin(\omega\tau)}{\omega\left[1 - \left(\frac{\omega\tau}{\pi}\right)^2\right]} = \frac{E\tau Sa(\omega\tau)}{1 - \left(\frac{\omega\tau}{\pi}\right)^2} \tag{4-32}$$

其频谱如图 4-16 所示。

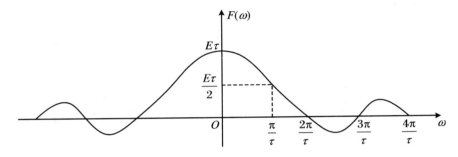

图 4-16　升余弦脉冲信号的频谱

由上可见,升余弦脉冲信号的频谱比矩形脉冲的频谱更加集中。对于半幅度宽度为 τ 的升余弦脉冲信号,它的绝大部分能量集中在 $\omega = 0 \sim \frac{2\pi}{\tau}\left(即 f = 0 \sim \frac{1}{\tau}\right)$ 范围内。

4.2.3　冲激函数和阶跃函数的傅里叶变换

1. 冲激函数的傅里叶变换

(1) 冲激函数的傅里叶变换

根据单位冲激函数 $\delta(t)$ 的定义,可得 $\delta(t)$ 的频谱为

$$F(\omega) = \int_{-\infty}^{+\infty} \delta(t) e^{-j\omega t} dt$$

由冲激函数的抽样性质可知上式右边的积分是 1,所以

$$F(\omega) = \mathscr{F}[\delta(t)] = 1 \tag{4-33}$$

可见,单位冲激函数的频谱等于常数,也就是说,在整个频率范围内频谱是均匀分布的。即在时域中变化异常剧烈的冲激函数包含幅度相等的所有频率分量,这种频谱常常被称为 "均匀谱" 或 "白色谱"(就好像白光含有全部七色光一样),如图 4-17 所示。频谱为 "1" 说明各个频率分量是等概率出现的。自然界中的闪电可以看成冲激信号,其含有丰富的频率成分。

(2) 冲激函数的傅里叶逆变换

假设信号频谱是冲激函数,即 $F(\omega) = \delta(\omega)$,则其逆变换为

$$\mathscr{F}^{-1}[\delta(\omega)] = \frac{1}{2\pi} \tag{4-34}$$

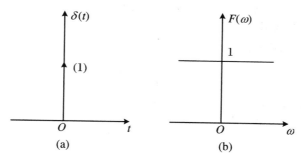

图 4-17　单位冲激信号的频谱

此结果表明,若频谱是冲激函数 $\delta(\omega)$,则时域是直流信号 $f(t)=\dfrac{1}{2\pi}$;或者说,无时限的直流信号傅里叶变换是位于 $\omega=0$ 的冲激函数。

这一结果也可由宽度为 τ 的矩形脉冲取 $\tau \to \infty$ 得极限而求得,可参照图 4-18 推证此结论。

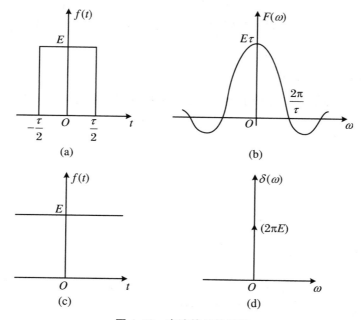

图 4-18　直流信号的频谱

当 $\tau \to \infty$ 时,矩形脉冲成为直流信号 E,此时有

$$\mathscr{F}[E]=\lim_{\tau \to +\infty} E\tau \cdot \mathrm{Sa}\left(\frac{\omega\tau}{2}\right) \tag{4-35}$$

由冲激函数的定义可知

$$\delta(\omega)=\lim_{k \to +\infty} \frac{k}{\pi}\mathrm{Sa}(k\omega) \tag{4-36}$$

若令 $k=\dfrac{\tau}{2}$,比较上两式则可得到

$$\mathscr{F}[E]=2\pi E\delta(\omega)$$
$$\mathscr{F}[1]=2\pi\delta(\omega) \tag{4-37}$$

可见,直流信号的傅里叶变换是位于 $\omega = 0$ 的冲激函数。

2. 冲激偶的傅里叶变换

因为 $\mathscr{F}[\delta(t)] = 1$,则

$$\delta(t) = \frac{1}{2\pi}\int_{-\infty}^{+\infty}e^{j\omega t}\,d\omega$$

将上式两边对时间求导,可得

$$\frac{d}{dt}[\delta(t)] = \frac{1}{2\pi}\int_{-\infty}^{+\infty}(j\omega)e^{j\omega t}\,d\omega$$

得

$$\mathscr{F}\left[\frac{d}{dt}\delta(t)\right] = j\omega \tag{4-38}$$

同理可得

$$\begin{cases} \mathscr{F}\left[\dfrac{d^n}{dt^n}\delta(t)\right] = (j\omega)^n \\ \mathscr{F}[t^n] = 2\pi(j)^n\dfrac{d^n}{d\omega^n}[\delta(\omega)] \end{cases} \tag{4-39}$$

也可由傅里叶变换的定义和冲激偶的性质直接求得式(4-38),此时有

$$\int_{-\infty}^{+\infty}\delta'(t)e^{-j\omega t}\,dt = -(-j\omega) = j\omega$$

3. 阶跃函数的傅里叶变换

从图 4-19(a)中容易看出阶跃函数 $u(t)$ 不满足绝对可积条件,即使如此,它仍存在傅里叶变换。

因为

$$u(t) = \frac{1}{2} + \frac{1}{2}\mathrm{sgn}(t)$$

两边进行傅里叶变换,有

$$\mathscr{F}[u(t)] = \mathscr{F}\left(\frac{1}{2}\right) + \frac{1}{2}\mathscr{F}[\mathrm{sgn}(t)]$$

由式(4-37)、式(4-30)可得 $u(t)$ 的傅里叶变换为

$$\mathscr{F}[u(t)] = \pi\delta(\omega) + \frac{1}{j\omega} \tag{4-40}$$

单位阶跃函数 $u(t)$ 的频谱如图 4-19(b)所示。

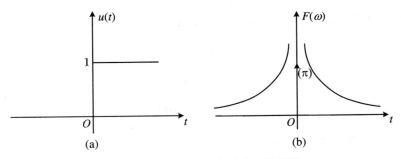

图 4-19　单位阶跃函数的波形及频谱

可见,单位阶跃函数 $u(t)$ 的频谱在 $\omega = 0$ 点存在一个冲激函数,这是由于 $u(t)$ 不是纯

直流信号,它在 $t=0$ 点有跳变。

4.3　傅里叶变换的基本性质

通过式(4-20)和式(4-21)的傅里叶变换对建立了时间函数 $f(t)$ 与频谱函数 $F(\omega)$ 之间的对应关系。但是对信号进行某种运算后,其频谱将发生变化;或者反过来,信号频谱发生变化后,则时间信号也会发生变化。尽管可以直接利用式(4-20)和式(4-21)的傅里叶变换对之进行计算,但是若借助傅里叶变换的基本性质,则能使这个计算过程变得简便容易,而且物理概念清楚。因此,熟悉傅里叶变换的一些基本性质成为信号分析研究工作中最重要的内容之一。

1. 对称性

若 $F(\omega)=\mathscr{F}[f(t)]$,则

$$\mathscr{F}[F(t)]=2\pi f(-\omega)$$

证明　因 $f(t)=\dfrac{1}{2\pi}\displaystyle\int_{-\infty}^{+\infty}F(\omega)\mathrm{e}^{\mathrm{j}\omega t}\mathrm{d}\omega$,显然有

$$f(-t)=\frac{1}{2\pi}\int_{-\infty}^{+\infty}F(\omega)\mathrm{e}^{-\mathrm{j}\omega t}\mathrm{d}\omega$$

将变量 t 与 ω 互换,可以得到

$$2\pi f(-\omega)=\int_{-\infty}^{+\infty}F(t)\mathrm{e}^{-\mathrm{j}\omega t}\mathrm{d}t$$

所以

$$\mathscr{F}[F(t)]=2\pi f(-\omega) \tag{4-41}$$

若 $f(t)$ 是偶函数,式(4-41)变成

$$\mathscr{F}[F(t)]=2\pi f(\omega) \tag{4-42}$$

从式(4-41)可以看出,若 $f(t)$ 的频谱为 $F(\omega)$,那么要想求得 $F(t)$ 的频谱,就可以根据对称性利用 $f(-\omega)$ 给出。当 $f(t)$ 为偶函数时,由式(4-42)可知,这种对称关系得到简化,即 $f(t)$ 的频谱为 $F(\omega)$,那么形状为 $F(t)$ 的波形其频谱必为 $f(\omega)$。例如,前面讨论过的矩形脉冲的频谱为 Sa 函数,而 Sa 形脉冲的频谱必然为矩形函数;同样,直流信号的频谱为冲激函数,而冲激函数的频谱必然为常数,等等,如图 4-20 和图 4-21 所示。

2. 线性(叠加性)

若 $\mathscr{F}[f_i(t)]=F_i(\omega)(i=1,2,\cdots,n)$,则

$$\mathscr{F}\Big[\sum_{i=1}^{n}a_if_i(t)\Big]=\sum_{i=1}^{n}a_iF_i(\omega) \tag{4-43}$$

其中 a_i 为常数,n 为正整数。

傅里叶变换是一种线性运算,它满足叠加定理,所以信号线性组合的频谱等于它们各自对应频谱的线性组合。

3. 奇偶虚实性

在一般的情况下,$F(\omega)$ 是复函数,因而可以表示成模与相位或者实部与虚部两部分,即

$$F(\omega)=|F(\omega)|\mathrm{e}^{\mathrm{j}\varphi(\omega)}=R(\omega)+\mathrm{j}X(\omega)$$

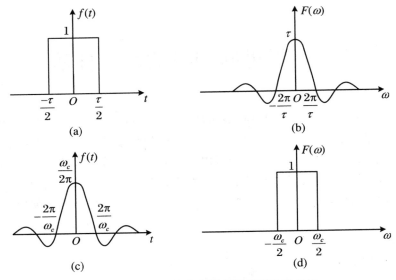

图 4-20   时间函数与频谱函数的对称性举例

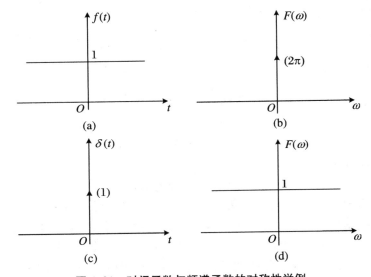

图 4-21   时间函数与频谱函数的对称性举例

显然有

$$\begin{cases} |F(\omega)| = \sqrt{R^2(\omega) + X^2(\omega)} \\ \varphi(\omega) = \arctan\left[\dfrac{X(\omega)}{R(\omega)}\right] \end{cases} \tag{4-44}$$

下面讨论两种特定情况。

(1) $f(t)$ 是实函数。

因为

$$F(\omega) = \int_{-\infty}^{+\infty} f(t)\mathrm{e}^{-\mathrm{j}\omega t}\mathrm{d}t$$

$$= \int_{-\infty}^{+\infty} f(t)\cos(\omega t)\mathrm{d}t - \mathrm{j}\int_{-\infty}^{+\infty} f(t)\sin(\omega t)\mathrm{d}t$$

在这种情况下,显然有

$$
\begin{cases}
R(\omega) = \displaystyle\int_{-\infty}^{+\infty} f(t)\cos(\omega t)\,\mathrm{d}t \\[2mm]
X(\omega) = -\displaystyle\int_{-\infty}^{+\infty} f(t)\sin(\omega t)\,\mathrm{d}t
\end{cases}
\tag{4-45}
$$

$R(\omega)$ 为偶函数,$X(\omega)$ 为奇函数,即满足下列关系:

$$R(\omega) = R(-\omega)$$

$$X(\omega) = -X(-\omega)$$

$$F(-\omega) = F^*(\omega)$$

由于 $R(\omega)$ 是偶函数,$X(\omega)$ 是奇函数,利用式(4-44)可证得 $|F(\omega)|$ 是偶函数,$\varphi(\omega)$ 是奇函数。

① 当 $f(t)$ 为实偶函数时,上述结论可进一步简化,此时

$$f(t) = f(-t)$$

式(4-45)成为

$$X(\omega) = 0$$

此时

$$F(\omega) = R(\omega) = 2\int_{0}^{+\infty} f(t)\cos(\omega t)\,\mathrm{d}t$$

可见,若 $f(t)$ 是实偶函数,$F(\omega)$ 必为 ω 的实偶函数。

② 若 $f(t)$ 为实奇函数,即

$$f(-t) = -f(t)$$

那么,由式(4-45)可求得

$$R(\omega) = 0$$

此时

$$F(\omega) = \mathrm{j}X(\omega) = -2\mathrm{j}\int_{0}^{+\infty} f(t)\sin(\omega t)\,\mathrm{d}t$$

可见,若 $f(t)$ 是实奇函数,则 $F(\omega)$ 必为 ω 的虚奇函数。

(2) $f(t)$ 是虚函数。

令 $f(t) = \mathrm{j}g(t)$,则有

$$R(\omega) = \int_{-\infty}^{+\infty} g(t)\sin(\omega t)\,\mathrm{d}t$$

$$X(\omega) = \int_{-\infty}^{+\infty} g(t)\cos(\omega t)\,\mathrm{d}t$$

在这种情况下,$R(\omega)$ 为奇函数,$X(\omega)$ 为偶函数,即满足

$$R(\omega) = -R(-\omega)$$

$$X(\omega) = X(-\omega)$$

此外,无论 $f(t)$ 为实函数或复函数,都具有以下性质:

$$
\begin{cases}
\mathscr{F}[f(-t)] = F(-\omega) \\[1mm]
\mathscr{F}[f^*(t)] = F^*(-\omega) \\[1mm]
\mathscr{F}[f^*(-t)] = F^*(\omega)
\end{cases}
\tag{4-46}
$$

证明过程留给读者作为练习。

4. 尺度变换特性

若 $\mathscr{F}[f(t)] = F(\omega)$，则

$$\mathscr{F}[f(at)] = \frac{1}{|a|}F\left(\frac{\omega}{a}\right) \quad (a \text{ 为非零的实常数})$$

证明　因为 $\mathscr{F}[f(at)] = \int_{-\infty}^{+\infty} f(at)\mathrm{e}^{-\mathrm{j}\omega t}\mathrm{d}t$，令 $x = at$。当 $a > 0$ 时，有

$$\mathscr{F}[f(at)] = \frac{1}{a}\int_{-\infty}^{+\infty} f(x)\mathrm{e}^{-\mathrm{j}\omega\frac{x}{a}}\mathrm{d}x$$

$$= \frac{1}{a}F\left(\frac{\omega}{a}\right)$$

当 $a < 0$ 时，有

$$\mathscr{F}[f(at)] = \frac{1}{a}\int_{+\infty}^{-\infty} f(x)\mathrm{e}^{-\mathrm{j}\omega\frac{x}{a}}\mathrm{d}x$$

$$= -\frac{1}{a}\int_{-\infty}^{+\infty} f(x)\mathrm{e}^{-\mathrm{j}\omega\frac{x}{a}}\mathrm{d}x$$

$$= -\frac{1}{a}F\left(\frac{\omega}{a}\right)$$

综合上述两种情况，便可得到尺度变换特性表达式为

$$\mathscr{F}[f(at)] = \frac{1}{|a|}F\left(\frac{\omega}{a}\right) \tag{4-48}$$

对于 $a = -1$ 这种特殊情况，式(4-48)变成

$$\mathscr{F}[f(-t)] = F(-\omega)$$

为了说明尺度变换特性，在图 4-22 中画出了矩形脉冲的几种情况。

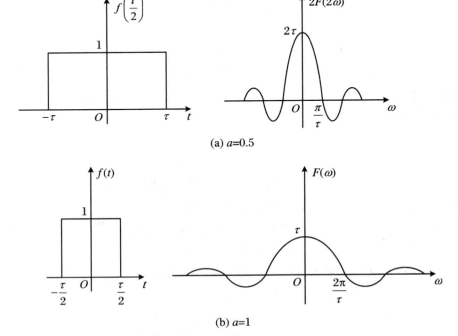

(a) $a=0.5$

(b) $a=1$

图 4-22　尺度变换特性举例说明

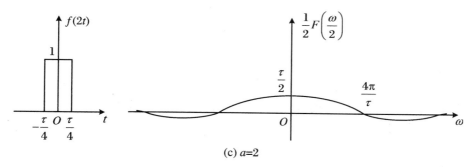

(c) $a=2$

续图 4-22　尺度变换特性举例说明

由上可见,信号在时域压缩它的持续时间($|a|>1$)等效于在频域中扩展它的有效频率范围;反之,信号在时域中扩展它的持续时间($|a|<1$)则等效于在频域中压缩它的有效频率范围。根据能量守恒原理,信号从 $f(t)$ 变换到 $f(at)$ 时,各频率分量的大小要乘上 $\dfrac{1}{|a|}$。

总体来说,若信号时域宽度宽,其频谱宽度就窄;若信号时域宽度窄,其频谱宽度就宽;若时域变化突然,信号包含的高频成分就多,带宽就宽。

下面从另一角度来说明尺度变换特性。对任意形状的 $f(t)$ 和 $F(\omega)$(假设 $t\to\infty$,$\omega\to\infty$ 时,$f(t)$,$F(\omega)$ 趋近于零),因为

$$F(\omega)=\int_{-\infty}^{+\infty}f(t)\mathrm{e}^{-\mathrm{j}\omega t}\mathrm{d}t$$

所以

$$F(0)=\int_{-\infty}^{+\infty}f(t)\mathrm{d}t \tag{4-49}$$

同样,因为

$$f(t)=\frac{1}{2\pi}\int_{-\infty}^{+\infty}F(\omega)\mathrm{e}^{\mathrm{j}\omega t}\mathrm{d}\omega$$

所以

$$f(0)=\frac{1}{2\pi}\int_{-\infty}^{+\infty}F(\omega)\mathrm{d}\omega \tag{4-50}$$

式(4-49)、式(4-50)分别说明 $f(t)$ 与 $F(\omega)$ 所覆盖的面积等于 $F(\omega)$ 与 $2\pi f(t)$ 在零点的数值 $F(0)$ 与 $2\pi f(0)$。

如果 $f(0)$ 与 $F(0)$ 各自等于 $f(t)$ 与 $F(\omega)$ 曲线的最大值,如图 4-23 所示,这时,定义 τ 和 B 分别为 $f(t)$ 和 $F(\omega)$ 的等效宽度,可写出以下关系式:

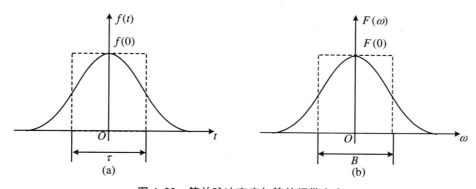

图 4-23　等效脉冲宽度与等效频带宽度

$$f(0)\tau = F(0)$$
$$F(0)B = 2\pi f(0)$$

由此可求得

$$B = \frac{2\pi}{\tau} \tag{4-51}$$

从式(4-51)可以看出,信号的等效脉冲宽度与占有的等效带宽成反比,若要压缩信号的持续时间,则不得不以展宽频带作代价。所以在通信系统中,通信速度和占用频带宽度是一对矛盾。

5. 时移特性

若 $\mathscr{F}[f(t)] = F(\omega)$,则

$$\mathscr{F}[f(t - t_0)] = F(\omega)e^{-j\omega t_0}$$

证明　因 $\mathscr{F}[f(t - t_0)] = \int_{-\infty}^{+\infty} f(t - t_0)e^{-j\omega t}\mathrm{d}t$,令 $x = t - t_0$,那么有

$$\mathscr{F}[f(t - t_0)] = \mathscr{F}[f(x)] = \int_{-\infty}^{+\infty} f(x)e^{-j\omega(x + t_0)}\mathrm{d}x$$

$$= e^{-j\omega t_0}\int_{-\infty}^{+\infty} f(x)e^{-j\omega x}\mathrm{d}x$$

所以

$$\mathscr{F}[f(t - t_0)] = e^{-j\omega t_0} \cdot F(\omega) \tag{4-52}$$

同理可得

$$\mathscr{F}[f(t + t_0)] = e^{j\omega t_0} \cdot F(\omega)$$

从式(4-52)可以看出,信号在时域中沿时间轴右移(延时)t_0 等效于在频域中频谱乘以因子 $e^{-j\omega t_0}$,也就是说信号右移后,其幅度谱不变,而相位谱产生附加变化 $(-\omega t_0)$。

不难证明:

$$\mathscr{F}[f(at - t_0)] = \frac{1}{|a|}F\left(\frac{\omega}{a}\right)e^{-j\frac{\omega t_0}{a}}$$

$$\mathscr{F}[f(t_0 - at)] = \frac{1}{|a|}F\left(-\frac{\omega}{a}\right)e^{-j\frac{\omega t_0}{a}}$$

显然尺度变换特性和时移特性是上式的两种特殊情况,即 $t_0 = 0$ 和 $a = \pm 1$ 的情况。

例 4-1　已知 $f(t) = u(t + 1) - u(t - 3)$,求 $f(t)$ 的傅里叶变换。

解　有

$$f(t) = u(t + 1) - u(t - 3) = g_4(t - 1)$$

$g_4(t)$ 表示宽度为 4、幅度为 1 的矩形脉冲。

由典型信号的频谱可知

$$g_4(t) \overset{\text{FT}}{\longleftrightarrow} 4\text{Sa}(2\omega)$$

利用时移性质可得

$$g_4(t - 1) \overset{\text{FT}}{\longleftrightarrow} 4e^{-j\omega}\text{Sa}(2\omega)$$

例 4-2　已知 $f(t) \overset{\text{FT}}{\longleftrightarrow} F(\omega)$,求 $f(2t + 4)$ 的傅里叶变换。

解　$f(2t + 4)$ 是 $f(t)$ 经过压缩、平移两种运算而得到的信号,求其频谱需要用到尺度变换性质和时移性质。在求解时可以将 $f(t)$ 先压缩再平移,也可以将 $f(t)$ 先左移再压缩,这两种方法的计算过程稍有不同,现分别求解如下:

（1）压缩 $t \to 2t$：

$$f(2t) \overset{\text{FT}}{\leftrightarrow} \frac{1}{2} F\left(\frac{\omega}{2}\right)$$

左移 $t \to t+2$：

$$f[2(t+2)] = f(2t+4) \overset{\text{FT}}{\leftrightarrow} \frac{1}{2} F\left(\frac{\omega}{2}\right) e^{-j2\omega}$$

（2）左移 $t \to t+4$：

$$f(t+4) \overset{\text{FT}}{\leftrightarrow} F(\omega) e^{-j4\omega}$$

压缩 $t \to 2t$：

$$f(2t+4) \overset{\text{FT}}{\leftrightarrow} \frac{1}{2} F\left(\frac{\omega}{2}\right) e^{-j2\omega}$$

6. 频移特性

若 $\mathscr{F}[f(t)] = F(\omega)$，则

$$\mathscr{F}\left[f(t) e^{j\omega_0 t}\right] = F(\omega - \omega_0)$$

证明　因为

$$\mathscr{F}\left[f(t) e^{j\omega_0 t}\right] = \int_{-\infty}^{+\infty} f(t) e^{j\omega_0 t} \cdot e^{-j\omega t} \mathrm{d}t$$

$$= \int_{-\infty}^{+\infty} f(t) e^{-j(\omega - \omega_0)t} \mathrm{d}t$$

所以

$$\mathscr{F}\left[f(t) e^{j\omega_0 t}\right] = F(\omega - \omega_0) \tag{4-55}$$

同理

$$\mathscr{F}\left[f(t) e^{-j\omega_0 t}\right] = F(\omega + \omega_0)$$

其中 ω_0 为实常数。

频移性质表明，若时间信号 $f(t)$ 乘以 $e^{j\omega_0 t}$，对应其频谱 $F(\omega)$ 在频域中沿频率轴右移 ω_0。

频移性质在通信系统中得到广泛应用，如调幅、同步解调、变频等过程都是在频谱搬移的基础上完成的。信号 $f(t)$ 乘以载波信号 $\cos(\omega_0 t)$ 或 $\sin(\omega_0 t)$ 可以实现信号的频谱 $f(t)$ 搬移。下面分析这种相乘作用引起的频谱搬移。

因为

$$\cos(\omega_0 t) = \frac{1}{2}(e^{j\omega_0 t} + e^{-j\omega_0 t})$$

$$\sin(\omega_0 t) = \frac{1}{2j}(e^{j\omega_0 t} - e^{-j\omega_0 t})$$

那么可以导出

$$\mathscr{F}\left[f(t) \cos(\omega_0 t)\right] = \frac{1}{2}\left[F(\omega + \omega_0) + F(\omega - \omega_0)\right]$$

$$\mathscr{F}\left[f(t) \sin(\omega_0 t)\right] = \frac{j}{2}\left[F(\omega + \omega_0) - F(\omega - \omega_0)\right] \tag{4-56}$$

上式说明，若时间信号 $f(t)$ 乘以 $\cos(\omega_0 t)$ 或 $\sin(\omega_0 t)$，等效于 $f(t)$ 的频谱 $F(\omega)$ 一分为二，沿频谱轴向左和向右各平移 ω_0。

例 4-3　已知信号 $f(t)$ 的波形如图 4-24(a)所示，试求其与余弦信号 $\cos(\omega_0 t)$ 相乘后信

号 $a(t)$ 的频谱函数。

解 因为

$$a(t) = \frac{1}{2}g(t)(e^{j\omega_0 t} + e^{-j\omega_0 t})$$

根据频移特性，可得 $a(t)$ 的频谱 $A(\omega)$ 为

$$A(\omega) = \frac{1}{2}G(\omega - \omega_0) + \frac{1}{2}G(\omega + \omega_0)$$

$$= \frac{E\tau}{2}\mathrm{Sa}\left[(\omega - \omega_0)\frac{\tau}{2}\right] + \frac{E\tau}{2}\mathrm{Sa}\left[(\omega + \omega_0)\frac{\tau}{2}\right] \tag{4-57}$$

可见，调幅信号的频谱等于将包络线的频谱一分为二，各向左、右移载频 ω_0。矩形调幅信号的频谱 $A(\omega)$ 如图 4-24 所示。

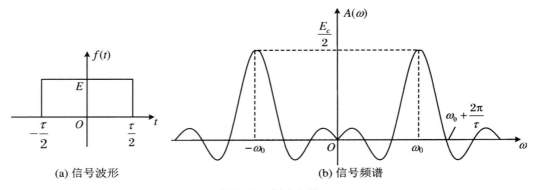

(a) 信号波形　　　　　　　　　　　　　(b) 信号频谱

图 4-24　例 4-3 图

例 4-4 已知 $f(t) = \cos(\omega_0 t)$，利用频移定理求余弦信号的频谱。

解 已知直流信号的频谱是位于 $\omega = 0$ 点的冲激函数，也即

$$\mathscr{F}[1] = 2\pi\delta(\omega)$$

利用频移定理，根据式 (4-56) 容易求得

$$\mathscr{F}[\cos(\omega_0 t)] = \pi[\delta(\omega + \omega_0) + \delta(\omega - \omega_0)] \tag{4-58}$$

可见，周期余弦信号的傅里叶变换完全集中于 $\pm\omega_0$ 点，是位于 $\pm\omega_0$ 点的冲激函数，频谱中不包含任何其他成分。

在 4.4 节将专门讨论周期信号的傅里叶变换，包括余弦信号、正弦信号和一般的周期性信号。

7. 微分特性

若 $\mathscr{F}[f(t)] = F(\omega)$，则

$$\mathscr{F}\left[\frac{\mathrm{d}f(t)}{\mathrm{d}t}\right] = j\omega F(\omega)$$

$$\mathscr{F}\left[\frac{\mathrm{d}^n f(t)}{\mathrm{d}t^n}\right] = (j\omega)^n F(\omega)$$

证明 因为

$$f(t) = \frac{1}{2\pi}\int_{-\infty}^{+\infty} F(\omega)e^{j\omega t}\,\mathrm{d}\omega$$

两边对 t 求导数，得

$$\frac{\mathrm{d}f(t)}{\mathrm{d}t} = \frac{1}{2\pi} \int_{-\infty}^{+\infty} \left[\mathrm{j}\omega F(\omega) \right] \mathrm{e}^{\mathrm{j}\omega t} \mathrm{d}\omega$$

所以

$$\mathscr{F}\left[\frac{\mathrm{d}f(t)}{\mathrm{d}t}\right] = \mathrm{j}\omega F(\omega) \qquad (4\text{-}59)$$

同理,可推出

$$\mathscr{F}\left[\frac{\mathrm{d}^n f(t)}{\mathrm{d}t^n}\right] = (\mathrm{j}\omega)^n F(\omega) \qquad (4\text{-}60)$$

式(4-59)、式(4-60)表示时域的微分特性,它说明在时域中 $f(t)$ 对 t 取 n 阶导数等效于在频域中 $f(t)$ 的频谱 $F(\omega)$ 乘以 $(\mathrm{j}\omega)^n$。

同理,可以导出频域的微分特性如下:

若 $\mathscr{F}[f(t)] = F(\omega)$,则

$$\mathscr{F}^{-1}\left[\frac{\mathrm{d}f(\omega)}{\mathrm{d}\omega}\right] = (-\mathrm{j}t)f(t) \qquad (4\text{-}61)$$

$$\mathscr{F}^{-1}\left[\frac{\mathrm{d}^n F(\omega)}{\mathrm{d}\omega^n}\right] = (-\mathrm{j}t)^n f(t) \qquad (4\text{-}62)$$

对于时域微分定理,容易举出简单的应用例子。若已知单位阶跃信号 $u(t)$ 的傅里叶变换,可利用此定理求出 $\delta(t)$ 和 $\delta'(t)$ 的变换式:

$$\mathscr{F}[u(t)] = \frac{1}{\mathrm{j}\omega} + \pi\delta(\omega)$$

$$\mathscr{F}[\delta(t)] = \mathrm{j}\omega\left[\frac{1}{\mathrm{j}\omega} + \pi\delta(\omega)\right] = 1$$

$$\mathscr{F}[\delta'(t)] = \mathrm{j}\omega$$

8. 积分特性

若 $\mathscr{F}[f(t)] = F(\omega)$,则

$$\mathscr{F}\left[\int_{-\infty}^{t} f(\tau)\mathrm{d}\tau\right] = \frac{F(\omega)}{\mathrm{j}\omega} + \pi F(0)\delta(\omega) \qquad (4\text{-}63)$$

证明　有

$$\mathscr{F}\left[\int_{-\infty}^{t} f(\tau)\mathrm{d}\tau\right] = \int_{-\infty}^{+\infty}\left[\int_{-\infty}^{t} f(\tau)\mathrm{d}\tau\right]\mathrm{e}^{-\mathrm{j}\omega t}\mathrm{d}t$$

$$= \int_{-\infty}^{+\infty}\left[\int_{-\infty}^{+\infty} f(\tau)u(t-\tau)\mathrm{d}\tau\right]\mathrm{e}^{-\mathrm{j}\omega t}\mathrm{d}t \qquad (4\text{-}64)$$

此处将被积函数 $f(\tau)$ 乘以 $u(t-\tau)$,同时将积分上限 t 改写为 $+\infty$,结果不变。交换积分次序,并引用延时阶跃信号的傅里叶变换关系式:

$$\mathscr{F}[u(t-\tau)] = \left[\frac{1}{\mathrm{j}\omega} + \pi\delta(\omega)\right]\mathrm{e}^{-\mathrm{j}\omega\tau}$$

则式(4-64)成为

$$\int_{-\infty}^{+\infty} f(\tau)\left[\int_{-\infty}^{+\infty} u(t-\tau)\mathrm{e}^{-\mathrm{j}\omega t}\mathrm{d}t\right]\mathrm{d}\tau$$

$$= \int_{-\infty}^{+\infty} f(\tau)\pi\delta(\omega)\mathrm{e}^{-\mathrm{j}\omega\tau}\mathrm{d}\tau + \int_{-\infty}^{+\infty} f(\tau)\frac{\mathrm{e}^{-\mathrm{j}\omega\tau}}{\mathrm{j}\omega}\mathrm{d}\tau$$

$$= \pi F(0)\delta(\omega) + \frac{F(\omega)}{\mathrm{j}\omega} \qquad (4\text{-}65)$$

如果 $F(0) = 0$,式(4-65)简化为

$$\mathscr{F}\left[\int_{-\infty}^{t} f(\tau)\mathrm{d}\tau\right] = \frac{F(\omega)}{\mathrm{j}\omega} \tag{4-66}$$

例 4-5　试利用微分特性求如图 4-25(a)所示三角波信号的频谱 $F(\omega)$。

$$f(t) = \begin{cases} E\left(1 - \dfrac{2}{\tau}|t|\right) & \left(|t| < \dfrac{\tau}{2}\right) \\ 0 & \left(|t| > \dfrac{\tau}{2}\right) \end{cases}$$

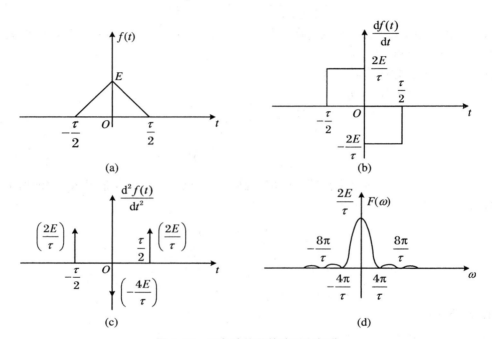

图 4-25　三角波信号的波形和频谱

解　对 $f(t)$ 取一阶与二阶导数,得到

$$\frac{\mathrm{d}f(t)}{\mathrm{d}t} = \begin{cases} \dfrac{2E}{\tau} & \left(-\dfrac{\tau}{2} < t < 0\right) \\ -\dfrac{2E}{\tau} & \left(0 < t < \dfrac{\tau}{2}\right) \\ 0 & \left(|t| > \dfrac{\tau}{2}\right) \end{cases}$$

及

$$\frac{\mathrm{d}^2 f(t)}{\mathrm{d}t^2} = \frac{2E}{\tau}\left[\delta\left(t + \frac{\tau}{2}\right) + \delta\left(t - \frac{\tau}{2}\right) - 2\delta(t)\right] \tag{4-67}$$

它们的形状如图 4-25(b)、(c)所示。

以 $F(\omega)$、$F_1(\omega)$ 和 $F_2(\omega)$ 分别表示 $f(t)$ 及其一、二阶导数的傅里叶变换,先求得 $F_2(\omega)$ 如下:

$$F_2(\omega) = \mathscr{F}\left[\frac{\mathrm{d}^2 f(t)}{\mathrm{d}t^2}\right] = \frac{2E}{\tau}\left(\mathrm{e}^{-\mathrm{j}\omega\frac{\tau}{2}} + \mathrm{e}^{\mathrm{j}\omega\frac{\tau}{2}} - 2\right)$$

$$= \frac{2E}{\tau}\left(2\cos\left(\frac{\omega\tau}{2}\right) - 2\right) = -\frac{8E}{\tau}\sin^2\left(\frac{\omega\tau}{4}\right)$$

利用积分定理容易求得:

$$F_1(\omega) = \mathscr{F}\left[\frac{\mathrm{d}f(t)}{\mathrm{d}t}\right]$$

$$= \left(\frac{1}{\mathrm{j}\omega}\right)\left[-\frac{8E}{\tau}\sin^2\left(\frac{\omega\tau}{4}\right)\right] + \pi F_2(0)\delta(\omega)$$

$$F(\omega) = \mathscr{F}[f(t)]$$

$$= \frac{1}{(\mathrm{j}\omega)^2}\left[-\frac{8E}{\tau}\sin^2\left(\frac{\omega\tau}{4}\right)\right] + \pi F_1(0)\delta(\omega)$$

$$= \frac{E\tau}{2} \cdot \frac{\sin^2\left(\frac{\omega\tau}{4}\right)}{\left(\frac{\omega\tau}{4}\right)^2} = \frac{E\tau}{2}\mathrm{Sa}^2\left(\frac{\omega\tau}{4}\right)$$

在以上两式中 $F_2(0)$ 和 $F_1(0)$ 都等于零。频谱波形如图 4-25(d)所示。

　　例 4-6　求下列截平斜变信号的频谱，信号波形如图 4-26 所示。

$$y(t) = \begin{cases} 0 & (t < 0) \\ t & (0 \leqslant t \leqslant 1) \\ 1 & (t > 1) \end{cases} \tag{4-68}$$

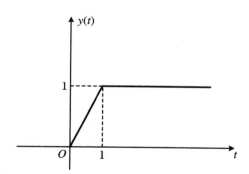

图 4-26　截平斜变信号波形

　　解　利用积分特性求 $y(t)$ 的频谱 $Y(\omega)$。把 $y(t)$ 看成脉幅为 1、脉宽为 1 的矩形脉冲 $f(\tau)$ 的积分，即

$$y(t) = \int_{-\infty}^{t} f(\tau)\mathrm{d}\tau$$

由于

$$f(\tau) = \begin{cases} 0 & (\tau < 0) \\ 1 & (0 \leqslant \tau \leqslant 1) \\ 0 & (\tau > 1) \end{cases}$$

根据矩形脉冲的频谱及时移特性，可得 $f(\tau)$ 的频谱 $F(\omega)$ 为

$$F(\omega) = \mathrm{Sa}\left(\frac{\omega}{2}\right)\mathrm{e}^{-\frac{1}{2}\mathrm{j}\omega}$$

注意到

$$F(0) = 1 \neq 0$$

求得

$$Y(\omega) = \mathscr{F}[y(t)]$$

$$= \frac{1}{j\omega}F(\omega) + \pi F(0)\delta(\omega)$$

$$= \frac{1}{j\omega}\mathrm{Sa}\left(\frac{\omega}{2}\right)\mathrm{e}^{-j\frac{\omega}{2}} + \pi\delta(\omega) \tag{4-69}$$

此外,还可导出频域积分特性如下:

若 $\mathscr{F}[f(t)] = F(\omega)$,则

$$\mathscr{F}^{-1}\left[\int_{-\infty}^{\omega} F(\Omega)\mathrm{d}\Omega\right] = -\frac{f(t)}{jt} + \pi f(0)\delta(t)$$

由于此特性应用较少,此处不再讨论。

9. 卷积特性(卷积定理)

这是在通信系统和信号处理研究领域中应用最广的傅里叶变换性质之一。

(1) 时域卷积定理

若给定两个时间函数 $f_1(t)$,$f_2(t)$,已知

$$\mathscr{F}[f_1(t)] = F_1(\omega)$$

$$\mathscr{F}[f_2(t)] = F_2(\omega)$$

则

$$\mathscr{F}[f_1(t) * f_2(t)] = F_1(\omega)F_2(\omega)$$

证明　根据卷积的定义,已知

$$f_1(t) * f_2(t) = \int_{-\infty}^{+\infty} f_1(\tau)f_2(t-\tau)\mathrm{d}\tau \tag{4-70}$$

因此

$$\mathscr{F}[f_1(t) * f_2(t)] = \int_{-\infty}^{+\infty}\left[\int_{-\infty}^{+\infty} f_1(\tau)f_2(t-\tau)\mathrm{d}\tau\right]\mathrm{e}^{-j\omega t}\mathrm{d}t$$

$$= \int_{-\infty}^{+\infty} f_1(\tau)\left[\int_{-\infty}^{+\infty} f_2(t-\tau)\mathrm{e}^{-j\omega t}\mathrm{d}t\right]\mathrm{d}\tau$$

$$= \int_{-\infty}^{+\infty} f_1(\tau)F_2(\omega)\mathrm{e}^{-j\omega\tau}\mathrm{d}\tau$$

$$= F_2(\omega)\int_{-\infty}^{+\infty} f_1(\tau)\mathrm{e}^{-j\omega\tau}\mathrm{d}\tau$$

所以

$$\mathscr{F}[f_1(t) * f_2(t)] = F_1(\omega)F_2(\omega) \tag{4-71}$$

式(4-71)称为时域卷积定理,它说明两个时间函数卷积的频谱等于各个时间函数频谱的乘积,即在时域中两信号的卷积等效于在频域中频谱相乘。

(2) 频域卷积定理

类似于时域卷积定理,由频域卷积定理可知,若

$$\mathscr{F}[f_1(t)] = F_1(\omega)$$

$$\mathscr{F}[f_2(t)] = F_2(\omega)$$

则

$$\mathscr{F}[f_1(t) \cdot f_2(t)] = \frac{1}{2\pi}F_1(\omega) * F_2(\omega) \tag{4-72}$$

其中

$$F_1(\omega) * F_2(\omega) = \int_{-\infty}^{+\infty} F_1(u) F_2(\omega - u) \mathrm{d}u$$

证明方法同时域卷积定理,读者可自行证明,这里不再重复。

式(4-72)称为频域卷积定理,它说明两时间函数频谱的卷积等效于两函数的乘积。或者说,两时间函数乘积的频谱等于各个函数频谱的卷积乘以 $\dfrac{1}{2\pi}$。显然时域与频域卷积定理是对称的,这由傅里叶变换的对称性所决定。

下面举例说明如何利用卷积定理求信号频谱。

例 4-7　已知

$$f(t) = \begin{cases} E\cos\left(\dfrac{\pi t}{\tau}\right) & \left(\mid t \mid \leqslant \dfrac{\tau}{2}\right) \\ 0 & \left(\mid t \mid > \dfrac{\tau}{2}\right) \end{cases}$$

利用卷积定理求余弦脉冲的频谱。

解　把余弦脉冲 $f(t)$ 看成矩形脉冲 $G(t)$ 与无穷长余弦函数 $\cos\left(\dfrac{\pi t}{\tau}\right)$ 的乘积,如图 4-27 所示,其表达式为

$$f(t) = G(t)\cos\left(\dfrac{\pi t}{\tau}\right)$$

由式(4-24)知矩形脉冲的频谱为

$$G(\omega) = \mathscr{F}[G(t)] = E\tau \mathrm{Sa}\left(\dfrac{\omega\tau}{2}\right)$$

由式(4-56)知

$$\mathscr{F}\left[\cos\left(\dfrac{\pi t}{\tau}\right)\right] = \pi\delta\left(\omega + \dfrac{\pi}{\tau}\right) + \pi\delta\left(\omega - \dfrac{\pi}{\tau}\right)$$

根据频域卷积定理,可以得到 $f(t)$ 的频谱为

$$F(\omega) = \mathscr{F}\left[G(t)\cos\left(\dfrac{\pi t}{\tau}\right)\right]$$

$$= \frac{1}{2\pi} E\tau \mathrm{Sa}\left(\dfrac{\omega\tau}{2}\right) * \pi\left[\delta\left(\omega + \dfrac{\pi}{\tau}\right) + \delta\left(\omega - \dfrac{\pi}{\tau}\right)\right]$$

$$= \frac{E\tau}{2}\mathrm{Sa}\left[\left(\omega + \dfrac{\pi}{\tau}\right)\dfrac{\tau}{2}\right] + \frac{E\tau}{2}\mathrm{Sa}\left[\left(\omega - \dfrac{\pi}{\tau}\right)\dfrac{\tau}{2}\right]$$

上式化简后得到余弦脉冲的频谱为

$$F(\omega) = \frac{2E\tau}{\pi} \frac{\cos\left(\dfrac{\omega\tau}{2}\right)}{\left[1 - \left(\dfrac{\omega\tau}{\pi}\right)^2\right]} \tag{4-73}$$

如图 4-27 所示。

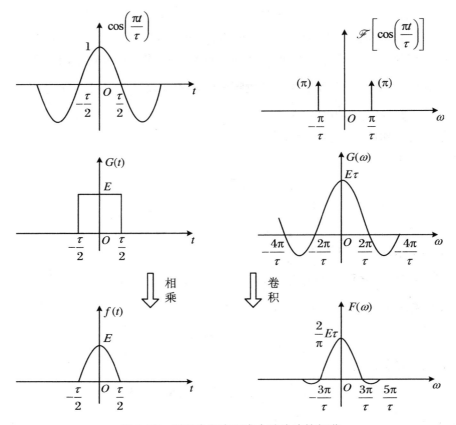

图 4-27　利用卷积定理求余弦脉冲的频谱

例 4-8　求如图 4-28(a)所示宽度为 τ、幅度为 A 的三角脉冲信号的频谱。

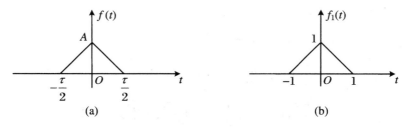

(a)

(b)

图 4-28　例 4-8 图

解　设 $f_1(t)$ 是一个宽度为 2、幅度为 1 的三角波信号,如图 4-28(b)所示。由于 $f_1(t)$ 可由两个单位方波的卷积构成,即 $p_1(t) * p_1(t) = f_1(t)$,因为

$$p_1(t) \overset{\text{FT}}{\leftrightarrow} \text{Sa}\left(\frac{\omega}{2}\right)$$

所以,利用时域卷积性质可得

$$f_1(t) \overset{\text{FT}}{\leftrightarrow} \text{Sa}^2\left(\frac{\omega}{2}\right)$$

利用傅里叶变换的线性性质和尺度变换性质,可以求出宽度为 τ、幅度为 A 的任意三角波 $f(t)$ 的频谱函数为

$$f(t) = A f_1\left(\frac{t}{\tau/2}\right) \overset{\text{FT}}{\leftrightarrow} \frac{A\tau}{2} \text{Sa}^2\left(\frac{\omega\tau}{4}\right)$$

频域卷积定理的典型应用实例是通信系统中的调制与解调。

傅里叶变换的基本性质汇总见表 4-1。

表 4-1 傅里叶变换的基本性质

性质	时域 $f(t)$	频域 $F(\omega)$	时域频域对应关系
1. 线性	$\sum_{i=1}^{n} a_i f_i(t)$	$\sum_{i=1}^{n} a_i F_i(\omega)$	线性叠加
2. 对称性	$F(t)$	$2\pi f(-\omega)$	对称
3. 尺度变换	$f(at)$	$\dfrac{1}{\lvert a \rvert} F\left(\dfrac{\omega}{a}\right)$	压缩与扩展
	$f(-t)$	$F(-\omega)$	反褶
4. 时移	$f(t-t_0)$	$F(\omega)\mathrm{e}^{-\mathrm{j}\omega t_0}$	时移与相移
	$f(at-t_0)$	$\dfrac{1}{\lvert a \rvert} F\left(\dfrac{\omega}{a}\right)\mathrm{e}^{-\mathrm{j}\frac{\omega t_0}{a}}$	
5. 频移	$f(t)\mathrm{e}^{\mathrm{j}\omega_0 t}$	$F(\omega-\omega_0)$	调制与频移
	$f(t)\cos(\omega_0 t)$	$\dfrac{1}{2}\left[F(\omega+\omega_0)+F(\omega-\omega_0)\right]$	
	$f(t)\sin(\omega_0 t)$	$\dfrac{\mathrm{j}}{2}\left[F(\omega+\omega_0)-F(\omega-\omega_0)\right]$	
6. 时域微分	$\dfrac{\mathrm{d}f(t)}{\mathrm{d}t}$	$\mathrm{j}\omega F(\omega)$	
	$\dfrac{\mathrm{d}^n f(t)}{\mathrm{d}t^n}$	$(\mathrm{j}\omega)^n F(\omega)$	
7. 频域微分	$-\mathrm{j}t f(t)$	$\dfrac{\mathrm{d}f(\omega)}{\mathrm{d}\omega}$	
	$(-\mathrm{j}t)^n f(t)$	$\dfrac{\mathrm{d}^n F(\omega)}{\mathrm{d}\omega^n}$	
8. 时域积分	$\displaystyle\int_{-\infty}^{t} f(\tau)\mathrm{d}\tau$	$\dfrac{1}{\mathrm{j}\omega}F(\omega)+\pi F(0)\delta(\omega)$	
9. 时域卷积	$f_1(t)*f_2(t)$	$F_1(\omega)F_2(\omega)$	乘积与卷积
10. 时域乘积	$f_1(t)f_2(t)$	$\dfrac{1}{2\pi}F_1(\omega)*F_2(\omega)$	
11. 时域抽样	$\displaystyle\sum_{n=-\infty}^{+\infty} f(t)\delta(t-nT_s)$	$\dfrac{1}{T_s}\displaystyle\sum_{n=-\infty}^{+\infty} F\left(\omega-\dfrac{2\pi n}{T_s}\right)$	抽样与重复
12. 频域抽样	$\dfrac{1}{\omega_s}\displaystyle\sum_{n=-\infty}^{+\infty} f\left(t-\dfrac{2\pi n}{\omega_s}\right)$	$\displaystyle\sum_{n=-\infty}^{+\infty} F(\omega)\delta(\omega-n\omega_s)$	

4.4　周期信号的傅里叶变换

4.2 节讨论了周期信号在周期趋于无穷大时可以看作是非周期信号,进而由周期信号的傅里叶级数推导得到非周期信号的傅里叶变换。那么,对于周期信号是否也存在傅里叶变换呢？下面将围绕周期信号傅里叶变换的特点以及它与傅里叶级数之间的联系展开讨论,力图把周期信号与非周期信号的分析方法统一起来,使傅里叶变换这一工具得到更广泛的应用。前面已经指出,虽然周期信号不满足绝对可积条件,但是在允许冲激信号存在并认为它是有意义的前提下,绝对可积条件就成为不必要的限制了,此时,周期信号的傅里叶变换是存在的。借助频移定理可以导出指数、余弦、正弦信号的频谱函数,然后再研究一般周期信号的傅里叶变换。

4.4.1　正弦、余弦信号的傅里叶变换

若 $\mathscr{F}[f_0(t)] = F_0(\omega)$,由频移特性(式(4-55))知

$$\mathscr{F}[f_0(t)e^{j\omega_1 t}] = F_0(\omega - \omega_1) \tag{4-75}$$

令 $f_0(t) = 1$,由式(4-37)知 $f_0(t)$ 的傅里叶变换为

$$F_0(\omega) = \mathscr{F}[1] = 2\pi\delta(\omega)$$

这样,式(4-75)变成

$$\mathscr{F}[e^{j\omega_1 t}] = 2\pi\delta(\omega - \omega_1) \tag{4-76}$$

同理

$$\mathscr{F}[e^{-j\omega_1 t}] = 2\pi\delta(\omega + \omega_1) \tag{4-77}$$

由式(4-76)、式(4-77)及欧拉公式,可以得到

$$\begin{cases} \mathscr{F}[\cos(\omega_1 t)] = \pi[\delta(\omega + \omega_1) + \delta(\omega - \omega_1)] \\ \mathscr{F}[\sin(\omega_1 t)] = j\pi[\delta(\omega + \omega_1) - \delta(\omega - \omega_1)] \end{cases} \quad (t \text{ 为任意值}) \tag{4-78}$$

式(4-76)、式(4-78)表示指数、余弦和正弦函数的傅里叶变换。这类信号的频谱只包含位于 $\pm\omega_1$ 处的冲激函数,如图 4-29 所示。

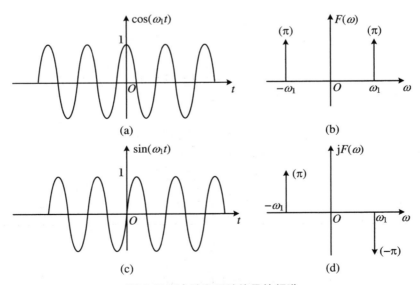

图 4-29　余弦和正弦信号的频谱

除此之外,还可以利用极限的方法求得正弦信号 $\sin(\omega_1 t)$、余弦信号 $\cos(\omega_1 t)$ 及指数信号 $e^{j\omega_1 t}$ 的傅里叶变换。

例如,求解余弦信号 $\cos(\omega_1 t)$ 的傅里叶变换,可以先令 $f_0(t)$ 为有限长的余弦信号,它

只存在于 $-\dfrac{\tau}{2} \sim \dfrac{\tau}{2}$ 的区间，即把有限长的余弦信号看成矩形脉冲 $g_\tau(t)$ 与余弦信号 $\cos(\omega_1 t)$ 的乘积，即 $f_0(t) = g_\tau(t)\cos(\omega_1 t)$，其中 $G_\tau(\omega) = F[g_\tau(t)] = \tau \mathrm{Sa}\left(\dfrac{\omega\tau}{2}\right)$。又根据频移特性，可知 $f_0(t)$ 的频谱为

$$F_0(\omega) = \frac{1}{2}\big[g(\omega + \omega_1) + g(\omega - \omega_1)\big]$$

$$= \frac{\tau}{2}\mathrm{Sa}\Big[(\omega + \omega_1)\frac{\tau}{2}\Big] + \frac{\tau}{2}\mathrm{Sa}\Big[(\omega - \omega_1)\frac{\tau}{2}\Big]$$

如图 4-30 所示。

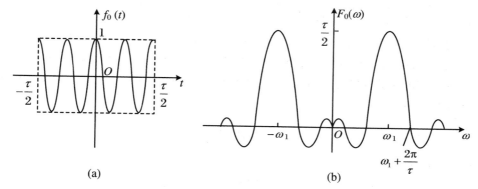

(a) (b)

图 4-30　有限长余弦信号的频谱

显然，余弦信号 $\cos(\omega_1 t)$ 的傅里叶变换为 $\tau \to +\infty$ 时 $F_0(\omega)$ 的极限，即

$$\mathscr{F}\big[\cos(\omega_1 t)\big] = \lim_{\tau \to +\infty} F_0(\omega)$$

$$= \lim_{\tau \to +\infty}\left\{\frac{\tau}{2}\mathrm{Sa}\Big[(\omega + \omega_1)\frac{\tau}{2}\Big] + \frac{\tau}{2}\mathrm{Sa}\Big[(\omega - \omega_1)\frac{\tau}{2}\Big]\right\}$$

所以

$$\delta(\omega) = \lim_{k \to +\infty} \frac{k}{\pi}\mathrm{Sa}(k\omega)$$

可知余弦信号的傅里叶变换为

$$\mathscr{F}\big[\cos(\omega_1 t)\big] = \pi\big[\delta(\omega + \omega_1) + \delta(\omega - \omega_1)\big]$$

同样的方法可求得 $\sin(\omega_1 t)$、$\mathrm{e}^{\mathrm{j}\omega_1 t}$ 的频谱，结果与式(4-78)、式(4-76)完全一致。

4.4.2　一般周期信号的傅里叶变换

令周期信号 $f(t)$ 的周期为 T_1，角频率为 $\omega_1\left(= 2\pi f_1 = \dfrac{2\pi}{T_1}\right)$，则周期信号 $f(t)$ 写成复指数形式的傅里叶级数为

$$f(t) = \sum_{n=-\infty}^{+\infty} F_n \mathrm{e}^{\mathrm{j}n\omega_1 t}$$

将上式两边取傅里叶变换：

$$\mathscr{F}\big[f(t)\big] = \mathscr{F}\sum_{n=-\infty}^{+\infty} F_n \mathrm{e}^{\mathrm{j}n\omega_1 t} = \sum_{n=-\infty}^{+\infty} F_n \mathscr{F}\big[\mathrm{e}^{\mathrm{j}n\omega_1 t}\big] \tag{4-79}$$

由式(4-76)知

$$\mathscr{F}\left[e^{jn\omega_1 t}\right] = 2\pi\delta(\omega - n\omega_1)$$

代入式(4-79),便可得到一般周期信号 $f(t)$ 的傅里叶变换为

$$\mathscr{F}[f(t)] = 2\pi\sum_{n=-\infty}^{+\infty} F_n\delta(\omega - n\omega_1) \tag{4-80}$$

其中 F_n 是 $f(t)$ 的傅里叶级数的系数,已知它等于

$$F_n = \frac{1}{T_1}\int_{-\frac{T_1}{2}}^{\frac{T_1}{2}} f(t)e^{-jn\omega_1 t}\,\mathrm{d}t \tag{4-81}$$

　　式(4-80)表明,周期信号 $f(t)$ 的频谱是由一系列冲激函数组成的,这些冲激位于信号的谐频 $(0,\pm\omega_1,\pm2\omega_1,\cdots)$ 处,每个冲激的强度等于 $f(t)$ 的傅里叶级数相应系数 F_n 的 2π 倍。可见,周期信号的频谱是离散的。然而,由于傅里叶变换是反映频谱密度的概念,因此周期信号的傅里叶变换不同于傅里叶级数的系数(即周期信号的频谱),这里不是有限值,而是冲激函数,它表明在无穷小的频带范围内(即谐频点)取得了无限大的频谱值。

　　下面再来讨论周期性脉冲信号的傅里叶级数与单脉冲的傅里叶变换的关系。已知周期信号 $f(t)$ 的傅里叶级数是

$$f(t) = \sum_{n=-\infty}^{+\infty} F_n e^{jn\omega_1 t}$$

其中,傅里叶系数

$$F_n = \frac{1}{T_1}\int_{-\frac{T_1}{2}}^{\frac{T_1}{2}} f(t)e^{-jn\omega_1 t}\,\mathrm{d}t \tag{4-82}$$

　　从周期信号 $f(t)$ 中截取一个周期,得到单脉冲信号 $f_0(t)$,它的傅里叶变换 $F_0(\omega)$ 为

$$F_0(\omega) = \int_{-\frac{T_1}{2}}^{\frac{T_1}{2}} f(t)e^{-j\omega t}\,\mathrm{d}t \tag{4-83}$$

　　比较式(4-82)和式(4-83),显然可以得到

$$F_n = \frac{1}{T_1}F_0(\omega)\Big|_{\omega = n\omega_1} \tag{4-84}$$

或写作

$$F_n = \frac{1}{T_1}\left[\int_{-\frac{T_1}{2}}^{\frac{T_1}{2}} f(t)e^{-j\omega t}\,\mathrm{d}t\right]\Big|_{\omega = n\omega_1}$$

　　式(4-84)表明,周期信号的傅里叶级数系数 F_n 等于单个周期信号的傅里叶变换 $F_0(\omega)$ 在 $n\omega_1$ 频率点的值乘以 $\frac{1}{T_1}$。由此可见,利用单脉冲的傅里叶变换式可以很方便地求出周期信号的傅里叶级数系数。

　　例4-9　若单位冲激函数的间隔为 T_1,用符号 $\delta_T(t)$ 表示周期单位冲激序列,即

$$\delta_T(t) = \sum_{n=-\infty}^{+\infty} \delta(t - nT_1)$$

如图4-31所示,求周期单位冲激序列的傅里叶级数与傅里叶变换。

　　解　因为 $\delta_T(t)$ 是周期信号,所以可以把它展开成指数形式的傅里叶级数,即

$$\delta_T(t) = \sum_{n=-\infty}^{+\infty} F_n e^{jn\omega_1 t}$$

其中

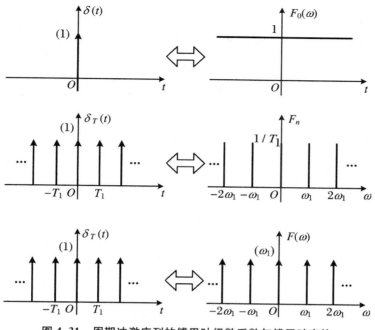

图 4-31　周期冲激序列的傅里叶级数系数与傅里叶变换

$$\omega_1 = \frac{2\pi}{T_1}$$

$$
\begin{aligned}
F_n &= \frac{1}{T_1} \int_{-\frac{T_1}{2}}^{\frac{T_1}{2}} \delta_T(t) \mathrm{e}^{-jn\omega_1 t} \mathrm{d}t \\
&= \frac{1}{T_1} \int_{-\frac{T_1}{2}}^{\frac{T_1}{2}} \delta(t) \mathrm{e}^{-jn\omega_1 t} \mathrm{d}t \\
&= \frac{1}{T_1}
\end{aligned}
$$

这样可得到

$$\delta_T(t) = \frac{1}{T_1} \sum_{n=-\infty}^{+\infty} \mathrm{e}^{jn\omega_1 t} \tag{4-85}$$

可见,在周期单位冲激序列的傅里叶级数中只包含位于 $\omega = 0, \pm\omega_1, \pm 2\omega_1, \cdots, \pm n\omega_1$,
$\cdots$ 的频率分量,每个频率分量的大小是相等的,均等于 $1/T_1$。

下面求 $\delta_T(t)$ 的傅里叶变换。

由式(4-80)知

$$\mathscr{F}[f(t)] = 2\pi \sum_{n=-\infty}^{+\infty} F_n \delta(\omega - n\omega_1)$$

因 $F_n = \dfrac{1}{T_1}$,所以,$\delta_T(t)$ 的傅里叶变换为

$$F(\omega) = \mathscr{F}[\delta_T(t)] = \omega_1 \sum_{n=-\infty}^{+\infty} \delta(\omega - n\omega_1) \tag{4-86}$$

上式表明,以 T_1 为周期的单位冲激序列的频谱也是一个冲激序列函数,位于 $\omega = 0, \pm$
$\omega_1, \pm 2\omega_1, \cdots, \pm n\omega_1, \cdots$ 频率处,其冲激强度为 ω_1,各冲激谱线间的间隔为 ω_1,如图 4-31 所

示。

例 4-10 已知周期矩形脉冲信号 $f(t)$ 的幅度为 1，脉宽为 τ，周期为 T_1，角频率为 $\omega_1 = 2\pi/T_1$，如图 4-32 所示，求周期矩形脉冲信号的傅里叶级数与傅里叶变换。

解 利用本节所给出的方法可以很方便地求出傅里叶级数与傅里叶变换。在此从熟悉的单脉冲入手，已知矩形脉冲 $f_0(t)$ 的傅里叶变换 $F_0(\omega)$ 为

$$F_0(\omega) = \tau \mathrm{Sa}\left(\frac{\omega\tau}{2}\right)$$

由式(4-84)可以求出周期矩形脉冲信号的傅里叶级数 F_n：

$$F_n = \frac{1}{T_1}F_0(\omega)\Big|_{\omega = n\omega_1} = \frac{\tau}{T_1}\mathrm{Sa}\left(\frac{n\omega_1\tau}{2}\right)$$

这样，$f(t)$ 的傅里叶级数为

$$f(t) = \frac{\tau}{T_1}\sum_{n=-\infty}^{+\infty}\mathrm{Sa}\left(\frac{n\omega_1\tau}{2}\right)\mathrm{e}^{jn\omega_1 t}$$

再由式(4-80)便可得到 $f(t)$ 的傅里叶变换 $F(\omega)$：

$$F(\omega) = 2\pi\sum_{n=-\infty}^{+\infty}F_n\delta(\omega - n\omega_1)$$

$$= \tau\omega_1\sum_{n=-\infty}^{+\infty}\mathrm{Sa}\left(\frac{n\omega_1\tau}{2}\right)\delta(\omega - n\omega_1)$$

如图 4-32 所示。

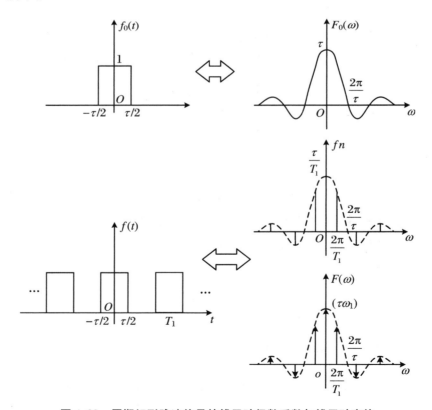

图 4-32 周期矩形脉冲信号的傅里叶级数系数与傅里叶变换

从此例也可以看出，非周期信号的频谱是连续函数，而周期信号的频谱是离散函数。对

于 $F(\omega)$ 来说,它包含间隔为 ω_1 的冲激序列,其强度的包络线的形状与单脉冲频谱的形状相同。

4.5　抽样信号的傅里叶变换

所谓信号抽样,也称为对信号进行取样或采样,即利用周期抽样脉冲信号 $p(t)$ 从连续信号 $f(t)$ 中"抽取"一系列的离散样值,通过抽样得到的离散样值信号称为"抽样信号"(本书只讨论等间隔的抽样),以 $f_s(t)$ 表示抽样信号,如图 4-33 所示。

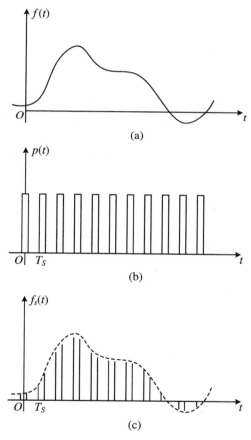

图 4-33　抽样信号的波形

需要注意的是,在 1.3 节讨论的典型信号中,被称为"抽样函数"的 $\mathrm{Sa}(t) = \dfrac{\sin t}{t}$,与这里所指的"抽样信号"具有完全不同的含义。这里的抽样也称为"采样"或"取样"。

连续时间信号需经过抽样、量化和编码才能变成数字信号,进而利用数字系统进行处理、传输和存储等。图 4-34 为实现信号抽样的原理方框图。

现在面临的两个问题是:(1) 抽样信号 $f_s(t)$ 的傅里叶变换是什么?它和未经抽样的原连续信号 $f(t)$ 的傅里叶变换有什么联系?(2) 连续信号被抽样后,它是否保留了原信号

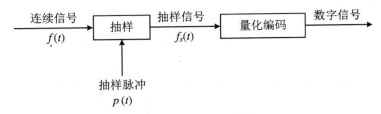

图 4-34　抽样过程方框图

$f(t)$的全部信息？在什么条件下，可以从抽样信号 $f_s(t)$ 中无失真地恢复出原连续信号 $f(t)$？

本节首先讨论第(1)个问题。

4.5.1　时域抽样

令原连续信号 $f(t)$ 的傅里叶变换为 $F(\omega)=\mathscr{F}[f(t)]$；抽样脉冲信号 $p(t)$ 的傅里叶变换为 $P(\omega)=\mathscr{F}[p(t)]$；抽样后信号 $f_s(t)$ 的傅里叶变换为 $F_s(\omega)=\mathscr{F}[f_s(t)]$。

假设采用均匀抽样（信号抽样时间间隔相等），抽样周期为 T_s，抽样角频率为

$$\omega_s = 2\pi f_s = \frac{2\pi}{T_s}$$

在一般情况下，抽样过程是通过抽样脉冲序列 $p(t)$ 与连续信号 $f(t)$ 相乘来完成的，即满足

$$f_s(t) = f(t)p(t) \tag{4-87}$$

抽样脉冲 $p(t)$ 是一个周期信号，它的频谱为

$$P(\omega) = 2\pi \sum_{n=-\infty}^{+\infty} P_n \delta(\omega - n\omega_s) \tag{4-88}$$

其中

$$P_n = \frac{1}{T_s} \int_{-\frac{T_s}{2}}^{\frac{T_s}{2}} p(t) \mathrm{e}^{-\mathrm{j}n\omega_s t} \mathrm{d}t \tag{4-89}$$

它是 $p(t)$ 的傅里叶级数的系数。

根据频域卷积定理可知

$$F_s(\omega) = \frac{1}{2\pi} F(\omega) * P(\omega)$$

将式(4-88)代入上式，抽样信号 $f_s(t)$ 的傅里叶变换为

$$F_s(\omega) = \sum_{n=-\infty}^{+\infty} P_n F(\omega - n\omega_s) \tag{4-90}$$

式(4-90)表明，信号在时域被抽样后，抽样信号 $f_s(t)$ 的频谱 $F_s(\omega)$ 是原连续信号的频谱 $F(\omega)$ 的形状以抽样角频率 ω_s 为间隔的周期延拓，即信号在时域抽样（离散化），相当于在频域周期化。在频谱的周期重复过程中，其频谱幅度受抽样脉冲序列 $p(t)$ 的傅里叶系数 P_n 所加权。因为 P_n 只是 n（而不是 ω）的函数，所以 $F(\omega)$ 在重复过程中不会使频谱的形状发生变化。

式(4-90)中加权系数 P_n 取决于抽样脉冲序列的形状，下面讨论自然抽样信号和理想抽样信号的傅里叶变换。

1. 矩形脉冲抽样(自然抽样)

若抽样脉冲 $p(t)$ 是周期矩形脉冲,则这种抽样称为"自然抽样"或矩形脉冲抽样。令 $p(t)$ 的脉冲幅度为 E,脉冲宽度为 τ,抽样角频率为 ω_s(抽样间隔为 T_s)。由于 $f_s(t) = f(t)p(t)$,所以抽样信号 $f_s(t)$ 在抽样期间的脉冲顶部不是平的,而是随信号 $f(t)$ 变化的,如图 4-35 所示。对于自然抽样,由式(4-89)可求出

$$P_n = \frac{1}{T_s} \int_{-\frac{T_s}{2}}^{\frac{T_s}{2}} p(t)\mathrm{e}^{-\mathrm{j}n\omega_s t}\mathrm{d}t$$

$$= \frac{1}{T_s} \int_{-\frac{\tau}{2}}^{\frac{\tau}{2}} E\mathrm{e}^{-\mathrm{j}n\omega_s t}\mathrm{d}t$$

积分后得到

$$P_n = \frac{E\tau}{T_s}\mathrm{Sa}\left(\frac{n\omega_s\tau}{2}\right) \tag{4-91}$$

将它代入式(4-90),便可得到矩形脉冲抽样信号的频谱为

$$F_s(\omega) = \frac{E\tau}{T_s}\sum_{n=-\infty}^{+\infty}\mathrm{Sa}\left(\frac{n\omega_s\tau}{2}\right)F(\omega - n\omega_s) \tag{4-92}$$

上式表明,在矩形脉冲抽样情况下,抽样信号频谱是以 ω_s 为周期重复的,但在重复过程中幅度不是等幅的,而是受到周期矩形脉冲信号傅里叶系数 $P_n = \frac{E\tau}{T_s}\mathrm{Sa}\left(\frac{\tau}{2}n\omega_s\right)$ 的加权,按 $\mathrm{Sa}\left(\frac{\tau}{2}n\omega_s\right)$ 的规律变化,如图 4-35 所示。

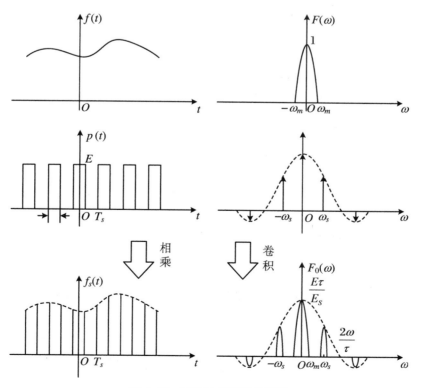

图 4-35　矩形抽样信号的频谱

2. 冲激抽样(理想抽样)

若抽样脉冲 $p(t)$ 是冲激序列,则称这种抽样为"冲激抽样"或"理想抽样"。

因为

$$p(t) = \delta_T(t) = \sum_{n=-\infty}^{+\infty} \delta(t - nT_s)$$

$$f_s(t) = f(t)\delta_T(t)$$

所以这种情况下抽样信号 $f_s(t)$ 是由一系列冲激函数构成的,每个冲激的间隔为 T_s 而强度等于连续信号的抽样值 $f(nT_s)$,如图 4-36 所示。

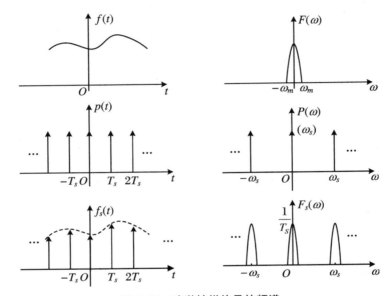

图 4-36 冲激抽样信号的频谱

由式(4-89)可以求出 $\delta_T(t)$ 的傅里叶系数:

$$P_n = \frac{1}{T_s} \int_{-\frac{T_s}{2}}^{\frac{T_s}{2}} \delta_T(t) e^{-jn\omega_s t} dt$$

$$= \frac{1}{T_s} \int_{-\frac{\tau}{2}}^{\frac{\tau}{2}} \delta(t) e^{-jn\omega_s t} dt$$

$$= \frac{1}{T_s}$$

把它代入到式(4-90),可得到冲激抽样信号的频谱为

$$F_s(\omega) = \frac{1}{T_s} \sum_{n=-\infty}^{+\infty} F(\omega - n\omega_s) \tag{4-93}$$

式(4-93)表明,由于冲激序列的傅里叶系数 P_n 为常数,所以 $F(\omega)$ 以 ω_s 为周期等幅地重复,如图 4-36 所示。

显然冲激抽样和矩形脉冲抽样是式(4-90)的两种特定情况,而前者又是后者的一种极限情况(脉宽 $\tau \to 0$)。在实际中通常采用矩形脉冲抽样,但是为了便于问题的分析,当脉宽 τ 相对较窄时,往往近似为冲激抽样。

4.5.2　频域抽样

频域也可以对信号频谱进行抽样,这里只讨论冲激抽样的情况。假设连续频谱函数为 $F(\omega)$,对应的时间函数为 $f(t)$。若 $F(\omega)$ 在频域中被间隔为 ω_1 的冲激序列 $\delta_\omega(\omega)$ 抽样,那么抽样后的频谱函数 $F_1(\omega)$ 所对应的时间函数 $f_1(t)$ 与 $f(t)$ 具有什么样的关系?

已知

$$F(\omega) = \mathscr{F}[f(t)]$$

若频域抽样过程满足

$$F_1(\omega) = F(\omega)\delta_\omega(\omega) \tag{4-94}$$

其中

$$\delta_\omega(\omega) = \sum_{n=-\infty}^{+\infty} \delta(\omega - n\omega_1)$$

由式(4-86)知

$$\mathscr{F}\left[\sum_{n=-\infty}^{+\infty} \delta(t - nT_1)\right] = \omega_1 \sum_{n=-\infty}^{+\infty} \delta(\omega - n\omega_1) \quad \left(\omega_1 = \frac{2\pi}{T_1}\right)$$

于是上式可写为逆变换形式:

$$\mathscr{F}^{-1}[\delta_\omega(\omega)] = \mathscr{F}^{-1}\left[\sum_{n=-\infty}^{+\infty} \delta(\omega - n\omega_1)\right]$$

$$= \frac{1}{\omega_1} \sum_{n=-\infty}^{+\infty} \delta(t - nT_1) = \frac{1}{\omega_1} \delta_T(t) \tag{4-95}$$

由式(4-94)、式(4-95),根据时域卷积定理,可知

$$\mathscr{F}^{-1}[F_1(\omega)] = \mathscr{F}^{-1}[F(\omega)] * \mathscr{F}^{-1}[\delta_\omega(\omega)]$$

即

$$f_1(t) = f(t) * \frac{1}{\omega_1} \sum_{n=-\infty}^{+\infty} \delta(t - nT_1)$$

这样便可得到 $F(\omega)$ 被抽样后 $F_1(\omega)$ 所对应的时间函数:

$$f_1(t) = \frac{1}{\omega_1} \sum_{n=-\infty}^{+\infty} f(t - nT_1) \tag{4-96}$$

式(4-96)表明,若 $f(t)$ 的频谱 $F(\omega)$ 被间隔为 ω_1 的冲激序列在频域中抽样,则在时域中等效于 $f(t)$ 以 $T_1\left(=\dfrac{2\pi}{\omega_1}\right)$ 为周期而重复(如图 4-37 所示)。也就是说,周期信号的频谱是离散的。

通过上面时域与频域的抽样特性讨论,得到了傅里叶变换的又一条重要性质,即信号的时域与频域呈抽样(离散)与周期(重复)对应关系。表 4-2 给出了这一结论的要点。

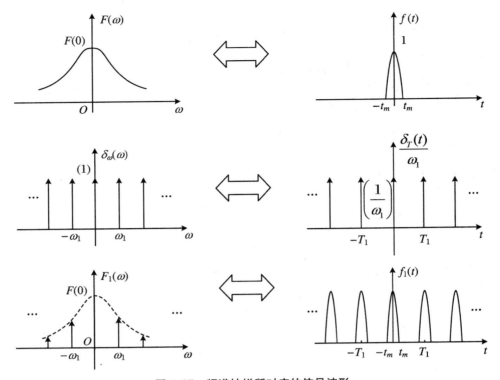

图 4-37　频谱抽样所对应的信号波形

表 4-2　周期信号和抽样信号的特性

时　域	频　域
周期信号 周期为 T_1	离散频谱 离散间隔 $\omega_1 = \dfrac{2\pi}{T_1}$
抽样信号（离散） 抽样间隔 $T_s = \dfrac{2\pi}{\omega_s}$	重复频谱（周期） 重复周期为 ω_s

例 4-11　大致画出图 4-38 所示周期矩形信号冲激抽样后信号的频谱。已知周期性矩形脉冲为 $f_1(t)$，它的脉幅为 E，脉宽为 τ，周期为 T_1，其傅里叶变换以 $F_1(\omega)$ 表示。若 $f_1(t)$ 被间隔为 T_s 的冲激序列所抽样，令抽样后的信号为 $f_s(t)$，其傅里叶变换为 $F_s(\omega)$。

解　仍从单脉冲入手并利用傅里叶变换的抽样特性来解答本题。

如图 4-38 所示，已知矩形单脉冲 $f_0(t)$ 的傅里叶变换为

$$F_0(\omega) = E\tau \mathrm{Sa}\left(\frac{\omega\tau}{2}\right)$$

若 $f_0(t)$ 以 T_1 为周期进行重复便构成周期信号 $f_1(t)$，即

$$f_1(t) = \sum_{n=-\infty}^{+\infty} f_0(t - nT_1)$$

根据频域抽样特性可知 $f_1(t)$ 的傅里叶变换 $F_1(\omega)$ 是由 $F_0(\omega)$ 经过间隔为 $\omega_1\left(=\dfrac{2\pi}{T_1}\right)$

的冲激抽样而得到的,由式(4-94)、式(4-96)知

$$F_1(\omega) = \omega_1 F_0(\omega) \delta_\omega(\omega)$$

$$= \omega_1 E\tau \mathrm{Sa}\left(\frac{\omega\tau}{2}\right) \sum_{n=-\infty}^{-\infty} \delta(\omega - n\omega_1)$$

$$= \omega_1 E\tau \sum_{n=-\infty}^{-\infty} \mathrm{Sa}\left(\frac{n\omega_1\tau}{2}\right) \delta(\omega - n\omega_1)$$

若 $f_1(t)$ 被间隔为 T_s 的冲激序列所抽样,便构成周期矩形抽样信号 $f_s(t)$,即

$$f_s(t) = f_1(t)\delta_T(t)$$

根据时域抽样特性可知 $f_s(t)$ 的傅里叶变换 $F_s(\omega)$ 是 $F_1(\omega)$ 以 $\omega_s\left(=\dfrac{2\pi}{T_s}\right)$ 为间隔重复而得到的。由式(4-93)知

$$F_s(\omega) = \frac{1}{T_s} \sum_{m=-\infty}^{+\infty} F_1(\omega - m\omega_s)$$

$$= \frac{\omega_1 E\tau}{T_s} \sum_{m=-\infty}^{+\infty} \sum_{n=-\infty}^{+\infty} \mathrm{Sa}\left(\frac{n\omega_1\tau}{2}\right) \delta(\omega - m\omega_s - n\omega_1)$$

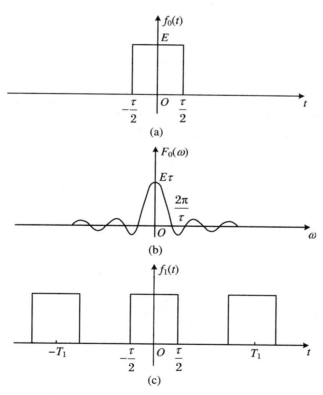

图 4-38　周期矩形抽样信号的波形与频谱

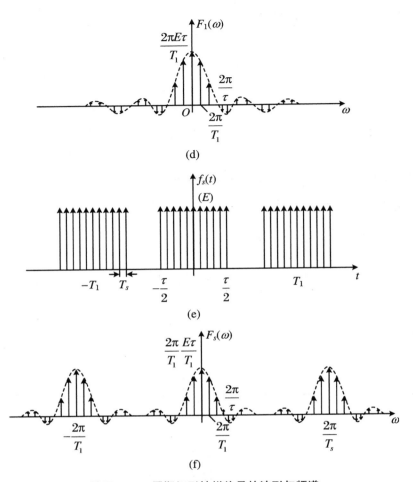

续图 4-38　周期矩形抽样信号的波形与频谱

4.6　抽　样　定　理

本节讨论上一节中提出的第（2）个问题，即如何从抽样信号中恢复原连续信号，以及在什么条件下才可以无失真地完成这种恢复。

4.6.1　时域抽样定理

时域抽样定理　一个频谱受限的信号 $f(t)$，如果频谱只占据 $-\omega_m \sim +\omega_m$ 的范围，则信号 $f(t)$ 可以用等间隔的抽样值唯一地表示。只要抽样间隔不大于 $\dfrac{1}{2f_m}$，其中 $f_m = \dfrac{\omega_m}{2\pi}$ 为信号 $f(t)$ 的最高频率，或者说，抽样频率满足条件

$$f_s \geqslant 2f_m$$

把满足抽样定理要求的最低抽样频率 $f_s = 2f_m$ 称为"奈奎斯特（Nyquist）频率"，把最大

允许的抽样间隔 $T_s = \dfrac{1}{2f_m}$ 称为"奈奎斯特间隔"。

参考图 4-39 来说明抽样定理。假定信号 $f(t)$ 的频谱 $F(\omega)$ 限制在 $-\omega_m \sim +\omega_m$ 范围内，若以间隔 $T_s \left(\text{或重复频率 } \omega_s = \dfrac{2\pi}{T_s}\right)$ 对 $f(t)$ 进行抽样，抽样后信号 $f_s(t)$ 的频谱 $F_s(\omega)$ 是 $F(\omega)$ 以 ω_s 为周期重复的，只有满足条件 $\omega_s \geqslant 2\omega_m$，各频移的频谱才不会相互重叠。这样，抽样信号 $f_s(t)$ 就保留了原连续信号 $f(t)$ 的全部信息，$f(t)$ 完全可以由 $f_s(t)$ 恢复出。否则频谱将发生混叠，从 $f_s(t)$ 中恢复 $f(t)$ 将是不可实现的。

图 4-39 画出了当抽样率 $\omega_s > 2\omega_m$（不混叠时）及 $\omega_s < 2\omega_m$（混叠时）两种情况下冲激抽样信号的频谱。

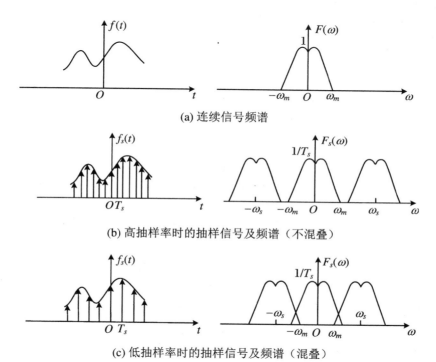

(a) 连续信号频谱

(b) 高抽样率时的抽样信号及频谱（不混叠）

(c) 低抽样率时的抽样信号及频谱（混叠）

图 4-39　冲激抽样信号的频谱

对于抽样定理，可以从物理概念上做如下解释。由于一个频带受限的信号波形绝不可能在很短的时间内产生独立的、实质的变化，它的最高变化速度受最高频率分量 ω_m 的限制，因此为了保留这一频率分量的全部信息，一个周期的间隔内至少应抽样两次，即必须满足 $\omega_s \geqslant 2\omega_m$ 或 $f_s \geqslant 2f_m$。

从图 4-39 可以看出，在满足抽样定理的条件下，为了从频谱 $F_s(\omega)$ 中无失真地选出 $F(\omega)$，可以用如下的矩形函数 $H(\omega)$ 与 $F_s(\omega)$ 相乘，即

$$F(\omega) = F_s(\omega)H(\omega)$$

其中

$$H(\omega) = \begin{cases} T_s & (|\omega| < \omega_m) \\ 0 & (|\omega| > \omega_m) \end{cases}$$

实现 $F_s(\omega)$ 与 $H(\omega)$ 相乘的方法就是将抽样信号 $f_s(t)$ 施加于"理想低通滤波器"（此滤波器

的传输函数为 $H(\omega)$），这样在滤波器的输出端可以得到频谱为 $F(\omega)$ 的连续信号 $f(t)$。这相当于从图 4-39 无混叠情况下的 $F_s(\omega)$ 频谱中只取出 $|\omega|<\omega_m$ 的成分，当然，这就恢复了 $F(\omega)$，也即恢复了 $f(t)$。

以上从频域解释了由抽样信号的频谱恢复连续信号频谱的原理，也可以从时域直接说明由 $f_s(t)$ 经理想低通滤波器产生 $f(t)$ 的原理。

4.6.2 频域抽样定理

根据时域与频域的对称性，可以由时域抽样定理直接推论出频域抽样定理。

频域抽样定理 一个时间受限的信号 $f(t)$，如果时间只占据 $-t_m \sim +t_m$ 的范围，则信号 $f(t)$ 可以用等间隔的频率抽样值 $F_1(\omega)$ 唯一地表示，频域抽样间隔为 T_s，它必须满足的条件是 $T_s \geqslant 2t_m$。

4.7 滤   波

滤波是使某一部分频率信号通过而抑制其他频率信号通过，相应的系统称为滤波器。工程上，滤波器常用来实现信号处理和抑制干扰等。

4.7.1 理想低通的频域特性和冲激响应

由抽样定理可知，为了防止信号在采样时发生频谱混叠，需要对采样前的信号进行低通滤波处理来限制信号的最高频率，同时要求采样频率大于或等于两倍的信号上限频率。

所谓"理想滤波器"就是将滤波网络的某些特性理想化而定义的滤波网络。理想滤波器可按不同的实际需要从不同角度给予定义。最常用到的是具有矩形幅度特性和线性相移特性的理想低通滤波器，如图 4-40 所示。这种低通滤波器将低于角频率 ω_c 的所有信号无失真地传输，而阻止高于角频率 ω_c 的信号通过（图 4-40(a)），ω_c 称为理想低通滤波器的上限截止频率，频率范围 $0 \leqslant \omega < \omega_c$ 称为通带，而范围 $\omega > \omega_c$ 称为阻带。相移特性是通过原点的直线，也满足无失真传输的要求（图 4-40(b)）。

理想低通滤波器的频率响应为

$$H(j\omega) = |H(j\omega)| e^{j\varphi(\omega)} \tag{4-97}$$

其中幅频特性为

$$|H(j\omega)| = \begin{cases} 1 & (-\omega_c < \omega < \omega_c) \\ 0 & (\omega \text{ 为其他值}) \end{cases}$$

相频特性为

$$\varphi(\omega) = -t_0 \omega$$

如果输入信号频率范围在滤波器的通带内，则信号可以无失真地传输；如果信号频率范围在阻带内，则信号的这部分频率成分不能通过。因此，可以将理想低通滤波器形象地看成一个频域窗，窗外频率范围的信号成分禁止通过。

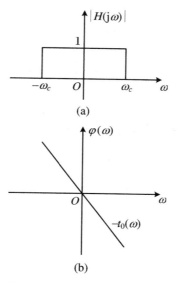

图 4-40　理想低通滤波器特性

对 $H(\mathrm{j}\omega)$ 进行傅里叶逆变换，不难求得理想低通滤波器的单位冲激响应为

$$
\begin{aligned}
h(t) &= \mathscr{F}^{-1}\big[H(\mathrm{j}\omega)\big] = \frac{1}{2\pi}\int_{-\infty}^{+\infty} H(\mathrm{j}\omega)\mathrm{e}^{\mathrm{j}\omega t}\,\mathrm{d}\omega \\
&= \frac{1}{2\pi}\int_{-\omega_c}^{+\omega_c}\mathrm{e}^{-\mathrm{j}\omega t_0}\,\mathrm{e}^{\mathrm{j}\omega t}\,\mathrm{d}\omega = \frac{1}{2\pi}\,\frac{\mathrm{e}^{\mathrm{j}\omega(t-t_0)}}{\mathrm{j}(t-t_0)}\bigg|_{-\omega_c}^{\omega_c} \\
&= \frac{\omega_c}{\pi}\,\frac{\sin\big[\omega_c(t-t_0)\big]}{\omega_c(t-t_0)}
\end{aligned}
\tag{4-98}
$$

波形如图 4-41 所示。这是一个峰值位于 t_0 时刻的 Sa 函数，或写作 $\dfrac{\omega_c}{\pi}\times\mathrm{Sa}\big[\omega_c(t-t_0)\big]$。

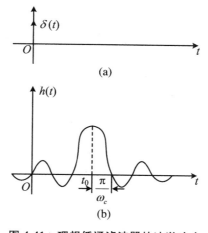

图 4-41　理想低通滤波器的冲激响应

除了理想低通滤波器外，常见的理想滤波器还有理想高通滤波器、理想带通滤波器和理想带阻滤波器。这些理想滤波器都是物理上不可实现的，在实际中只能使系统性能逼近理想情况。然而，有关理想滤波器的研究并不因其无法实现而失去价值，实际滤波器的分析和设计往往需要理想滤波器的理论做指导。

4.7.2 理想低通的阶跃响应

如果具有跃变不连续点的信号通过低通滤波器传输,则不连续点在输出将被圆滑,产生渐变。这是由于信号随时间的急剧改变意味着包含许多高频分量,而较平坦的信号则主要包含低频分量,低通滤波器滤除了一些高频分量。阶跃信号作用于理想低通滤波器时,同样会在输出端呈现逐渐上升的波形,不再像输入信号那样急剧上升。响应的上升时间取决于滤波器的截止频率。

已知理想低通滤波器的网络函数为

$$H(j\omega) = \begin{cases} e^{-j\omega t_0} & (-\omega_c < \omega < \omega_c) \\ 0 & (\omega \text{ 为其他值}) \end{cases} \tag{4-99}$$

阶跃信号的傅里叶变换为

$$E(j\omega) = \mathscr{F}[u(t)] = \pi\delta(\omega) + \frac{1}{j\omega} \tag{4-100}$$

于是

$$R(j\omega) = H(j\omega)E(j\omega) = \left[\pi\delta(\omega) + \frac{1}{j\omega}\right]e^{-j\omega t_0} \quad (-\omega_c < \omega < \omega_c) \tag{4-101}$$

现在可以利用卷积或直接取逆变换的方法求得阶跃响应,按逆变换定义写出

$$
\begin{aligned}
r(t) &= \mathscr{F}^{-1}[R(j\omega)] \\
&= \frac{1}{2\pi}\int_{-\omega_c}^{\omega_c}\left[\pi\delta(\omega) + \frac{1}{j\omega}\right]e^{-j\omega t_0}e^{j\omega t}d\omega \\
&= \frac{1}{2} + \frac{1}{2\pi}\int_{-\omega_c}^{\omega_c}\frac{e^{j\omega(t-t_0)}}{j\omega}d\omega \\
&= \frac{1}{2} + \frac{1}{2\pi}\int_{-\omega_c}^{\omega_c}\frac{\cos[\omega(t-t_0)]}{j\omega}d\omega + \frac{1}{2\pi}\int_{-\omega_c}^{\omega_c}\frac{\sin[\omega(t-t_0)]}{\omega}d\omega
\end{aligned}
$$

积分式中,$\dfrac{\cos[\omega(t-t_0)]}{\omega}$ 是 ω 的奇函数,$\dfrac{\sin[\omega(t-t_0)]}{\omega}$ 是 ω 的偶函数,因而有

$$r(t) = \frac{1}{2} + \frac{1}{\pi}\int_0^{\omega_c}\frac{\sin[\omega(t-t_0)]}{\omega}d\omega = \frac{1}{2} + \frac{1}{\pi}\int_0^{\omega_c(t-t_0)}\frac{\sin x}{x}dx$$

令

$$x = \omega(t - t_0) \tag{4-102}$$

定义函数

$$\text{Si}(y) = \int_0^y \frac{\sin x}{x}dx \tag{4-103}$$

如图 4-42 所示。

因此,线性相位理想低通滤波器的阶跃响应为

$$r(t) = \frac{1}{2} + \text{Si}[\omega_c(t - t_0)] \tag{4-104}$$

由图 4-43 可知,理想低通滤波器的阶跃响应波形并不像阶跃信号波形那样陡直上升,这表明阶跃响应的建立需要一段时间,同时波形出现过冲激振荡,这是由于理想低通滤波器是一个带限系统。

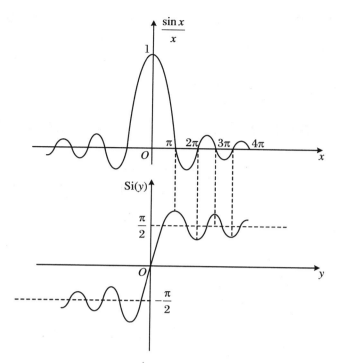

图 4-42　$\dfrac{\sin x}{x}$ 函数与 Si(y) 函数

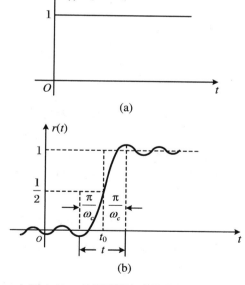

图 4-43　理想低通滤波器的阶跃响应

　　阶跃响应的上升时间 t_r 是反映系统快速性的一个重要指标,定义为阶跃响应从最小值上升到最大值所需的时间,有

$$t_r = 2 \cdot \frac{\pi}{\omega_c} = \frac{1}{B} \tag{4-105}$$

这里，$B = \dfrac{\omega_c}{2\pi}$，是将角频率折合为频率的滤波器带宽（截止频率）。于是得到重要的结论：阶跃响应的上升时间与系统的截止频率（带宽）成反比。

4.7.3　理想低通对矩形脉冲的响应

利用上述结果，很容易求得理性低通滤波器对于矩形脉冲的响应。设激励信号——矩形脉冲的表达式为

$$e_1(t) = u(t) - u(t - \tau) \tag{4-106}$$

波形如图 4-44(a)所示。应用叠加定理，借助式(4-104)可得网络对 $e_1(t)$ 的响应 $r_1(t)$：

$$r_1(t) = \frac{1}{\pi}\{\operatorname{Si}[\omega_c(t - t_0)] - \operatorname{Si}[\omega_c(t - t_0 - \tau)]\} \tag{4-107}$$

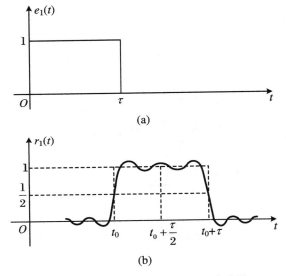

图 4-44　矩形脉冲通过理想低通滤波器

此响应的波形示于图 4-44(b)。当从某信号的傅里叶变换恢复或逼近原信号时，如果原信号包含间断点，那么各间断点处的恢复信号将出现过冲，这种现象称为吉布斯现象。

经计算可以知道 $\operatorname{Si}(y)$ 的第一个峰起值在 $y = \pi$ 点，$\operatorname{Si}(\pi) = 1.8514$，代入式(4-106)可求得相应的阶跃响应峰值：

$$r(t)\Big|_{\max} = \frac{1}{2} + \frac{1.8514}{\pi} \approx 1.0895 \tag{4-108}$$

可见，增大理想低通滤波器的通带宽度，可以缩短信号上升时间，但是不能减小信号过冲的幅度，而过冲幅度约为信号跃变值的 9%。

对于周期性矩形脉冲，其频谱分布虽变成离散型，但仍可利用上述原理解释吉布斯现象。

本章从傅里叶级数引出了傅里叶变换的基本概念，初步介绍了傅里叶变换的性质。以此为基础，在本书以后的许多章节里将进一步讨论傅里叶变换的各种应用。今后还会看到，作为信息科学研究领域中广泛应用的有力工具，傅里叶变换在很多后续课程以及研究工作中将不断地发挥至关重要的作用。

习　　题

4-1　求题 4-1 图所示半波余弦脉冲的傅里叶变换,并画出频谱图。

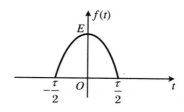

题 4-1 图

4-2　求题 4-2 图所示锯齿脉冲与单周正弦脉冲的傅里叶变换。

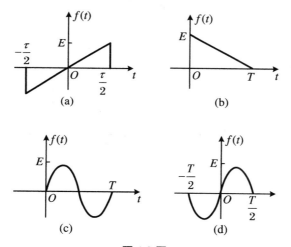

题 4-2 图

4-3　求题 4-3 图所示 $F(\omega)$ 的傅里叶逆变换 $f(t)$。

4-4　对题 4-4 图所示波形,若已知 $\mathscr{F}[f_1(t)] = F_1(\omega)$,利用傅里叶变换的性质求 $f_1(t)$ 以 $\dfrac{t_0}{2}$ 为轴反褶后所得 $f_2(t)$ 的傅里叶变换。

4-5　利用时域与频域的对称性,求下列傅里叶变换的时间函数。

(1) $F(\omega) = \delta(\omega - \omega_0)$;

(2) $F(\omega) = u(\omega - \omega_0) - u(\omega - \omega_o)$;

(3) $F(\omega) = \begin{cases} \dfrac{\omega_0}{\pi} & (|\omega| \leqslant \omega_0) \\ 0 & (其他) \end{cases}$。

4-6　若已知矩形脉冲的傅里叶变换,利用时移特性求题 4-6 图所示信号的傅里叶变换,并大致画出幅度谱。

4-7　对题 4-7 图所示信号 $f(t)$,已知其傅里叶变换式 $\mathscr{F}[f(t)] = F(\omega) = |F(\omega)| \cdot$

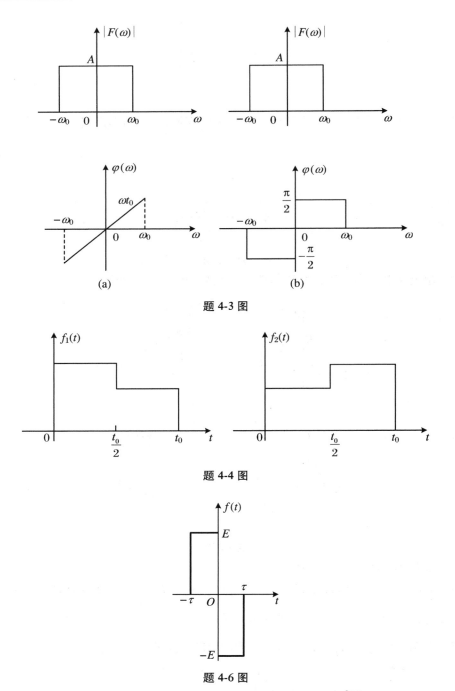

题 4-3 图

题 4-4 图

题 4-6 图

$\mathrm{e}^{\mathrm{j}\varphi(\omega)}$,利用傅里叶变换的性质(不做积分运算),求:(1) $F(0)$;(2) $\displaystyle\int_{-\infty}^{+\infty} F(\omega)\mathrm{d}\omega$ 。

4-8 利用微分定理求题 4-8 图所示梯形脉冲的傅里叶变换,并大致画出 $\tau = 2\tau_1$ 情况下该脉冲的频谱图。

4-9 (1) 已知 $F[\mathrm{e}^{-at}u(t)] = \dfrac{1}{a + \mathrm{j}\omega}$,求 $f(t) = t\mathrm{e}^{-at}u(t)$ 的傅里叶变换;(2) 证明

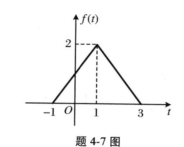

题 4-7 图

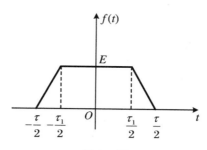

题 4-8 图

$tu(t)$ 的傅里叶变换为 $j\pi\delta'(\omega) + \dfrac{1}{(j\omega)^2}$。（提示：利用频域微分定理）

4-10　若已知 $\mathscr{F}[f(t)] = F(\omega)$，利用傅里叶变换的性质确定下列信号的傅里叶变换。

(1) $tf(2t)$；

(2) $(t-2)f(t)$；

(3) $(t-2)f(-2t)$；

(4) $t\dfrac{\mathrm{d}f(t)}{\mathrm{d}t}$；

(5) $f(1-t)$；

(6) $(1-t)f(1-t)$；

(7) $f(2t-5)$。

4-11　已知阶跃函数和正弦、余弦函数的傅里叶变换：

$$\mathscr{F}[u(t)] = \frac{1}{j\omega} + \pi\delta(\omega)$$

$$\mathscr{F}[\cos(\omega_0 t)] = \pi[\delta(\omega + \omega_0) + \delta(\omega - \omega_0)]$$

$$\mathscr{F}[\sin(\omega_0 t)] = j\pi[\delta(\omega + \omega_0) - \delta(\omega - \omega_0)]$$

求单边正弦函数和单边余弦函数的傅里叶变换。

4-12　若 $f(t)$ 的频谱 $F(\omega)$ 如题 4-12 图所示，利用卷积定理粗略画出 $f(t)\cos(\omega_0 t)$、$f(t)e^{j\omega_0 t}$、$f(t)\cos(\omega_1 t)$ 的频谱（注明频谱的边界频率）。

4-13　确定下列信号的最低抽样频率与奈奎斯特间隔。

(1) $\mathrm{Sa}(100t)$；

(2) $\mathrm{Sa}^2(100t)$；

(3) $\mathrm{Sa}(100t) + \mathrm{Sa}(50t)$；

(4) $\mathrm{Sa}(100t) + \mathrm{Sa}^2(60t)$。

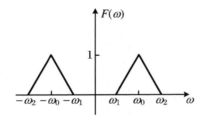

题 4-12 图

4-14 系统如题 4-14 图所示，已知 $f_1(t) = \mathrm{Sa}(1000\pi t)$，$f_2(t) = \mathrm{Sa}(2000\pi t)$，$p(t) = \sum\limits_{n=-\infty}^{+\infty} \delta(t - nT)$，$f(t) = f_1(t)f_2(t)$，$f_s(t) = f(t)p(t)$。

(1) 为从 $f_s(t)$ 无失真恢复 $f(t)$，求最大抽样间隔 $T_{\max}$；

(2) 当 $T = T_{\max}$ 时，画出 $f_s(t)$ 的幅度谱 $|F_s(\omega)|$。

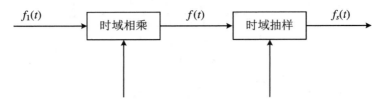

题 4-14 图

4-15 已知如题 4-15 图所示的 $f(t)$ 是周期信号，求 $F(\omega)$。

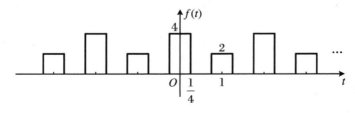

题 4-15 图

第 5 章　拉普拉斯变换

傅里叶分析工具在研究涉及信号和线性时不变系统的很多问题时是极为有用的,利用它可以分析信号的频谱、物理不可实现系统以及物理可实现系统的频率响应等,而系统的频率响应又表征了系统对信号的作用特征。拉普拉斯变换作为数学工具能使物理可实现的LTI连续系统的分析和系统响应的求解变得更加容易。拉普拉斯变换不仅仅为那些能用傅里叶变换进行分析的信号与系统提供了另一种分析工具和分析角度,而且在一些不能应用傅里叶变换的重要方面,拉普拉斯变换也能应用,比如它能用于许多不稳定系统的分析,从而在系统的稳定性或不稳定性的研究中起着重要的作用。

运用拉普拉斯变换方法,可以把线性时不变系统的时域模型简便地进行变换,经求解再还原为时间函数。从数学角度来看,拉普拉斯变换方法是求解常系数线性微分方程的工具,它的优点表现在:

(1) 求解的步骤得到简化,同时可以给出微分方程的齐次解和特解,而且初始条件自动地包含在变换式里。

(2) 拉普拉斯变换分别将"微分"与"积分"运算转换为"乘法"和"除法"运算,也即把微分方程转换为代数方程。这种变换与初等数学中的对数变换很相似,在那里,乘、除法被转换为加、减法运算。当然对数变换所处理的对象是"数",而拉普拉斯变换所处理的对象是函数。图5-1用运算流程方框图给出了对数变换与拉普拉斯变换的比较。

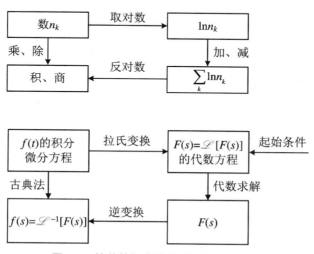

图 5-1　拉普拉斯变换与对数变换的比较

(3) 指数函数、超越函数以及有不连续点的函数,经拉普拉斯变换可转换为简单的初等函数。对于某些非周期性的具有不连续点的函数,用古典法求解比较繁琐,而用拉普拉斯变换方法就很简便。

（4）拉普拉斯变换把时域中两函数的卷积运算转换为变换域中两函数的乘法运算，在此基础上建立了系统函数的概念，这一重要概念的应用为研究信号经线性系统传输问题提供了许多方便。

（5）利用系统函数零点、极点分布可以简明、直观地表达系统性能的许多规律，系统的时域、频域特性集中地以其系统函数零、极点特征表现出来。从系统的观点看，对于输入-输出描述情况，往往不关心组成系统的内部结构和参数，只需从外部特性，从零、极点特性来考察和处理各种问题。

本章前 3 节给出拉普拉斯变换的基本定义和性质，5.4 节、5.5 节讨论拉普拉斯变换在电路分析中的应用并导出系统函数 $H(s)$，5.6 节、5.7 节和 5.8 节研究 $H(s)$ 零、极点分布对系统性能的影响。以上各节限于单边拉普拉斯变换，双边拉普拉斯变换本书不做讨论。

5.1　拉普拉斯变换的定义、收敛域

1. 从傅里叶变换到拉普拉斯变换

由前章已知，当函数 $f(t)$ 满足狄里赫利条件时，便可构成一对傅里叶变换式：

$$F(\omega) = \int_{-\infty}^{+\infty} f(t) e^{-j\omega t} dt$$

$$f(t) = \frac{1}{2\pi} \int_{-\infty}^{+\infty} F(\omega) e^{j\omega t} d\omega$$

考虑到在实际问题中遇到的总是因果信号，令信号起始时刻为零，于是在 $t < 0$ 的时间范围内 $f(t)$ 等于零，这样，正变换表示式之积分下限可从零开始：

$$F(\omega) = \int_{0}^{+\infty} f(t) e^{-j\omega t} dt \tag{5-1}$$

但 $F(\omega)$ 仍包含有 $-\omega$ 与 $+\omega$ 两部分分量，因此逆变换式的积分限不改变。

再从狄里赫利条件考虑，在此条件之中，绝对可积的要求限制了某些增长信号如 $e^{at}(a>0)$ 傅里叶变换的存在，而对于阶跃信号、周期信号虽未受此约束，但其变换式中出现冲激函数 $\delta(\omega)$，为使更多的函数存在变换，并简化某些变换形式或运算过程，引入一个衰减因子 $e^{-\sigma t}$（σ 为任意实数）将它与 $f(t)$ 相乘，于是 $e^{-\sigma t} f(t)$ 得以收敛，绝对可积条件就容易满足。按此原理，写出 $e^{-\sigma t} f(t)$ 的傅里叶变换：

$$F_1(\omega) = \int_{0}^{+\infty} \left[f(t) e^{-\sigma t} \right] e^{-j\omega t} dt = \int_{0}^{+\infty} f(t) e^{-(\sigma+j\omega) t} dt \tag{5-2}$$

将式中 $\sigma + j\omega$ 用符号 s 代替，即令

$$s = \sigma + j\omega \tag{5-3}$$

式(5-2)遂可写作

$$F(s) = \int_{0}^{+\infty} f(t) e^{-st} dt \tag{5-4}$$

下面由傅里叶逆变换表示式求 $f(t) e^{-\sigma t}$，再寻找由 $F(s)$ 求 $f(t)$ 的一般表达式。

$$f(t) e^{-\sigma t} = \frac{1}{2\pi} \int_{-\infty}^{+\infty} F_1(\omega) e^{j\omega t} d\omega \tag{5-5}$$

等式两边各乘以 $e^{\sigma t}$，因为它不是 ω 的函数，可放到积分号内，于是得到

$$f(t) = \frac{1}{2\pi} \int_{-\infty}^{+\infty} F_1(\omega) e^{(\sigma+j\omega)t} d\omega \tag{5-6}$$

已知 $s = \sigma + j\omega$，所以 $ds = d\sigma + jd\omega$，若 σ 为选定之常量，则 $ds = jd\omega$，以此代入式(5-6)，并相应地改变积分上下限，得到

$$f(t) = \frac{1}{2\pi j} \int_{\sigma-j\infty}^{\sigma+j\infty} F(s) e^{st} ds \tag{5-7}$$

式(5-4)和式(5-7)就是一对拉普拉斯变换式(或称拉氏变换对)。两式中的 $f(t)$ 称为"原函数"，$F(s)$ 称为"象函数"。已知 $f(t)$ 求 $F(s)$ 可由式(5-4)取得拉氏变换。反之，利用式(5-7)由 $F(s)$ 求 $f(t)$ 时称为拉氏逆变换。常用记号 $\mathscr{L}[f(t)]$ 表示取拉氏变换，以记号 $\mathscr{L}^{-1}[F(s)]$ 表示取拉氏逆变换。于是，式(5-4)和式(5-7)可分别写作：

$$\mathscr{L}[f(t)] = F(s) = \int_0^{+\infty} f(t) e^{-st} dt \tag{5-8}$$

$$\mathscr{L}^{-1}[F(s)] = f(t) = \frac{1}{2\pi j} \int_{\sigma-j\infty}^{\sigma+j\infty} F(s) e^{st} ds \tag{5-9}$$

拉氏变换与傅氏变换定义的表示式形式相似，以后会讲到它们的性质也有许多相同之处。

拉普拉斯变换与傅里叶变换的基本差别在于：傅氏变换将时域函数 $f(t)$ 变换为频域函数 $F(\omega)$，或做相反变换，时域中的变量 t 和频域中的变量 ω 都是实数；而拉氏变换是将时间函数 $f(t)$ 变换为复变函数 $F(s)$，或做相反变换，这时，时域变量 t 虽是实数，$F(s)$ 的变量 s 却是复数，与 ω 相比较，变量 s 可称为"复频率"。傅里叶变换建立了时域和频域间的联系，而拉氏变换则建立了时域与复频域(s 域)间的联系。

在以上讨论中，$e^{-\sigma t}$ 衰减因子的引入是一个关键问题。从数学观点看，这时将函数 $f(t)$ 乘以因子 $e^{-\sigma t}$ 是使之满足绝对可积条件；从物理意义看，是将频率 ω 变换为复频率 s，ω 只能描述振荡的重复频率，而 s 不仅能给出重复频率，还可以表示振荡幅度的增长速率或衰减速率。

此外，还应指出，在引入衰减因子之前曾把正变换积分下限由 $-\infty$ 限制为 0，如果不做这一改变，则将出现形式为 $\int_{-\infty}^{+\infty} f(t) e^{-st} dt$ 的正变换定义。为区分以上两种情况，前者称为"单边拉氏变换"，后者称为"双边拉氏变换"。本书只讨论单边变换。

2. 从算子符号法的概念说明拉氏变换的定义

采用算子符号法可将函数 $f(t)$ 的微分运算表示为 $f(t)$ 与算子 p "相乘"的形式。现在设想为函数 $f(t)$ 建立某种变换关系，这种变换关系应具有如下特性：如果把 t 变量的函数 $f(t)$ 变换为 s 变量的函数 $F(s)$，那么，$\dfrac{df(t)}{dt}$ 的变换式应为 $sF(s)$，暂以"→"表示变换，则有

$$\begin{cases} f(t) \to F(s) \\ \dfrac{df(t)}{dt} \to sF(s) \end{cases} \tag{5-10}$$

假定此变换关系可通过下面的积分运算来完成：

$$F(s) = \int_0^{+\infty} f(t) h(t,s) dt \tag{5-11}$$

这表明，在所研究的时间范围 0 到 $+\infty$ 之间，对变量 t 积分，即可得到变量 s 的函数。现在的问题是，如何选择一个合适的 $h(t,s)$，使它满足式(5-10)的要求，也即

$$sF(s) = \int_0^{+\infty} f'(t) h(t,s) dt \tag{5-12}$$

利用分部积分展开，可得

$$\int_0^{+\infty} f'(t)h(t,s)\mathrm{d}t = f(t)h(t,s)\Big|_0^{+\infty} - \int_0^{+\infty} f(t)h'(t,s)\mathrm{d}t \tag{5-13}$$

为确定式中第一项，应代入 t 的初值与终值，要保证 $f(t)h(t,s)$ 的积分收敛，规定 $t \to +\infty$ 时此项等于零；此外，选择初值为最简单的形式代入，即 $f(0)=0$，至于 $f(0)$ 为其他任意值的情况，下面还要讨论。按上述条件求得

$$sF(s) = \int_0^{+\infty} f'(t)h(t,s)\mathrm{d}t = -\int_0^{+\infty} f(t)h'(t,s)\mathrm{d}t$$

$$s\int_0^{+\infty} f(t)h(t,s)\mathrm{d}t = -\int_0^{+\infty} f(t)h'(t,s)\mathrm{d}t$$

故

$$sh(t,s) = -h'(t,s) = -\frac{\mathrm{d}h(t,s)}{\mathrm{d}t}$$

$$\frac{\mathrm{d}h(t,s)}{h(t,s)} = -s\mathrm{d}t$$

$$\ln[h(t,s)] = -st$$

$$h(t,s) = \mathrm{e}^{-st} \tag{5-14}$$

将找到的 $h(t,s)$ 函数 e^{-st} 代入式(5-11)，得

$$F(s) = \int_0^{+\infty} f(t)\mathrm{e}^{-st}\mathrm{d}t \tag{5-15}$$

显然，这就是拉氏变换的定义式(5-4)。

下面考虑 $f(0)\neq 0$ 的情况。这时，由式(5-13)可写出 $f'(t)$ 的拉氏变换为

$$\int_0^{+\infty} f'(t)\mathrm{e}^{-st}\mathrm{d}t = f(t)\mathrm{e}^{-st}\Big|_0^{+\infty} - \int_0^{+\infty} [-sf(t)\mathrm{e}^{-st}]\mathrm{d}t$$

$$= -f(0) + sF(s) \tag{5-16}$$

此结果表明，当 $f(0)\neq 0$ 时，$\dfrac{\mathrm{d}f(t)}{\mathrm{d}t}$ 的拉氏变换并非 $sF(s)$，而是 $sF(s)-f(0)$。回忆起在算子符号法中，由于未能表示出初始条件的作用，只好在运算过程中做出一些规定以限制某些因子相消。现在，这里的 s 虽与算子符号 p 处于类似的地位，然而拉氏变换法可以把初始条件的作用计入，这就避免了算子法分析过程中的一些禁忌，便于把微分方程转换为代数过程，使求解过程简化。

3. 拉氏变换的收敛

从以上讨论可知，当函数 $f(t)$ 乘以衰减因子 $\mathrm{e}^{-\sigma t}$ 以后，就有可能满足绝对可积条件。然而，是否一定满足，还要看 $f(t)$ 的性质与 σ 值的相对关系而定。例如，为使 $f(t)=\mathrm{e}^{at}$ 收敛，衰减因子 $\mathrm{e}^{-\sigma t}$ 中的 σ 必须满足 $\sigma > a$，否则，$\mathrm{e}^{at} \cdot \mathrm{e}^{-\sigma t}$ 在 $t \to +\infty$ 时仍不能收敛。

函数 $f(t)$ 乘以因子 $\mathrm{e}^{\sigma t}$ 以后，取时间 $t \to +\infty$ 的极限，若当 $\sigma > \sigma_0$ 时，该极限等于零，则函数 $f(t)\mathrm{e}^{-\sigma t}$ 在 $\sigma > \sigma_0$ 的全部范围内是收敛的，其积分存在，可以进行拉普拉斯变换。这一关系可表示为

$$\lim_{t \to +\infty} f(t)\mathrm{e}^{-\sigma t} = 0 \quad (\sigma > \sigma_0) \tag{5-17}$$

σ_0 与 $f(t)$ 函数的性质有关，它指出了收敛条件。根据 σ_0 的数值，可将 s 平面划分为两个区域，如图5-2所示。通过 σ_0 的垂直线是收敛区(收敛域)的边界，称为收敛轴，σ_0 在 s 平面内称为收敛坐标。凡满足式(5-17)的函数称为"指数阶函数"。指数阶函数若具有发散特性可

借助于指数函数的衰减压下去,使之成为收敛函数。

　　凡是有始有终,能量有限的信号,如单个脉冲信号,其收敛坐标落于 $-\infty$,全部 s 平面都属于收敛区。也即,有界的非周期信号的拉氏变换一定存在。

　　如果信号的幅度既不增长也不衰减而等于稳定值,则其收敛坐标在原点,s 右半平面属于收敛区。也即,对任何周期信号只要稍加衰减就可收敛。

　　不难证明

$$\lim_{t \to +\infty} t\mathrm{e}^{-\sigma t} = 0 \quad (\sigma > 0) \tag{5-18}$$

所以任何随时间成正比增长的信号,其收敛坐标落于原点。同样由于

$$\lim_{t \to +\infty} t^n \mathrm{e}^{-\sigma t} = 0 \quad (\sigma > 0) \tag{5-19}$$

故与 t^n 成比例增长之函数,收敛坐标也落在原点。

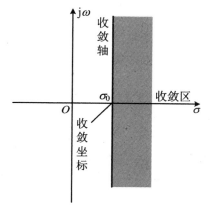

图 5-2　收敛区的划分

　　如果函数按指数规律 e^{at} 增长,前已述及,只有当 $\sigma > a$ 时才满足

$$\lim_{t \to +\infty} \mathrm{e}^{at} \mathrm{e}^{-\sigma t} = 0 \quad (\sigma > a) \tag{5-20}$$

所以收敛坐标为

$$\sigma_0 = a \tag{5-21}$$

　　对于一些比指数函数增长得更快的函数,不能找到它们的收敛坐标,因而不能进行拉氏变换。例如 e^{t^2} 或 $t\mathrm{e}^{t^2}$(定义域为 $0 \leqslant t < +\infty$)就不是指数阶函数,但是若把这种函数限定在有限时间范围之内,还是可以找到收敛坐标,进行拉氏变换的,如

$$f(t) = \begin{cases} \mathrm{e}^{t^2} & (0 \leqslant t < T) \\ 0 & (t < 0, t > T) \end{cases} \tag{5-22}$$

它的拉氏变换存在。

　　以上研究了单边拉氏变换的收敛条件,由于单边拉氏变换的收敛问题比较简单,一般情况下,求函数单边拉氏变换时不再加注其收敛范围。

　　4. 一些常用函数的拉氏变换

　　下面按拉普拉斯变换的定义式(5-4)来推导几个常用函数的变换式。

　　(1) 阶跃函数

$$\mathscr{L}[u(t)] = \int_0^{+\infty} \mathrm{e}^{-st} \mathrm{d}t = -\left. \frac{\mathrm{e}^{-st}}{s} \right|_0^{+\infty} = \frac{1}{s} \tag{5-23}$$

（2）指数函数

$$\mathscr{L}[e^{-at}] = \int_0^{+\infty} e^{-at} e^{-st} dt = -\frac{e^{-(a+s)t}}{a+s}\Big|_0^{+\infty} = \frac{1}{a+s} \quad (\sigma > -a) \tag{5-24}$$

（3）t^n（n 是正整数）

$$\mathscr{L}[t^n] = \int_0^{+\infty} t^n e^{-st} dt$$

用分部积分法，得

$$\int_0^{+\infty} t^n e^{-st} dt = -\frac{t^n}{s} e^{-st} dt\Big|_0^{+\infty} + \frac{n}{s}\int_0^{+\infty} t^{n-1} e^{-st} dt = \frac{n}{s}\int_0^{+\infty} t^{n-1} e^{-st} dt$$

所以

$$\mathscr{L}[t^n] = \frac{n}{s}\mathscr{L}[t^{n-1}] \tag{5-25}$$

容易求得，当 $n=1$ 时

$$\mathscr{L}[t] = \frac{1}{s^2} \tag{5-26}$$

而 $n=2$ 时

$$\mathscr{L}[t^2] = \frac{2}{s^3} \tag{5-27}$$

依次类推，得

$$\mathscr{L}[t^n] = \frac{n!}{s^{n+1}} \tag{5-28}$$

必须注意，所讨论的单边拉氏变换是从零点开始积分的，因此，$t<0$ 区间的函数值与变换结果无关。例如，图 5-3 中三个函数 $f_1(t)$、$f_2(t)$、$f_3(t)$ 都具有相同的变换式：

$$F(s) = \frac{1}{s+a} \tag{5-29}$$

当取式（5-29）的逆变换时，只能给出在 $t \geqslant 0$ 时间范围内的函数值：

$$\mathscr{L}^{-1}\left[\frac{1}{s+a}\right] = e^{-at} \quad (t \geqslant 0) \tag{5-30}$$

以后会看到，单边变换的这一特点并未给它的应用带来不便，因为在系统分析问题中往往也是只需求解 $t \geqslant 0$ 的系统响应，而 $t<0$ 的情况由激励接入以前系统的状态所决定。

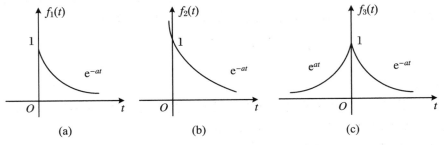

图 5-3 三个具有相同单边拉氏变换的函数

此外，从图 5-3(a)可以看到，此函数在 $t=0$ 时产生了跳变，这样初始条件 $f(0)$ 容易发生混淆，为使 $f(0)$ 有明确意义，仍以 $f(0_-)$ 与 $f(0_+)$ 分别表示 t 从左、右两端趋近于 0 时所得之 $f(0)$ 值，显然，对于图 5-3(a)，$f(0_-)=0$，$f(0_+)=1$。当函数 $f(t)$ 在 0 点有跳变时，其

导数 $\dfrac{\mathrm{d}f(t)}{\mathrm{d}t}$ 将出现冲激函数项,为便于研究在 $t=0$ 点发生的跳变现象,规定单边拉氏变换的定义式(5-4)积分下限从 0_- 开始:

$$F(s) = \int_{0_-}^{+\infty} f(t)\mathrm{e}^{-st}\,\mathrm{d}t \tag{5-31}$$

这样定义的好处是把 $t=0$ 处冲激函数的作用考虑在变换之中,当利用拉氏变换方法解微分方程时,可以直接引用已知的起始状态 $f(0_-)$ 而求得全部结果,无需专门计算由 0_- 至 0_+ 的跳变;否则,若取积分下限从 0_+ 开始,对于 t 从 0_- 至 0_+ 发生的变化还需另行处理(见例5-13)。以上两种规定分别称为拉氏变换的 0_- 系统和拉氏变换的 0_+ 系统。本书中在一般情况下采用 0_- 系统,今后未加标注之 $t=0$,均指 $t=0_-$。

（4）冲激函数

由以上规定写出

$$\mathscr{L}\left[\delta(t)\right] = \int_{0_-}^{+\infty} \delta(t)\mathrm{e}^{-st}\,\mathrm{d}t = 1 \tag{5-32}$$

如果冲激出现在 $t=t_0$ 时刻（$t_0>0$）,有

$$\mathscr{L}\left[\delta(t-t_0)\right] = \int_{0}^{+\infty} \delta(t-t_0)\mathrm{e}^{-st}\,\mathrm{d}t = \mathrm{e}^{-st_0} \tag{5-33}$$

将上述结果以及其他常用函数的拉氏变换(在下节继续导出)列于表 5-1 中。以后分析电路问题时会经常用到此表。

表 5-1　一些常用函数的拉氏变换

序号	$f(t)(t>0)$	$F(s) = \mathscr{L}\left[f(t)\right]$
1	$\delta(t)$	1
2	$u(t)$	$\dfrac{1}{s}$
3	e^{-at}	$\dfrac{1}{s+a}$
4	t^n（n 是正整数）	$\dfrac{n!}{s^{n+1}}$
5	$\sin(\omega t)$	$\dfrac{\omega}{s^2+\omega^2}$
6	$\cos(\omega t)$	$\dfrac{s}{s^2+\omega^2}$
7	$\mathrm{e}^{-at}\sin(\omega t)$	$\dfrac{\omega}{(s+a)^2+\omega^2}$
8	$\mathrm{e}^{-at}\cos(\omega t)$	$\dfrac{s+a}{(s+a)^2+\omega^2}$
9	$t\mathrm{e}^{-at}$	$\dfrac{1}{(s+a)^2}$
10	$t^n\mathrm{e}^{-at}$（n 是正整数）	$\dfrac{n!}{(s+a)^{n+1}}$
11	$t\sin(\omega t)$	$\dfrac{2\omega s}{(s^2+\omega^2)^2}$

序号	$f(t)(t>0)$	$F(s)=\mathscr{L}[f(t)]$
12	$t\cos(\omega t)$	$\dfrac{s^2+\omega^2}{(s^2+\omega^2)^2}$
13	$\sinh(at)$	$\dfrac{a}{s^2-a^2}$
14	$\cosh(at)$	$\dfrac{s}{s^2-a^2}$

5.2　拉普拉斯变换的基本性质

虽然由拉氏变换的定义式(5-4)可以求得一些常用信号的拉氏变换,但在实际应用中常常不去做这一积分运算,而是利用拉氏变换的一些基本性质(或称"定理")得出它们的变换式。这种方法在傅氏变换的分析中曾被采用,下面将要看到,对于拉氏变换,在掌握了一些性质之后,运用有关定理,可以很方便地求得相应的变换式。

1. 线性(叠加)

函数之和的拉氏变换等于各函数拉氏变换之和,当函数乘以常数 K 时,其变换式乘以相同的常数 K。

若 $\mathscr{L}[f_1(t)]=F_1(s)$,$\mathscr{L}[f_2(t)]=F_2(s)$,$K_1$,$K_2$ 为常数,则

$$\mathscr{L}[K_1f_1(t)+K_2f_2(t)]=K_1F_1(s)+K_2F_2(s) \tag{5-34}$$

证明　有

$$\begin{aligned}
\mathscr{L}[K_1f_1(t)+K_2f_2(t)] &= \int_0^{+\infty}[K_1f_1(t)+K_2f_2(t)]e^{-st}\,dt \\
&= \int_0^{+\infty}K_1f_1(t)e^{-st}\,dt+\int_0^{+\infty}K_2f_2(t)e^{-st}\,dt \\
&= K_1F_1(s)+K_2F_2(s) \tag{5-35}
\end{aligned}$$

例 5-1　求 $f(t)=\cos(\omega t)$ 的拉氏变换 $F(s)$。

解　已知

$$f(t)=\cos(\omega t)=\frac{1}{2}(e^{j\omega t}+e^{-j\omega t})$$

$$\mathscr{L}[e^{j\omega t}]=\frac{1}{s-j\omega}$$

$$\mathscr{L}[e^{-j\omega t}]=\frac{1}{s+j\omega}$$

由叠加性可知

$$\mathscr{L}[\cos(\omega t)]=\frac{1}{2}\left[\frac{1}{s-j\omega}+\frac{1}{s+j\omega}\right]=\frac{s}{s^2+\omega^2}$$

用同样方法可求得

$$\mathscr{L}\big[\sin(\omega t)\big] = \frac{\omega}{s^2 + \omega^2}$$

2. 原函数微分

若 $\mathscr{L}[f(t)] = F(s)$，则

$$\mathscr{L}\left[\frac{\mathrm{d}f(t)}{\mathrm{d}t}\right] = sF(s) - f(0) \tag{5-36}$$

其中 $f(0)$ 是 $f(t)$ 在 $t=0$ 时的起始值。

本性质已在 5.1 节给出证明。此处需要指出，当 $f(t)$ 在 $t=0$ 处不连续时，$\dfrac{\mathrm{d}f(t)}{\mathrm{d}t}$ 在 $t=0$ 处有冲激 $\delta(t)$ 存在，按前节规定，式(5-36)取拉氏变换时，积分下限要从 0_- 开始，这时，$f(0)$ 应写作 $f(0_-)$，即

$$\mathscr{L}\left[\frac{\mathrm{d}f(t)}{\mathrm{d}t}\right] = sF(s) - f(0_-) \tag{5-37}$$

例 5-2 已知流经电感的电流 $i_L(t)$ 的拉氏变换为 $\mathscr{L}[i_L(t)] = I_L(s)$，求电感电压 $v_L(t)$ 的拉氏变换。

解 因为

$$v_L(t) = L\,\frac{\mathrm{d}i_L(t)}{\mathrm{d}t}$$

所以

$$V_L(s) = \mathscr{L}[v_L(t)] = \mathscr{L}\left[L\,\frac{\mathrm{d}i_L(t)}{\mathrm{d}t}\right] = sLI_L(s) - Li_L(0)$$

这里 $i_L(0)$ 是电流 $i_L(t)$ 的起始值。如果 $i_L(0)=0$，得到

$$V_L(s) = sLI_L(s)$$

这个结论和正弦稳态分析中的相量法形式相似，在那里，电感的电压相量与电流相量的关系为

$$\dot{V}_L = \mathrm{j}\omega L\dot{I}_L$$

因此拉氏变换中的"s"对应相量法中的"$\mathrm{j}\omega$"。拉氏变换把微分运算变为乘法运算。

上述对一阶导数的微分定理可推广到高阶导数。

类似地，对 $\dfrac{\mathrm{d}^2 f(t)}{\mathrm{d}t^2}$ 的拉氏变换以分部积分展开得到

$$\begin{aligned}
\mathscr{L}\left[\frac{\mathrm{d}^2 f(t)}{\mathrm{d}t^2}\right] &= \mathrm{e}^{-st}\left.\frac{\mathrm{d}f(t)}{\mathrm{d}t}\right|_0^{+\infty} + s\int_0^{+\infty}\frac{\mathrm{d}f(t)}{\mathrm{d}t}\mathrm{e}^{-st}\mathrm{d}t \\
&= -f'(0) + s[sF(s) - f(0)] \\
&= s^2 F(s) - sf(0) - f'(0)
\end{aligned} \tag{5-38}$$

式中 $f'(0)$ 是 $\dfrac{\mathrm{d}f(t)}{\mathrm{d}t}$ 在 0_- 时刻的取值。

重复以上过程，可导出一般公式如下：

$$\mathscr{L}\left[\frac{\mathrm{d}^n f(t)}{\mathrm{d}t^n}\right] = s^n F(s) - \sum_{r=0}^{n-1} s^{n-r-1} f^{(r)}(0) \tag{5-39}$$

式中 $f^{(r)}(0)$ 是 r 阶导数 $\dfrac{\mathrm{d}^r f(t)}{\mathrm{d}t^r}$ 在 0_- 时刻的取值。

3. 原函数的积分

若 $\mathscr{L}[f(t)] = F(s)$，则

$$\mathcal{L}\left[\int_{-\infty}^{t} f(\tau)\mathrm{d}\tau\right] = \frac{F(s)}{s} + \frac{f^{(-1)}(0)}{s} \qquad (5\text{-}40)$$

式中 $f^{(-1)}(0) = \int_{-\infty}^{0} f(\tau)\mathrm{d}\tau$ 是 $f(t)$ 积分式在 $t=0$ 的取值。与前类似,考虑积分式在 $t=0$ 处可能有跳变,取 0_- 值,即 $f^{(-1)}(0_-)$。

证明　由于 $\mathcal{L}\left[\int_{-\infty}^{t} f(\tau)\mathrm{d}\tau\right] = \mathcal{L}\left[\int_{-\infty}^{0} f(\tau)\mathrm{d}\tau + \int_{0}^{t} f(\tau)\mathrm{d}\tau\right]$,而其中第一项为常量,即 $\int_{-\infty}^{0} f(\tau)\mathrm{d}\tau = f^{(-1)}(0)$,所以

$$\mathcal{L}\left[\int_{-\infty}^{0} f(\tau)\mathrm{d}\tau\right] = \frac{f^{(-1)}(0)}{s}$$

第二项可借助分部积分求得:

$$\mathcal{L}\left[\int_{0}^{t} f(\tau)\mathrm{d}\tau\right] = \int_{0}^{+\infty}\left[\int_{0}^{t} f(\tau)\mathrm{d}\tau\right]\mathrm{e}^{-st}\mathrm{d}t$$

$$= \left[-\frac{\mathrm{e}^{-st}}{s}\int_{0}^{t} f(\tau)\mathrm{d}\tau\right]_{0}^{+\infty} + \frac{1}{s}\int_{0}^{+\infty} f(t)\mathrm{e}^{-st}\mathrm{d}t$$

$$= \frac{1}{s}F(s)$$

所以

$$\mathcal{L}\left[\int_{-\infty}^{t} f(\tau)\mathrm{d}\tau\right] = \frac{F(s)}{s} + \frac{f^{(-1)}(0)}{s}$$

例 5-3　已知流经电容的电流 $i_C(t)$ 的拉氏变换为 $\mathcal{L}[i_C(t)] = I_C(s)$,求电容电压 $v_C(t)$ 的变换式。

解　因为

$$v_C(t) = \frac{1}{C}\int_{-\infty}^{t} i_C(\tau)\mathrm{d}\tau$$

所以

$$V_C(s) = \mathcal{L}\left[\frac{1}{C}\int_{-\infty}^{t} i_C(\tau)\mathrm{d}\tau\right] = \frac{I_C(s)}{Cs} + \frac{i_C^{(-1)}(0)}{Cs}$$

$$= \frac{I_C(s)}{Cs} + \frac{v_C(0)}{s}$$

式中

$$i_C^{(-1)}(0) = \int_{-\infty}^{0} i_C(\tau)\mathrm{d}\tau$$

它的物理意义是电容两端的起始电荷量。而 $v_C(0)$ 是起始电压。

如果 $i_C^{(-1)}(0) = 0$(电容初始无电荷),得到

$$V_C(s) = \frac{I_C(s)}{Cs}$$

同样把这个结果和相量形式的运算规律相比较,在那里,电容的电压电流关系式为

$$\dot{V}_C = \frac{\dot{I}_C}{\mathrm{j}\omega C}$$

仍有"s"与"$\mathrm{j}\omega$"相对应之规律。

下面说明如何用拉氏变换的方法求解微分方程。

例 5-4　如图 5-4 所示电路在 $t=0$ 时开关 S 闭合,求输出信号 $v_C(t)$。

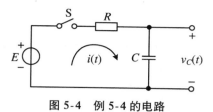

图 5-4 例 5-4 的电路

解 （1）列出微分方程：

$$Ri(t) + v_C(t) = Eu(t)$$

$$v_C(t)\big|_{t=0} = 0$$

将此式改写为只含有一个未知函数 $v_C(t)$ 的形式：

$$RC\frac{\mathrm{d}v_C(t)}{\mathrm{d}t} + v_C(t) = Eu(t)$$

（2）将上式中各项取拉氏变换得到

$$RCsV_C(s) + V_C(s) = \frac{E}{s}$$

解此代数方程，求得

$$V_C(s) = \frac{E}{s(1 + RCs)} = \frac{E}{RCs\left(s + \dfrac{1}{RC}\right)}$$

（3）求 $V_C(s)$ 的逆变换，将 $V_C(s)$ 的表示式分解为以下形式：

$$V_C(s) = E\left[\frac{1}{s} - \frac{1}{s + \dfrac{1}{RC}}\right]$$

$$v_C(t) = \mathscr{L}^{-1}[V_C(s)] = E(1 - \mathrm{e}^{-\frac{t}{RC}}) \quad (t \geqslant 0)$$

4. 延时（时域平移）

若 $\mathscr{L}[f(t)] = F(s)$，则

$$\mathscr{L}[f(t - t_0)u(t - t_0)] = \mathrm{e}^{-st_0}F(s) \tag{5-41}$$

证明 有

$$\mathscr{L}[f(t - t_0)u(t - t_0)] = \int_0^{+\infty}[f(t - t_0)u(t - t_0)]\mathrm{e}^{-st}\mathrm{d}t$$

$$= \int_{t_0}^{+\infty} f(t - t_0)\mathrm{e}^{-st}\mathrm{d}t$$

令 $\tau = t - t_0$，则有 $t = \tau + t_0$，代入上式得

$$\mathscr{L}[f(t - t_0)u(t - t_0)] = \int_0^{+\infty} f(\tau)\mathrm{e}^{-st_0}\mathrm{e}^{-s\tau}\mathrm{d}\tau = \mathrm{e}^{-st_0}\cdot F(s)$$

此性质表明，若波形延迟 t_0，则它的拉氏变换应乘以 e^{-st_0}。例如延迟 t_0 时间的单位阶跃函数 $u(t - t_0)$，其变换式为 $\dfrac{\mathrm{e}^{-st_0}}{s}$。

例 5-5 求如图 5-5(a)所示矩形脉冲的拉氏变换。矩形脉冲 $f(t)$ 的宽度为 t_0，幅度为 E，它可以分解为阶跃信号 $Eu(t)$ 与延迟阶跃信号 $Eu(t - t_0)$ 之差，如图 5-5 (b)、(c)所示。

解 已知

$$f(t) = Eu(t) - Eu(t - t_0)$$

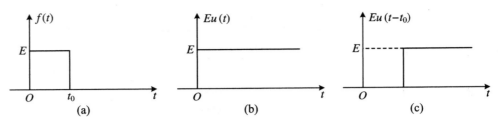

图 5-5　矩形脉冲分解为两阶跃信号之差

$$\mathscr{L}[Eu(t)] = \frac{E}{s}$$

由延时定理，有

$$\mathscr{L}[Eu(t - t_0)] = \mathrm{e}^{-st_0}\frac{E}{s}$$

所以

$$\mathscr{L}[f(t)] = \mathscr{L}[Eu(t) - Eu(t - t_0)] = \frac{E}{s}(1 - \mathrm{e}^{-st_0})$$

5. s 域平移

若 $\mathscr{L}[f(t)] = F(s)$，则

$$\mathscr{L}[f(t)\mathrm{e}^{-at}] = F(s + a) \tag{5-42}$$

证明　有

$$\mathscr{L}[f(t)\mathrm{e}^{-at}] = \int_0^{+\infty} f(t)\mathrm{e}^{-(s+a)t}\mathrm{d}t = F(s + a)$$

此性质表明，时间函数乘以 e^{-at}，相当于变换式在 s 域内平移 a。

例 5-6　求 $\mathrm{e}^{-at}\sin(\omega t)$ 和 $\mathrm{e}^{-at}\cos(\omega t)$ 的拉氏变换。

解　已知

$$\mathscr{L}[\sin(\omega t)] = \frac{\omega}{s^2 + \omega^2}$$

由 s 域平移定理，有

$$\mathscr{L}[\mathrm{e}^{-at}\sin(\omega t)] = \frac{\omega}{(s + a)^2 + \omega^2}$$

同理，因

$$\mathscr{L}[\cos(\omega t)] = \frac{s}{s^2 + \omega^2}$$

故有

$$\mathscr{L}[\mathrm{e}^{-at}\cos(\omega t)] = \frac{s + a}{(s + a)^2 + \omega^2}$$

6. 尺度变换

若 $\mathscr{L}[f(t)] = F(s)$，则

$$\mathscr{L}[f(at)] = \frac{1}{a}F\left(\frac{s}{a}\right) \quad (a > 0) \tag{5-43}$$

证明　有

$$\mathscr{L}[f(at)] = \int_0^{+\infty} f(at)\mathrm{e}^{-st}\mathrm{d}t$$

令 $\tau = at$，则上式变成

$$\mathscr{L}[f(at)] = \int_0^{+\infty} f(\tau)\mathrm{e}^{-\left(\frac{s}{a}\right)\tau}\mathrm{d}\left(\frac{\tau}{a}\right) = \frac{1}{a}\int_0^{+\infty} f(\tau)\mathrm{e}^{-\left(\frac{s}{a}\right)\tau}\mathrm{d}\tau = \frac{1}{a}F\left(\frac{s}{a}\right)$$

例 5-7　已知 $\mathscr{L}[f(t)] = F(s)$，求 $\mathscr{L}[f(2t-1)u(2t-1)]$。

解　此问题既要用到尺度变换定理，也要应用延时定理。

先由延时定理求得

$$\mathscr{L}[f(t-1)u(t-1)] = F(s)\mathrm{e}^{-s}$$

再借助尺度变换定理即可求出所需结果：

$$\mathscr{L}[f(2t-1)u(2t-1)] = \frac{1}{2}F\left(\frac{s}{2}\right)\mathrm{e}^{-\frac{1}{2}s}$$

另一种作法是先引用尺度变换定理，再借助延时定理。这时首先得到

$$\mathscr{L}[f(2t)u(2t)] = \frac{1}{2}F\left(\frac{s}{2}\right)$$

然后由延时定理求出

$$\mathscr{L}\left\{f\left[2\left(t-\frac{1}{2}\right)\right]u\left[2\left(t-\frac{1}{2}\right)\right]\right\} = \frac{1}{2}F\left(\frac{s}{2}\right)\mathrm{e}^{-\frac{1}{2}s}$$

也即

$$\mathscr{L}[f(2t-1)u(2t-1)] = \frac{1}{2}F\left(\frac{s}{2}\right)\mathrm{e}^{-\frac{1}{2}s}$$

两种方法结果一致。

7. 初值

若函数 $f(t)$ 及其导数 $\dfrac{\mathrm{d}f(t)}{\mathrm{d}t}$ 可以进行拉氏变换，$f(t)$ 的变换式为 $F(s)$，则

$$\lim_{t\to 0_+} f(t) = f(0_+) = \lim_{s\to +\infty} sF(s) \tag{5-44}$$

证明　由原函数微分定理可知

$$\begin{aligned}
sF(s) - f(0_-) &= \mathscr{L}\left[\frac{\mathrm{d}f(t)}{\mathrm{d}t}\right] \\
&= \int_{0_-}^{+\infty} \frac{\mathrm{d}f(t)}{\mathrm{d}t}\mathrm{e}^{-st}\mathrm{d}t \\
&= \int_{0_-}^{0_+} \frac{\mathrm{d}f(t)}{\mathrm{d}t}\mathrm{e}^{-st}\mathrm{d}t + \int_{0_+}^{+\infty} \frac{\mathrm{d}f(t)}{\mathrm{d}t}\mathrm{e}^{-st}\mathrm{d}t \\
&= f(0_+) - f(0_-) + \int_{0_+}^{+\infty} \frac{\mathrm{d}f(t)}{\mathrm{d}t}\mathrm{e}^{-st}\mathrm{d}t
\end{aligned}$$

所以

$$sF(s) = f(0_+) + \int_{0_+}^{+\infty} \frac{\mathrm{d}f(t)}{\mathrm{d}t}\mathrm{e}^{-st}\mathrm{d}t \tag{5-45}$$

当 $s\to +\infty$ 时，上式右端第二项的极限为

$$\lim_{s\to +\infty}\left[\int_{0_+}^{+\infty} \frac{\mathrm{d}f(t)}{\mathrm{d}t}\mathrm{e}^{-st}\mathrm{d}t\right] = \int_{0_+}^{+\infty} \frac{\mathrm{d}f(t)}{\mathrm{d}t}\left[\lim_{s\to +\infty}\mathrm{e}^{-st}\right]\mathrm{d}t = 0$$

因此，对式(5-45)取 $s\to +\infty$ 的极限，有

$$\lim_{s\to +\infty} sF(s) = f(0_+)$$

式(5-44)得证。

若 $f(t)$ 包含冲激函数 $k\delta(t)$，则上述定理需做修改，此时 $\mathscr{L}[f(t)] = F(s) = k + F_1(s)$，式中 $F_1(s)$ 为真分式，在导出式(5-45)时，等式右端还应包含 ks 项，初值定理应表示为

$$f(0_+) = \lim_{s \to +\infty} [sF(s) - ks] \tag{5-46}$$

或

$$f(0_+) = \lim_{s \to +\infty} sF_1(s) \tag{5-47}$$

8. 终值

若函数 $f(t)$ 及其导数 $\dfrac{\mathrm{d}f(t)}{\mathrm{d}t}$ 可以进行拉氏变换，$f(t)$ 的变换式为 $F(s)$，而且 $\lim\limits_{t \to +\infty} f(t)$ 存在，则

$$\lim_{t \to +\infty} f(t) = \lim_{s \to 0} sF(s) \tag{5-48}$$

证明　利用式(5-45)，取 $s \to 0$ 之极限，有

$$\lim_{s \to 0} sF(s) = f(0_+) + \lim_{s \to 0} \int_{0_+}^{+\infty} \frac{\mathrm{d}f(t)}{\mathrm{d}t} e^{-st} \mathrm{d}t = f(0_+) + \lim_{t \to +\infty} f(t) - f(0_+)$$

于是得到

$$\lim_{t \to +\infty} f(t) = \lim_{s \to 0} sF(s)$$

初值定理告诉，只要知道变换式 $F(s)$，就可直接求得 $f(0_+)$ 值；而借助终值定理，可从 $F(s)$ 来求 $t \to +\infty$ 时的 $f(t)$ 值。

关于终值定理的应用条件限制还需做些说明，$\lim\limits_{t \to +\infty} f(t)$ 是否存在，可从 s 域做出判断，也即：仅当 $F(s)$ 在 s 左半平面有极点（包括原点一阶极点），虚轴及右半平面不存在极点，终值定理才可应用。例如，$\mathscr{L}[\sin(\omega t)] = \dfrac{\omega}{s^2 + \omega^2}$ 变换式分母的根在虚轴上 $\pm j\omega$ 处，不能应用此定理，显然 $\sin(\omega t)$ 振荡不止，当 $t \to +\infty$ 时极限不存在；$\mathscr{L}[e^{at}] = \dfrac{1}{s - a}$ 分母多项式的根在右半平面实轴 a 点上，此定理也不能应用。

当电路较为复杂时，初值与终值定理的方便之处将显得突出，因为不需要做逆变换，即可直接求出原函数的初值和终值。对于某些反馈系统的研究，如锁相环路系统的稳定性分析，就是这样。

以符号 s 与算子 $j\omega$ 相对照，关于上述两定理的物理概念可做如下解释：$s \to 0(j\omega \to 0)$，相当于直流状态，因而得到电路稳定的终值 $f(+\infty)$；而 $s \to +\infty (j\omega \to +\infty)$，相当于接入信号的突变（高频分量），它可以给出相应的初值 $f(0_+)$。

9. 卷积

此定理与傅里叶变换卷积定理的形式类似。拉氏变换卷积定理指出：
若 $\mathscr{L}[f_1(t)] = F_1(s)$，$\mathscr{L}[f_2(t)] = F_2(s)$，则有

$$\mathscr{L}[f_1(t) * f_2(t)] = F_1(s)F_2(s) \tag{5-49}$$

可见，两原函数卷积的拉氏变换等于两函数拉氏变换之乘积。对于单边变换，考虑到 $f_1(t)$ 与 $f_2(t)$ 均为有始信号，即 $f_1(t) = f_1(t)u(t)$，$f_2(t) = f_2(t)u(t)$，由卷积定义可写出

$$\mathscr{L}[f_1(t) * f_2(t)] = \int_0^{+\infty} \int_0^{+\infty} f_1(\tau)u(\tau)f_2(t - \tau)u(t - \tau)\mathrm{d}\tau e^{-st}\mathrm{d}t$$

交换积分次序并引入符号 $x = t - \tau$,得到

$$\mathscr{L}[f_1(t) * f_2(t)] = \int_0^{+\infty} f_1(\tau) \left[\int_0^{+\infty} f_2(t-\tau) u(t-\tau) \mathrm{e}^{-st} \mathrm{d}t \right] \mathrm{d}\tau$$

$$= \int_0^{+\infty} f_1(\tau) \left[\mathrm{e}^{-s\tau} \int_0^{+\infty} f_2(x) \mathrm{e}^{-sx} \mathrm{d}x \right] \mathrm{d}\tau$$

$$= F_1(s) F_2(s)$$

式(5-49)即得证。此式为时域卷积定理,同理可得 s 域卷积定理(也可称为时域相乘定理)为

$$\mathscr{L}[f_1(t) f_2(t)] = \frac{1}{2\pi \mathrm{j}} [F_1(s) * F_2(s)]$$

$$= \frac{1}{2\pi \mathrm{j}} \int_{\sigma-\mathrm{j}\infty}^{\sigma+\mathrm{j}\infty} F_1(p) F_2(s-p) \mathrm{d}p \qquad (5\text{-}50)$$

在 5.5 节将进一步讨论卷积定理在电路分析中的应用,并借助卷积定理建立系统函数的概念。

最后,在表 5-2 中给出拉氏变换主要性质(定理)的有关结论。表中关于对 s 微分和对 s 积分两性质未曾证明,留作练习。

表 5-2 拉氏变换性质(定理)

$$\mathscr{L}[f(t)] = f(s), \mathscr{L}[f_1(t)] = F_1(s), \mathscr{L}[f_2(t)] = F_2(s)$$

序号	名 称	结 论
1	线性(叠加)	$\mathscr{L}[K_1 f_1(t) + K_2 f_2(t)] = K_1 F_1(s) + K_2 F_2(s)$
2	对 t 微分	$\mathscr{L}\left[\dfrac{\mathrm{d}f(t)}{\mathrm{d}t}\right] = sF(s) - f(0)$ $\mathscr{L}\left[\dfrac{\mathrm{d}^n f(t)}{\mathrm{d}t^n}\right] = s^n F(s) - \displaystyle\sum_{r=0}^{n-1} s^{n-r-1} f^{(r)}(0)$
3	对 t 积分	$\mathscr{L}\left[\displaystyle\int_{-\infty}^t f(\tau)\mathrm{d}\tau\right] = \dfrac{F(s)}{s} + \dfrac{f^{(-1)}(0)}{s}$
4	延时(时域平移)	$\mathscr{L}[f(t-t_0) u(t-t_0)] = \mathrm{e}^{-st_0} F(s)$
5	s 域平移	$\mathscr{L}[f(t) \mathrm{e}^{-at}] = F(s+a)$
6	尺度变换	$\mathscr{L}[f(at)] = \dfrac{1}{a} F\left(\dfrac{s}{a}\right)$
7	初值	$\displaystyle\lim_{t \to 0_+} f(t) = f(0_+) = \lim_{s \to \infty} sF(s)$
8	终值	$\displaystyle\lim_{t \to \infty} f(t) = \lim_{s \to 0} sF(s)$

序号	名　称	结　　论
9	卷积	$\mathscr{L}[f_1(t) * f_2(t)] = F_1(s)F_2(s)$
10	相乘	$\mathscr{L}[f_1(t)f_2(t)] = \dfrac{1}{2\pi\mathrm{j}}\displaystyle\int_{\sigma-\mathrm{j}\infty}^{\sigma+\mathrm{j}\infty} F_1(p)F_2(s-p)\mathrm{d}p$
11	对 s 微分	$\mathscr{L}[-tf(t)] = \dfrac{\mathrm{d}F(s)}{\mathrm{d}s}$
12	对 s 积分	$\mathscr{L}\left[\dfrac{f(t)}{t}\right] = \displaystyle\int_s^\infty F(s)\mathrm{d}s$

5.3　拉普拉斯逆变换

由例 5-4 已经看到,利用拉氏变换方法分析电路问题时,最后需要求函数的逆变换。由拉氏变换定义可知,欲求 $F(s)$ 之逆变换可按定义式(5-7)进行复变函数积分(用留数定理)求得。实际上,往往可借助一些代数运算将 $F(s)$ 表达式分解,这种分解方法称为部分分式分解(或部分分式展开)。

1. 部分分式分解

由上节拉氏变换的性质已经知道,微分算子的变换式要出现 s,而积分算子包含 $\dfrac{1}{s}$,因此,含有高阶导数的线性、常系数微分(或积分)方程将变换成 s 的多项式,或变换成两个 s 的多项式之比,它们称为 s 的有理分式。其一般具有如下形式:

$$F(s) = \frac{A(s)}{B(s)} = \frac{a_m s^m + a_{m-1}s^{m-1} + \cdots + a_0}{b_n s^n + b_{n-1}s^{n-1} + \cdots + b_0} \tag{5-51}$$

式中,系数 a_i 和 b_i 都为实数,m 和 n 是正整数。

为便于分解,将 $F(s)$ 的分母 $B(s)$ 写作以下形式:

$$B(s) = b_n(s-p_1)(s-p_2)\cdots(s-p_n) \tag{5-52}$$

式中,$p_1, p_2, \cdots, p_n$ 为 $B(s)=0$ 方程的根,也即,当 s 等于任一根值时,$B(s)$ 等于 0,$F(s)$ 等于无限大。$p_1, p_2, \cdots, p_n$ 称为 $F(s)$ 的"极点"。

同理,$A(s)$ 也可改写为

$$A(s) = a_m(s-z_1)(s-z_2)\cdots(s-z_m) \tag{5-53}$$

式中,$z_1, z_2, \cdots, z_m$ 称为 $F(s)$ 的"零点",它们是 $A(s)=0$ 方程的根。

按照极点之不同特点,部分分式分解方法有以下几种情况:

(1) 极点为实数,无重根

假定 $p_1, p_2, \cdots, p_n$ 均为实数,且无重根,例如,考虑如下之变换式,求其逆变换:

$$F(s) = \frac{A(s)}{(s-p_1)(s-p_2)(s-p_3)} \tag{5-54}$$

式中 p_1,p_2,p_3 是不相等的实数。先来分析 $m < n$ 的情况,也即分母多项式的阶次高于分子多项式的阶次。这时,$F(s)$ 可分解为以下形式:

$$F(s) = \frac{K_1}{s-p_1} + \frac{K_2}{s-p_2} + \frac{K_3}{s-p_3} \tag{5-55}$$

显然,查表 5-1 可求得逆变换

$$f(t) = \mathscr{L}^{-1}\left[\frac{K_1}{s-p_1}\right] + \mathscr{L}^{-1}\left[\frac{K_2}{s-p_2}\right] + \mathscr{L}^{-1}\left[\frac{K_3}{s-p_3}\right]$$

$$= K_1 e^{p_1 t} + K_2 e^{p_2 t} + K_3 e^{p_3 t} \tag{5-56}$$

我们的任务是要找到各系数 K_1、K_2、K_3 之值。为求得 K_1,以 $(s-p_1)$ 乘式(5-55)两端:

$$(s-p_1)F(s) = K_1 + \frac{(s-p_1)K_2}{s-p_2} + \frac{(s-p_1)K_3}{s-p_3} \tag{5-57}$$

令 $s = p_1$,代入式(5-57),得到

$$K_1 = (s-p_1)F(s)\,|_{s=p_1} \tag{5-58}$$

同理可以求得任意极点 p_i 所对应的系数 K_i:

$$K_i = (s-p_i)F(s)\,|_{s=p_i} \tag{5-59}$$

例 5-8　求下示函数的逆变换:

$$F(s) = \frac{3s}{(s+4)(s+2)(s+1)}$$

解　将 $F(s)$ 写成部分分式展开形式:

$$F(s) = \frac{K_1}{s+4} + \frac{K_2}{s+2} + \frac{K_3}{s+1}$$

分别求 K_1、K_2、K_3:

$$K_1 = (s+4)F(s)\,|_{s=-4} = \frac{3\times(-4)}{(-4+2)(-4+1)} = -2$$

$$K_2 = (s+2)F(s)\,|_{s=-2} = \frac{3\times(-2)}{(-2+4)(-2+1)} = 3$$

$$K_3 = (s+1)F(s)\,|_{s=-1} = \frac{3\times(-1)}{(-1+4)(-1+2)} = -1$$

$$F(s) = \frac{-2}{s+4} + \frac{3}{s+2} - \frac{1}{s+1}$$

故

$$f(t) = (-2e^{-4t} + 3e^{-2t} - e^{-t})u(t)$$

在以上讨论中,假定 $F(s) = \dfrac{A(s)}{B(s)}$ 表示式中 $A(s)$ 的阶次低于 $B(s)$ 的阶次,也即 $m < n$,如果不满足此条件,式(5-55)将不成立。对于 $m \geqslant n$ 的情况,可用长除法将分子的高次项提出,余下的部分满足 $m < n$,仍按以上方法分析,下面给出实例。

例 5-9　求下示函数的逆变换:

$$F(s) = \frac{s^2 + 4s + 5}{s^2 + 3s + 2}$$

解　用分子除以分母(长除法),得到

$$F(s) = 1 + \frac{s+3}{s^2 + 3s + 2}$$

现在式中最后一项满足 $m < n$ 的要求,可按前述部分分式展开方法分解得到:

$$F(s) = 1 + \frac{2}{s+1} - \frac{1}{s+2}$$

$$f(t) = \delta(t) + (2e^{-t} - e^{-2t})u(t)$$

（2）包含共轭复数极点

这种情况仍可采用上述实数极点求分解系数的方法，当然计算要麻烦些，但根据共轭复数的特点可以有一些取巧的方法。

例如，考虑下示函数的分解：

$$F(s) = \frac{A(s)}{D(s)[(s+\alpha)^2 + \beta^2]} = \frac{A(s)}{D(s)(s+\alpha - j\beta)(s+\alpha + j\beta)} \tag{5-60}$$

式中，共轭极点出现在 $-\alpha \pm j\beta$ 处，$D(s)$ 表示分母多项式中的其余部分。引入符号 $F_1(s) = \frac{A(s)}{D(s)}$，则式(5-56)可改写为

$$F(s) = \frac{F_1(s)}{(s+\alpha - j\beta)(s+\alpha + j\beta)} = \frac{K_1}{(s+\alpha - j\beta)} + \frac{K_2}{(s+\alpha + j\beta)} + \cdots \tag{5-61}$$

引用式(5-59)求得 K_1，K_2：

$$K_1 = (s+\alpha - j\beta)F(s) \big|_{s=-\alpha+j\beta} = \frac{F_1(-\alpha + j\beta)}{2j\beta} \tag{5-62}$$

$$K_2 = (s+\alpha + j\beta)F(s) \big|_{s=-\alpha-j\beta} = \frac{F_1(-\alpha - j\beta)}{-2j\beta} \tag{5-63}$$

不难看出，K_1 与 K_2 呈共轭关系，假定

$$K_1 = A + jB \tag{5-64}$$

则

$$K_2 = A - jB = K_1^* \tag{5-65}$$

如果把式(5-61)中共轭复数极点有关部分的逆变换以 $f_C(t)$ 表示，则有

$$f_C(t) = \mathscr{L}^{-1}\left[\frac{K_1}{(s+\alpha - j\beta)} + \frac{K_2}{(s+\alpha + j\beta)}\right]$$

$$= e^{-\alpha t}(K_1 e^{j\beta t} + K_1^* e^{-j\beta t})$$

$$= 2e^{-\alpha t}[A\cos(\beta t) - B\sin(\beta t)] \tag{5-66}$$

例 5-10 求下示函数的逆变换：

$$F(s) = \frac{s^2 + 3}{(s^2 + 2s + 5)(s + 2)}$$

解 有

$$F(s) = \frac{s^2 + 3}{(s+1+j2)(s+1-j2)(s+2)}$$

$$= \frac{K_0}{s+2} + \frac{K_1}{s+1-j2} + \frac{K_2}{s+1+j2}$$

分别求系数 K_0、K_1、K_2：

$$K_0 = (s+2)F(s) \big|_{s=-2} = \frac{7}{5}$$

$$K_1 = \frac{s^2 + 3}{(s+1+j2)(s+2)}\bigg|_{s=-1+j2} = \frac{-1+j2}{5}$$

$$K_2 = \frac{s^2 + 3}{(s+1-j2)(s+2)}\bigg|_{s=-1+j2} = \frac{-1-j2}{5}$$

也即 $A = -\dfrac{1}{5}, B = \dfrac{2}{5}$，借助式(5-66)得到 $F(s)$ 的逆变换式：

$$f(t) = \frac{7}{5}\mathrm{e}^{-2t} - 2\mathrm{e}^{-t}\left[\frac{1}{5}\cos(2t) + \frac{2}{5}\sin(2t)\right] \quad (t \geqslant 0)$$

例 5-11 求下示函数的逆变换：

$$F(s) = \frac{s + \gamma}{(s + \alpha)^2 + \beta^2}$$

解 显然，此函数式具有共轭复数极点，不必用部分分式展开求系数的方法。将 $F(s)$ 改写为

$$F(s) = \frac{s + \gamma}{(s + \alpha)^2 + \beta^2} = \frac{s + \alpha}{(s + \alpha)^2 + \beta^2} - \frac{\alpha - \gamma}{\beta} \cdot \frac{\beta}{(s + \alpha)^2 + \beta^2}$$

对照表5-1容易得到

$$f(t) = \mathrm{e}^{-\alpha t}\cos(\beta t) - \frac{\alpha - \gamma}{\beta}\mathrm{e}^{-\alpha t}\sin(\beta t) \quad (t \geqslant 0)$$

（3）有多重极点

考虑下示函数的分解：

$$F(s) = \frac{A(s)}{B(s)} = \frac{A(s)}{(s - p_1)^k D(s)} \tag{5-67}$$

在 $s = p_1$ 处分母多项式 $B(s)$ 有 k 重根，也即 k 阶极点。将 $F(s)$ 写成展开式：

$$F(s) = \frac{K_{11}}{(s - p_1)^k} + \frac{K_{12}}{(s - p_1)^{k-1}} + \cdots + \frac{K_{1k}}{s - p_1} + \frac{E(s)}{D(s)} \tag{5-68}$$

这里 $\dfrac{E(s)}{D(s)}$ 表示展开式中与极点 p_1 无关的其余部分。为求出 K_{11}，可借助式(5-68)，得

$$K_{11} = (s - p_1)^k F(s)\,|_{s = p_1} \tag{5-69}$$

然而，要求得 $K_{12}, K_{13}, \cdots, K_{1k}$ 等系数，不能再采用类似求 K_{11} 的方法，因为这样做将导致分母中出现"0"值而得不出结果。为解决这一矛盾，引入符号：

$$F_1(s) = (s - p_1)^k F(s) \tag{5-70}$$

于是

$$F_1(s) = K_{11} + K_{12}(s - p_1) + \cdots + K_{1k}(s - p_1)^{k-1} + \frac{E(s)}{D(s)}(s - p_1)^k \tag{5-71}$$

对式(5-71)微分得到

$$\frac{\mathrm{d}}{\mathrm{d}s}F_1(s) = K_{12} + 2K_{13}(s - p_1) + \cdots + K_{1k}(k - 1)(s - p_1)^{k-2} + \cdots \tag{5-72}$$

很明显，可以给出：

$$K_{12} = \frac{\mathrm{d}}{\mathrm{d}s}F_1(s)\,|_{s = p_1} \tag{5-73}$$

$$K_{13} = \frac{1}{2}\frac{\mathrm{d}^2}{\mathrm{d}s^2}F_1(s)\,|_{s = p_1} \tag{5-74}$$

一般形式为

$$K_{1i} = \frac{1}{(i - 1)!} \cdot \frac{\mathrm{d}^{i-1}}{\mathrm{d}s^{i-1}}F_1(s)\,|_{s = p_1} \tag{5-75}$$

其中 $i = 1, 2, \cdots, k$。

例 5-12 求下示函数的逆变换：

$$F(s) = \frac{s-2}{s(s+1)^3}$$

解　将 $F(s)$ 写成展开式：

$$F(s) = \frac{K_{11}}{(s+1)^3} + \frac{K_{12}}{(s+1)^2} + \frac{K_{13}}{(s+1)} + \frac{K_2}{s}$$

容易求得

$$K_2 = sF(s)\mid_{s=0} = -2$$

为求出与重根有关的各系数，令

$$F_1(s) = (s+1)^3 F(s) = \frac{s-2}{s}$$

引用式(5-75)，得

$$K_{11} = \frac{s-2}{s}\bigg|_{s=-1} = 3$$

$$K_{12} = \frac{\mathrm{d}}{\mathrm{d}s}\left(\frac{s-2}{s}\right)\bigg|_{s=-1} = 2$$

$$K_{13} = \frac{1}{2}\frac{\mathrm{d}^2}{\mathrm{d}s^2}\left(\frac{s-2}{s}\right)\bigg|_{s=-1} = 2$$

于是有

$$F(s) = \frac{3}{(s+1)^3} + \frac{2}{(s+1)^2} + \frac{2}{(s+1)} - \frac{2}{s}$$

逆变换为

$$f(t) = \frac{3}{2}t^2\mathrm{e}^{-t} + 2t\mathrm{e}^{-t} + 2\mathrm{e}^{-t} - 2 \quad (t \geqslant 0)$$

2. 用留数定理求逆变换

现在讨论如何从式(5-7)按复变函数积分求拉普拉斯逆变换。将该式重新写于此处：

$$f(t) = \frac{1}{2\pi\mathrm{j}}\int_{\sigma-\mathrm{j}\infty}^{\sigma+\mathrm{j}\infty} F(s)\mathrm{e}^{st}\mathrm{d}s \quad (t \geqslant 0)$$

为求出此积分，可从积分限 $\sigma-\mathrm{j}\infty$ 到 $\sigma+\mathrm{j}\infty$ 补足一条积分路径以构成一闭合围线。现取积分路径是半径为无限大的圆弧，如图 5-6 所示，这样就可以应用留数定理，式(5-7)积分式等于围线中被积函数 $F(s)\mathrm{e}^{st}$ 所有极点的留数之和，可表示为

$$\mathscr{L}^{-1}[F(s)] = \sum_{\text{极点}}\left[F(s)\mathrm{e}^{st} \text{ 的留数}\right]$$

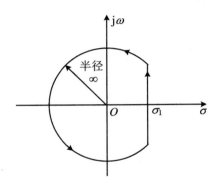

图 5-6　$F(s)$ 的围线积分路径

设在极点 $s = p_i$ 处的留数为 r_i，并设 $F(s)\mathrm{e}^{st}$ 在围线中共有 n 个极点，则

$$\mathscr{L}^{-1}[F(s)] = \sum_{i=1}^{n} r_i \qquad (5\text{-}76)$$

若 p_i 为一阶极点，则

$$r_i = [(s - p_i)F(s)\mathrm{e}^{st}]\,|_{s=p_i} \qquad (5\text{-}77)$$

若 p_i 为 k 阶极点，则

$$r_i = \frac{1}{(k-1)!}\left[\frac{\mathrm{d}^{k-1}}{\mathrm{d}s^{k-1}}(s - p_i)^k F(s)\mathrm{e}^{st}\right]\Bigg|_{s=p_i} \qquad (5\text{-}78)$$

将以上结果与部分分式展开相比较，不难看出两种方法所得结果是一样的。具体来说，对一阶极点而言，部分分式的系统与留数的差别仅在于因子 e^{st} 的有无，经逆变换后的部分分式就与留数相同了。对高阶极点而言，由于留数公式中含有因子 e^{st}，在取其导数时，所得不止一项，遂与部分分式展开法结果相同。

从以上分析可以看出，当 $F(s)$ 为有理分式时，可利用部分分式分解和查表的方法求得逆变换，无需引用留数定理。如果 $F(s)$ 表达式为有理分式与 e^{st} 相乘时，可再借助延时定理得出逆变换。当 $F(s)$ 为无理函数时，需利用留数定理求逆变换，然而这种情况在电路分析问题中几乎不会遇到。

5.4　s 域元件模型法

首先研究例题，仿照例 5-4 的方法用拉氏变换分析电路，然后给出 s 域元件模型的概念和应用实例，使这种分析方法进一步简化。

例 5-13　如图 5-7 所示电路，当 $t < 0$ 时，开关位于"1"端，电路的状态已经稳定，$t = 0$ 时开关从"1"端打到"2"端，分别求 $v_C(t)$ 与 $v_R(t)$ 的波形。

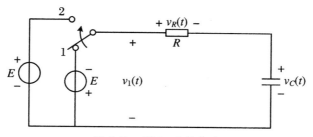

图 5-7　例 5-13 的电路

解　首先求 $v_C(t)$，这里遵循与例 5-4 相同的步骤。

（1）列写微分方程：

$$RC\frac{\mathrm{d}v_C(t)}{\mathrm{d}t} + v_C(t) = Eu(t)$$

由于 $t = 0_-$ 时，电容已充有电压 $-E$，从 0_- 到 0_+ 电容电压没有变化，故有

$$v_C(0_+) = v_C(0_-) = -E$$

（2）取拉氏变换：

$$RC[sV_C(s) - v_C(0)] + V_C(s) = \frac{E}{s}$$

$$V_C(s) = \frac{\frac{E}{s} - RCE}{1 + RCs} = \frac{E\left(\frac{1}{RC} - s\right)}{s\left(s + \frac{1}{RC}\right)}$$

（3）求 $V_C(s)$ 之逆变换：

$$V_C(s) = E\left[\frac{1}{s} - \frac{2}{s + \frac{1}{RC}}\right]$$

$$v_C(t) = E - 2Ee^{-\frac{t}{RC}} \quad (t \geqslant 0)$$

画出波形如图 5-8(a) 所示。

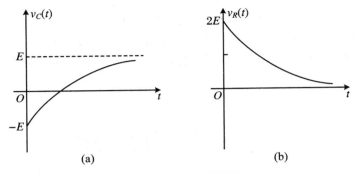

图 5-8 例 5-13 的波形

下面求 $v_R(t)$，注意这里遇到了待求函数从 0_- 到 0_+ 发生跳变的情况。

（1）有

$$\frac{1}{RC}\int v_R(t)\mathrm{d}t + v_R(t) = v_1(t)$$

$$\frac{1}{RC}v_R(t) + \frac{\mathrm{d}v_R(t)}{\mathrm{d}t} = \frac{\mathrm{d}v_1(t)}{\mathrm{d}t}$$

$$v_R(0_-) = 0, \quad v_R(0_+) = 2E$$

按 0_- 条件进行分析，这时有

$$\frac{\mathrm{d}v_1(t)}{\mathrm{d}t} = 2E\delta(t)$$

（2）有

$$\frac{1}{RC}V_R(s) + sV_R(s) = 2E$$

$$V_R(s) = \frac{2E}{s + \frac{1}{RC}}$$

（3）得

$$v_R(t) = 2Ee^{-\frac{t}{RC}} \cdot u(t)$$

画出波形如图 5-8(b) 所示。

如果按 0_+ 条件代入，当取拉氏变换时，在等式左端 $sV_R(s)$ 项之后应出现 $-2E$，与此同时,对 $v_1(t)$ 之求导也从 0_+ 计算,于是有 $\dfrac{\mathrm{d}v_1(t)}{\mathrm{d}t}=0$,这时可得到同样结果。由于在一般电路分析问题中,$0_-$ 条件往往已给定,选用 0_- 系统将使分析过程简化。

例 5-14　如图 5-9 所示电路,起始状态为 0,$t=0$ 时开关 S 闭合,接入直流电源 E,求电流 $i(t)$ 的波形。

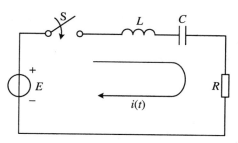

图 5-9　例 5-14 的电路

解　(1) 有

$$L\frac{\mathrm{d}i}{\mathrm{d}t}+Ri+\frac{1}{C}\int i\mathrm{d}t=Eu(t)$$

$$i(0)=0$$

$$\left.\frac{1}{C}\int i\mathrm{d}t\right|_{t=0}=0$$

(2) 得

$$LsI(s)+RI(s)+\frac{1}{Cs}I(s)=\frac{E}{s}$$

$$I(s)=\frac{E}{s\left(Ls+R+\dfrac{1}{sC}\right)}=\frac{E}{L}\frac{1}{\left(s^2+\dfrac{R}{L}s+\dfrac{1}{LC}\right)}$$

为进一步简化,求 $s^2+\dfrac{R}{L}s+\dfrac{1}{LC}=0$ 方程的根 p_1、p_2:

$$p_1=-\frac{R}{2L}+\sqrt{\left(\frac{R}{2L}\right)^2-\frac{1}{LC}}$$

$$p_2=-\frac{R}{2L}-\sqrt{\left(\frac{R}{2L}\right)^2-\frac{1}{LC}}$$

故

$$I(s)=\frac{E}{L}\cdot\frac{1}{(s-p_1)(s-p_2)}$$

$$=\frac{E}{L}\cdot\left[\frac{1}{(p_1-p_2)(s-p_1)}+\frac{1}{(p_2-p_1)(s-p_2)}\right]$$

$$=\frac{E}{L}\cdot\frac{1}{(p_1-p_2)}\left[\frac{1}{s-p_1}-\frac{1}{s-p_2}\right]$$

(3) 求逆变换:

$$i(t)=\frac{E}{L(p_1-p_2)}(\mathrm{e}^{p_1t}-\mathrm{e}^{p_2t})$$

至此已得到了 $i(t)$,但式中 p_1、p_2 还需用 R、L、C 代入。为讨论方便,引用符号:

$$\alpha = \frac{R}{2L}, \quad \omega_0 = \frac{1}{\sqrt{LC}}$$

则有

$$p_1 = -\alpha + \sqrt{\alpha^2 - \omega_0^2}$$
$$p_2 = -\alpha - \sqrt{\alpha^2 - \omega_0^2}$$

由于所给 R、L、C 参数相对不同，p_1、p_2 式中根号项可能为实数或虚数，以致 $i(t)$ 波形也不一样，还要分成以下四种情况说明：

第一种情况，$\alpha = 0$（即 $R = 0$，无耗损的 LC 回路）。

$$p_1 = \mathrm{j}\omega_0$$
$$p_2 = -\mathrm{j}\omega_0$$
$$i(t) = \frac{E}{L} \cdot \frac{1}{2\mathrm{j}\omega_0}(\mathrm{e}^{\mathrm{j}\omega_0 t} - \mathrm{e}^{-\mathrm{j}\omega_0 t})$$
$$= E\sqrt{\frac{C}{L}} \cdot \sin(\omega_0 t)$$

这时，阶跃信号对回路作用的结果产生不衰减的正弦震荡，如图 5-10(a) 所示。

第二种情况，$\alpha < \omega_0 \left(\text{即 } R \text{ 较小，高 } Q \text{ 的 } LC \text{ 回路}，Q = \frac{\omega_0}{2\alpha}\right)$。

这时，由于 $\alpha < \omega_0$，p_1，p_2 表示式中根号部分是虚数。再引入符号：

$$\omega_d = \sqrt{\omega_0^2 - \alpha^2}$$

有

$$\sqrt{\alpha^2 - \omega_0^2} = \mathrm{j}\omega_d$$
$$p_1 = -\alpha + \mathrm{j}\omega_d$$
$$p_2 = -\alpha - \mathrm{j}\omega_d$$
$$i(t) = \frac{E}{L} \cdot \frac{1}{2\mathrm{j}\omega_d}\left[\mathrm{e}^{(-\alpha+\mathrm{j}\omega_d)t} - \mathrm{e}^{(-\alpha-\mathrm{j}\omega_d)t}\right]$$
$$= \frac{E}{L\omega_d} \cdot \mathrm{e}^{-\alpha t}\sin(\omega_d t)$$

得到衰减震荡如图 5-10(b) 所示，R 越小，α 就越小，衰减越慢，R 大则衰减快。

第三种情况，$\alpha = \omega_0$。

$$\frac{R}{2L} = \frac{1}{\sqrt{LC}}$$
$$p_1 = p_2 = -\alpha$$

这时有重根的情况，$I(s)$ 表示式为

$$I(s) = \frac{E}{L} \cdot \frac{1}{(s - p_1)(s - p_2)} = \frac{E}{L} \cdot \frac{1}{(s + \alpha)^2}$$

于是可得

$$i(t) = \frac{E}{L} \cdot t\mathrm{e}^{-\alpha t} = \frac{E}{L} \cdot t\mathrm{e}^{-\frac{R}{2L}t}$$

这时由于 R 较大，阻尼大而不能产生振荡，是临界情况，波形如图 5-10(c) 所示。

第四种情况，$\alpha > \omega_0$（R 较大，低 Q，不能振荡）。

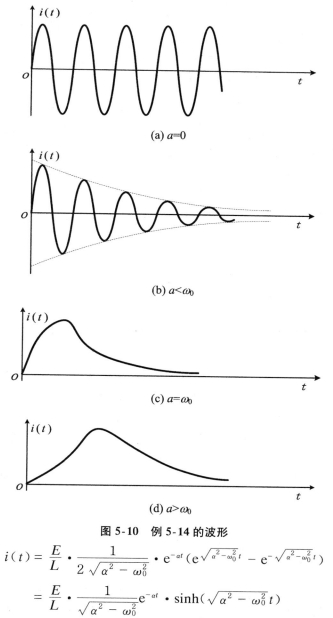

图 5-10　例 5-14 的波形

$$i(t) = \frac{E}{L} \cdot \frac{1}{2\sqrt{\alpha^2 - \omega_0^2}} \cdot e^{-\alpha t}(e^{\sqrt{\alpha^2-\omega_0^2}\,t} - e^{-\sqrt{\alpha^2-\omega_0^2}\,t})$$

$$= \frac{E}{L} \cdot \frac{1}{\sqrt{\alpha^2 - \omega_0^2}}e^{-\alpha t} \cdot \sinh(\sqrt{\alpha^2 - \omega_0^2}\,t)$$

这时 $i(t)$ 波形是双曲线函数,波形如图 5-10(d)所示。

　　从以上各例可以看出,用列写微分方程取拉氏变换的方法分析电路虽然比较方便,但是当网络结构复杂时(支路和结点较多),列写微分方程这一步就显得较为繁琐,可考虑简化。模仿正弦稳态分析(交流电路)中的相量法,先对元件和支路进行变化,再把变换后的 s 域电压与电流用 KVL 和 KCL 联系起来,这样就可使分析过程简化。为此,给出 s 域元件模型。

　　R、L、C 元件的时域关系为

$$v_R(t) = Ri_R(t) \tag{5-79}$$

$$v_L(t) = L\frac{\mathrm{d}i_L(t)}{\mathrm{d}t} \tag{5-80}$$

$$v_C(t) = \frac{1}{C} \int_{-\infty}^{t} i_C(\tau) \mathrm{d}\tau \tag{5-81}$$

将以上三式分别进行拉氏变换,得

$$V_R(s) = RI_R(s) \tag{5-82}$$

$$V_L(s) = sLI_L(s) - Li_L(0) \tag{5-83}$$

$$V_C(s) = \frac{1}{sC}I_C(s) + \frac{1}{s}v_C(0) \tag{5-84}$$

经过变换以后的方程可以直接用来处理 s 域中 $V(s)$ 与 $I(s)$ 之间的关系,对每个关系式都可构成一个 s 域网络模型,如图 5-11 所示,元件符号是 s 域中广义欧姆定律的符号,也即是说,电阻符号表示下列关系:

$$V_R(s) = RI_R(s) \tag{5-85}$$

而电感与电容的符号分别表示(不考虑起始条件):

$$V_L(s) = sLI_L(s) \tag{5-86}$$

$$V_C(s) = \frac{1}{sC}I_C(s) \tag{5-87}$$

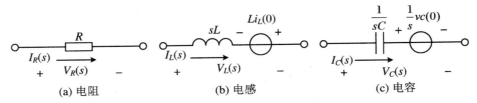

图 5-11 s 域元件模型(回路分析)

式(5-83)和式(5-84)中起始状态引起的附加项,在图 5-11 中用串联的电压源来表示。这样做的实质是把 KVL 和 KCL 直接用于 s 域,就像把它们用于时域以及用于相量运算一样。

然而,图 5-11 的模型并非唯一的,将式(5-82)至式(5-84)对电流求解,得

$$I_R(s) = \frac{1}{R}V_R(s) \tag{5-88}$$

$$I_L(s) = \frac{1}{sL}V_L(s) + \frac{1}{s}i_L(0) \tag{5-89}$$

$$I_C(s) = sCV_C(s) - Cv_C(0) \tag{5-90}$$

与此对应的 s 域网络模型如图 5-12 所示。在列写结点方程时用图 5-12 的模型方便,而列写回路方程时则宜采用图 5-11。不难看出,把戴维宁定理与诺顿定理直接用于 s 域也是可以的,图 5-11 中的电压源变换为图 5-12 的电流源正好说明了这一点。

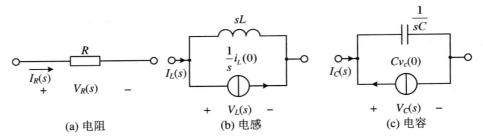

图 5-12 s 域元件模型(结点分析)

　　把网络中每个元件都用它的 s 域模型来代替,把信号源直接写作变换式,这样就得到全部的 s 域模型图,对此电路模型采用 KVL 和 KCL 分析即可找到所需求解的变换式,这时,所进行的数学运算是代数关系,它与电阻性网络的分析方法一样。

　　例 5-15　用 s 域模型的方法求解图 5-7(例 5-13)所示电路的 $v_C(t)$。

　　解　画出 s 域网络模型如图 5-13 所示。根据图 5-13 可以写出

$$\left(R + \frac{1}{sC}\right)I(s) = \frac{E}{s} + \frac{E}{s}$$

求出 $I(s)$:

$$I(s) = \frac{2E}{s\left(R + \dfrac{1}{sC}\right)}$$

再求得 $V_C(s)$:

$$V_C(s) = \frac{I(s)}{sC} - \frac{E}{s} = \frac{2E}{s(sCR + 1)} - \frac{E}{s}$$

$$= \frac{E\left(\dfrac{1}{RC} - s\right)}{s\left(s + \dfrac{1}{RC}\right)}$$

至此与例 5-13 结果完全一致。

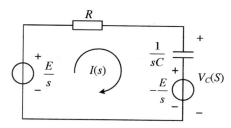

图 5-13　例 5-15 的 s 域模型

　　例 5-16　如图 5-14 所示电路,$t<0$ 时开关 S 位于“1”端,电路的状态已经稳定,$t=0$ 时 S 从“1”端接到“2”端,求 $i_L(t)$。

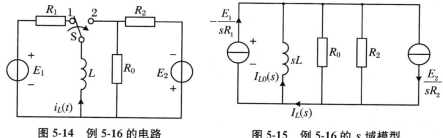

图 5-14　例 5-16 的电路　　　　　　图 5-15　例 5-16 的 s 域模型

　　解　由题意求得电流起始值:

$$i_L(0) = -\frac{E_1}{R_1}$$

画出 s 域模型如图 5-15 所示,为便于求解,将 E_2、R_2 等效为电流源与电阻并联。

　　假定流过 sL 的电流为 $I_{L0}(s)$,不难写出:

$$I_{L0}(s) = \frac{\dfrac{E_1}{sR_1} + \dfrac{E_2}{sR_2}}{\dfrac{1}{R_0} + \dfrac{1}{R_1} + \dfrac{1}{sL}} \times \frac{1}{sL} = \frac{\dfrac{1}{s}\left(\dfrac{E_1}{R_1} + \dfrac{E_2}{R_2}\right)}{\dfrac{sL(R_0 + R_2)}{R_0 R_2} + 1}$$

引用符号

$$\tau = \frac{L(R_0 + R_2)}{R_0 R_2}$$

则

$$I_{L0}(s) = \frac{\dfrac{E_1}{R_1} + \dfrac{E_2}{R_2}}{s(s\tau + 1)} = \left(\frac{E_1}{R_1} + \frac{E_2}{R_2}\right)\left(\frac{1}{s} - \frac{1}{s + \dfrac{1}{\tau}}\right)$$

由结点电流关系求得

$$I_L(s) = I_{L0}(s) - \frac{E_1}{sR_1} = \frac{E_2}{sR_2} - \left(\frac{E_1}{R_1} + \frac{E_2}{R_2}\right) \cdot \frac{1}{s + \dfrac{1}{\tau}}$$

显然，逆变换为

$$i_L(t) = \frac{E_2}{R_2} - \left(\frac{E_1}{R_1} + \frac{E_2}{R_2}\right)\mathrm{e}^{-\frac{t}{\tau}} \quad (t \geqslant 0)$$

波形如图 5-16 所示。

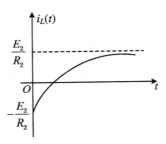

图 5-16　例 5-16 的波形

当所分析的网络具有较多结点或回路时，s 域模型的方法比列写微分方程再取变换的方法要明显简化。

5.5　系　统　函　数

在起始条件为零的情况下，s 域元件模型可以得到简化，这时，描述动态元件（L、C）起始状态的电压源或电流源将不存在，各元件方程都可写作以下的简单形式：

$$V(s) = Z(s)I(s)$$

或

$$I(s) = Y(s)V(s)$$

式中 $Z(s)$ 称为 s 域阻抗，$Y(s)$ 称为 s 域导纳。在此情况下，网络任意端口激励信号的变换式与任意端口响应信号的变换式之比仅由网络元件的阻抗、导纳特性决定，可用"系统函数"

或"网络函数"来描述这一特性。它的定义如下：系统零状态响应的拉氏变换与激励的拉氏变换之比称为系统函数（或网络函数），以 $H(s)$ 表示。

例 5-17　图 5-17 所示电路在 $t=0$ 时开关 S 闭合，接入信号源 $e(t)=V_m\sin(\omega t)$，电感起始电流等于零，求电流 $i(t)$。

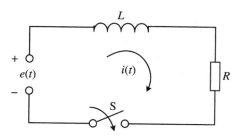

图 5-17　例 5-17 的电路

解　假定输入信号的变换式写作

$$E(s)=\mathscr{L}\big[V_m\sin(\omega t)\big]$$

那么可以将 $I(s)$ 表示为

$$I(s)=\frac{1}{Ls+R}\cdot E(s)$$

下一步需要求逆变换，用卷积定理找出 $I(s)$ 的原函数 $i(t)$，为此引用

$$\frac{1}{Ls+R}=\mathscr{L}\Big[\frac{1}{L}\mathrm{e}^{-\frac{R}{L}t}\Big]$$

于是由卷积定理可知

$$i(t)=\frac{1}{L}\mathrm{e}^{-\frac{R}{L}t}*V_m\sin(\omega t)$$

$$=\int_0^t V_m\sin(\omega\tau)\cdot\frac{1}{L}\mathrm{e}^{-\frac{R}{L}(t-\tau)}\mathrm{d}\tau$$

$$=\frac{V_m}{L}\mathrm{e}^{-\frac{R}{L}t}\int_0^t\sin(\omega\tau)\mathrm{e}^{\frac{R}{L}\tau}\mathrm{d}\tau$$

$$=\frac{V_m}{L}\mathrm{e}^{-\frac{R}{L}t}\cdot\frac{1}{\omega^2+\left(\dfrac{R}{L}\right)^2}\left\{\mathrm{e}^{\frac{R}{L}\tau}\Big[\frac{R}{L}\sin(\omega\tau)-\omega\cos(\omega\tau)\Big]\right\}\Big|_0^t$$

$$=\frac{V_m}{L}\mathrm{e}^{-\frac{R}{L}t}\cdot\frac{1}{\omega^2+\left(\dfrac{R}{L}\right)^2}\left\{\mathrm{e}^{\frac{R}{L}t}\Big[\frac{R}{L}\sin(\omega t)-\omega\cos(\omega t)\Big]+\omega\right\}$$

$$=\frac{V_m}{\omega^2L^2+R^2}\left\{\big[R\sin(\omega t)-\omega L\cos(\omega t)\big]+\omega L\mathrm{e}^{-\frac{R}{L}t}\right\}$$

$$=\frac{V_m}{\omega^2L^2+R^2}\left\{\omega L\mathrm{e}^{-\frac{R}{L}t}+\sqrt{\omega^2L^2+R^2}\sin(\omega t-\varphi)\right\}$$

其中

$$\varphi=\arctan\Big(\frac{\omega L}{R}\Big)$$

波形如图 5-18 所示。

在本例中，系统函数 $H(s)$ 为

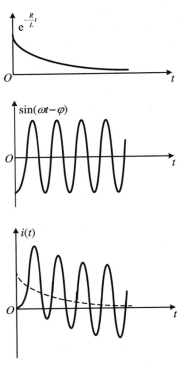

图 5-18　例 5-17 的波形

$$\frac{I(s)}{E(s)} = H(s) = \frac{1}{Ls + R} \tag{5-91}$$

在求解过程中借助了卷积定理,当然也可不用卷积,将 $I(s)$ 表达式展开为

$$I(s) = \frac{1}{Ls + R} \cdot \frac{V_m\omega}{s^2 + \omega^2} = \frac{V_m\omega}{L}\left(\frac{K_0}{s + \dfrac{R}{L}} + \frac{K_1}{s - j\omega} + \frac{K_2}{s + j\omega}\right)$$

其中

$$K_0 = \left.\frac{1}{s^2 + \omega^2}\right|_{s = -\frac{R}{L}} = \frac{1}{\omega^2 + \left(\dfrac{R}{L}\right)^2}$$

$$K_1 = \left.\left(\frac{1}{s + \dfrac{R}{L}}\right)\left(\frac{1}{s + j\omega}\right)\right|_{s = +j\omega} = \frac{1}{2\left[\omega^2 + \left(\dfrac{R}{L}\right)^2\right]}\left(-1 - j\frac{R}{\omega L}\right)$$

而 K_2 与 K_1 共轭,参照表 5-1 求逆变换即可得到 $i(t)$,与前面方法得到的结果相同。

　　下面进一步研究在上例求解过程中引用卷积的实质。一般情况下,若线性时不变系统的激励、零状态响应和冲激响应分别为 $e(t)$、$r(t)$、$h(t)$,它们的拉氏变换分别为 $E(s)$、$R(s)$、$H(s)$,由时域分析可知

$$r(t) = h(t) * e(t) \tag{5-92}$$

借助卷积定理可得

$$R(s) = H(s)E(s) \tag{5-93}$$

或

$$H(s) = \frac{R(s)}{E(s)} \tag{5-94}$$

而冲激响应 $h(t)$ 与系统函数 $H(s)$ 构成变换对,即

$$H(s) = \mathscr{L}[h(t)] \tag{5-95}$$

$h(t)$ 和 $H(s)$ 分别从时域和 s 域表征了系统的特性。

例 5-17 中的 $H(s)$ 是电流与电压之比,也即导纳。一般在网络分析中,由于激励与响应既可以是电压,也可能是电流,因此网络函数可以是阻抗(电压比电流),或为导纳(电流比电压),也可以是数值比(电流比电流或电压比电压)。此外,若激励与响应是同一端口,则网络函数为"策动点函数"(或"驱动点函数"),如图 5-19(a) 中的 $V_i(s)$ 与 $I_i(s)$;若激励与响应不在同一端口,就称为"转移函数"(或"传输函数"),如图 5-19(b) 中的 $V_i(s)$ (或 $I_i(s)$) 与 $V_j(s)$ (或 $I_j(s)$)。显然,策动点函数只可能是阻抗或导纳,而转移函数可以是阻抗、导纳或比值。例如式(5-91),它是策动点导纳函数。

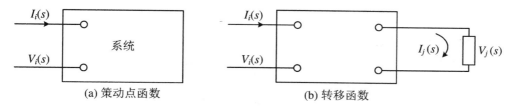

(a) 策动点函数　　　　　(b) 转移函数

图 5-19　策动点函数与转移函数

将上述不同条件下网络函数的特定名称列于表 5-3。在一般的系统分析中,对于这些名称往往不加区分,统称为系统函数或转移函数。

表 5-3　网络函数的名称

激励与响应的位置	激励	响应	系统函数
在同一端口(策动点函数)	电流	电压	策动点阻抗
	电压	电流	策动点导纳
分别在各自的端口(转移函数)	电流	电压	转移阻抗
	电压	电流	转移导纳
	电压	电压	转移电压比(电压传输函数)
	电流	电流	转移电流比(电流传输函数)

当利用 $H(s)$ 求解网络响应时,首先需求出 $H(s)$,然后有两种解法,一种方法是取 $H(s)$ 逆变换得到 $h(t)$,由 $h(t)$ 与 $e(t)$ 卷积求得 $r(t)$,另一种方法是将 $R(s) = H(s)E(s)$ 用部分分式法展开,逐项求出逆变换即得 $r(t)$。无论用哪种方法,求 $H(s)$ 是关键的一步。下面讨论在网络分析中求 $H(s)$ 的一般方法。

求 $H(s)$ 的方法是:对待求解之网络作出 s 域元件模型图,按照元件约束特性和拓扑约束(KCL、KVL)特性,写出响应函数 $R(s)$ 与激励函数 $E(s)$ 之比,此即 $H(s)$ 的表示式。通常,这种方法具体表现为利用电路元件的串、并联简化或分压、分流等概念求解电路,必要时可借助戴维宁定理、诺顿定理、叠加定理以及 $Y-\triangle$ 转换等间接方法,列写网络的回路电压方程或结点电流方程,可以给出求 $H(s)$ 的一般表示式。现以回路方程为例说明这种方法。设待求解网络有 l 个回路,可列出 l 个方程:

$$\begin{cases} Z_{11}(s)I_1(s) + Z_{12}(s)I_2(s) + \cdots + Z_{1l}(s)I_l(s) = V_1(s) \\ Z_{21}(s)I_1(s) + Z_{22}(s)I_2(s) + \cdots + Z_{2l}(s)I_l(s) = V_2(s) \\ \cdots\cdots \\ Z_{l1}(s)I_1(s) + Z_{l2}(s)I_2(s) + \cdots + Z_{ll}(s)I_l(s) = V_l(s) \end{cases} \tag{5-96}$$

式中包含 l 个电流 $I(s)$ 和 l 个电压 $V(s)$,而 $Z(s)$ 为各回路的 s 域互阻抗或自阻抗,写作矩阵形式为

$$V = ZI \tag{5-97}$$

$$I = Z^{-1}V \tag{5-98}$$

这里 V 和 I 分别为列向量,Z 是方阵。

可以解出第 k 个回路电流 I_k 的表示式为

$$I_k(s) = \frac{\Delta_{1k}}{\Delta}V_1(s) + \frac{\Delta_{2k}}{\Delta}V_2(s) + \cdots + \frac{\Delta_{lk}}{\Delta}V_l(s) \tag{5-99}$$

式中 Δ 为 Z 方阵的行列式,称为网络的回路分析行列式(或特征方程),而 Δ_{jk} 是行列式 Δ 中元素 Z_{jk} 的代数补式或称代数余子式(在 Δ 行列式中,去掉第 j 行 k 列,乘以 $(-1)^{j+k}$)。注意,对于互易网络,因方阵 Z 为对称矩阵,因而 $\Delta_{jk} = \Delta_{kj}$。

如果在所研究之问题中仅 $V_j(s) \neq 0$,其余 $V(s)$ 都等于零(其他回路没有激励信号接入),则可求出

$$I_k(s) = \frac{\Delta_{jk}}{\Delta}V_j(s) \tag{5-100}$$

即网络函数 $H(s)$ 为

$$Y_{kj}(s) = \frac{I_k(s)}{V_j(s)} = \frac{\Delta_{jk}}{\Delta} \tag{5-101}$$

当 $k \neq j$ 时,此网络函数为转移导纳函数;当 $k = j$ 时,为策动点导纳函数。

类似地,可由列写结点方程找到式(5-100)的对偶形式,求转移阻抗或策动点阻抗。

以上结果表明,网络行列式(特征方程)Δ 反映了 $H(s)$ 的特性,实际上常常利用特征方程的根来描述系统的有关性能。

例 5-18 求如图 5-20 所示电路的转移导纳函数 $H(s) = \dfrac{I_2(s)}{V_1(s)}$,已知 $R_1 = R_2 = R_3 = 1\ \Omega, C = 1\ \mathrm{F}, L = 1\ \mathrm{H}$。

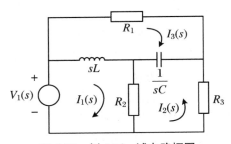

图 5-20　例 5-18 s 域电路框图

解 对三个网孔回路列 KVL 方程,有

$$(sL + R_2)I_1(s) + R_2 I_2(s) - sL I_3(s) = V_1(s)$$

$$R_2 I_1(s) + \left(R_2 + R_3 + \frac{1}{sC}\right)I_2(s) + \frac{1}{sC}I_3(s) = 0$$

$$- sLI_1(s) + \frac{1}{sC}I_2(s) + \left(sL + \frac{1}{sC} + R_1\right)I_3(s) = 0$$

代入已知数据,解得

$$\Delta = \begin{vmatrix} s + 1 & 1 & -s \\ 1 & 2 + \dfrac{1}{s} & \dfrac{1}{s} \\ -s & \dfrac{1}{s} & s + 1 + \dfrac{1}{s} \end{vmatrix} = \frac{3s^2 + 3s + 2}{s}$$

$$\Delta_{12} = (-1)^3 \times \begin{vmatrix} 1 & \dfrac{1}{s} \\ -s & s + 1 + \dfrac{1}{s} \end{vmatrix} = -\frac{s^2 + 2s + 1}{s}$$

$$H(s) = \frac{I_2(s)}{V_1(s)} = -\frac{s^2 + 2s + 1}{3s^2 + 3s + 2}$$

上式中,系统函数 $H(s)$ 出现负号表明电路中所设电流方向与实际方向相反。

需要指出,系统函数 $H(s)$ 的形式与传输算子 $H(p)$ 类似,但是它们之间存在着概念上的区别。$H(p)$ 是一个算子,p 不是变量,而 $H(s)$ 是变量 s 的函数。在 $H(s)$ 中,分子和分母的公共因子可以消去,而在 $H(p)$ 表示式中则不准相消。只有在 $H(p)$ 的分母与分子没有公因子的条件下,$H(p)$ 与 $H(s)$ 的形式才完全对应相同。$H(p)$ 既可用来说明零状态特性,又可说明零输入特性。而 $H(s)$ 只能用来说明零状态特性。

5.6　由系统函数零、极点分布研究时域特性

拉普拉斯变换将时域函数 $f(t)$ 变换为 s 域函数 $F(s)$,而拉普拉斯逆变换将 $F(s)$ 变换为相应的 $f(t)$。由于 $f(t)$ 与 $F(s)$ 之间存在一定的对应关系,故可以从函数 $F(s)$ 的典型形式透出 $f(t)$ 的内在性质。当 $F(s)$ 为有理函数时,其分子多项式和分母多项式皆可分解为因子形式,各项因子指明了 $F(s)$ 零点和极点的位置,显然,从这些零点与极点的分布情况,便可确定原函数的性质。

系统函数 $H(s)$ 零、极点的定义与一般象函数 $F(s)$ 零、极点的定义相同(见 5.3 节),也即 $H(s)$ 分母多项式之根构成极点,分子多项式的根是零点。还可以按照以下方式定义:若 $\lim\limits_{s \to p_1} H(s) = \infty$,但 $[(s - p_1)H(s)]_{s=p_1}$ 等于有限值,则 $s = p_1$ 处有一阶极点。若 $[(s - p_1)H(s)]_{s=p_1}$ 直到 $K = n$ 时才等于有限值,则 $H(s)$ 在 $s = p_1$ 处有 n 阶极点。

$\dfrac{1}{H(s)}$ 的极点即 $H(s)$ 的零点,当 $\dfrac{1}{H(s)}$ 有 n 阶极点时,即 $H(s)$ 有 n 阶零点。

例如,若

$$H(s) = \frac{s[(s - 1)^2 + 1]}{(s + 1)^2(s^2 + 4)} = \frac{s(s - 1 + \mathrm{j}1)(s - 1 - \mathrm{j}1)}{(s + 1)^2(s + \mathrm{j}2)(s - \mathrm{j}2)} \tag{5-102}$$

那么它的极点位于

$$\begin{cases} s = -1 & \text{(二阶)} \\ s = -j2 & \text{(一阶)} \\ s = +j2 & \text{(一阶)} \end{cases}$$

而其零点位于

$$\begin{cases} s = 0 & \text{(一阶)} \\ s = 1 + j1 & \text{(一阶)} \\ s = 1 - j1 & \text{(一阶)} \\ s = \infty & \text{(一阶)} \end{cases}$$

将此系统函数的零、极点图绘于图 5-21 中的 s 平面内,用符号"○"表示零点,"×"表示极点;在同一位置画两个相同的符号表示二阶,例如 $s = -1$ 处有二阶极点。

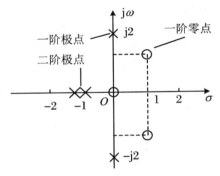

图 5-21　$H(s)$ 零、极点图示例

由于系统函数 $H(s)$ 与冲激响应 $h(t)$ 是一对拉普拉斯变换式,因此只要知道 $H(s)$ 在 s 平面中零、极点的分布情况,就可预言该系统在时域方面 $h(t)$ 波形的特性。

对于集总参数线性时不变系统,其系统函数 $H(s)$ 可表示为两个多项式之比,具有以下形式:

$$H(s) = \frac{K \prod_{j=1}^{m} (s - z_j)}{\prod_{i=1}^{n} (s - p_i)} \tag{5-103}$$

其中,z_j 表示第 j 个零点的位置,p_i 表示第 i 个极点的位置;零点有 m 个,极点有 n 个;K 是系数。

如果把 $H(s)$ 展开为部分分式,那么 $H(s)$ 的每个极点将决定一项对应的时间函数。具有一阶极点 $p_1, p_2, \cdots, p_n$ 的系统函数其冲激响应形式如下:

$$h(t) = \mathscr{L}^{-1}[H(s)] = \mathscr{L}^{-1}\left[\sum_{i=1}^{n} \frac{K_i}{s - p_i}\right]$$

$$= \mathscr{L}^{-1}\left[\sum_{i=1}^{n} H_i(s)\right] = \sum_{i=1}^{n} h_i(t) = \sum_{i=1}^{n} K_i e^{p_i t} \tag{5-104}$$

这里 p_i 可以是实数,但一般情况下 p_i 以成对的共轭复数形式出现。各项相应的幅值由系数 K_i 决定,而 K_i 则与零点分布情况有关。

下面研究几种典型情况的极点分布与原函数波形的对应关系。

(1) 若极点位于 s 平面坐标原点，$H_i(s) = \dfrac{1}{s}$，那么冲激响应就为阶跃函数，$h_i(t) = u(t)$。

(2) 若极点位于 s 平面的实轴上，则冲激响应具有指数函数形式。如 $H_i(s) = \dfrac{1}{s+a}$，则 $h_i(t) = e^{-at}$，此时极点为负实数 $(p_i = -a < 0)$，冲激响应是指数衰减（单调减幅）形式；如果 $H_i(s) = \dfrac{1}{s-a}$，则 $h_i(t) = e^{at}$，这时极点是正实数 $(p_i = a > 0)$，对应的冲激响应是指数增长（单调增幅）形式。

(3) 虚轴上的共轭极点给出等幅振荡。显然对 $\mathcal{L}^{-1}\left[\dfrac{\omega}{s^2 + \omega^2}\right] = \sin(\omega t)$，它的两个极点位于 $p_1 = +j\omega$ 和 $p_2 = -j\omega$。

(4) s 左半平面内的共轭极点对应于衰减振荡。例如 $\mathcal{L}^{-1}\left[\dfrac{\omega}{(s+a)^2 + \omega^2}\right] = e^{-at}\sin(\omega t)$，它的两个极点位于 $p_1 = -a + j\omega$，$p_2 = -a - j\omega$，这里 $-a < 0$。与此相反，落于 s 右半平面内的共轭极点对应于增幅振荡。如 $\mathcal{L}^{-1}\left[\dfrac{\omega}{(s-a)^2 + \omega^2}\right] = e^{at}\sin(\omega t)$ 的极点是 $p_1 = a + j\omega$，$p_2 = a - j\omega$，这里 $a > 0$。

将以上结果整理如表 5-4 所示。这里都是一阶极点的情况。

表 5-4　极点分布与原函数波形对应关系（一）

$H(s)$	s 平面上的零、极点	t 平面上的波形	$h(t)(t \geqslant 0)$
$\dfrac{1}{s}$			$u(t)$
$\dfrac{1}{s+a}$			e^{-at}
$\dfrac{1}{s-a}$			e^{at}
$\dfrac{\omega}{s^2 + \omega^2}$			$\sin(\omega t)$

$H(s)$	s 平面上的零、极点	t 平面上的波形	$h(t)(t \geqslant 0)$
$\dfrac{\omega}{(s+a)^2+\omega^2}$	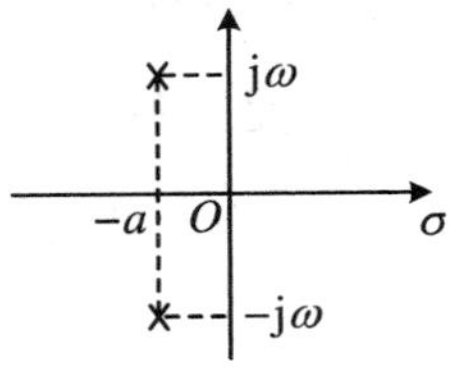	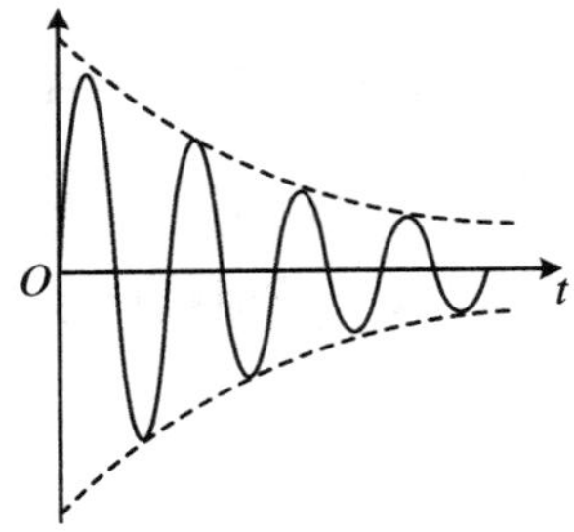	$\mathrm{e}^{-at}\sin(\omega t)$
$\dfrac{\omega}{(s-a)^2+\omega^2}$	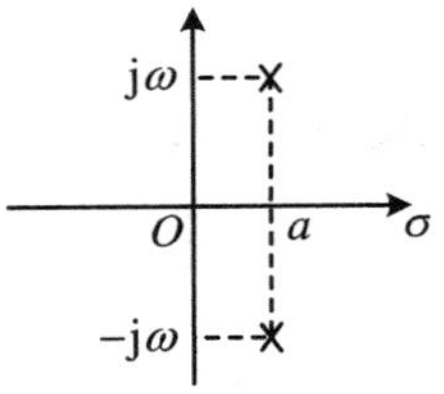	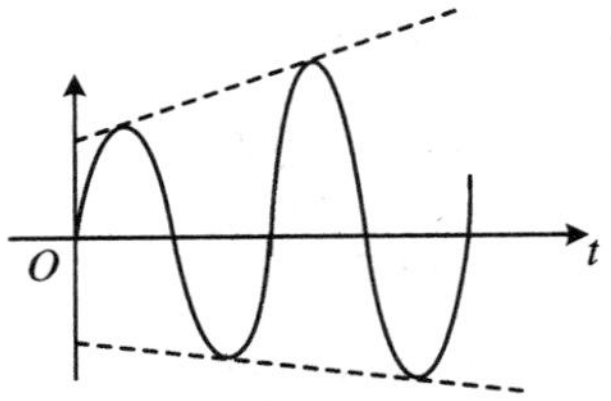	$\mathrm{e}^{at}\sin(\omega t)$

若 $H(s)$ 具有多重极点,那么部分分式展开式各项所对应的时间函数可能具有 t,t^2, $t^3,\cdots$ 与指数函数相乘的形式,t 的幂次由极点阶次决定。几种典型情况如下:

(1) 位于 s 平面坐标原点的二阶或三阶极点分别给出时间函数 t 或 $t^2/2$。

(2) 实轴上的二阶极点给出 t 与指数函数的乘积,如

$$\mathscr{L}^{-1}\left[\frac{1}{(s+a)^2}\right] = t\mathrm{e}^{-at}$$

(3) 对于虚轴上的二阶共轭极点情况,如 $\mathscr{L}^{-1}\left[\dfrac{2\omega s}{(s^2+\omega^2)^2}\right] = t\sin(\omega t)$,这是幅度按线性增长的正弦振荡。

将这里讨论的几种多阶极点分布与原函数的对应关系列于表 5-5。

表 5-5　极点分布与原函数波形对应关系(二)

$H(s)$	s 平面上的零、极点	t 平面上的波形	$h(t)(t \geqslant 0)$
$\dfrac{1}{s^2}$	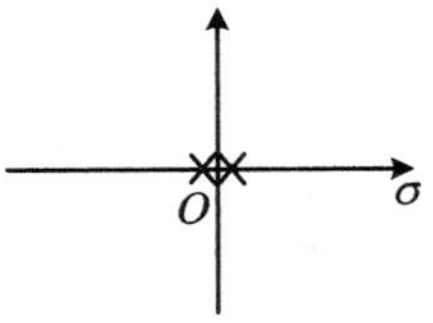	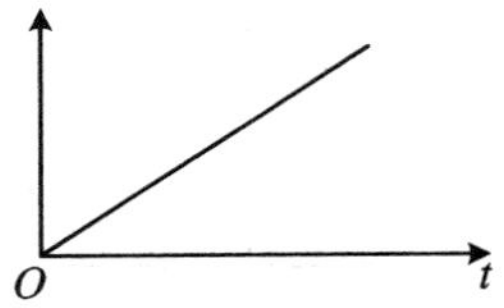	t
$\dfrac{1}{(s+a)^2}$	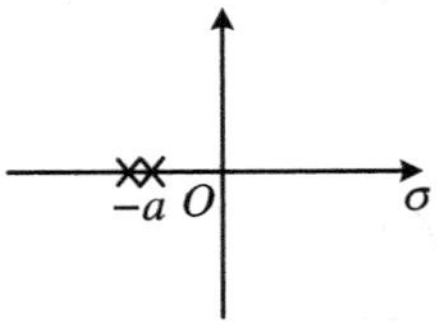		$t\mathrm{e}^{-at}$

$H(s)$	s 平面上的零、极点	t 平面上的波形	$h(t)(t \geqslant 0)$
$\dfrac{2\omega s}{(s^2 + \omega^2)^2}$			$t\sin(\omega t)$

由表 5-4 与表 5-5 可以看出,若 $H(s)$ 极点落于左半平面,则 $h(t)$ 波形为衰减形式,若 $H(s)$ 极点落于右半平面,则 $h(t)$ 增长;落于虚轴上的一阶极点对应的 $h(t)$ 呈等幅振荡或阶跃,而虚轴上的二阶极点将使 $h(t)$ 呈增长形式。在系统理论研究中,按照 $h(t)$ 呈现衰减或增长的两种情况将系统划分为稳定系统与非稳定系统两大类型,显然,根据 $H(s)$ 极点出现在左半或右半平面即可判断系统是否稳定。在 5.8 节将进一步研究系统的稳定性。

以上分析了 $H(s)$ 极点分布与时域函数的对应关系。至于 $H(s)$ 零点分布的情况则只影响时域函数的幅度和相位,s 平面中零点变动对于 t 平面波形的形式没有影响。例如,对如图 5-22 所示 $H(s)$ 零、极点分布以及 $h(t)$ 波形,其表示式可以写作

$$\mathscr{L}^{-1}\left[\frac{(s+a)}{(s+a)^2 + \omega^2}\right] = \mathrm{e}^{-at}\cos(\omega t) \tag{5-105}$$

假定保持极点不变,只移动零点 a 的位置,那么 $h(t)$ 波形将仍呈衰减振荡形式,振荡频率也不改变,只是幅度和相位有变化。例如将零点移至原点,则有

$$\mathscr{L}^{-1}\left[\frac{s}{(s+a)^2 + \omega^2}\right] = \mathrm{e}^{-at}\left[\cos(\omega t) - \frac{a}{\omega}\sin(\omega t)\right] \tag{5-106}$$

请读者绘出波形进行比较。

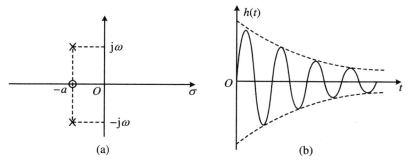

图 5-22　式 (5-105) 系统函数的 s 平面与 t 平面图形

5.7 由系统函数零、极点分布研究频响特性

所谓"频响特性"是指系统在正弦信号激励之下稳态响应随信号频率的变化情况,包括幅度随频率的响应以及相位随频率的响应两个方面。

在电路分析课程中已经熟悉了正弦稳态分析,在那里采用的方法是相量法。现在从系统函数的观点来考察系统的正弦稳态响应,并借助零、极点分布图来研究频响特性。

设系统函数以 $H(s)$ 表示,正弦激励源 $e(t)$ 的函数式写作

$$e(t) = E_m \sin(\omega_0 t) \tag{5-107}$$

其变换式为

$$E(s) = \frac{E_m \omega_0}{s^2 + \omega_0^2} \tag{5-108}$$

于是,系统响应的变换式 $R(s)$ 可写作

$$R(s) = \frac{E_m \omega_0}{s^2 + \omega_0^2} \cdot H(s)$$

$$= \frac{K_{-j\omega_0}}{s + j\omega_0} + \frac{K_{j\omega_0}}{s - j\omega_0} + \frac{K_1}{s - p_1} + \frac{K_2}{s - p_2} + \cdots + \frac{K_n}{s - p_n} \tag{5-109}$$

式中,$p_1, p_2, \cdots, p_n$ 是 $H(s)$ 的极点,$K_1, K_2, \cdots, K_n$ 为部分分式分解各项的系数,而

$$K_{-j\omega_0} = (s + j\omega_0) R(s) \big|_{s = -j\omega_0}$$

$$= \frac{E_m \omega_0 H(-j\omega_0)}{-2j\omega_0} = \frac{E_m H_0 e^{-j\varphi_0}}{-2j}$$

$$K_{j\omega_0} = (s - j\omega_0) R(s) \big|_{s = j\omega_0}$$

$$= \frac{E_m \omega_0 H(j\omega_0)}{2j\omega_0} = \frac{E_m H_0 e^{j\varphi_0}}{2j}$$

这里引用了符号

$$H(j\omega_0) = H_0 e^{j\varphi_0}$$

$$H(-j\omega_0) = H_0 e^{-j\varphi_0}$$

至此可以求得

$$\frac{K_{-j\omega_0}}{s + j\omega_0} + \frac{K_{j\omega_0}}{s - j\omega_0} = \frac{E_m H_0}{2j} \left(-\frac{e^{-j\varphi_0}}{s + j\omega_0} + \frac{e^{j\varphi_0}}{s - j\omega_0} \right) \tag{5-110}$$

式(5-109)前两项的逆变换为

$$\mathscr{L}^{-1} \left[\frac{K_{-j\omega_0}}{s + j\omega_0} + \frac{K_{j\omega_0}}{s - j\omega_0} \right] = \frac{E_m H_0}{2j} (-e^{-j\varphi_0} e^{-j\omega_0 t} + e^{j\varphi_0} e^{j\omega_0 t})$$

$$= E_m H_0 \sin(\omega_0 t + \varphi_0) \tag{5-111}$$

系统的完全响应是

$$r(t) = \mathscr{L}^{-1} [R(s)]$$

$$= E_m H_0 \sin(\omega_0 t + \varphi_0) + K_1 e^{p_1 t} + K_2 e^{p_2 t} + \cdots + K_n e^{p_n t} \tag{5-112}$$

对于稳定系统,其固有频率 $p_1, p_2, \cdots, p_n$ 的实部必小于零,式(5-112)中各指数项均为指数

衰减函数,当 $t \rightarrow + \infty$ 时,它们都趋于零,所以稳态响应 $r_{ss}(t)$ 就是式中的第一项:

$$r_{ss}(t) = E_m H_0 \sin(\omega_0 t + \varphi_0) \tag{5-113}$$

可见,在频率为 ω_0 的正弦激励信号作用之下,系统的稳态响应仍为同频率的正弦信号,但幅度乘以系数 H_0,相位移动 φ_0,H_0 和 φ_0 由系统函数在 $j\omega_0$ 处的取值所决定:

$$H(s) \big|_{s=j\omega_0} = H(j\omega_0) = H_0 e^{j\varphi_0} \tag{5-114}$$

当正弦激励信号的频率 ω 改变时,将变量 ω 代入 $H(s)$ 之中,即可得到频率响应特性:

$$H(s) \big|_{s=j\omega} = H(j\omega) = |H(j\omega)| e^{j\varphi(\omega)} \tag{5-115}$$

式中,$|H(j\omega)|$ 是幅频响应特性,φ 是相频响应特性(或相移特性)。为便于分析,常将式(5-115)的结果绘制成频响曲线,这时横坐标是变量 ω,纵坐标分别为 $|H(j\omega)|$ 或 φ。

在通信、控制以及电力系统中,一种重要的组成部件是滤波网络,而滤波网络的研究需要从它的频响特性入手分析。

按照滤波网络幅频特性形式的不同,可以把它们划分为低通、高通、带通、带阻等几种类型,相应的 $|H(j\omega)|$ 曲线分别绘于图 5-23(a)～(d),图中虚线表示理想的滤波特性,实线示例给出可能的某种实际特性。

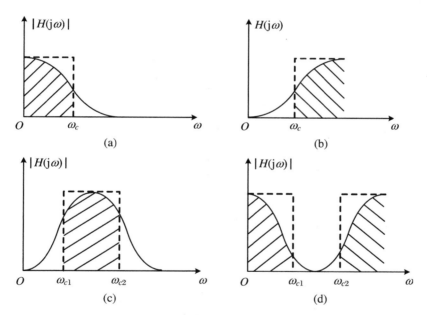

图 5-23　滤波网络频响特性示例

低通滤波网络的幅频特性:当 $\omega < \omega_c$ 时,$|H(j\omega)|$ 取得相对较大的数值,网络允许信号通过,而在 $\omega > \omega_c$ 以后,$|H(j\omega)|$ 的数值相对减小,以至非常微弱,网络不允许信号通过,将这些频率的信号滤除。这里,ω_c 称为截止频率。$\omega < \omega_c$ 的频率范围称为通带,$\omega > \omega_c$ 则称为阻带。对于高通滤波网络,其通带、阻带的范围则与低通的情况相反。带通滤波网络的通带范围是在 ω_{c1} 与 ω_{c2} 之间,如图 5-23(c)所示;带阻滤波网络则与之相反。图 5-23 中用斜线(阴影部分)表示了各种滤波特性的通带范围。

对于滤波网络的特性分析,有时要从它的相频响应特性开始,还可能从时域特性着手。广义来讲,滤波网络的作用及其类型涉及滤波、时延、均衡、形成等许多方面。

根据系统函数 $H(s)$ 在 s 平面的零、极点分布可以绘制频响特性曲线,包括幅频特性 $|H(j\omega)|$ 曲线和相频特性 $\varphi(\omega)$ 曲线。下面介绍这种方法的原理。

假定系统函数 $H(s)$ 的表示式为

$$H(s) = \frac{K \prod\limits_{j=1}^{m}(s - z_j)}{\prod\limits_{i=1}^{n}(s - p_i)} \tag{5-116}$$

取 $s = j\omega$，也即在 s 平面中 s 沿虚轴移动，得

$$H(j\omega) = \frac{K \prod\limits_{j=1}^{m}(j\omega - z_j)}{\prod\limits_{i=1}^{n}(j\omega - p_i)} \tag{5-117}$$

容易看出，频率特性取决于零、极点的分布，即取决于 z_j、p_i 的位置，而式(5-117)中的 K 是系数，对于频率特性的研究无关紧要。分母中任一因子$(j\omega - p_i)$相当于由极点 p_i 引向虚轴上某点 $j\omega$ 的一个矢量，分子中任一因子$(j\omega - z_j)$相当于由零点 z_j 引至虚轴上某点 $j\omega$ 的一个矢量。在图 5-24 中示意画出了由零点 z_1 和极点 p_1 与 $j\omega$ 点连接构成的两个矢量，图中 N_1、M_1 分别表示矢量的模，ψ_1、θ_1 分别表示矢量的辐角。

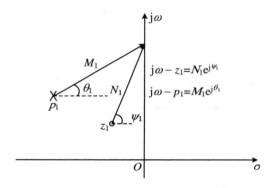

图 5-24 $(j\omega - z_j)$ 和 $(j\omega - p_i)$ 矢量

对于任意零点 z_j、极点 p_i，相应的复数因子(矢量)都可表示为

$$j\omega - z_j = N_j e^{j\psi_j} \tag{5-118}$$

$$j\omega - p_i = M_i e^{j\theta} \tag{5-119}$$

这里，N_j、M_i 分别表示两矢量的模，ψ_j、θ_i 分别表示它们的辐角。

于是，式(5-117)可以改写为

$$\begin{aligned}
H(j\omega) &= K \frac{N_1 e^{j\psi_1} N_2 e^{j\psi_2} \cdots N_m e^{j\psi_m}}{M_1 e^{j\theta_1} M_2 e^{j\theta_2} \cdots M_n e^{j\theta_n}} \\
&= K \frac{N_1 N_2 \cdots N_m}{M_1 M_2 \cdots M_n} e^{j[(\psi_1 + \psi_2 + \cdots + \psi_m) - (\theta_1 + \theta_2 + \cdots + \theta_n)]} \\
&= |H(j\omega)| e^{j\varphi(\omega)}
\end{aligned} \tag{5-120}$$

式中

$$|H(j\omega)| = K \frac{N_1 N_2 \cdots N_m}{M_1 M_2 \cdots M_n} \tag{5-121}$$

$$\varphi(\omega) = (\psi_1 + \psi_2 + \cdots + \psi_m) - (\theta_1 + \theta_2 + \cdots + \theta_n) \tag{5-122}$$

当 ω 沿虚轴移动时，各复数因子(矢量)的模和辐角都随之改变，于是得出幅频特性曲线和相频特性曲线。这种方法也称为 s 平面几何分析。

先讨论 $H(s)$ 极点位于 s 平面实轴的情况，包括一阶与二阶系统。

一阶系统只含有一个储能元件(或将几个同类储能元件简化等效为一个储能元件)。系统转移函数只有一个极点，且位于实轴上。系统转移函数(电压比或电流比)的一般形式为 $K\dfrac{s-z_1}{s-p_1}$，其中 z_1、p_1 分别为它的零点与极点，如果零点位于原点，则函数形式为 $K\dfrac{s}{s-p_1}$，也可能除 $s=\infty$ 处有零点之外，在 s 平面其他位置均无零点，于是函数形式为 $\dfrac{K}{s-p_1}$。现以简单的 RC 网络为例，分析一阶低通、高通滤波网络。

例 5-19　研究图 5-25 所示 RC 高通滤波网络的频响特性 $H(j\omega)=\dfrac{V_2(j\omega)}{V_1(j\omega)}$。

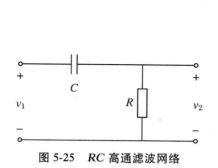

图 5-25　RC 高通滤波网络

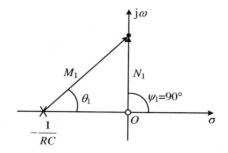

图 5-26　RC 高通滤波网络的 s 平面分析

解　写出网络转移函数表示式：

$$H(s)=\frac{V_2(s)}{V_1(s)}=\frac{R}{R+\dfrac{1}{sC}}=\frac{s}{s+\dfrac{1}{RC}}$$

它有一个零点在坐标原点，而极点位于 $-\dfrac{1}{RC}$ 处，也即 $z_1=0$，$p_1=-\dfrac{1}{RC}$，零、极点在 s 平面的分布如图 5-26 所示。将 $H(s)|_{s=j\omega}=H(j\omega)$ 以矢量因子 $N_1e^{j\psi_1}$、$M_1e^{j\theta_1}$ 表示：

$$H(j\omega)=\frac{N_1e^{j\psi_1}}{M_1e^{j\theta_1}}=\frac{V_2}{V_1}e^{j\varphi(\omega)}$$

式中

$$\frac{V_2}{V_1}=\frac{N_1}{M_1}$$

$$\varphi=\psi_1-\theta_1$$

现在分析当 ω 从零沿虚轴向 ∞ 增长时，$H(j\omega)$ 如何随之改变。当 $\omega=0$ 时，$N_1=0$，$M_1=\dfrac{1}{RC}$，所以 $\dfrac{N_1}{M_1}=0$，也即 $\dfrac{V_2}{V_1}=0$；又因为 $\theta_1=0$，$\psi_1=90°$，所以 $\varphi=90°$。当 $\omega=\dfrac{1}{RC}$ 时，$N_1=\dfrac{1}{RC}$，$\theta_1=45°$，所以 $\varphi=45°$，而且 $M_1=\dfrac{\sqrt{2}}{RC}$，于是 $\dfrac{V_2}{V_1}=\dfrac{N_1}{M_1}=\dfrac{1}{\sqrt{2}}$，此点为高通滤波网络的截止频率点。最后，当 ω 趋于 ∞ 时，$\dfrac{N_1}{M_1}$ 趋于 1，也即 $\dfrac{V_2}{V_1}=1$，$\theta_1\to90°$，所以 $\varphi\to0$。按照上述分析绘出幅频特性与相频特性曲线如图 5-27 所示。

例 5-20　研究图 5-28 所示 RC 低通滤波网络的频响特性 $H(j\omega)=\dfrac{V_2(j\omega)}{V_1(j\omega)}$。

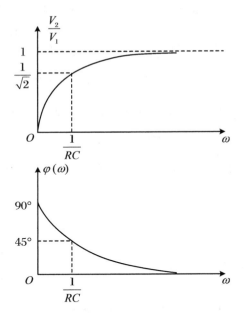

图 5-27   *RC* 高通滤波网络的频响特性

解   写出网络转移函数表示式：

$$H(s) = \frac{V_2(s)}{V_1(s)} = \frac{1}{RC} \cdot \frac{1}{s + \frac{1}{RC}}$$

极点位于 $p_1 = -\dfrac{1}{RC}$ 处，在图 5-29 中已示出。$H(\mathrm{j}\omega)$ 表示式写作

$$H(\mathrm{j}\omega) = \frac{1}{RC} \frac{1}{M_1 \mathrm{e}^{\mathrm{j}\theta_1}} = \frac{V_2}{V_1} \mathrm{e}^{\mathrm{j}\varphi(\omega)}$$

式中

$$\frac{V_2}{V_1} = \frac{1}{RC} \frac{1}{M_1}$$

$$\varphi = -\theta_1$$

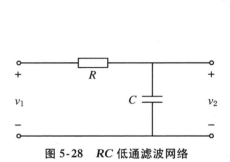

图 5-28   *RC* 低通滤波网络

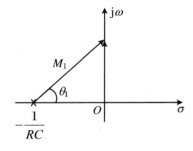

图 5-29   *RC* 低通滤波网络的 *s* 平面分析

仿照例 5-19 的分析，容易得出频响曲线如图 5-30 所示，这是一个低通网络，截止频率位于 $\omega = \dfrac{1}{RC}$ 处。

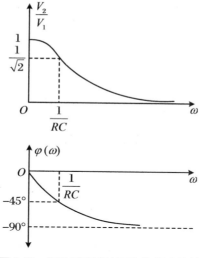

图 5-30　RC 低通滤波网络的频响特性

对于一阶系统,经常遇到的电路还有简单的 RL 电路以及含有多个电阻而仅含有一个储能元件的 RC、RL 电路,对于它们都可采用类似的方法进行分析。只要系统函数的零、极点分布相同,就会具有一致的时域、频域特性。从系统的观点来看,要抓住系统特性的一般规律,必须从零、极点分布的观点入手研究。

由同一类型储能元件构成的二阶系统(如含有两个电容或两个电感),它们的两个极点都落在实轴上,即不出现共轭复数极点,是非谐振系统。系统转移函数(电压比或电流比)的一般形式为 $K \dfrac{(s-z_1)(s-z_2)}{(s-p_1)(s-p_2)}$,式中 z_1、z_2 是两个零点,p_1、p_2 是两个极点。也可出现 $K \dfrac{s-z_1}{(s-p_1)(s-p_2)}$ 或 $K \dfrac{1}{(s-p_1)(s-p_2)}$ 等形式。由于零点数目以及零点、极点位置不同,它们可以分别构成低通、高通、带通、带阻等滤波特性。就其 s 平面几何分析方法来看,与一阶系统的方法类似,不需要建立新概念,此处仅举一例。

例 5-21　由 s 平面几何研究图 5-31 所示二阶 RC 系统的频响特性 $H(\mathrm{j}\omega) = \dfrac{V_2(\mathrm{j}\omega)}{V_1(\mathrm{j}\omega)}$。注意图中 kv_3 是受控电压源,且有 $R_1 C_1 \ll R_2 C_2$。

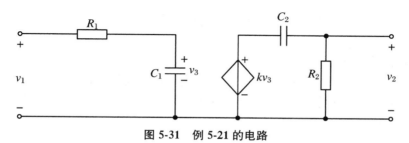

图 5-31　例 5-21 的电路

解　容易写出其转移函数为

$$H(s) = \frac{V_2(s)}{V_1(s)} = \frac{k}{R_1 C_1} \cdot \frac{s}{\left(s + \dfrac{1}{R_1 C_1}\right)\left(s + \dfrac{1}{R_2 C_2}\right)}$$

它的极点位于 $p_1 = -\dfrac{1}{R_1 C_1}$，$p_2 = -\dfrac{1}{R_2 C_2}$，只有一个零点在原点。将它们标于图 5-32 中，这里注意到题意给定的条件 $R_1 C_1 \ll R_2 C_2$，故 $-\dfrac{1}{R_2 C_2}$ 靠近原点，而 $-\dfrac{1}{R_1 C_1}$ 则离开较远。以 $\mathrm{j}\omega$ 代入 $H(s)$ 写出矢量因子形式：

$$H(\mathrm{j}\omega) = \frac{k}{R_1 C_1} \cdot \frac{N_1 \mathrm{e}^{\mathrm{j}\psi_1}}{M_1 \mathrm{e}^{\mathrm{j}\theta_1} M_2 \mathrm{e}^{\mathrm{j}\theta_2}}$$

$$= \frac{k}{R_1 C_1} \cdot \frac{N_1}{M_1 M_2} \mathrm{e}^{\mathrm{j}(\psi_1 - \theta_1 - \theta_2)}$$

$$= \frac{V_2}{V_1} \mathrm{e}^{\mathrm{j}\varphi(\omega)}$$

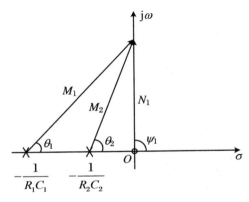

图 5-32　例 5-21 的零、极点分布

由图 5-32 看出，当 ω 较低时，$M_1 \approx \dfrac{1}{R_1 C_1}$，$\theta_1 \approx 0$，几乎都不随频率而变，这时，$M_2$、$\theta_2$、$N_1$、$\psi_1$ 的作用（即极点 p_2 与零点 z_1 的作用）与一阶 RC 高通系统相同，构成如图 5-33 中 ω 低端的高通特性。当 ω 较高时，$M_2 \approx N_1$，$\theta_2 \approx \psi_1$，也可近似认为它们不随 ω 而改变，于是，M_1、θ_1 的作用（即极点 p_1 的作用）与一阶 RC 低通系统一致，构成如图 5-33 中 ω 高端的低通特性。当 ω 位于中间频率范围时，同时满足 $M_1 \approx \dfrac{1}{R_1 C_1}$，$\theta_1 \approx 0$，$M_2 \approx N_1 = |\mathrm{j}\omega|$，$\theta_2 \approx \psi_1 = 90°$，那么 $H(\mathrm{j}\omega)$ 可近似写作

$$H(\mathrm{j}\omega) \big|_{\left(\frac{1}{R_2 C_2} < \omega < \frac{1}{R_1 C_1}\right)} \approx \frac{k}{R_1 C_1} \cdot \frac{\mathrm{j}\omega}{\dfrac{1}{R_1 C_1} \cdot \mathrm{j}\omega} = k$$

这时的频响特性近于常数。

从物理概念上讲，在低频段主要是 $R_2 C_2$ 的高通特性起作用；在高频段则是 $R_1 C_1$ 的低通特性起主要作用；在中频段 C_1 相当于开路，C_2 相当于短路，它们都不起作用，信号 v_1 经受控源的 k 倍相乘而送往输出端，给出 v_2。可见此系统相当于低通与高通级联构成的带通系统。

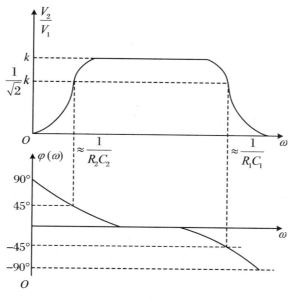

图 5-33　例 5-21 的频响曲线

5.8　线性系统的稳定性

前面讨论了 $H(s)$ 零、极点分布与系统时域特性、频响特性的关系,作为 $H(s)$ 零、极点分析的另一重要应用是借助它来研究线性系统的稳定性。

按照研究问题的不同类型和不同角度,系统稳定性的定义有不同形式,涉及的内容相当丰富,本节只做初步的简单介绍,在后续课程(如控制理论)中将做进一步研究。

稳定性是系统自身的性质之一,系统是否稳定与激励信号的情况无关。

系统的冲激响应 $h(t)$ 或系统函数 $H(s)$ 集中表征了系统的本性,当然,它们也反映了系统是否稳定。判断系统是否稳定,可从时域和 s 域两方面进行。对于因果系统,观察在时间 t 趋于无限大时,$h(t)$ 是增长还是趋于有限值或者消失,这样可以确定系统的稳定性。研究 $H(s)$ 在 s 平面中极点分布的位置,也可很方便地给出有关稳定性的结论。从稳定性考虑,因果系统可划分为稳定系统、不稳定系统、临界稳定(边界稳定)系统三种情况。

(1) 稳定系统:如果 $H(s)$ 的全部极点都落于 s 左半平面(不包括虚轴),则可以满足

$$\lim_{t \to +\infty} [h(t)] = 0 \tag{5-123}$$

系统是稳定的(参看表 5-4、表 5-5)。

(2) 不稳定系统:如果 $H(s)$ 的极点落于 s 右半平面,或在虚轴上具有二阶以上的极点,则在足够长时间以后,$h(t)$ 仍继续增长,系统是不稳定的。

(3) 临界稳定系统:如果 $H(s)$ 的极点落于 s 平面虚轴上,且只有一阶,则在足够长时间以后,$h(t)$ 趋于一个非零的数值或形成一个等幅振荡。这是上述两种类型的临界情况。

稳定系统的另一种定义方式如下:若系统对任意的有界输入其零状态响应也是有界的,则称此系统为稳定系统,也可称为有界输入有界输出(BIBO)稳定系统。

上述定义可由以下数学表达式说明：

对所有的激励信号 $e(t)$，若

$$|e(t)| \leqslant M_e \tag{5-124}$$

且其响应 $r(t)$ 满足

$$|r(t)| \leqslant M_r \tag{5-125}$$

则称该系统是稳定的。式中，M_e、M_r 为有界正值。按此定义，对各种可能的 $e(t)$ 逐个检验式(5-124)与式(5-125)来判断系统稳定性将过于繁琐，也是不现实的，为此导出稳定系统的充分必要条件：

$$\int_{-\infty}^{+\infty} |h(t)| \, \mathrm{d}t \leqslant M \tag{5-126}$$

式中 M 为有界正值。或者说，若冲激响应 $h(t)$ 绝对可积，则系统是稳定的。下面对此条件给出证明。

对任意有界输入 $e(t)$，系统的零状态响应为

$$r(t) = \int_{-\infty}^{+\infty} h(\tau)e(t-\tau)\mathrm{d}\tau \tag{5-127}$$

$$|r(t)| \leqslant \int_{-\infty}^{+\infty} |h(\tau)| \cdot |e(t-\tau)| \, \mathrm{d}\tau \tag{5-128}$$

代入式(5-124)的条件得到

$$|r(t)| \leqslant M_e \int_{-\infty}^{+\infty} |h(\tau)| \, \mathrm{d}\tau \tag{5-129}$$

如果 $h(t)$ 满足式(5-126)，也即 $h(t)$ 绝对可积，则

$$|r(t)| \leqslant M_e M$$

取 $M_e M = M_r$，这就是式(5-125)。至此，条件式(5-126)的充分性得到证明。下面研究它的必要性。

如果 $\int_{-\infty}^{+\infty} |h(t)| \, \mathrm{d}t$ 无界，则至少有一个有界的 $e(t)$ 产生无界的 $r(t)$。试选具有如下特性的激励信号 $e(t)$：

$$e(-t) = \mathrm{sgn}[h(t)] = \begin{cases} -1 & (h(t) < 0) \\ 0 & (h(t) = 0) \\ 1 & (h(t) > 0) \end{cases}$$

这表明 $e(-t)h(t) = |h(t)|$，响应 $r(t)$ 的表达式为

$$r(t) = \int_{-\infty}^{+\infty} h(\tau)e(t-\tau)\mathrm{d}\tau$$

$$r(0) = \int_{-\infty}^{+\infty} h(\tau)e(-\tau)\mathrm{d}\tau = \int_{-\infty}^{+\infty} |h(\tau)| \, \mathrm{d}\tau$$

此式表明，若 $\int_{-\infty}^{+\infty} |h(\tau)| \, \mathrm{d}\tau$ 无界，则 $r(0)$ 也无界，即式(5-126)的必要性得证。

在以上分析中并未涉及系统的因果性，这表明无论因果稳定系统或非因果稳定系统都要满足式(5-126)的条件。对于因果系统，式(5-126)可改写为

$$\int_{-\infty}^{+\infty} |h(t)| \, \mathrm{d}t \leqslant M$$

对于因果系统，从 BIBO 稳定性定义考虑与考察 $H(s)$ 极点分布来判断稳定性具有统一的结果，仅在类型划分方面略有差异。当 $H(s)$ 极点位于左半平面时，$h(t)$ 绝对可积，系统

稳定,而当 $H(s)$ 极点位于右半平面或在虚轴具有二阶以上极点时,$h(t)$ 不满足绝对可积条件,系统不稳定。当 $H(s)$ 极点位于虚轴且只有一阶时称为临界稳定系统,$h(t)$ 处于不满足绝对可积的临界状况,从 BIBO 稳定性划分来看,由于未规定临界稳定类型,因而这种情况可属不稳定范围。

例 5-22　已知两因果系统的系统函数 $H_1(s) = \dfrac{1}{s}$,$H_2(s) = \dfrac{s}{s^2 + \omega_0^2}$,激励信号分别为 $e_1(t) = u(t)$,$e_2(t) = \sin(\omega_0 t) u(t)$,求两种情况的响应 $r_1(t)$ 和 $r_2(t)$,并讨论系统的稳定性。

解　容易求得激励信号的拉氏变换分别为 $\dfrac{1}{s}$ 和 $\dfrac{\omega_0}{s^2 + \omega_0^2}$,响应的拉氏变换分别为

$$R_1(s) = \frac{1}{s} \cdot \frac{1}{s} = \frac{1}{s^2}$$

$$R_2(s) = \frac{\omega_0}{s^2 + \omega_0^2} \cdot \frac{s}{s^2 + \omega_0^2}$$

对应时域表达式:

$$r_1(t) = tu(t)$$

$$r_2(t) = \frac{1}{2} t\sin(\omega_0 t) u(t)$$

在本例中,激励信号 $u(t)$ 和 $\sin(\omega_0 t) u(t)$ 都是有界信号,却都产生无界信号的输出,因而从 BIBO 稳定性判据可知,两种情况都属不稳定系统。当然,也可检验 $h_1(t) = u(t)$ 和 $h_2(t) = \cos(\omega_0 t) u(t)$ 都未能满足绝对可积,于是得出同样结论。若从系统函数极点分布来看,$H_1(s)$ 和 $H_2(s)$ 都具有虚轴上的一阶极点,属临界稳定类型。

对应电路分析的实际问题,通常不含受控源的 RLC 电路构成稳定系统。不含受控源也不含电阻 R(无损耗),只由 L、C 元件构成的电路会出现 $H(s)$ 极点位于虚轴的情况,$h(t)$ 呈等幅振荡。从物理概念上讲,上述两种情况都是无源网络,它们不能对外部供给能量,响应函数幅度是有限的,属稳定或临界稳定系统。含受控源的反馈系统可出现稳定、临界稳定和不稳定几种情况,实际上由于电子器件的非线性作用,电路往往可从不稳定状态逐步调整至临界稳定状态,利用此特点可产生自激振荡。关于反馈系统的稳定性问题,此处仅举出两个简单例题,详细分析可参看有关控制理论的教材。

例 5-23　图 5-34 所示为某放大器电路。

(1) 求 $H(s) = \dfrac{V_2(s)}{V_1(s)}$;

(2) 欲使该电路为一个稳定系统,求 K 的取值范围;

(3) 求临界稳定条件下电路的单位冲激响应 $h(t)$。

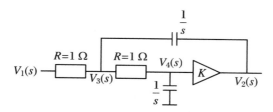

图 5-34　放大器电路 s 域模型

解　(1) 由 s 域模型可列出方程：

$$\frac{V_1(s) - V_3(s)}{R} = \frac{V_3(s) - V_2(s)}{\frac{1}{s}} + \frac{V_3(s) - V_4(s)}{R}$$

整理后得

$$(2 + s)V_3(s) - V_1(s) - sV_2(s) - V_4(s) = 0$$

又

$$\frac{V_4(s) - V_3(s)}{R} = \frac{0 - V_4(s)}{\frac{1}{s}}$$

$$(1 + s)V_4(s) - V_3(s) = 0$$

$$V_2(s) = KV_4(s)$$

$$H(s) = \frac{V_2(s)}{V_1(s)} = \frac{K}{s^2 + 3s - Ks + 1}$$

(2) 欲使该电路为一个稳定系统，则 $K < 3$。

(3) 临界稳定条件为 $K = 3$，则系统函数为 $H(s) = \dfrac{3}{s^2 + 1}$，单位冲激响应为 $h(t) = 3\sin(t)u(t)$。

例 5-24　对图 5-35 所示线性反馈系统，讨论当 K 从 0 增长时系统稳定性的变化。

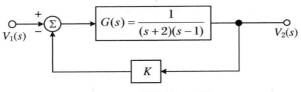

图 5-35　线性反馈系统

解　有

$$V_2(s) = [V_1(s) - KV_2(s)]G(s)$$

$$\frac{V_2(s)}{V_1(s)} = \frac{G(s)}{1 + KG(s)} = \frac{\dfrac{1}{(s-1)(s+2)}}{1 + \dfrac{K}{(s-1)(s+2)}}$$

$$= \frac{1}{(s-1)(s+2) + K} = \frac{1}{s^2 + s - 2 + K}$$

$$= \frac{1}{(s - p_1)(s + p_2)}$$

求得极点位置为

$$\left.\begin{array}{c} p_1 \\ p_2 \end{array}\right\} = \frac{-1}{2} \pm \sqrt{\frac{9}{4} - K}$$

$$K = 0, \quad p_1 = -2, \quad p_2 = +1$$

$$K = 2, \quad p_1 = -1, \quad p_2 = 0$$

$$K = \frac{9}{4}, \quad p_1 = p_2 = -\frac{1}{2}$$

$$K > \frac{9}{4}, \text{有共轭复根,在左半平面}$$

因此,$K>2$ 时系统稳定,$K=2$ 时为临界稳定,$K<2$ 时系统不稳定。K 增长时,极点在 s 平面之移动过程示意于图 5-36。

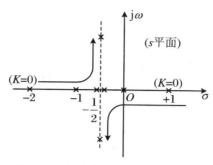

图 5-36　极点在 s 平面的移动过程

在线性时不变系统(包括连续与离散)分析中,系统函数方法占据重要地位。以上各节研究了利用 $H(s)$ 求解电路以及由 $H(s)$ 零、极点分布判断系统的时域、频域特性和稳定性等各类问题,今后还会看到系统函数的广泛应用,从多种角度理解和认识它的作用。然而,必须注意到应用这一概念的局限性。系统函数只能针对零状态响应描述系统的外特性,不能反映系统内部性能。此外,对于相当多的工程实际问题,难以建立确切的系统函数模型。对高阶线性系统求出严格的系统函数过于繁琐,对于非线性系统、时变系统以及许多模糊现象则不能采用系统函数的方法。近年来,人工神经网络和模糊控制等方法的出现为解决这类问题开辟了新的途径。这些新方法在构成原理和处理问题的出发点等方面与本章给出的系统函数方法有着重大区别。

习　　题

5-1　设已知 $\mathscr{L}[f(t)] = F(s)$,求下列函数的拉氏变换。

(1) $1 - e^{-at}$;

(2) $\sin t + 2\cos t$;

(3) $t e^{-2t}$;

(4) $e^{-t}\sin(2t)$;

(5) $(1+2t)e^{-t}$;

(6) $[1 - \cos(\alpha t)]e^{-\beta t}$;

(7) $t^2 + 2t$;

(8) $2\delta(t) - 3e^{-7t}$;

(9) $e^{-at}\sinh(\beta t)$;

(10) $\cos^2(\Omega t)$;

(11) $\dfrac{1}{\beta - \alpha}(e^{-\alpha t} - e^{-\beta t})$;

(12) $e^{-(t+a)}\cos(\omega t)$;

(13) $t e^{-(t-2)}u(t-1)$;

(14) $e^{-\frac{t}{a}}f\left(\dfrac{t}{a}\right)$;

(15) $e^{-at}f\left(\dfrac{t}{a}\right)$;

(16) $t\cos^3(3t)$;

(17) $t^2\cos(2t)$;

(18) $\dfrac{1}{t}(1 - e^{-at})$;

(19) $\dfrac{\mathrm{e}^{-3t} - \mathrm{e}^{-5t}}{t}$；　　　　　　　　　　　　(20) $\dfrac{\sin(at)}{t}$。

5-2　求下列函数的拉氏变换,考虑能否借助于延时定理。

(1) $f(t) = \begin{cases} \sin(\omega t) & \left(0 < t < \dfrac{T}{2}\right) \\ 0 & (t \text{ 为其他值}) \end{cases}$　　$\left(T = \dfrac{2\pi}{\omega}\right)$；

(2) $f(t) = \sin(\omega t + \varphi)$。

5-3　求下列函数的拉氏变换(注意阶跃函数的跳变时间)。

(1) $f(t) = \mathrm{e}^{-t} u(t-2)$；

(2) $f(t) = \mathrm{e}^{-(t-2)} u(t-2)$；

(3) $f(t) = \mathrm{e}^{-(t-2)} u(t)$；

(4) $f(t) = \sin(2t) u(t-1)$；

(5) $f(t) = (t-1)[u(t-1) - u(t-2)]$。

5-4　求下列函数的拉普拉斯逆变换。

(1) $\dfrac{1}{s+1}$；　　　　　　　　　　　　(2) $\dfrac{4}{2s+3}$；

(3) $\dfrac{4}{s(2s+3)}$；　　　　　　　　　　(4) $\dfrac{1}{s(s^2+5)}$；

(5) $\dfrac{3}{(s+4)(s+2)}$；　　　　　　　　(6) $\dfrac{3s}{(s+4)(s+2)}$；

(7) $\dfrac{1}{s^2+1} + 1$；　　　　　　　　　(8) $\dfrac{1}{s^2-3s+2}$；

(9) $\dfrac{1}{s(RCs+1)}$；　　　　　　　　　(10) $\dfrac{1-RCs}{s(RCs+1)}$；

(11) $\dfrac{\omega}{(s^2+\omega^2)} \cdot \dfrac{1}{(RCs+1)}$；　　(12) $\dfrac{4s+5}{s^2+5s+6}$；

(13) $\dfrac{100(s+50)}{s^2+201s+200}$；　　　　(14) $\dfrac{s+3}{(s+1)^3(s+2)}$；

(15) $\dfrac{A}{s^2+k^2}$；　　　　　　　　　(16) $\dfrac{1}{(s^2+3)^2}$；

(17) $\dfrac{s}{(s+a)[(s+a)^2+\beta^2]}$；　　(18) $\dfrac{s}{(s^2+\omega^2)[(s+a)^2+\beta^2]}$；

(19) $\dfrac{\mathrm{e}^{-s}}{4s(s^2+1)}$；　　　　　　　　(20) $\ln\left(\dfrac{s}{s+9}\right)$。

5-5　求下列函数的逆变换的初值与终值。

(1) $\dfrac{s+6}{(s+2)(s+5)}$；　　　　　　　(2) $\dfrac{s+3}{(s+1)^2(s+2)}$。

5-6　有如题5-6图所示电路,$t=0$以前开关 S 闭合,已进入稳定状态。$t=0$时,开关打开,求 $v_r(t)$ 并讨论 R 对波形的影响。

5-7　有如题5-7图所示电路,$t=0$时,开关 S 闭合,求 $v_C(t)$。

5-8　有如题5-8图所示 RLC 电路,$t=0$时,开关 S 闭合,求电流 $i(t)$。$\left(\text{已知} \dfrac{1}{2RC} < \dfrac{1}{\sqrt{LC}}\right)$

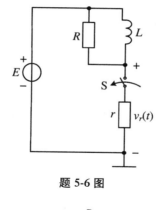

题 5-6 图

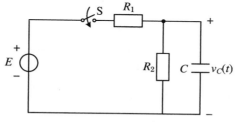

题 5-7 图

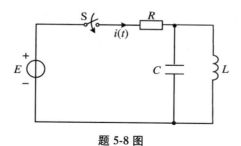

题 5-8 图

5-9　求如题 5-9 图所示电路的系统函数 $H(s)$ 和冲激响应 $h(t)$。设激励信号为电压 $e(t)$，响应信号为电压 $r(t)$。

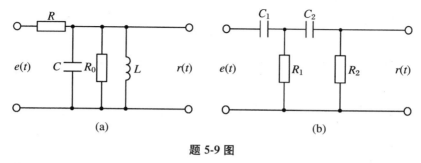

(a)　　　　　　　　　　　　(b)

题 5-9 图

5-10　写出如题 5-10 图所示各电路的系统函数 $H(s)=\dfrac{V_2(s)}{V_1(s)}$。

5-11　电路如题 5-11 图所示，注意图中 $kv_2(t)$ 是受控源。

(1) 求系统函数 $H(s)=\dfrac{V_3(s)}{V_1(s)}$；

（2）若 $k=2$，求冲激响应。

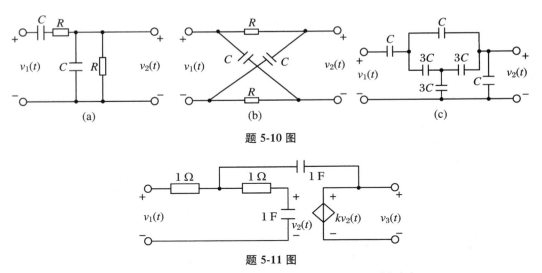

题 5-10 图

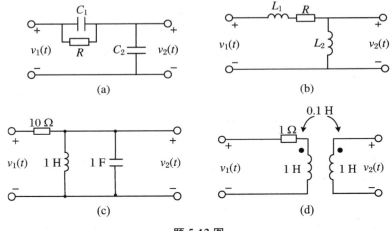

题 5-11 图

5-12 求如题 5-12 图所示各网络的电压转移函数 $H(s) = \dfrac{V_2(s)}{V_1(s)}$，在 s 平面示出其零、极点分布，若激励信号 $v_1(t)$ 为冲激函数 $\delta(t)$，求响应 $v_2(t)$ 的波形。

题 5-12 图

5-13 写出如题 5-13 图所示各梯形网络的电压转移函数 $H(s) = \dfrac{V_2(s)}{V_1(s)}$，在 s 平面示出其零、极点分布。

5-14 已知激励信号为 $e(t) = e^{-t}$，零状态响应为 $r(t) = \dfrac{1}{2}e^{-t} - e^{-2t} + 2e^{3t}$，求此系统的冲激响应 $h(t)$。

5-15 已知系统阶跃响应为 $g(t) = 1 - e^{-2t}$，零状态响应为 $r(t) = 1 - e^{-2t} - te^{-2t}$，求激励信号 $e(t)$。

5-16 题 5-16 图所示网络中，$L = 2 \text{ H}, C = 0.1 \text{ F}, R = 10 \ \Omega$。

（1）写出电压转移函数 $H(s) = \dfrac{V_2(s)}{E(s)}$；

（2）画出 s 平面零、极点分布；

（3）求冲激响应、阶跃响应。

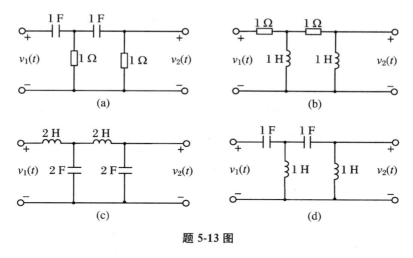

题 5-13 图

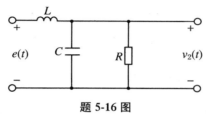

题 5-16 图

5-17　有如题 5-17 图所示反馈系统。

（1）写出 $H(s) = \dfrac{V_2(s)}{V_1(s)}$；

（2）K 满足什么条件时系统稳定？

（3）在临界稳定条件下，求系统冲激响应 $h(t)$。

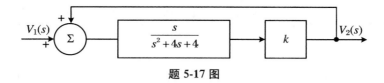

题 5-17 图

第6章 z 变 换

本书第 3 章讨论了连续时间系统的时域分析方法,为了分析连续时间系统,需要建立微分方程并求解。求解时可以采用时域经典法求得齐次解和特解,从而实现系统全响应的求解。相比之下,时域经典法运算复杂耗时,而拉普拉斯变换能使物理可实现的线性时不变系统的分析和求解变得更加简单容易。利用拉氏变换,将信号转换为变换域,在变换域内进行求解,然后再将计算结果进行逆变换得到时域结果。因此,第 5 章讨论了用拉普拉斯变换法分析系统的方法。

与连续时间系统相对应,为了分析离散时间系统,需要建立差分方程并求解。由于采用时域方法直接求解运算复杂耗时,人们提出了使用 z 变换法求解离散时间系统。

实际上,很久以前人们就已经认识了 z 变换方法的原理,其历史可以追溯至 18 世纪。早在 1730 年,英国数学家棣莫弗(De Moivre,1667 — 1754)就将生成函数的概念用于概率理论的研究。实质上,这种生成函数的形式与 z 变换相同。从 19 世纪的拉普拉斯(P. S. Laplace)至 20 世纪的沙尔(H. L. Seal)等人,在这方面继续做出贡献。然而,在那样一个较为局限的数学领域中,z 变换的概念没能得到充分运用与发展。20 世纪 50 年代与 60 年代,抽样数据控制系统和数字计算机的研究与实践,为 z 变换的应用开辟了广阔的天地。从此,在离散信号与系统的理论研究之中,z 变换成为一种重要的数学工具。它把离散系统的数学模型——差分方程转化为简单的代数方程,使其求解过程得以简化。因而,z 变换在离散系统中的地位与作用,类似于连续系统中的拉普拉斯变换。

6.1 z 变换的定义和典型序列的 z 变换

对连续时间信号进行均匀冲激抽样后,可以得到离散时间信号。对抽样信号进行拉氏变换可以给出 z 变换的定义,或者直接用离散时间信号给予 z 变换的定义。

若连续因果信号 $x(t)$ 经均匀冲激抽样,则抽样信号 $x_s(t)$ 的表示式为

$$x_s(t) = x(t) \cdot \delta_T(t) = \sum_{n=0}^{+\infty} x(nT)\delta(t - nT)$$

式中 T 为抽样间隔。对上式取拉氏变换,得

$$x_s(s) = \int_0^{+\infty} x_s(t) \mathrm{e}^{-st} \mathrm{d}t = \int_0^{+\infty} \left[\sum_{n=0}^{+\infty} x(nT)\delta(t - nT) \right] \mathrm{e}^{-st} \mathrm{d}t$$

将积分与求和的次序对调,并利用冲激函数的抽样特性,可得到抽样信号的拉氏变换:

$$x_s(s) = \sum_{n=0}^{+\infty} x(nT) \mathrm{e}^{-snT} \tag{6-1}$$

此时,如果引入一个新的复变量 z,令

$$z = e^{sT}$$

或写为

$$s = \frac{1}{T}\ln z$$

则式(6-1)可变成复变量 z 的函数式 $X(z)$:

$$X(z) = \sum_{n=0}^{+\infty} x(nT)z^{-n} \tag{6-2}$$

通常令 $T = 1$,则式(6-1)、式(6-2)变成

$$X(z) = \sum_{n=0}^{+\infty} x(n)z^{-n}$$

$$z = e^{s}$$

该式就是离散信号 $x(nT)$ 的 z 变换表示式。

如果序列 $x(n)$ 各样值与抽样信号 $x(t)\delta_T(t)$ 各冲激函数的强度相对应,就可借助符号 $z = e^{sT}$,将抽样信号的拉氏变换移植来表示离散时间信号的 z 变换。

与拉氏变换的定义类似,z 变换也有单边和双边之分。序列 $x(n)$ 的单边 z 变换定义为

$$X(z) = \mathscr{L}[x(n)] = x(0) + \frac{x(1)}{z} + \frac{x(2)}{z^2} + \cdots = \sum_{n=0}^{+\infty} x(n)z^{-n} \tag{6-3}$$

其中符号 $\mathscr{L}$ 表示取 z 变换,z 是复变量。

对于一切 n 值都有定义的双边序列 $x(n)$,也可以定义双边 z 变换为

$$X(z) = \mathscr{L}[x(n)] = \sum_{n=-\infty}^{+\infty} x(n)z^{-n} \tag{6-4}$$

显然,如果 $x(n)$ 为因果序列,则双边 z 变换与单边 z 变换是等同的。

式(6-3)、式(6-4)表明,序列的 z 变换是复变量 z^{-1} 的幂级数(亦称洛朗级数),其系数是序列 $x(n)$ 的值。在有些数学文献中,也把 $X(z)$ 称为序列 $x(n)$ 的生成函数。在拉氏变换分析中着重讨论单边拉氏变换,这是由于在连续时间系统中非因果信号的应用较少。对于离散时间系统,非因果序列也有一定的应用范围,因此将着重单边适当兼顾双边 z 变换分析。

下面举例给出一些典型序列的 z 变换。

1. 单位样值函数

单位样值函数 $\delta(n)$ 定义为

$$\delta(n) = \begin{cases} 1 & (n = 0) \\ 0 & (n \neq 0) \end{cases}$$

如图 6-1 所示。

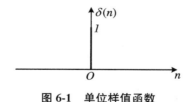

图 6-1　单位样值函数

取其 z 变换,得到

$$\mathscr{Z}[\delta(n)] = \sum_{n=0}^{+\infty} \delta(n)z^{-n} = 1 \tag{6-5}$$

可见,与连续系统单位冲激函数 $\delta(t)$ 的拉氏变换类似,单位样值函数 $\delta(n)$ 的 z 变换等于 1。

2. 单位阶跃序列

单位阶跃序列 $u(n)$ 定义为

$$u(n) = \begin{cases} 1 & (n \geqslant 0) \\ 0 & (n < 0) \end{cases}$$

如图 6-2 所示。

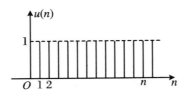

图 6-2　单位阶跃序列

取其 z 变换得到

$$\mathscr{Z}[u(n)] = \sum_{n=0}^{+\infty} u(n)z^{-n} = \sum_{n=0}^{+\infty} z^{-n}$$

若 $|z| > 1$,该几何级数收敛:

$$\mathscr{Z}[u(n)] = \frac{z}{z-1} = \frac{1}{1-z^{-1}} \tag{6-6}$$

3. 斜变序列

斜变序列为

$$x(n) = nu(n)$$

如图 6-3 所示。

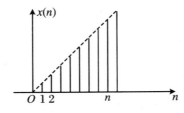

图 6-3　斜变序列

其 z 变换为

$$\mathscr{Z}[x(n)] = \sum_{n=0}^{+\infty} nz^{-n}$$

该 z 变换可以用下面的方法间接求得。

由式(6-6),已知

$$\sum_{n=0}^{+\infty} z^{-n} = \frac{1}{1-z^{-1}} \quad (|z| > 1)$$

将上式两边分别对 z^{-1} 求导,得

$$\sum_{n=0}^{+\infty} n (z^{-1})^{n-1} = \frac{1}{(1-z^{-1})^2}$$

两边各乘 z^{-1},便得到了斜变序列的 z 变换:

$$\mathcal{L}[nu(n)] = \sum_{n=0}^{+\infty} nz^{-n} = \frac{z}{(z-1)^2} \quad (|z|>1) \tag{6-7}$$

同样,若式(6-7)两边再对 z^{-1} 取导数,还可得到

$$\mathcal{L}[n^2 u(n)] = \frac{z(z+1)}{(z-1)^3} \tag{6-8}$$

$$\mathcal{L}[n^3 u(n)] = \frac{z(z^2+4z+1)}{(z-1)^4} \tag{6-9}$$

4. 指数序列

单边指数序列的表示式为

$$x(n) = a^n u(n)$$

如图 6-4 所示。

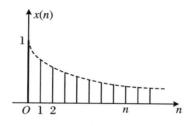

图 6-4　单边指数序列

由式(6-4)可求出它的 z 变换为

$$\mathcal{L}[a^n u(n)] = \sum_{n=0}^{+\infty} a^n z^{-n} = \sum_{n=0}^{+\infty} (az^{-1})^n$$

显然,此级数若满足 $|z|>|a|$,则可收敛为

$$\mathcal{L}[a^n u(n)] = \frac{1}{1-(az^{-1})} = \frac{z}{z-a} \quad (|z|>|a|) \tag{6-10}$$

若令 $a = \mathrm{e}^b$,当 $|z|>|\mathrm{e}^b|$ 时,则有

$$\mathcal{L}[\mathrm{e}^{bn} u(n)] = \frac{z}{z-\mathrm{e}^b}$$

同样,若将式(6-10)两边对 z^{-1} 求导,可以得到

$$\mathcal{L}[na^n u(n)] = \frac{az^{-1}}{(1-az^{-1})^2} = \frac{az}{(z-a)^2} \tag{6-11}$$

$$\mathcal{L}[n^2 a^n u(n)] = \frac{az(z+a)}{(z-a)^3} \tag{6-12}$$

5. 正弦与余弦序列

如图 6-5 所示是单边余弦序列 $\cos(\omega_0 n)$ 的波形图。

因

$$\mathcal{L}[\mathrm{e}^{bn} u(n)] = \frac{z}{z-\mathrm{e}^b} \quad (|z|>|\mathrm{e}^b|)$$

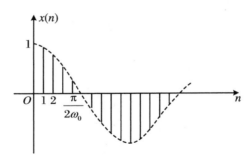

图 6-5　单边余弦序列

令 $b = j\omega_0$，则当 $|z| > |e^{j\omega_0}| = 1$ 时，有

$$\mathscr{L}\left[e^{j\omega_0 n}u(n)\right] = \frac{z}{z - e^{j\omega_0}}$$

同样，令 $b = -j\omega_0$，则可得

$$\mathscr{L}\left[e^{-j\omega_0 n}u(n)\right] = \frac{z}{z - e^{-j\omega_0}}$$

将上两式相加，得

$$\mathscr{L}\left[e^{j\omega_0 n}u(n)\right] + \mathscr{L}\left[e^{-j\omega_0 n}u(n)\right] = \frac{z}{z - e^{j\omega_0}} + \frac{z}{z - e^{-j\omega_0}}$$

由于两序列之和的 z 变换等于各序列 z 变换的和，从上式可以根据欧拉公式直接得到余弦序列的 z 变换如下：

$$\mathscr{L}\left[\cos(\omega_0 n)u(n)\right] = \frac{1}{2}\left(\frac{z}{z - e^{j\omega_0}} + \frac{z}{z - e^{-j\omega_0}}\right)$$
$$= \frac{z(z - \cos\omega_0)}{z^2 - 2z\cos\omega_0 + 1} \tag{6-13}$$

同理可得正弦序列的 z 变换：

$$\mathscr{L}\left[\sin(\omega_0 n)u(n)\right] = \frac{1}{2j}\left(\frac{z}{z - e^{j\omega_0}} - \frac{z}{z - e^{-j\omega_0}}\right)$$
$$= \frac{z\sin\omega_0}{z^2 - 2z\cos\omega_0 + 1} \tag{6-14}$$

以上两式的收敛域都为 $|z| > 1$。注意 $\cos(\omega_0 n)u(n)$ 与 $\sin(\omega_0 n)u(n)$ 的 z 变换式分母相同。

在式（6-10）中，若令 $a = \beta e^{j\omega_0}$，则式（6-10）可变为

$$\mathscr{L}\left[a^n u(n)\right] = \mathscr{L}\left[\beta^n e^{jn\omega_0}u(n)\right] = \frac{1}{1 - \beta e^{j\omega_0}z^{-1}}$$

同样

$$\mathscr{L}\left[\beta^n e^{-jn\omega_0}u(n)\right] = \frac{1}{1 - \beta e^{-j\omega_0}z^{-1}}$$

借助欧拉公式，由上两式可以得到

$$\mathscr{L}\left[\beta^n \cos(n\omega_0)u(n)\right] = \frac{1 - \beta z^{-1}\cos\omega_0}{1 - 2\beta z^{-1}\cos\omega_0 + \beta^2 z^{-2}}$$
$$= \frac{z(z - \beta\cos\omega_0)}{z^2 - 2\beta z\cos\omega_0 + \beta^2} \tag{6-15}$$

及

$$\mathscr{L}\left[\beta^n \sin(n\omega_0)u(n)\right] = \frac{\beta z^{-1}\sin\omega_0}{1 - 2\beta z^{-1}\cos\omega_0 + \beta^2 z^{-2}}$$

$$= \frac{\beta z\sin\omega_0}{z^2 - 2\beta z\cos\omega_0 + \beta^2} \tag{6-16}$$

上两式是单边指数衰减($\beta<1$)及增幅($\beta>1$)的余弦、正弦序列的 z 变换,其收敛域为 $|z|>|\beta|$。

6.2　z 变换的收敛域

双边和单边 z 变换都是无穷级数,因此存在级数是否收敛的问题,只有当级数收敛时,z 变换才能存在。对于任何有界序列 $x(n)$,使得 $x(n)$ 的 z 变换存在的 z 值范围称为 z 变换 $X(z)$ 的收敛域。

与拉氏变换的情况类似,对于单边变换,序列与变换式唯一对应,同时也有唯一的收敛域。而在双边变换时,不同的序列在不同的收敛域条件下可能映射为同一个变换式。下面举例说明这种情况。

若两序列分别为

$$x_1(n) = a^n u(n)$$
$$x_2(n) = -a^n u(-n-1)$$

容易求得它们的 z 变换分别为

$$X_1(z) = \mathscr{L}[x_1(n)] = \sum_{n=0}^{+\infty} a^n z^{-n} = \frac{z}{z-a} \quad (|z|>|a|) \tag{6-17}$$

$$X_2(z) = \mathscr{L}[x_2(n)] = \sum_{n=-\infty}^{-1} (-a^n) z^{-n} = -\sum_{n=0}^{+\infty} (a^{-1}z)^n + 1$$

对 $X_2(z)$ 而言,只有当 $|z|<|a|$ 时级数才收敛,于是有

$$X_2(z) = \frac{z}{z-a} \quad (|z|<|a|) \tag{6-18}$$

上述结果说明,两个不同的序列由于收敛域不同,可能对应于相同的 z 变换。因此,为了准确地确定 z 变换所对应的序列,不仅要给出序列的 z 变换式,而且必须同时说明它的收敛域。在收敛域内,$X(z)$ 及它的导数是 z 的连续函数,也就是说,$X(z)$ 是收敛域内每一点上的解析函数。

根据级数的理论,式(6-4)所示级数收敛的充分条件是满足绝对可和条件,即要求

$$\sum_{n=-\infty}^{+\infty} |x(n)z^{-n}| < +\infty \tag{6-19}$$

上式的左边构成正项级数,通常可以利用两种方法——比值判定法和根值判定法,判别正项级数的收敛性。所谓比值判定法就是说若有一个正项级数 $\sum_{n=-\infty}^{+\infty} |a_n|$,令它的后项与前项比值的极限等于 ρ,即

$$\lim_{n \to +\infty} \left| \frac{a_{n+1}}{a_n} \right| = \rho \tag{6-20}$$

则当 $\rho < 1$ 时级数收敛，$\rho > 1$ 时级数发散，$\rho = 1$ 时级数可能收敛也可能发散。所谓根值判定法，是令正项级数一般项 $|a_n|$ 的 n 次根的极限等于 ρ，即

$$\lim_{n \to +\infty} \sqrt[n]{|a_n|} = \rho \tag{6-21}$$

则当 $\rho < 1$ 时级数收敛，$\rho > 1$ 时级数发散，$\rho = 1$ 时级数可能收敛也可能发散。

下面利用上述判定法讨论几类序列的 z 变换收敛域问题。

1．有限长序列

这类序列只在有限的区间（$n_1 \leqslant n \leqslant n_2$）具有非零的有限值，此时 z 变换为

$$X(z) = \sum_{n=n_1}^{n_2} x(n) z^{-n}$$

由于 n_1, n_2 是有限整数，因而上式是一个有限项级数。由该级数可以看出，当 $n_1 < 0$，$n_2 > 0$ 时，除 $z = \infty$ 及 $z = 0$ 外，$X(z)$ 在 z 平面上处处收敛，即收敛域为 $0 < |z| < \infty$。当 $n_1 < 0, n_2 \leqslant 0$ 时，$X(z)$ 的收敛域为 $|z| < \infty$。当 $n_1 \geqslant 0, n_2 > 0$ 时，$X(z)$ 的收敛域为 $|z| > 0$。所以有限长序列的 z 变换收敛域至少为 $0 < |z| < \infty$，且可能还包括 $z = 0$ 或 $z = \infty$，由序列 $x(n)$ 的形式所决定。

2．右边序列

这类序列是有始无终的序列，即当 $n < n_1$ 时，$x(n) = 0$。此时 z 变换为

$$X(z) = \sum_{n=n_1}^{+\infty} x(n) z^{-n}$$

由式（6-21），若满足

$$\lim_{n \to +\infty} \sqrt[n]{|x(n) z^{-n}|} < 1$$

即

$$|z| > \lim_{n \to +\infty} \sqrt[n]{|x(n)|} = R_{x1} \tag{6-22}$$

则该级数收敛。其中 R_{x1} 是级数的收敛半径。可见，右边序列的收敛域是半径为 R_{x1} 的圆外部分。如果 $n_1 \geqslant 0$，则收敛域包括 $z = +\infty$，即 $|z| > R_{x1}$；如果 $n_1 < 0$，则收敛域不包括 $z = +\infty$，即 $R_{x1} < |z| < \infty$。显然，当 $n_1 = 0$ 时，右边序列变成因果序列，也就是说，因果序列是右边序列的一种特殊情况，它的收敛域是 $|z| > R_{x1}$。

3．左边序列

这类序列是无始有终序列，即当 $n > n_2$ 时，$x(n) = 0$。此时 z 变换为

$$X(z) = \sum_{n=-\infty}^{n_2} x(n) z^{-n}$$

若令 $m = -n$，上式变为

$$X(z) = \sum_{m=-n_2}^{+\infty} x(-m) z^{m}$$

如果将变量 m 再改为 n，则有

$$X(z) = \sum_{n=-n_2}^{+\infty} x(-n) z^{n}$$

根据式（6-21），若满足

$$\lim_{n \to +\infty} \sqrt[n]{|x(-n)z^n|} < 1$$

即

$$|z| < \frac{1}{\lim\limits_{n \to +\infty} \sqrt[n]{|x(-n)|}} = R_{x2} \tag{6-23}$$

则该级数收敛。可见,左边序列的收敛域是半径为 R_{x2} 的圆内部分。如果 $n_2 > 0$,则收敛域不包括 $z = 0$,即 $0 < |z| < R_{x2}$;如果 $n_2 \leq 0$,则收敛域包括 $z = 0$,即 $|z| < R_{x2}$。

4．双边序列

双边序列是从 $n = -\infty$ 延伸到 $n = +\infty$ 的序列,一般可写作

$$X(z) = \sum_{n=-\infty}^{+\infty} x(n)z^{-n} = \sum_{n=0}^{+\infty} x(n)z^{-n} + \sum_{n=-\infty}^{-1} x(n)z^{-n}$$

显然,可以把它看成右边序列和左边序列的 z 变换叠加。上式右边第一个级数是右边序列,其收敛域为 $|z| > R_{x1}$;第二个级数是左边序列,收敛域为 $|z| < R_{x2}$。如果 $R_{x2} > R_{x1}$,则 $X(z)$ 的收敛域是两个级数收敛域的重叠部分,即

$$R_{x1} < |z| < R_{x2}$$

其中 $R_{x1} > 0, R_{x2} < \infty$。所以,双边序列的收敛域通常是环形。如果 $R_{x1} > R_{x2}$,则两个级数不存在公共收敛域,此时 $X(z)$ 不收敛。

上面讨论了各种序列的双边 z 变换的收敛域,显然,收敛域取决于序列的形式。为便于对比,将上述几类序列的双边 z 变换收敛域列于表 6-1。

应当指出,任何序列的单边 z 变换收敛域和因果序列的收敛域类同,都是 $|z| > R_{x1}$。

表 6-1　序列的形式与双边 z 变换收敛域的关系

序列形式		z 变换收敛域
有限长序列 ① $n_1 < 0$, $n_2 > 0$		$0 < |z| < \infty$
② $n_1 \geq 0$, $n_2 > 0$		$|z| > 0$
③ $n_1 < 0$, $n_2 \leq 0$		$|z| < \infty$
右边序列 ① $n_1 < 0$, $n_2 = \infty$		$R_{x_1} < |z| < \infty$
② $n_1 \geq 0$, $n_2 = \infty$ 因果序列		$|z| > R_{x_1}$

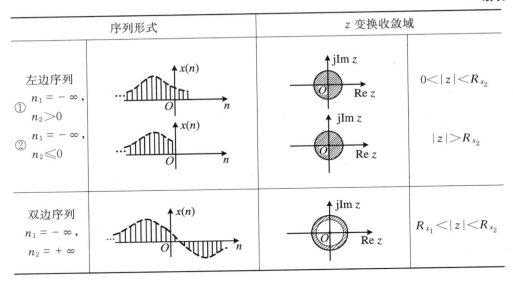

序列形式		z 变换收敛域
左边序列 $n_1 = -\infty$, ① $n_2 > 0$ ② $n_1 = -\infty$, $n_2 \leqslant 0$		$0 < |z| < R_{x_2}$ $|z| > R_{x_2}$
双边序列 $n_1 = -\infty$, $n_2 = +\infty$		$R_{x_1} < |z| < R_{x_2}$

例 6-1　求序列 $x(n) = 2^n u(n) - 3^n u(-n-1)$ 的 z 变换,并确定它的收敛域(其中 $b > a$,$b > 0$,$a > 0$)。

解　这是一个双边序列,假若求单边 z 变换,它等于

$$X(z) = \sum_{n=0}^{+\infty} x(n) z^{-n}$$

$$= \sum_{n=0}^{+\infty} [2^n u(n) - 3^n u(-n-1)] z^{-n}$$

$$= \sum_{n=0}^{+\infty} 2^n z^{-n}$$

如果 $|z| > a$,则上面的级数收敛,这样得到

$$X(z) = \sum_{n=0}^{+\infty} 2^n z^{-n} = \frac{z}{z-2}$$

其零点位于 $z = 0$,极点位于 $z = 2$,收敛域为 $|z| > 2$。

假若求序列的双边 z 变换,它等于

$$X(z) = \sum_{n=-\infty}^{+\infty} x(n) z^{-n} = \sum_{n=-\infty}^{+\infty} [2^n u(n) - 3^n u(-n-1)] z^{-n}$$

$$= \sum_{n=0}^{+\infty} 2^n z^{-n} - \sum_{n=-\infty}^{-1} 3^n z^{-n}$$

$$= \sum_{n=0}^{+\infty} 2^n z^{-n} + 1 - \sum_{n=0}^{+\infty} 3^{-n} z^n$$

如果 $|z| > 2$,$|z| < 3$,则上面的级数收敛,得到

$$X(z) = \frac{z}{z-2} + 1 + \frac{3}{z-3} = \frac{z}{z-2} + \frac{z}{z-3}$$

显然,该序列的双边 z 变换的零点位于 $z = 0$ 及 $z = \dfrac{5}{2}$,极点位于 $z = 2$ 与 $z = 3$,收敛域为 $3 > |z| > 2$,如图 6-6 所示。

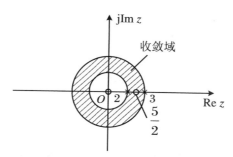

图 6-6　双边指数序列的 z 变换零、极点与收敛域

　　由该例可以看出,由于 $X(z)$ 在收敛域内是解析的,因此收敛域内不应该包含任何极点。通常,收敛域以极点为边界。对于多个极点的情况,右边序列之收敛域是从 $X(z)$ 最外面(最大值)有限极点向外延伸至 $z \rightarrow \infty$(可能包括 ∞);左边序列之收敛域是从 $X(z)$ 最里边(最小值)非零极点向内延伸至 $z = 0$(可能包括 $z = 0$)。

6.3　逆 z 变 换

　　若已知序列 $x(n)$ 的 z 变换为

$$X(z) = \mathscr{Z}\big[x(n)\big]$$

则 $X(z)$ 的逆变换记作 $x(n) = \mathscr{Z}^{-1}\big[X(z)\big]$,并由以下围线积分给出:

$$x(n) = \mathscr{Z}^{-1}\big[X(z)\big] = \frac{1}{2\pi j}\oint_C X(z)z^{n-1}\mathrm{d}z \tag{6-24}$$

其中 C 是包围 $X(z)z^{n-1}$ 所有极点之逆时针闭合积分路线,通常选择 z 平面收敛域内以原点为中心的圆,如图 6-7 所示。

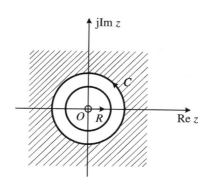

图 6-7　逆 z 变换积分围线的选择

　　下面从 z 变换定义表达式导出逆变换式(6-24)。已知

$$X(z) = \sum_{n=-\infty}^{+\infty} x(n)z^{-n}$$

对此式两端分别乘以 z^{m-1},然后沿围线 C 积分,得

$$\oint_C z^{m-1}X(z)\mathrm{d}z = \oint_C \Big[\sum_{n=0}^{+\infty} x(n)z^{-n}\Big]z^{m-1}\mathrm{d}z$$

将积分与求和的次序互换，上式变成

$$\oint_C X(z)z^{m-1}\mathrm{d}z = \sum_{n=0}^{+\infty} x(n)\oint_C [z^{m-n-1}]\mathrm{d}z \tag{6-25}$$

根据复变函数中的柯西定理，有

$$\oint_C z^{k-1}\mathrm{d}z = \begin{cases} 2\pi\mathrm{j} & (k=0) \\ 0 & (k \neq 0) \end{cases}$$

这样，式(6-25)的右边只存在 $m=n$ 一项，其余均等于零。于是式(6-25)变成

$$\oint_C X(z)z^{n-1}\mathrm{d}z = 2\pi\mathrm{j}x(n)$$

即

$$x(n) = \frac{1}{2\pi\mathrm{j}}\oint_C X(z)z^{n-1}\mathrm{d}z \tag{6-26}$$

逆变换式(6-24)得证。

求逆变换的计算方法有三种：围线积分法(也称留数法)、部分分式展开法和长除法。其中，部分分式展开法比较简便，因此应用最多，我们这里重点介绍，另外两种方法仅做简要说明。

1．围线积分法(留数法)

由于围线 C 在 $X(z)$ 的收敛域内，且包围着坐标原点，而 $X(z)$ 又在 $|z|>R$ 的区域内收敛，因此 C 包围了 $X(z)$ 的奇点。通常 $X(z)z^{n-1}$ 是 z 的有理函数，其奇点都是孤立奇点(极点)。这样，借助于复变函数的留数定理，可以把式(6-26)的积分表示为围线 C 内所包含 $X(z)z^{n-1}$ 的各极点留数之和，即

$$x(n) = \frac{1}{2\pi\mathrm{j}}\oint_C X(z)z^{n-1}\mathrm{d}z$$
$$= \sum_m (X(z)z^{n-1} \text{ 在 } C \text{ 内极点的留数})$$

或简写为

$$x(n) = \sum_m \mathrm{Res}\left[X(z)z^{n-1}\right]_{z=z_m} \tag{6-27}$$

式中 Res 表示极点的留数，z_m 为 $X(z)z^{n-1}$ 的极点。

如果 $X(z)z^{n-1}$ 在 $z=z_m$ 处有 s 阶极点，此时它的留数由下式确定：

$$\mathrm{Res}\left[X(z)z^{n-1}\right]_{z=z_m} = \frac{1}{(s-1)!}\left\{\frac{\mathrm{d}^{s-1}}{\mathrm{d}z^{s-1}}\left[(z-z_m)^s X(z)z^{n-1}\right]\right\}_{z=z_m} \tag{6-28}$$

若只含有一阶极点，即 $s=1$，此时式(6-28)可以简化为

$$\mathrm{Res}\left[X(z)z^{n-1}\right]_{z=z_m} = \left[(z-z_m)X(z)z^{n-1}\right]_{z=z_m} \tag{6-29}$$

在利用式(6-27)～式(6-29)的时候，应注意收敛域内围线所包围的极点情况，特别要关注对于不同 n 值，在 $z=0$ 处极点可能具有不同阶次。

例 6-2 求 $X(z) = \dfrac{z^2}{(z-1)(z-0.5)}(|z|>1)$ 的逆变换。

解 由式(6-27)知 $X(z)$ 的逆变换为

$$x(n) = \sum_m \mathrm{Res}\left[\frac{z^{n+1}}{(z-1)(z-0.5)}\right]_{z=z_m}$$

当 $n \geqslant -1$ 时在 $z=0$ 点没有极点，仅在 $z=1$ 和 $z=0.5$ 处有一阶极点，可求得

$$\mathrm{Res}\left[\frac{z^{n+1}}{(z-1)(z-0.5)}\right]_{z=1} = 2$$

$$\mathrm{Res}\left[\frac{z^{n+1}}{(z-1)(z-0.5)}\right]_{z=0.5} = -(0.5)^n$$

由此写出

$$x(n) = [2 - (0.5)^n]u(n+1)$$

实际上,当 $n = -1$ 时 $x(n) = 0$,因此上式可简写为

$$x(n) = [2 - (0.5)^n]u(n)$$

当 $n < -1$ 时,在 $z = 0$ 处有极点存在,不难求得与此点相应的留数和上面两极点处之留数总和为零,因此 $x(n)$ 都等于零。本题的答案就是上面求得的因果序列 $x(n)$,这与收敛域条件($|z| > 1$)一致。

假设把本题的收敛域改为 $|z| < 0.5$,而 $X(z)$ 保持不变,积分围线则应选在半径为 0.5 的圆内。当 $n > -1$ 时,围线积分等于零,相应的 $u(n)$ 都为零;而当 $n < -1$ 时,$z = 0$ 处有极点存在,求解围线积分后可以得到 $u(n)$ 为左边序列,这个结果也与收敛条件($|z| < 0.5$)相符合。

另一种情况是收敛域为圆环($0.5 < |z| < 1$)。这时,积分围线应选在半径为 0.5~1 的圆环之内,所求的 $x(n)$ 是双边序列。

综上所述,对于同一个 $X(z)$ 表达式,如果收敛域不同,所选择之积分围线也不同,将会得到不同的逆变换序列 $x(n)$。

2. 幂级数展开法(长除法)

因为 $x(n)$ 的 z 变换定义为 z^{-1} 的幂级数:

$$X(z) = \sum_{n=-\infty}^{+\infty} x(n)z^{-n}$$

所以,只要在给定的收敛域内把 $X(z)$ 展成幂级数,级数的系数就是序列 $x(n)$。

在一般情况下,$X(z)$ 是有理函数,令分子多项式为 $N(z)$,分母多项式为 $D(z)$。如果 $X(z)$ 的收敛域是 $|z| > R_{x1}$,则 $x(n)$ 必然是因果序列,此时 $N(z)$、$D(z)$ 按 z 的降幂(或 z^{-1} 的升幂)次序进行排列。如果收敛域是 $|z| < R_{x2}$,则 $x(n)$ 必然是左边序列,此时 $N(z)$、$D(z)$ 按 z 的升幂(或 z^{-1} 的降幂)次序进行排列。然后利用长除法,便可将 $X(z)$ 展成幂级数,从而得到 $x(n)$。

例 6-3 求 $X(z) = \dfrac{z}{(z+1)^2}$ 的逆变换 $x(n)$(收敛域为 $|z| > 1$)。

解 由于 $X(z)$ 的收敛域是 $|z| > 1$,因而 $x(n)$ 必然是因果序列。此时 $X(z)$ 按 z 的降幂排列成下列形式:

$$X(z) = \frac{z}{z^2 + 2z + 1}$$

进行长除:

$$z^2+2z+1 \overline{\smash{\big)}\, z} \quad \dfrac{z^{-1}-2z^{-2}+3z^{-3}+\cdots}{}$$

$$z+2+z^{-1}$$

$$-2-z^{-1}$$

$$-2-4z^{-1}-2z^{-2}$$

$$3z^{-1}+2z^{-2}$$

$$3z^{-1}+6z^{-2}+3z^{-3}$$

$$-4z^{-2}-3z^{-3}$$

$$\cdots$$

$$X(z) = z^{-1} - 2z^{-2} + 3z^{-3} - \cdots = \sum_{n=0}^{+\infty} (-1)^{n+1} n z^{-n}$$

得

$$x(n) = (-1)^{n+1} n u(n)$$

例 6-4 求收敛域分别为 $|z|>1$ 和 $|z|<1$ 两种情况下 $X(z) = \dfrac{1+2z^{-1}}{1-2z^{-1}+z^2}$ 的逆变换 $x(n)$。

解 对于收敛域 $|z|>1$，$X(z)$ 的相应序列 $x(n)$ 为因果序列，这时 $X(z)$ 可写成

$$X(z) = \frac{1+2z^{-1}}{1-2z^{-1}+z^{-2}}$$

进行长除，展成级数：

$$X(z) = 1 + 4z^{-1} + 7z^{-2} + \cdots = \sum_{n=0}^{+\infty} (3n+1) z^{-n}$$

得

$$x(n) = (3n+1) u(n)$$

若收敛域为 $|z|<1$，则 $X(z)$ 的相应序列 $x(n)$ 是左边序列，此时 $X(z)$ 可写为

$$X(z) = \frac{2z^{-1}+1}{z^{-2}-2z^{-1}+1}$$

进行长除，展成级数：

$$X(z) = 2z + 5z^2 + \cdots = \sum_{n=1}^{+\infty} (3n-1) z^n = -\sum_{n=-\infty}^{-1} (3n+1) z^{-n}$$

得

$$x(n) = -(3n+1) u(-n-1)$$

3. 部分分式展开法

类似于拉氏变换中的部分分式展开法，序列的 z 变换通常可表示为有理分式形式。可以先将 $X(z)$ 展成一些简单而常见的部分分式之和，然后分别求出各部分分式的逆变换，再把各部分逆变换相加起来即可得到 $x(n)$。

z 变换的基本形式为 $\dfrac{z}{z-z_m}$，在利用 z 变换的部分分式展开法时，通常先将 $\dfrac{X(z)}{z}$ 展开，然后每个分式乘以 z，这样对于一阶极点，$X(z)$ 便可展成 $\dfrac{z}{z-z_m}$ 的形式。

下面先给出一个简单的例题，然后讨论部分分式展开法的一般公式。

例 6-5 用部分分式展开法求解 $X(z) = \dfrac{z^2}{z^2-1.5z+0.5}$ 的逆变换 $x(n)(|z|>1)$。

解 本题与例 6-2 相同。

$$X(z) = \frac{z^2}{(z-1)(z-0.5)}$$

只包含一阶极点 $z_1 = 0.5, z_2 = 1$。得到以下展开式：

$$\frac{X(z)}{z} = \frac{A_1}{z-0.5} + \frac{A_2}{z-1}$$

式中

$$A_1 = \left[\frac{X(z)}{z}(z-0.5)\right]_{z=0.5} = -1$$

$$A_2 = \left[\frac{X(z)}{z}(z-1)\right]_{z=1} = 2$$

$X(z)$ 展为

$$X(z) = \frac{2z}{z-1} - \frac{z}{z-0.5}$$

因为 $|z| > 1$，所以 $x(n)$ 是因果序列，则

$$x(n) = (2 - 0.5^n)u(n)$$

与例 6-2 结果相同，而求解过程比较简便。

一般情况下，$X(z)$ 的表达式可写为

$$X(z) = \frac{N(z)}{D(z)} = \frac{b_0 + b_1 z + \cdots + b_{r-1} z^{r-1} + b_r z^r}{a_0 + a_1 z + \cdots + a_{k-1} z^{k-1} + a_k z^k} \tag{6-30}$$

对于因果序列，它的 z 变换收敛域为 $|z| > R$，为保证在 $z = \infty$ 处收敛，其分母多项式的阶次应不低于分子多项式的阶次，即满足 $k \geqslant r$。

如果 $X(z)$ 只含有一阶极点，则 $\dfrac{X(z)}{z}$ 可以展为

$$\frac{X(z)}{z} = \sum_{m=0}^{K} \frac{A_m}{z-z_m}$$

即

$$X(z) = \sum_{m=0}^{K} \frac{A_m z}{z-z_m} \tag{6-31}$$

式中 z_m 是 $\dfrac{X(z)}{z}$ 的极点，A_m 是 z_m 的留数，它等于

$$A_m = \mathrm{Res}\left[\frac{X(z)}{z}\right]_{z=z_m} = \left[(z-z_m)\frac{X(z)}{z}\right]_{z=z_m}$$

或者把式 (6-31) 表示成

$$X(z) = A_0 + \sum_{m=1}^{K} \frac{A_m z}{z-z_m} \tag{6-32}$$

这里 z_m 是 $X(z)$ 的极点，而 A_0 为

$$A_0 = \left[X(z)\right]_{z=0} = \frac{b_0}{a_0}$$

如果 $X(z)$ 中含有高阶极点，式 (6-31)、式 (6-32) 应当加以修正，若 $X(z)$ 除含有 M 个一阶极点外，在 $z = z_i$ 处还含有一个 s 阶极点，此时 $X(z)$ 应展成

$$X(z) = \sum_{m=0}^{M} \frac{A_m z}{z-z_m} + \sum_{j=1}^{s} \frac{B_j z}{(z-z_i)^j}$$

$$= A_0 + \sum_{m=0}^{M} \frac{A_m z}{z-z_m} + \sum_{j=1}^{s} \frac{B_j z}{(z-z_i)^j}$$

式中 A_m 的确定方法与前相同,而 B_j 为

$$B_j = \frac{1}{(s-j)!}\left[\frac{\mathrm{d}^{s-j}}{\mathrm{d}z^{s-j}}(z-z_i)^s\frac{X(z)}{z}\right]_{z=z_i}$$

在这种情况下,$X(z)$ 也可展为下列形式:

$$X(z) = A_0 + \sum_{m=1}^{M}\frac{A_m z}{z-z_m} + \sum_{j=1}^{s}\frac{C_j z^j}{(z-z_i)^j}$$

其中,对于 $j=s$ 项,系数

$$C_s = \left[\left(\frac{z-z_i}{z}\right)^s X(z)\right]_{z=z_i}$$

其他各 C_j 系数由待定系数法求出。

在这两种展开式中,部分分式的基本形式是 $\frac{z}{(z-z_i)^j}$ 或 $\frac{z^j}{(z-z_i)^j}$。在表 6-2～表 6-4 中给出了相应的逆变换。其中,表 6-2 是 $|z|>a$ 对应右边序列的情况,而表 6-3 是 $|z|<a$ 为左边序列。由表 6-2 利用延时定理容易导出补充表,即表 6-4。作为练习,读者还可由表 6-3 导出类似的补充表。在查表时应注意收敛域条件,例如对于例 6-5 给定的收敛域 $(|z|>1)$,可查得 $x(n)=2u(n)-0.5^n u(n)$,若 $X(z)$ 不改变,而收敛域为 $|z|<0.5$,则可查得 $x(n)=[-2+(0.5)^n]u(-n-1)$,若收敛域为环形 $0.5<|z|<1$,则 $x(n)=-(0.5)^n u(n)-2u(-n-1)$。

表 6-2　逆 z 变换表(一)

z 变换($|z|>|a|$)	序　列
$\dfrac{z}{z-1}$	$u(n)$
$\dfrac{z}{z-a}$	$a^n u(n)$
$\dfrac{z^2}{(z-a)^2}$	$(n+1)a^n u(n)$
$\dfrac{z^3}{(z-a)^3}$	$\dfrac{(n+1)(n+2)}{2!}a^n u(n)$
$\dfrac{z^{m+1}}{(z-a)^{m+1}}$	$\dfrac{(n+1)(n+2)\cdots(n+m)}{m!}a^n u(n)$

表 6-3　逆 z 变换表(二)

z 变换($|z|<|a|$)	序　列
$\dfrac{z}{z-1}$	$-u(-n-1)$
$\dfrac{z}{z-a}$	$-a^n u(-n-1)$
$\dfrac{z^2}{(z-a)^2}$	$-(n+1)a^n u(-n-1)$
$\dfrac{z^3}{(z-a)^3}$	$-\dfrac{(n+1)(n+2)}{2!}a^n u(-n-1)$
$\dfrac{z^{m+1}}{(z-a)^{m+1}}$	$-\dfrac{(n+1)(n+2)\cdots(n+m)}{m!}a^n u(-n-1)$

表 6-4 逆 z 变换表(三)

z 变换($|z|>|a|$)	序 列
$\dfrac{z}{(z-1)^2}$	$nu(n)$
$\dfrac{az}{(z-a)^2}$	$na^nu(n)$
$\dfrac{z}{(z-1)^3}$	$\dfrac{n(n-1)}{2!}u(n)$
$\dfrac{z}{(z-1)^{m+1}}$	$\dfrac{n(n-1)\cdots(n-m+1)}{m!}u(n)$

6.4 z 变换的基本性质

1. 线性

z 变换的线性表现在它的叠加性与均匀性。若

$$\mathscr{L}[x(n)] = X(z) \quad (R_{x1} < |z| < R_{x2})$$
$$\mathscr{L}[y(n)] = Y(z) \quad (R_{y1} < |z| < R_{y2})$$

则

$$\mathscr{L}[ax(n) + by(n)] = aX(z) + bY(z) \quad (R_1 < |z| < R_2) \tag{6-33}$$

其中 a,b 为任意常数。

相加后序列的 z 变换收敛域一般为两个收敛域的重叠部分,即 R_1 取 R_{x1} 与 R_{y1} 中较大者,而 R_2 取 R_{x2} 与 R_{y2} 中较小者,记作 $\max(R_{x1}, R_{y1}) < |z| < \min(R_{x2}, R_{y2})$。然而,如果在这些线性组合中某些零点与极点相抵消,则收敛域可能扩大。

例 6-6 求序列 $2^nu(n) - 2^nu(n-1)$ 的 z 变换。

解 已知

$$x(n) = 2^nu(n)$$
$$y(n) = 2^nu(n-1)$$

由式(6-10)知

$$X(z) = \frac{z}{z-2} \quad (|z| > |2|)$$

而

$$Y(z) = \sum_{n=0}^{+\infty} y(n)z^{-n} = \sum_{n=1}^{+\infty} 2^nz^{-n} = \frac{2}{z-2} \quad (|z| > |2|)$$

所以

$$\mathscr{L}[2^nu(n) - 2^nu(n-1)] = X(z) - Y(z) = 1$$

在此例中收敛域由 $|z| > |2|$ 扩展到全 z 平面,线性叠加后序列的 z 变换收敛域扩大了。

例 6-7 求下列双曲余弦和双曲正弦序列的 z 变换：

$$x(n) = \cosh(n\omega_0)u(n)$$
$$x(n) = \sinh(n\omega_0)u(n)$$

解 仍由式(6-10)知

$$\mathscr{L}[\mathrm{e}^{n\omega_0}u(n)] = \frac{z}{z - \mathrm{e}^{\omega_0}} \quad (|z| > |\mathrm{e}^{\omega_0}|)$$

$$\mathscr{L}[\mathrm{e}^{-n\omega_0}u(n)] = \frac{z}{z - \mathrm{e}^{-\omega_0}} \quad (|z| > |\mathrm{e}^{-\omega_0}|)$$

根据 z 变换的线性特性和双曲函数的定义，可得

$$
\begin{aligned}
\mathscr{L}[\cosh(n\omega_0)u(n)] &= \mathscr{L}\left[\left(\frac{\mathrm{e}^{n\omega_0} + \mathrm{e}^{-n\omega_0}}{2}\right)u(n)\right] \\
&= \frac{1}{2}\mathscr{L}[\mathrm{e}^{n\omega_0}u(n)] + \frac{1}{2}\mathscr{L}[\mathrm{e}^{-n\omega_0}u(n)] \\
&= \frac{z}{2(z - \mathrm{e}^{\omega_0})} + \frac{z}{2(z - \mathrm{e}^{-\omega_0})} \\
&= \frac{z(z - \cosh\omega_0)}{z^2 - 2z\cosh\omega_0 + 1}
\end{aligned}
$$

同样可得

$$
\begin{aligned}
\mathscr{L}[\sinh(n\omega_0)u(n)] &= \mathscr{L}\left[\left(\frac{\mathrm{e}^{n\omega_0} - \mathrm{e}^{-n\omega_0}}{2}\right)u(n)\right] \\
&= \frac{z}{2(z - \mathrm{e}^{\omega_0})} - \frac{z}{2(z - \mathrm{e}^{-\omega_0})} \\
&= \frac{z\sinh\omega_0}{z^2 - 2z\cosh\omega_0 + 1}
\end{aligned}
$$

上两 z 变换式的收敛域均为 $|z| > \max(|\mathrm{e}^{\omega_0}|, |\mathrm{e}^{-\omega_0}|)$，若 ω_0 为正实数，则为 $|z| > \mathrm{e}^{\omega_0}$。

2. 位移性(时移特性)

位移性表示序列位移后的 z 变换与原序列 z 变换的关系。在实际中可能遇到序列的左移(超前)或右移(延迟)两种不同情况，所取的变换形式可能有单边 z 变换与双边 z 变换，它们的位移性基本相同，但又各具不同的特点。下面分几种情况进行讨论。

(1) 双边 z 变换

若序列 $x(n)$ 的双边 z 变换为

$$\mathscr{L}[x(n)] = X(z)$$

则序列右移后，它的双边 z 变换等于

$$\mathscr{L}[x(n - m)] = z^{-m}X(z)$$

证明 根据双边 z 变换的定义，可得

$$\mathscr{L}[x(n - m)] = \sum_{n = -\infty}^{+\infty} x(n - m)z^{-n} = z^{-m}\sum_{k = -\infty}^{+\infty} x(k)z^{-k} = z^{-m}X(z) \quad (6\text{-}34)$$

同样，可得左移序列的双边 z 变换为

$$\mathscr{L}[x(n + m)] = z^m X(z) \quad (6\text{-}35)$$

式中 m 为任意正整数。

由式(6-34)、式(6-35)可以看出，序列位移只会使 z 变换在 $z = 0$ 或 $z = +\infty$ 处的零、极点情况发生变化。如果 $x(n)$ 是双边序列，$X(z)$ 的收敛域为环形区域(即 $R_{x1} < |z| < R_{x2}$)，

在这种情况下序列位移并不会使 *z* 变换收敛域发生变化。

(2) 单边 *z* 变换

若 $x(n)$ 是双边序列,其单边 *z* 变换为

$$\mathscr{Z}[x(n)u(n)] = X(z)$$

则序列左移后,它的单边 *z* 变换等于

$$\mathscr{Z}[x(n+m)u(n)] = z^m \left[X(z) - \sum_{k=0}^{m-1} x(k)z^{-k} \right] \tag{6-36}$$

证明 根据单边 *z* 变换的定义,可得

$$\mathscr{Z}[x(n+m)u(n)] = \sum_{n=0}^{+\infty} x(n+m)z^{-n} = z^m \sum_{n=0}^{+\infty} x(n+m)z^{-(n+m)}$$

$$= z^m \left[\sum_{k=0}^{+\infty} x(k)z^{-k} - \sum_{k=0}^{m-1} x(k)z^{-k} \right]$$

$$= z^m \left[X(z) - \sum_{k=0}^{m-1} x(k)z^{-k} \right]$$

同样,可以得到右移序列的单边 *z* 变换:

$$\mathscr{Z}[x(n-m)u(n)] = z^{-m} \left[X(z) + \sum_{k=-m}^{-1} x(k)z^{-k} \right] \tag{6-37}$$

式中 *m* 为正整数。

对于 $m=1,2$ 的情况,式(6-36)、式(6-37)可以写作

$$\mathscr{Z}[x(n+1)u(n)] = zX(z) - zx(0)$$

$$\mathscr{Z}[x(n+2)u(n)] = z^2 X(z) - z^2 x(0) - zx(1)$$

$$\mathscr{Z}[x(n-1)u(n)] = z^{-1} X(z) + x(-1)$$

$$\mathscr{Z}[x(n-2)u(n)] = z^{-2} X(z) + z^{-1} x(-1) + x(-2)$$

如果 $x(n)$ 是因果序列,则式(6-37)右边的 $\sum_{k=-m}^{-1} x(k)z^{-k}$ 项都等于零,于是右移序列的单边 *z* 变换变为

$$\mathscr{Z}[x(n-m)u(n)] = z^{-m}X(z) \tag{6-38}$$

而左移序列的单边 *z* 变换仍为

$$\mathscr{Z}[x(n+m)u(n)] = z^m \left[X(z) - \sum_{k=0}^{m-1} x(k)z^{-k} \right] \tag{6-39}$$

例 6-8 已知差分方程表示式:

$$y(n) - 0.8y(n-1) = 0.1u(n)$$

边界条件 $y(-1)=0$,用 *z* 变换方法求系统响应 $y(n)$。

解 对方程两端分别取 *z* 变换,注意运用位移性定理。

$$Y(z) - 0.8z^{-1}Y(z) = \frac{0.1z}{z-1}$$

$$Y(z) = \frac{0.1z^2}{(z-0.8)(z-1)}$$

为求得逆变换,令

$$\frac{Y(z)}{z} = \frac{A_1}{z-0.8} + \frac{A_2}{z-1}$$

容易求得

$$A_1 = \left(\frac{0.1z}{z-1}\right)_{z=0.8} = -0.4$$

$$A_2 = \left(\frac{0.1z}{z-0.8}\right)_{z=1} = 0.5$$

$$Y(z) = \frac{-0.4z}{z-0.8} + \frac{0.5z}{z-1}$$

$$y(n) = [-0.4 \times (0.8)^n + 0.5]u(n)$$

在这里,只需利用 z 变换的两个性质,即线性和位移性即可求解差分方程。这个例子可以初步地说明如何用 z 变换方法求解差分方程。

3. 序列线性加权(z 域微分)

若已知

$$X(z) = \mathscr{L}[x(n)]$$

则

$$\mathscr{L}[nx(n)] = -z\frac{\mathrm{d}X(z)}{\mathrm{d}z}$$

证明　因为 $X(z) = \sum\limits_{n=0}^{+\infty} x(n)z^{-n}$,将上式两边对 z 求导数,可得

$$\frac{\mathrm{d}X(z)}{\mathrm{d}z} = \frac{\mathrm{d}}{\mathrm{d}z}\sum_{n=0}^{+\infty} x(n)z^{-n} \tag{6-40}$$

交换求导与求和的次序,上式变为

$$\frac{\mathrm{d}X(z)}{\mathrm{d}z} = \sum_{n=0}^{+\infty} x(n)\frac{\mathrm{d}}{\mathrm{d}z}(z^{-n}) = -z^{-1}\sum_{n=0}^{+\infty} nx(n)z^{-n} = -z^{-1}\mathscr{L}[nx(n)]$$

所以

$$\mathscr{L}[nx(n)] = -z\frac{\mathrm{d}X(z)}{\mathrm{d}z} \tag{6-41}$$

可见序列线性加权(乘 n)等效于其 z 变换取导数且乘以 $-z$。

如果将 $nx(n)$ 再乘以 n,利用式(6-41)可得

$$\mathscr{L}[n^2x(n)] = \mathscr{L}[n \cdot nx(n)] = -z\frac{\mathrm{d}}{\mathrm{d}z}\mathscr{L}[nx(n)] = -z\frac{\mathrm{d}}{\mathrm{d}z}\left[-z\frac{\mathrm{d}X(z)}{\mathrm{d}z}\right]$$

即

$$\mathscr{L}[n^2x(n)] = z^2\frac{\mathrm{d}^2X(z)}{\mathrm{d}z^2} + z\frac{\mathrm{d}X(z)}{\mathrm{d}z} \tag{6-42}$$

用同样的方法,可以得到

$$\mathscr{L}[n^mx(n)] = \left[-z\frac{\mathrm{d}}{\mathrm{d}z}\right]^m X(z) \tag{6-43}$$

式中符号 $\left[-z\dfrac{\mathrm{d}}{\mathrm{d}z}\right]^m$ 表示

$$-z\frac{\mathrm{d}}{\mathrm{d}z}\left\{-z\frac{\mathrm{d}}{\mathrm{d}z}\left[-z\frac{\mathrm{d}}{\mathrm{d}z}\cdots\left(-z\frac{\mathrm{d}}{\mathrm{d}z}X(z)\right)\right]\right\}$$

共求导 m 次。

例 6-9　若已知 $\mathscr{L}[u(n)] = \dfrac{z}{z-1}$，求斜变序列 $nu(n)$ 的 z 变换。

解　由式(6-41)可得

$$\mathscr{L}[nu(n)] = -z\frac{\mathrm{d}}{\mathrm{d}z}\mathscr{L}[u(n)] = -z\frac{\mathrm{d}}{\mathrm{d}z}\left(\frac{z}{z-1}\right) = \frac{z}{(z-1)^2}$$

显然与式(6-7)的结果完全一致。

4. 序列指数加权(z 域尺度变换)

若已知

$$X(z) = \mathscr{L}[x(n)] \quad (R_{x1} < |z| < R_{x2})$$

则

$$\mathscr{L}[a^n x(n)] = X\left(\frac{z}{a}\right) \quad \left(R_{x1} < \left|\frac{z}{a}\right| < R_{x2}\right) \quad (a\text{ 为非零常数})$$

证明　因为

$$\mathscr{L}[a^n x(n)] = \sum_{n=0}^{+\infty} a^n x(n) z^{-n} = \sum_{n=0}^{+\infty} x(n)\left(\frac{z}{a}\right)^{-n}$$

所以

$$\mathscr{L}[a^n x(n)] = X\left(\frac{z}{a}\right) \tag{6-44}$$

可见，$x(n)$ 乘以指数序列等效于 z 平面尺度展缩。同样可以得到下列关系：

$$\mathscr{L}[a^{-n} x(n)] = X(az) \quad (R_{x1} < |az| < R_{x2}) \tag{6-45}$$

$$\mathscr{L}[(-1)^n x(n)] = X(-z) \quad (R_{x1} < |z| < R_{x2}) \tag{6-46}$$

例如，对于 $(-1)^n x(n)$，若取单边 z 变换，应有

$$\mathscr{L}[(-1)^n x(n)] = \frac{z}{z+1} \quad (|z| > 1)$$

例 6-10　若已知 $\mathscr{L}[\cos(n\omega_0)u(n)]$，求序列 $\beta^n\cos(n\omega_0)u(n)$ 的 z 变换。

解　由式(6-13)，已知

$$\mathscr{L}[\cos(\omega_0 n)u(n)] = \frac{z(z-\cos\omega_0)}{z^2 - 2z\cos\omega_0 + 1} \quad (|z| > 1)$$

根据式(6-44)可以得到

$$\begin{aligned}
\mathscr{L}[\beta^n\cos(n\omega_0)u(n)] &= \frac{\dfrac{z}{\beta}\left(\dfrac{z}{\beta} - \cos\omega_0\right)}{\left(\dfrac{z}{\beta}\right)^2 - 2\dfrac{z}{\beta}\cos\omega_0 + 1} \\
&= \frac{1 - \beta z^{-1}\cos\omega_0}{1 - 2\beta z^{-1}\cos\omega_0 + \beta^2 z^{-2}}
\end{aligned}$$

其收敛域为 $\left|\dfrac{z}{\beta}\right| > 1$，即 $|z| > |\beta|$。显然，该结果与式(6-15)完全一致。

5. 初值定理

若 $x(n)$ 是因果序列，已知

$$X(z) = \mathscr{L}[x(n)] = \sum_{n=0}^{+\infty} x(n)z^{-n}$$

则

$$x(0) = \lim_{z \to \infty} X(z) \tag{6-47}$$

证明 对

$$X(z) = \sum_{n=0}^{+\infty} x(n)z^{-n} = x(0) + x(1)z^{-1} + x(2)z^{-2} + \cdots$$

当 $z \to \infty$ 时,在上式的级数中除了第一项 $x(0)$ 外,其他各项都趋近于零,所以

$$\lim_{z \to \infty} X(z) = \lim_{z \to \infty} \sum_{n=0}^{+\infty} x(n)z^{-n} = x(0)$$

6. 终值定理

若 $x(n)$ 是因果序列,已知

$$X(z) = \mathscr{L}[x(n)] = \sum_{n=0}^{+\infty} x(n)z^{-n}$$

则

$$\lim_{n \to \infty} x(n) = \lim_{z \to 1}[(z-1)X(z)] \tag{6-48}$$

证明 对

$$\mathscr{L}[x(n+1) - x(n)] = zX(z) - zx(0) - X(z) = (z-1)X(z) - zx(0)$$

取极限,得

$$\lim_{z \to 1}(z-1)X(z) = x(0) + \lim_{z \to 1}\sum_{n=0}^{+\infty}[x(n+1) - x(n)]z^{-n}$$
$$= x(0) + [x(1) - x(0)] + [x(2) - x(1)] + \cdots$$
$$= x(0) - x(0) + x(\infty)$$

所以

$$\lim_{z \to 1}[(z-1)X(z)] = x(\infty)$$

从推导可以看出,终值定理只有当 $n \to \infty$ 时 $x(n)$ 收敛才可应用,也就是说要求 $X(z)$ 的极点必须处在单位圆内(在单位圆上只能位于 $z = +1$ 点且是一阶极点)。

以上两个定理的应用类似于拉氏变换,如果已知序列 $x(n)$ 的 z 变换 $X(z)$,在不求逆变换的情况下,可以利用这两个定理很方便地求出序列的初值 $x(0)$ 和终值 $x(\infty)$。

7. 时域卷积定理

已知两序列 $x(n)$,$h(n)$,其 z 变换为

$$X(z) = \mathscr{L}[x(n)] \quad (R_{x1} < |z| < R_{x2})$$
$$H(z) = \mathscr{L}[h(n)] \quad (R_{h1} < |z| < R_{h2})$$

则

$$\mathscr{L}[x(n) * h(n)] = X(z)H(z) \tag{6-49}$$

在一般情况下,其收敛域是 $X(z)$ 与 $H(z)$ 收敛域的重叠部分,即 $\max(R_{x1}, R_{h1}) < |z| < \min(R_{x2}, R_{h2})$。若位于某一 z 变换收敛域边缘上的极点被另一 z 变换的零点抵消,则收敛域将会扩大。

证明 因为

$$\mathscr{L}[x(n) * h(n)] = \sum_{n=-\infty}^{+\infty}[x(n) * h(n)]z^{-n} = \sum_{n=-\infty}^{+\infty}\sum_{m=-\infty}^{+\infty}[x(m)h(n-m)]z^{-n}$$
$$= \sum_{m=-\infty}^{+\infty} x(m) \sum_{n=-\infty}^{+\infty} h(n-m)z^{-(n-m)}z^{-m}$$

$$= \sum_{m=-\infty}^{+\infty} x(m)z^{-m}H(z)$$

所以

$$\mathscr{Z}[x(n) * h(n)] = X(z)H(z)$$

或者写作

$$x(n) * h(n) = \mathscr{Z}^{-1}[X(z)H(z)] \tag{6-50}$$

可见两序列在时域中的卷积的变换等效于在 z 域中两序列变换的乘积。若 $x(n)$ 与 $h(n)$ 分别为线性时不变离散系统的激励序列和单位样值响应,那么在求系统的响应序列 $y(n)$ 时,可以借助于式(6-50)通过 $X(z)H(z)$ 的逆变换求出 $y(n)$,从而避免卷积运算。

例 6-11 求下列两个单边指数序列的卷积:

$$x(n) = 2^n u(n)$$
$$h(n) = 3^n u(n)$$

解 因为

$$X(z) = \frac{z}{z-2} \quad (|z| > 2)$$

$$H(z) = \frac{z}{z-3} \quad (|z| > 3)$$

由式(6-49),得

$$Y(z) = X(z)H(z) = \frac{z^2}{(z-2)(z-3)}$$

显然,其收敛域为 $|z| > 2$ 与 $|z| > 3$ 的重叠部分,如图 6-8 所示。

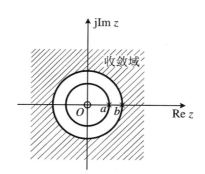

图 6-8 $2^n u(n) * 3^n u(n)$ 的 z 变换收敛域

把 $Y(z)$ 展成部分分式,得

$$Y(z) = \frac{3z}{z-3} - \frac{2z}{z-2}$$

其逆变换为

$$y(n) = x(n) * h(n) = \mathscr{Z}^{-1}[Y(z)]$$
$$= (3^{n+1} - 2^{n+1})u(n)$$

例 6-12 求下列两个序列的卷积:

$$x(n) = u(n)$$
$$h(n) = a^n u(n) - a^{n-1} u(n-1)$$

解 已知

$$X(z) = \frac{z}{z-1} \quad (|z| > 1)$$

由位移性质,有

$$H(z) = \frac{z}{z-a} - \frac{z}{z-a} \cdot z^{-1} = \frac{z-1}{z-a} \quad (|z| > |a|)$$

由式(6-49),得

$$Y(z) = X(z)H(z) = \frac{z}{z-1} \cdot \frac{z-1}{z-a} = \frac{z}{z-a} \quad (|z| > |a|)$$

其逆变换为

$$y(n) = x(n) * h(n) = \mathcal{Z}^{-1}[Y(z)] = a^n u(n)$$

显然,$X(z)$ 的极点($z=1$)被 $H(z)$ 的零点抵消,若 $|a| < 1$,$Y(z)$ 的收敛域比 $X(z)$ 与 $H(z)$ 的收敛域之重叠部分要大,如图 6-9 所示。

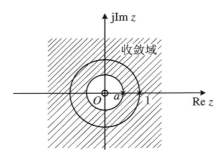

图 6-9 $[a^n u(n) - a^{n-1} u(n-1)] * u(n)$ 的 z 变换收敛域

从理论上可以得到一种比较方便地计算卷积的方法。由卷积表达式对应的 z 域关系式 $Y(z) = X(z)H(z)$ 可以看出,若已知 $Y(z)$、$H(z)$ 求 $X(z)$ 或已知 $Y(z)$、$X(z)$ 求 $H(z)$,都可利用 z 变换式相除的方法解得,然后再取 $X(z)$ 或 $H(z)$ 之逆变换即可得到时域表达式 $x(n)$ 或 $h(n)$。在实际问题中较少采用这种方法。这是因为采用这种方法,收敛域的分析将可能遇到麻烦。比如,处于分母的 z 变换式不能有位于单位圆之外的零点(即满足最小相移函数之要求),否则所得结果将出现单位圆外的极点,对应时域不能保证当 $n \to +\infty$ 时函数收敛。

8. 序列相乘(z 域卷积定理)

已知两序列 $x(n)$、$h(n)$,其 z 变换分别为

$$\mathcal{Z}[x(n)] = X(z) \quad (R_{x1} < |z| < R_{x2})$$

$$\mathcal{Z}[h(n)] = H(z) \quad (R_{h1} < |z| < R_{h2})$$

则

$$\mathcal{Z}[x(n)h(n)] = \frac{1}{2\pi j} \oint_{C_1} X\left(\frac{z}{v}\right) H(v) v^{-1} \mathrm{d}v \tag{6-51}$$

或

$$\mathcal{Z}[x(n)h(n)] = \frac{1}{2\pi j} \oint_{C_2} X(v) H\left(\frac{z}{v}\right) v^{-1} \mathrm{d}v \tag{6-52}$$

式中 C_1、C_2 分别为 $X\left(\frac{z}{v}\right)$ 与 $H(v)$ 或 $X(v)$ 与 $H\left(\frac{z}{v}\right)$ 收敛域重叠部分内逆时针旋转的围线。而 $\mathcal{Z}[x(n)h(n)]$ 的收敛域一般为 $X(v)$ 与 $H\left(\frac{z}{v}\right)$ 或 $H(v)$ 与 $X\left(\frac{z}{v}\right)$ 的重叠部分,即

$$R_{x1}R_{h1} < |z| < R_{x2}R_{h2}$$

证明　有

$$\mathscr{L}[x(n)h(n)] = \sum_{n=-\infty}^{+\infty} [x(n)h(n)]z^{-n}$$

$$= \sum_{n=-\infty}^{+\infty} \left[\frac{1}{2\pi \mathrm{j}} \oint_{C_2} X(z)z^{n-1}\mathrm{d}z\right] h(n)z^{-n}$$

$$= \frac{1}{2\pi \mathrm{j}} \sum_{n=-\infty}^{+\infty} \left[\oint_{C_2} X(v)v^n \frac{\mathrm{d}v}{v}\right] h(n)z^{-n}$$

$$= \frac{1}{2\pi \mathrm{j}} \oint_{C_2} \left[X(v) \sum_{n=-\infty}^{+\infty} h(n) \left(\frac{z}{v}\right)^{-n}\right] \frac{\mathrm{d}v}{v}$$

$$= \frac{1}{2\pi \mathrm{j}} \oint_{C_2} X(v)H\left(\frac{z}{v}\right)v^{-1}\mathrm{d}v$$

同样可以证明式(6-51)。

从前面的证明过程可以看出，$X(v)$ 的收敛域与 $X(z)$ 相同，$H\left(\dfrac{z}{v}\right)$ 的收敛域与 $H(z)$ 相同，即

$$R_{x1} < |v| < R_{x2}$$

$$R_{h1} < \left|\frac{z}{v}\right| < R_{h2}$$

合并两式，得到 $\mathscr{L}[x(n)h(n)]$ 的收敛域，它至少为

$$R_{x1}R_{h1} < |z| < R_{x2}R_{h2}$$

为了看出式(6-52)类似于卷积，假设围线是一个圆，圆心在原点，即令

$$v = \rho \mathrm{e}^{\mathrm{j}\theta}$$

$$z = r \mathrm{e}^{\mathrm{j}\varphi}$$

代入式(6-52)，得

$$\mathscr{L}[x(n)h(n)] = \frac{1}{2\pi \mathrm{j}} \oint_{C_2} X(\rho \mathrm{e}^{\mathrm{j}\theta}) H\left(\frac{r\mathrm{e}^{\mathrm{j}\varphi}}{\rho \mathrm{e}^{\mathrm{j}\theta}}\right) \frac{\mathrm{d}(\rho \mathrm{e}^{\mathrm{j}\theta})}{\rho \mathrm{e}^{\mathrm{j}\theta}}$$

$$= \frac{1}{2\pi} \oint_{C_2} X(\rho \mathrm{e}^{\mathrm{j}\theta}) H\left(\frac{r}{\rho} \mathrm{e}^{\mathrm{j}(\varphi-\theta)}\right) \mathrm{d}\theta$$

由于 C_2 是圆，故 θ 的积分限为 $-\pi \sim +\pi$，这样上式变成

$$\mathscr{L}[x(n)h(n)] = \frac{1}{2\pi} \int_{-\pi}^{\pi} X(\rho \mathrm{e}^{\mathrm{j}\theta}) H\left(\frac{r}{\rho} \mathrm{e}^{\mathrm{j}(\varphi-\theta)}\right) \mathrm{d}\theta \qquad (6\text{-}53)$$

所以可以把它看作以 θ 为变量的 $X(\rho \mathrm{e}^{\mathrm{j}\theta})$ 与 $H(\rho \mathrm{e}^{\mathrm{j}\theta})$ 之卷积。

在应用 z 域卷积公式(6-51)式和(6-52)式时，通常可以利用留数定理，这时应当注意围线 C 在收敛域内的正确选择。

例 6-13　利用 z 域卷积定理求 $n0.5^n u(n)$ 序列的 z 变换。

解　若已知

$$X(z) = \mathscr{L}[nu(n)] = \frac{z}{(z-1)^2} \quad (|z| > 1)$$

$$H(z) = \mathscr{L}[0.5^n u(n)] = \frac{z}{z-0.5} \quad (|z| > 0.5)$$

那么由 z 域卷积定理可知

$$\mathscr{Z}\big[n0.5^n u(n)\big] = \frac{1}{2\pi\mathrm{j}} \oint_C X(v) H\Big(\frac{z}{v}\Big) \frac{\mathrm{d}v}{v}$$

$$= \frac{1}{2\pi\mathrm{j}} \oint_C \frac{v}{(v-1)^2} \cdot \frac{\Big(\dfrac{z}{v}\Big)}{\Big(\dfrac{z}{v}-0.5\Big)} \frac{\mathrm{d}v}{v}$$

$$= \frac{1}{2\pi\mathrm{j}} \oint_C \frac{z}{(v-1)^2(z-0.5v)} \mathrm{d}v$$

其收敛域为 $|v|>1$ 与 $\Big|\dfrac{z}{v}\Big|>|0.5|$ 的重叠区域,即要求 $1<|v|<\Big|\dfrac{z}{0.5}\Big|$。因为 $|z|>1$,所以围线 C 只包围一个二阶极点 $v=1$,如图 6-10 所示。

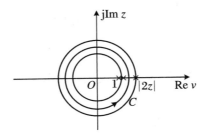

图 6-10 $\dfrac{z}{(v-1)^2(z-0.5v)}$ 在 v 平面上的零、极点分布

这样

$$\mathscr{Z}\big[n0.5^n u(n)\big] = \frac{1}{2\pi\mathrm{j}} \oint_C \frac{z}{(v-1)^2(z-0.5v)} \mathrm{d}v$$

$$= \operatorname{Res}\left[\frac{z}{(v-1)^2(z-0.5v)}\right]_{v=1}$$

$$= \frac{0.5z}{(z-0.5)^2} \quad (|z|>|0.5|)$$

z 变换的一些主要性质(定理)列于表 6-5。

表 6-5 z 变换的主要性质(定理)

序号	序　列	z 变换	收敛域
1	$x(n)$	$X(z)$	$R_{x1}<|z|<R_{x2}$
	$h(n)$	$H(z)$	$R_{h1}<|z|<R_{h2}$
2	$ax(n)+bh(n)$	$aX(z)+bX(z)$	$\max(R_{x1},R_{h1})<|z|<\min(R_{x2},R_{h2})$
3	$\operatorname{Re}[x(n)]$	$\dfrac{1}{2}[X(z)+X^*(z^*)]$	$R_{x1}<|z|<R_{x2}$
4	$\operatorname{Im}[x(n)]$	$\dfrac{1}{2\mathrm{j}}[X(z)-X^*(z^*)]$	$R_{x1}<|z|<R_{x2}$
5	$x^*(n)$	$X^*(z^*)$	$R_{x1}<|z|<R_{x2}$
6	$x(-n)$	$X(z^{-1})$	$R_{x1}<|z^{-1}|<R_{x2}$

序号	序 列	z 变换	收敛域
7	$a^n x(n)$	$X(a^{-1}z)$	$\|a\|R_{x1}<\|z\|<\|a\|R_{x2}$
8	$(-1)^n x(n)$	$X(-z)$	$R_{x1}<\|z\|<R_{x2}$
9	$nx(n)$	$-z\dfrac{\mathrm{d}X(z)}{\mathrm{d}z}$	$R_{x1}<\|z\|<R_{x2}$
10	$x(n-m)$	$z^{-m}X(z)$	$R_{x1}<\|z\|<R_{x2}$
11	$x(n)*h(n)$	$X(z)\cdot H(z)$	$\max(R_{x1},R_{h1})<\|z\|<\min(R_{x2},R_{h2})$
12	$x(n)\cdot h(n)$	$\dfrac{1}{2\pi\mathrm{j}}\oint_C X(v)\cdot H\left(\dfrac{z}{v}\right)\dfrac{\mathrm{d}v}{v}$	$R_{x1}R_{h1}<\|z\|<R_{x2}R_{h2}$
13	$\displaystyle\sum_{k=0}^{n}x(k)$	$\dfrac{z}{z-1}X(z)$	
14	$\dfrac{1}{n+a}x(n)$	$-z^a\displaystyle\int_0^z\dfrac{X(v)}{v^{a+1}}\mathrm{d}v$	
15	$\dfrac{1}{n}x(n)$	$-\displaystyle\int_0^z X(v)v^{-1}\mathrm{d}v$	
16	$x(0)=\displaystyle\lim_{z\to+\infty}X(z)$		$x(n)$为因果序列 $\|z\|>R_{x1}$
17	$x(\infty)=\displaystyle\lim_{z\to 1}(z-1)X(z)$		$x(n)$为因果序列,且当 $\|z\|\geqslant 1$ 时 $(z-1)X(z)$收敛

6.5 利用 z 变换解差分方程

上节例 6-8 已经给出利用 z 变换解差分方程的简单实例,本节给出一般规律。这种方法的原理是基于 z 变换的线性和位移性,把差分方程转化为代数方程,从而使求解过程简化。

线性时不变离散系统的差分方程一般形式是

$$\sum_{k=0}^{N}a_k y(n-k)=\sum_{r=0}^{M}b_r x(n-r) \tag{6-54}$$

将等式两边取单边 z 变换,并利用 z 变换的位移公式(6-37)可以得到

$$\sum_{k=0}^{N}a_k z^{-k}\left[Y(z)+\sum_{l=-k}^{-1}y(l)z^{-l}\right]=\sum_{r=0}^{M}b_r z^{-r}\left[X(z)+\sum_{m=-r}^{-1}x(m)z^{-m}\right] \tag{6-55}$$

若激励 $x(n)=0$,即系统处于零输入状态,此时差分方程(6-54)成为齐次方程:

$$\sum_{k=0}^{N}a_k y(n-k)=0$$

而式(6-55)变成

$$\sum_{k=0}^{N}a_k z^{-k}\left[Y(z)+\sum_{l=-k}^{-1}y(l)z^{-l}\right]=0$$

于是

$$Y(z) = \frac{-\sum_{k=0}^{N}\left[a_k z^{-k} \cdot \sum_{l=-k}^{-1} y(l) z^{-l}\right]}{\sum_{k=0}^{N} a_k z^{-k}} \tag{6-56}$$

对应的响应序列是上式的逆变换,即

$$y(n) = \mathscr{L}^{-1}[Y(z)]$$

显然它是零输入响应,该响应是由系统的起始状态 $y(l)(-N \leqslant l \leqslant -1)$ 产生的。

若系统的起始状态 $y(l) = 0 (-N \leqslant l \leqslant -1)$,即系统处于零起始状态,此时式(6-55)变成

$$\sum_{k=0}^{N} a_k z^{-k} Y(z) = \sum_{r=0}^{M} b_r z^{-r}\left[X(z) + \sum_{m=-r}^{-1} x(m) z^{-m}\right]$$

如果激励 $x(n)$ 为因果序列,上式可以写成

$$\sum_{k=0}^{N} a_k z^{-k} Y(z) = \sum_{r=0}^{M} b_r z^{-r} X(z)$$

于是

$$Y(z) = X(z) \cdot \frac{\sum_{r=0}^{M} b_r z^{-r}}{\sum_{k=0}^{N} a_k z^{-k}}$$

令

$$H(z) = \frac{\sum_{r=0}^{M} b_r z^{-r}}{\sum_{k=0}^{N} a_k z^{-k}} \tag{6-57}$$

则

$$Y(z) = X(z) H(z)$$

此时对应的序列为

$$y(n) = \mathscr{L}^{-1}[X(z) H(z)]$$

这样得到的响应是系统的零状态响应,它完全是由激励 $x(n)$ 产生的。这里所引入的 z 变换式 $H(z)$ 是由系统的特性所决定的,它就是下节将要讨论的离散系统的"系统函数"。

综合上述两种情况,可以看出,离散系统的总响应等于零输入响应与零状态响应之和。

例 6-14　一离散系统的差分方程为

$$y(n) - 2y(n-1) = x(n)$$

若激励 $x(n) = 3^n u(n)$,起始值 $y(-1) = 0$,求响应 $y(n)$。

解　对差分方程两边取单边 z 变换,由位移公式(6-37)得到

$$Y(z) - 2z^{-1} Y(z) - 2y(-1) = X(z)$$

因为 $y(-1) = 0$,所以

$$Y(z) - 2z^{-1} Y(z) = X(z)$$

$$Y(z) = \frac{X(z)}{1 - 2z^{-1}}$$

已知 $x(n) = 3^n u(n)$ 的 z 变换为

$$X(z) = \frac{z}{z-3} \quad (\mid z \mid > 3)$$

于是

$$Y(z) = \frac{z^2}{(z-3)(z-2)}$$

其极点位于 $z=3$ 及 $z=2$。可以将上式展成部分分式：

$$Y(z) = \left(\frac{3z}{z-3} - \frac{2z}{z-2} \right)$$

进行逆变换,得到响应

$$y(n) = (3^{n+1} - 2^{n+1}) u(n)$$

由于该系统处于零状态,所以系统的完全响应就是零状态响应。

例 6-15　对于上例的差分方程,若激励不变,但起始值不等于零,而是 $y(-1)=2$,求系统的响应 $y(n)$。

解　因为差分方程的 z 变换为

$$Y(z) - 2z^{-1} Y(z) - 2y(-1) = X(z)$$

所以

$$Y(z) = \frac{X(z) + 2y(-1)}{1 - 2z^{-1}} = \frac{X(z)}{1 - 2z^{-1}} + \frac{2y(-1)}{1 - 2z^{-1}}$$

已知 $X(z) = \frac{z}{z-3}$,$y(-1)=2$,这样

$$Y(z) = \frac{z^2}{(z-3)(z-2)} + \frac{4z}{z-2}$$

展成部分分式：

$$Y(z) = 3 \frac{z}{z-3} - 2 \frac{z}{z-2} + \frac{4z}{z-2}$$

进行逆变换,得到系统响应：

$$y(n) = 3^{n+1} - 2^{n+1} + 2^{n+2} \quad (n \geq 0)$$

6.6　z 变换法分析系统

1. 单位样值响应与系统函数

一个线性时不变离散系统在时域中可以用线性常系数差分方程来描述,差分方程的一般形式为

$$\sum_{k=0}^{N} a_k y(n-k) = \sum_{r=0}^{M} b_r x(n-r)$$

若激励 $x(n)$ 是因果序列,且系统处于零状态,此时由上式的 z 变换可得到

$$Y(z) \cdot \sum_{k=0}^{N} a_k z^{-k} = X(z) \cdot \sum_{r=0}^{M} b_r z^{-r}$$

于是

$$H(z) = \frac{Y(z)}{X(z)} = \frac{\sum_{r=0}^{M} b_r z^{-r}}{\sum_{k=0}^{N} a_k z^{-k}} \qquad (6\text{-}58)$$

$$Y(z) = H(z)X(z)$$

$H(z)$ 称为离散系统的系统函数,它表示系统的零状态响应与激励的 z 变换之比值。

式(6-58)的分子与分母多项式经因式分解可以改写为

$$H(z) = G \frac{\prod_{r=1}^{M}(1 - z_r z^{-1})}{\prod_{k=1}^{N}(1 - p_k z^{-1})} \qquad (6\text{-}59)$$

其中 z_r 是 $H(z)$ 的零点,p_k 是 $H(z)$ 的极点,它们由差分方程的系数 a_k 与 b_r 决定。

系统的零状态响应也可以用激励与单位样值响应的卷积表示,即

$$y(n) = x(n) * h(n)$$

由时域卷积定理,得到

$$Y(z) = X(z)H(z)$$

或

$$y(n) = \mathscr{L}^{-1}[X(z)H(z)]$$

其中

$$H(z) = \mathscr{L}[h(n)] = \sum_{n=0}^{+\infty} h(n)z^{-n} \qquad (6\text{-}60)$$

可见,系统函数 $H(z)$ 与单位样值响应 $h(n)$ 是一对 z 变换。既可以利用卷积求系统的零状态响应,也可以借助系统函数与激励变换式乘积之逆 z 变换求此响应。

例 6-16 求下列差分方程所描述的离散系统的系统函数和单位样值响应:

$$y(n) - 3y(n-1) = 2x(n)$$

解 将差分方程两边取 z 变换,并利用位移特性,得

$$Y(z) - 3z^{-1}Y(z) - 3y(-1) = 2X(z)$$

$$Y(z)(1 - 3z^{-1}) = 2X(z) + 3y(-1) \qquad (6\text{-}61)$$

如果系统处于零状态,即 $y(-1) = 0$,则由式(6-61)可得

$$H(z) = \frac{2}{1 - 3z^{-1}} = \frac{2z}{z - 3}$$

$$h(n) = 2 \times 3^n u(n)$$

2. 系统函数的零、极点分布对系统特性的影响

(1) 由系统函数的零、极点分布确定单位样值响应

与拉氏变换在连续系统中的作用类似,在离散系统中,z 变换建立了时间函数 $x(n)$ 与 z 域函数 $X(z)$ 之间一定的转换关系。因此,可以从 z 变换函数 $X(z)$ 的形式看出时间函数 $x(n)$ 的内在性质。对于一个离散系统来说,如果它的系统函数 $H(z)$ 是有理函数,那么分子多项式和分母多项式都可分解为因子形式,它们的因子分别表示 $H(z)$ 的零点和极点的位置,如式(6-59)所示,即

$$H(z) = \frac{\sum\limits_{r=0}^{M} b_r z^{-r}}{\sum\limits_{k=0}^{N} a_k z^{-k}} = G \frac{\prod\limits_{r=1}^{M}(1 - z_r z^{-1})}{\prod\limits_{k=1}^{N}(1 - p_k z^{-1})}$$

由于系统函数 $H(z)$ 与单位样值响应 $h(n)$ 是一对变换：

$$H(z) = \mathscr{Z}[h(n)] \tag{6-62}$$

$$h(n) = \mathscr{Z}^{-1}[H(z)] \tag{6-63}$$

所以完全可以从 $H(z)$ 的零、极点的分布情况，确定单位样值响应 $h(n)$ 的性质。

如果把 $H(z)$ 展成部分分式，那么 $H(z)$ 的每个极点将决定一项对应的时间序列。对于具有一阶极点 $p_1, p_2, \cdots, p_N$ 的系统函数，若 $N > M$，则 $h(n)$ 可表示为

$$h(n) = \mathscr{Z}^{-1}[H(z)] = \mathscr{Z}^{-1}\left[\frac{\prod\limits_{r=1}^{M}(1 - z_r z^{-1})}{\prod\limits_{K=1}^{N}(1 - p_k z^{-1})}\right]$$

$$= \mathscr{Z}^{-1}\left[\sum_{k=0}^{N} \frac{A_k z}{z - p_k}\right] \tag{6-64}$$

式中 $p_0 = 0$。这样，上式可表示成

$$h(n) = \mathscr{Z}^{-1}\left[A_0 + \sum_{k=1}^{N} \frac{A_k z}{z - p_k}\right] = A_0 \delta(n) + \sum_{k=1}^{N} A_k (p_k)^n u(n) \tag{6-65}$$

这里极点 p_k 可以是实数，但一般情况下它是以成对的共轭复数形式出现的。由上式可见，单位样值响应 $h(n)$ 的特性取决于 $H(z)$ 的极点，其幅值由系数 A_k 决定，而 A_k 与 $H(z)$ 的零点分布有关。与拉氏变换类似，$H(z)$ 的极点决定 $h(n)$ 的波形特征，而零点只影响 $h(n)$ 的幅度和相位。

在这里可以借助 $z \sim s$ 平面的映射关系，将 s 域零、极点分析的结论直接用于 z 域分析之中。

已知的 $z \sim s$ 平面映射关系为

$$z = \mathrm{e}^{sT}$$
$$z = r\mathrm{e}^{j\theta}$$
$$s = \sigma + j\omega$$
$$r = \mathrm{e}^{\sigma T}$$
$$\theta = \omega T$$

对于一阶极点的情况，这种关系示意于图 6-11，图中"×"表示 $H(z)$ 的一阶单极点或共轭极点的位置。

（2）离散时间系统的稳定性和因果性

离散时间系统稳定的充分必要条件是单位样值响应 $h(n)$ 绝对可和，即

$$\sum_{n=-\infty}^{+\infty} |h(n)| \leqslant M \tag{6-66}$$

式中 M 为有限正值。式(6-66)也可写作

$$\sum_{n=-\infty}^{+\infty} |h(n)| < +\infty \tag{6-67}$$

由 z 变换的定义和系统函数定义可知：

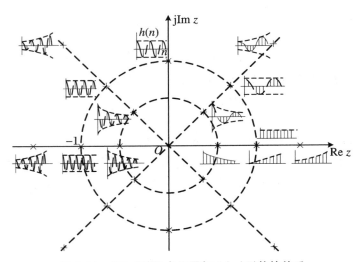

图 6-11　$H(z)$ 的极点位置与 $h(n)$ 形状的关系

$$H(z) = \sum_{n=-\infty}^{+\infty} h(n) z^{-n} \qquad (6\text{-}68)$$

当 $z=1$（在 z 平面单位圆上）时，有

$$H(z) = \sum_{n=-\infty}^{+\infty} h(n) \qquad (6\text{-}69)$$

为使系统稳定，应有

$$\sum_{n=-\infty}^{+\infty} h(n) < +\infty \qquad (6\text{-}70)$$

这表明，对于稳定系统 $H(z)$，其收敛域应包含单位圆在内。

对于因果系统，$h(n) = h(n)u(n)$ 为因果序列，它的 z 变换之收敛域包含 $+\infty$ 点，通常收敛域表示为某圆外区 $a < |z| \leqslant +\infty$。

在实际问题中经常遇到的稳定因果系统应同时满足以上两方面的条件，也即

$$\begin{cases} a < |z| \leqslant +\infty \\ a < 1 \end{cases} \qquad (6\text{-}71)$$

这时，全部极点落在单位圆内。

例 6-17　表示某离散系统的差分方程为

$$y(n) + 0.2y(n-1) - 0.24y(n-2) = x(n) + x(n-1)$$

（1）求系统函数 $H(z)$；

（2）讨论此因果系统 $H(z)$ 的收敛域和稳定性；

（3）求单位样值响应 $h(n)$；

（4）当激励 $x(n)$ 为单位阶跃序列时，求零状态响应 $y(n)$。

解　（1）将差分方程两边取 z 变换，得

$$Y(z) + 0.2z^{-1}Y(z) - 0.08z^{-2}Y(z) = X(z) + z^{-1}X(z)$$

于是

$$H(z) = \frac{Y(z)}{X(z)} = \frac{1 + z^{-1}}{1 + 0.2z^{-1} - 0.08z^{-2}}$$

也可写成

$$H(z) = \frac{z(z+1)}{(z-0.2)(z+0.4)}$$

（2）$H(z)$ 的两个极点分别位于 0.2 和 −0.4，它们都在单位圆内，对此因果系统，其收敛域为 $|z|>0.4$，且包含点 $z=+\infty$，是一个稳定的因果系统。

（3）将 $H(z)/z$ 展成部分分式，得

$$H(z) = \frac{2z}{z-0.2} - \frac{z}{z+0.4} \quad (\,|z|>0.4)$$

取逆变换，得到单位样值响应：

$$h(n) = \left[2(0.2)^n - (-0.4)^n\right]u(n)$$

（4）若激励

$$x(n) = u(n)$$

则

$$X(z) = \frac{z}{z-1} \quad (\,|z|>1)$$

于是

$$Y(z) = H(z)X(z) = \frac{z^2(z+1)}{(z-1)(z-0.2)(z+0.4)}$$

将 $Y(z)$ 展成部分分式，得

$$Y(z) = \frac{1.79z}{z-1} - \frac{0.5z}{z-0.2} - \frac{0.29z}{z+0.4} \quad (\,|z|>1)$$

取逆变换后，得

$$y(n) = \left[1.79 - 0.5(0.2)^n - 0.29(-0.4)^n\right]u(n)$$

习　　题

6-1　用单边 z 变换解下列差分方程。

（1）$y(n+2) + y(n+1) + y(n) = u(n)$；$y(0)=1, y(1)=2$。

（2）$y(n) + 0.1y(n-1) - 0.02y(n-2) = 10u(n)$；$y(-1)=4, y(-2)=6$。

（3）$y(n) - 0.9y(n-1) = 0.05u(n)$；$y(-1)=0$。

（4）$y(n) - 0.9y(n-1) = 0.05u(n)$；$y(-1)=1$。

（5）$y(n) = -5y(n-1) + nu(n)$；$y(-1)=0$。

（6）$y(n) + 2y(n-1) = (n-2)u(n)$；$y(0)=1, y(-1)=1$。

6-2　求下列序列的 z 变换 $X(z)$，并标明相应收敛域。

（1）$\left(\frac{1}{2}\right)^n u(n)$；

（2）$\left(-\frac{1}{4}\right)^n u(n)$；

（3）$\left(\frac{1}{3}\right)^{-n} u(n)$；

（4）$\left(\frac{1}{3}\right)^n u(-n)$；

(5) $-\left(\dfrac{1}{2}\right)^{n}u(-n-1)$;

(6) $\delta(n+1)$;

(7) $\left(\dfrac{1}{2}\right)^{n}\left[u(n)-u(n-10)\right]$;

(8) $\left(\dfrac{1}{2}\right)^{n}u(n)+\left(\dfrac{1}{3}\right)^{n}u(n)$;

(9) $\delta(n)-\dfrac{1}{8}\delta(n-3)$。

6-3　求双边序列 $x(n)=\left(\dfrac{1}{2}\right)^{|n|}$ 的 z 变换,并标明其收敛域。

6-4　求下列序列的 z 变换,并标明其收敛域。

(1) $x(n)=Ar^{n}\cos(n\omega_{0}+\varphi)\cdot u(n)(0<r<1)$;

(2) $x(n)=R_{N}(n)=u(n)-u(n-N)$。

6-5　求下列 $X(z)$ 的逆变换 $x(n)$。

(1) $X(z)=\dfrac{1}{1+0.5z^{-1}}(|z|>0.5)$;

(2) $X(z)=\dfrac{1-0.5z^{-1}}{1+\dfrac{3}{4}z^{-1}+\dfrac{1}{8}z^{-2}}\left(|z|>\dfrac{1}{2}\right)$;

(3) $X(z)=\dfrac{1-\dfrac{1}{2}z^{-1}}{1-\dfrac{1}{4}z^{-2}}\left(|z|>\dfrac{1}{2}\right)$;

(4) $X(z)=\dfrac{1-az^{-1}}{z^{-1}-a}\left(|z|>\left|\dfrac{1}{a}\right|\right)$。

6-6　求下列 $X(z)$ 的逆变换 $x(n)$。

(1) $X(z)=\dfrac{10}{(1-0.5z^{-1})(1-0.25z^{-1})}(|z|>0.5)$;

(2) $X(z)=\dfrac{10z^{2}}{(z-1)(z+1)}(|z|>1)$;

(3) $X(z)=\dfrac{1+z^{-1}}{1-2z^{-1}\cos\omega+z^{-2}}(|z|>1)$。

6-7　求下列 $X(z)$ 的逆变换 $x(n)$。

(1) $X(z)=\dfrac{z^{-1}}{(1-6z^{-1})^{2}}(|z|>6)$;

(2) $X(z)=\dfrac{z^{-2}}{1+z^{-2}}(|z|>1)$。

6-8　画出 $X(z)=\dfrac{-3z^{-1}}{2-5z^{-1}+2z^{-2}}$ 的零、极点分布图。在下列三种收敛域下,哪种情况对应左边序列、右边序列、双边序列? 并求各对应序列。

(1) $|z|>2$;

(2) $|z|<0.5$;

(3) $0.5<|z|<2$。

6-9　已知因果序列的 z 变换 $X(z)$,求序列的初值 $x(0)$ 与终值 $x(\infty)$。

(1) $X(z) = \dfrac{1 + z^{-1} + z^{-2}}{(1 - z^{-1})(1 - 2z^{-1})}$;

(2) $X(z) = \dfrac{1}{(1 - 0.5z^{-1})(1 + 0.5z^{-1})}$;

(3) $X(z) = \dfrac{z^{-1}}{1 - 1.5z^{-1} + 0.5z^{-2}}$。

6-10　利用卷积定理求 $y(n) = x(n) * h(n)$,已知:

(1) $x(n) = a^n u(n), h(n) = b^n u(-n)$;

(2) $x(n) = a^n u(n), h(n) = \delta(n - 2)$;

(3) $x(n) = a^n u(n), h(n) = u(n - 1)$。

6-11　利用 z 变换求两序列的卷积:

$$y(n) = x(n) * h(n)$$

其中,$h(n) = a^n u(n)(0 < a < 1), x(n) = R_N(n) = u(n) - u(n - N)$。

6-12　已知下列 z 变换式 $X(z)$ 和 $Y(z)$,利用 z 域卷积定理求 $x(n)$ 与 $y(n)$ 乘积的 z 变换。

(1) $X(z) = \dfrac{1}{1 - 0.5z^{-1}}(|z| > 0.5), Y(z) = \dfrac{1}{1 - 2z}(|z| < 0.5)$;

(2) $X(z) = \dfrac{0.99}{(1 - 0.1z^{-1})(1 - 0.1z)}(0.1 < |z| < 10), Y(z) = \dfrac{1}{1 - 10z}(|z| > 0.1)$;

(3) $X(z) = \dfrac{z}{z - \mathrm{e}^{-b}}(|z| > \mathrm{e}^{-b}), Y(z) = \dfrac{z\sin\omega_0}{z^2 - 2z\cos\omega_0 + 1}(|z| > 1)$。

6-13　因果系统的系统函数 $H(z)$ 如下所示,试说明这些系统是否稳定。

(1) $\dfrac{z + 2}{8z^2 - 2z - 3}$;　　　　(2) $\dfrac{8(1 - z^{-1} - z^{-2})}{2 + 5z^{-1} + 2z^{-2}}$;

(3) $\dfrac{2z - 4}{2z^2 + z - 1}$;　　　　(4) $\dfrac{1 + z^{-1}}{1 - z^{-1} + z^{-2}}$。

6-14　已知一阶因果离散系统的差分方程为

$$y(n) + 3y(n - 1) = x(n)$$

(1) 求系统的单位样值响应 $h(n)$;

(2) 若 $x(n) = (n + n^2)u(n)$,求响应 $y(n)$。

6-15　写出如题 6-15 图所示离散系统的差分方程,并求系统函数 $H(z)$ 及单位样值响应 $h(n)$。

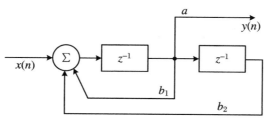

题 6-15 图

6-16　求下列系统函数在 $10 < |z| \leqslant +\infty$ 及 $0.5 < |z| < 10$ 两种收敛域情况下系统的

单位样值响应,并说明系统的稳定性与因果性。

$$H(z) = \frac{9.5z}{(z - 0.5)(10 - z)}$$

6-17　对于下列差分方程所表示的离散系统:

$$y(n) + y(n - 1) = x(n)$$

(1) 求系统函数 $H(z)$ 及单位样值响应 $h(n)$,并说明系统的稳定性;

(2) 若系统起始状态为零,$x(n) = 10u(n)$,求系统的响应。

6-18　已知横向数字滤波器的结构如题 6-18 图所示,试以 $M = 8$ 为例:

(1) 写出差分方程;

(2) 求系统函数 $H(z)$;

(3) 求单位样值响应 $h(n)$。

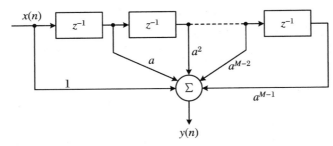

题 6-18 图

6-19　已知离散系统差分方程表示式为

$$y(n) - \frac{1}{3}y(n - 1) = x(n)$$

(1) 求系统函数及单位样值响应;

(2) 若系统的零状态响应为 $y(n) = 3\left[\left(\frac{1}{2}\right)^n - \left(\frac{1}{3}\right)^n\right]u(n)$,求激励信号 $x(n)$。

6-20　已知离散系统差分方程表示式为

$$y(n) - \frac{3}{4}y(n - 1) + \frac{1}{8}y(n - 2) = x(n) + \frac{1}{3}x(n - 1)$$

求系统函数及单位样值响应。

第7章 信 道

通信中信息是被携带在电(光)形式的消息信号上进行传输的,传输这些消息信号所需的一切技术设备的总和称为通信系统。一个点对点通信系统的一般模型如图7-1所示。

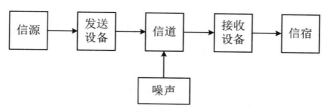

图7-1 通信系统一般模型

其中,从发送设备到接收设备之间信号传递所经过的传输媒介,通常称为信道。例如,在传统的固定电话网中,连接电话机的电话线是语音信号的传输通道。在移动通信网中,电磁波在无线信道中的传播实现了语音、数据、多媒体等移动业务服务。作为一种特殊的电磁波,光既可以在空间传播,也可以在光纤等人造介质中传播以实现大容量、高可靠性的通信。光盘、磁盘、闪存盘和固态硬盘等存储介质,也是通信信道的一种形式。

信道是信息传输的通道,有多种类型,不同类型信道对信息传输会产生不同的影响,也就是说为了传输信息,人们要考虑信道对信息的影响,并想办法设计适合信息传输的通道。本章7.1节和7.2节从传输媒介的角度探讨了无线信道和有线信道,7.3节从模拟信息传输和数字信息传输的角度探讨了调制信道和编码信道,7.4节将调制信道又细分为恒参信道和随参信道进行了探讨。

信息在信道传输过程中,人们非常关心两个问题:一是在单位时间内信道能够传输的最大信息容量;二是信息经过信道传输的准确性。围绕这两个问题,7.5节探讨了信道中的噪声,7.6节和7.7节分别探讨了信息量和信道容量的计算方法。

7.1 无 线 信 道

无线信道中信号的传输是利用电磁波在空间的传播来实现的。原则上,任何频率的电磁波都可以产生。但是,为了有效地发射或接收电磁波,要求天线的尺寸不小于电磁波波长的1/10。因此,频率过低,波长过长,则天线难以实现。例如,若电磁波的频率等于3000 Hz,则其波长等于100 km。这时,要求天线的尺寸大于10 km。这样大的天线虽然可以实现,但是既不经济也不方便。所以,通常用于通信的电磁波频率都比较高。

　　除了在外层空间两个飞船的无线电收发信机之间的电磁波传播是在自由空间传播外，在无线电收发信机之间的电磁波传播总是受到地面和大气层的影响。根据通信距离、频率和位置的不同，电磁波的传播主要分为地波、天波（或称电离层反射波）和视线传播三种。

　　频率较低（大约 2 MHz 以下）的电磁波趋于沿弯曲的地球表面传播，有一定的绕射能力，这种传播方式称为地波传输。在低频和甚低频段，地波能够传播超过数百千米或数千千米（图 7-2）。

图 7-2　地波传播

　　频率较高（2～30 MHz）的电磁波称为高频电磁波，它能够被电离层反射。电离层位于地面上 60～400 km 之间，它是因太阳的紫外线和宇宙射线辐射使大气电离的结果。白天的强烈的阳光使大气电离产生 D、E、F_1、F_2 等多个电离层，夜晚 D 层和 F_1 层消失，只剩下 E 层和 F_2 层。D 层最低，在距地面 60～80 km 的高度。它对于电磁波主要产生吸收或衰减作用，并且衰减随电磁波的频率增高而减小。所以，只有较高频率的电磁波能够穿过 D 层，并由高层电离层向下反射，晚上 D 层消失。E 层距地面 100～120 km，它的电离浓度在白天很大，能够反射电磁波。F 层的高度在 150～400 km，它在白天分离为 F_1 和 F_2 两层，F_1 层的高度在 200 km，F_2 层的高度在 250～400 km，晚上合并为一层。反射高频电磁波的主要是 F 层，换句话说，高频信号主要是依靠 F 层做远程通信。根据地球半径和 F 层的高度不难估算出，电磁波经过 F 层的一次反射距离最大可以达到约 4000 km。但是，经过反射的电磁波到达地面后可以被地面再次反射，并再次由 F 层反射。这样经过多次反射，电磁波可以传播 10000 km 以上（图 7-3）。利用电离层反射的传播方式称为天波传播。由图 7-3 可见，电离层反射波到达地面的区域可能是不连续的，图中用粗线表示的地面是电磁波可以到达的区域，其中在发射天线附近的地区是地波覆盖的范围，而在电磁波不能到达的其他区域称为寂静区。

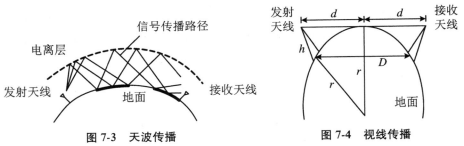

图 7-3　天波传播　　　　　　　　图 7-4　视线传播

　　频率高于 30 MHz 的电磁波将穿透电离层，不能被反射回来。此外它沿地面绕射的能力也很小。所以，它只能类似光波那样做视线传播。为了增大其在地面上的传播距离，最简单的办法就是提升天线的高度从而增大视线距离（图 7-4）。由地球的半径 r 等于 6370 km（若考虑到大气的折射率对于传播的影响，地球的等效半径略有不同），可以计算出天线高度和传播距离的关系。设收、发天线的高度相等，均等于 h，并且 h 是使此两天线间保持视线的最低高度，则由图 7-4 可见下列公式成立：

$$d^2 + r^2 = (h + r)^2 \tag{7-1}$$

或

$$d = \sqrt{h^2 + 2rh} \approx \sqrt{2rh} \tag{7-2}$$

设 D 为两天线间的距离,则有

$$D^2 = (2d)^2 = 8rh \tag{7-3}$$

将上式中 r 的数值代入后,得

$$h = \frac{D^2}{8r} \approx \frac{D^2}{50} \quad \text{(m)} \tag{7-4}$$

式中 D 为收、发天线间的距离(km)。

例如,若要求视线传输距离为 50 km,则收、发天线的架设高度 h 应为 50 m。由于视距传输的距离有限,为了达到远距离通信的目的,可以采用无线电中继的办法。例如,若视距为 50 km,则每间隔 50 km 将信号转发一次,如图 7-5 所示。这样经过多次转发,也能实现远程通信。视线传输的距离和天线架设高度有关,天线架设越高,视线传输距离越远;利用人造卫星作为转发站(或称基站),将会大大提高视距。

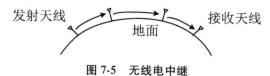

图 7-5 无线电中继

通常将利用人造卫星转发信号的通信称为卫星通信。在距地面约 35800 km 的赤道平面上,人造卫星围绕地球转动的周期和地球自转周期相等,从地面上看卫星好像静止不动,这种卫星通常称为静止卫星。利用三颗这样的静止卫星作为转发站就能覆盖全球,保证全球通信(图 7-6)。

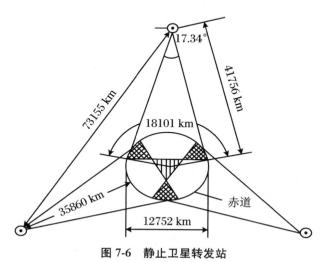

图 7-6 静止卫星转发站

不难想象,利用这样遥远的卫星作为转发站虽然能够增大一次转发的距离,但是却增大了对发射功率的要求和增加了信号传输的延迟时间。此外,发射卫星也是一项巨大的工程。因此,近几年来开始了平流层通信的研究。平流层通信是指用位于平流层的高空平台电台代替卫星作为基站的通信平台,高度距地面 17～22 km,可以用充氦飞艇、气球或飞机作为安置转发站的平台。若其高度在 20 km,则可以实现地面覆盖半径约 500 km 的通信区。若在平流层安置 250 艘充氢飞艇,可以覆盖全球 90% 以上人口的地区。和卫星通信系统相比,平流层通信系统费用低廉、延迟时间小、建设快、容量大,是正在研究中的一种通信手段。

电磁波在大气层内传播时会受到大气的影响。大气(主要是空中的氧气和水蒸气)及降水都会吸收和散射电磁波,使频率在 1 GHz 以上的电磁波的传播衰减显著增加。电磁波的频率越高,传播衰减越严重,在一些特定的频率范围,由于分子谐振现象而使衰减出现峰值。图 7-7(a)示出了这种衰减特性和频率的关系曲线。由此曲线可见,在频率等于约 23 GHz 处,出现由于水蒸气吸收产生的第一个谐振点。在频率约为 62 GHz 处,出现由于氧气吸收产生的第二个谐振点。氧气吸收的下一个谐振点发生在 120 GHz。水蒸气的另外两个吸收频率分别为 180 GHz 和 350 GHz。在大气中通信时应该避免使用上述衰减严重的频率。此外,降水对于 10 GHz 以上的电磁波也有较大的影响,如图 7-7(b)所示。

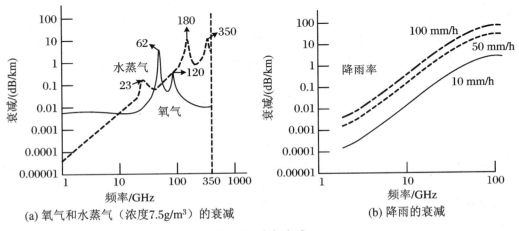

(a) 氧气和水蒸气(浓度7.5g/m³)的衰减　　　　(b) 降雨的衰减

图 7-7　大气衰减

除了上述三种传播方式外,电磁波还可以经过散射方式传播。散射传播和反射传播不同,无线电波的反射特性类似光波的镜面反射特性,而散射则是由于传播媒体的不均匀性使电磁波的传播产生向许多方向折射的现象。散射现象具有强的方向性,其能量主要集中于前方,故常称其为前向散射。由于散射信号的能量分散于许多方向,故接收点散射信号的强度比反射信号的强度要小得多。

散射传播分为电离层散射、对流层散射和流星余迹散射三种。

电离层散射现象发生在 30~60 MHz 的电磁波上。由于电离层的不均匀性,使其对于在这一频段入射的电磁波产生散射。这种散射信号的强度与 30 MHz 以下的电离层反射信号的强度相比要小得多,但是仍然可以用于通信。

对流层散射则是由于对流层中的大气不均匀性产生的。从地面至高约十余千米间的大气层称为对流层。对流层中的大气存在强烈的上下对流现象,使大气中形成不均匀的湍流。电磁波由于对流层中的这种大气不均匀性可以产生散射现象,使电磁波散射到接收点。图 7-8 为对流层散射通信示意图。图中发射天线射束和接收天线射束相交于对流层上空,两波束相交的空间为有效散射区域。利用对流层散射进行通信的频率范围主要在 100~4000 MHz;按照对流层的高度估算,可以达到的有效散射传播距离最大约为 600 km。

流星余迹散射则是由于流星经过大气层时产生的很强的电离余迹使电磁波散射的现象。流星余迹的高度在 80~120 km,余迹长度在 15~40 km(图 7-9)。流星余迹散射的频

率范围在 30～100 MHz,传播距离可达 1000 km 以上。一条流星余迹的存留时间在十分之
几秒到几分钟之间,但是空中随时都有大量的人们肉眼看不见的流星余迹存在,能够随时保
证信号断续地传输。流星余迹散射通信只能用低速存储、高速突发的断续方式传输数据。

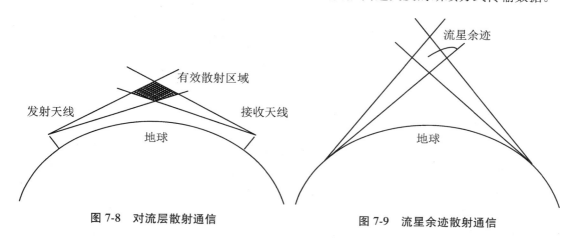

图 7-8　对流层散射通信　　　　　　　图 7-9　流星余迹散射通信

目前在民用无线电通信中,应用最广的是蜂窝网和卫星通信。蜂窝网工作在特高频
(UHF)频段。卫星通信工作在特高频和超高频(SHF)频段,其电磁波传播利用了视线传播
方式,但是在地面和卫星之间的电磁传播要穿过电离层。

7.2　有　线　信　道

传输电信号的有线信道主要有三类,即明线、对称电缆和同轴电缆。

明线是指平行架设在电线杆上的架空线路。它本身是导电裸线或带绝缘层的导线。虽
然它的传输损耗低,但是易受天气和环境的影响,对外界噪声干扰较敏感,并且很难沿一条
路径架设大量的成百对线路,故目前已经逐渐被电缆所代替。电缆有两类,即对称电缆和同
轴电缆。

对称电缆是由若干对叫作芯线的双导线放在一根保护套内制造成的。为了减小各对导
线之间的干扰,每一对导线都做成扭绞形状的,称为双绞线,如图 7-10 所示。对称电缆的芯
线比明线细,直径在 0.4～1.4 mm,故其损耗较明线大,但是性能较稳定。对称电缆在有线
电话网中广泛用于用户接入电路。

同轴电缆则是由内、外两根同心圆柱形导体构成的,这两根导体间用绝缘体隔离开(图
7-11)。内导体多为实心导线,外导体是一根空心导电管或金属编织网,在外导体外面有一
层绝缘保护层。在内、外导体间可以填充实心介质材料,或者用空气作介质,但间隔一段距
离有绝缘支架用于连接和固定内外导体。由于外导体通常接地,所以它同时能够很好地起
到电屏蔽作用。目前,由于光纤的广泛应用,远距离传输信号的干线线路多采用光纤代替同
轴电缆。主要在有线电视广播网中还较广泛地应用同轴电缆将信号送入用户。

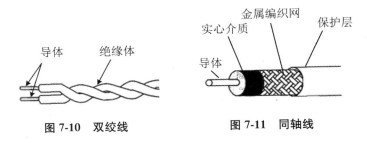

图 7-10　双绞线　　　　　　图 7-11　同轴线

　　传输光信号的有线信道是光导纤维,简称光纤。光纤是由华裔科学家高锟发明的,他被称为"光纤之父"。

　　最早出现的光纤是由折射率不同的两种导光介质(高纯度的石英玻璃)纤维制成的。其内层称为纤芯,在纤芯外包有另一种折射率的介质,称为包层,如图 7-12(a)所示。由于纤芯的折射率 n_1 比包层的折射率 n_2 大,光波会在两层的边界处产生反射。经过多次反射,光波可以实现远距离传输。由于折射率在两种介质内是均匀不变的,仅在边界处发生突变,故这种光纤称为阶跃(折射率)型光纤。随后出现的一种光纤的纤芯折射率沿半径增大方向逐渐减小,光波在这种光纤中传输的路径是因折射而逐渐弯曲的,并达到远距离传输的目的,这种光纤称为梯度(折射率)型光纤,如图 7-12(b)所示。对梯度型光纤的折射率沿轴向的变化是有严格要求的,故其制造难度比阶跃型光纤大。

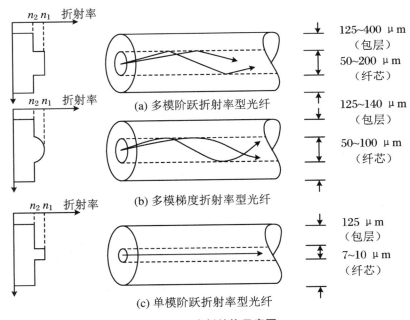

图 7-12　光纤结构示意图

　　上述两种光纤中,光线的传播模式有多种。这里模式是指光线传播的路径。上述两种光纤中光线有多条传播路径,故称为多模光纤。在图 7-12(a)、(b)中示出了多模光纤的典型直径尺寸。多模光纤用发光二极管(LED)作为光源,这种光源不是单色的,即包含许多频率成分。由于这类光纤的直径较粗,不同入射角的光波在光纤中有不同的传播路径,各路径的传输时延不同,并且存在色散现象,故会造成信号波形的失真,从而限制了传输带宽。

按照色散产生的原因不同,多模光纤中的色散可以分为三种:① 材料色散,它是由于材料的折射率随频率变化而产生的。② 模式色散,它是由于不同模式的光波的群速不同而引起的。③ 波导色散,它是由于不同频率分量的光波的群速不同而引起的。在梯度型光纤中,可以控制折射率的合理分布来均衡色散,故其模式色散比阶跃型光纤的小。

为了减小色散,增大传输带宽,后来又研制出一种光纤,称为单模光纤,其纤芯的直径较小,在 $7 \sim 10~\mu m$,包层的典型直径约为 $125~\mu m$。图 7-12(c) 中示出的是一种阶跃型单模光纤。单模光纤用激光器作为光源。激光器产生单一频率的光波,并且光波在光纤中只有一种传播模式。因此,单模光纤的无失真传输频带较宽,比多模光纤的传输容量大得多。但是,由于其直径较小,所以在将两段光纤相接时不易对准。另外,激光器的价格比发光二极管贵。所以,这两种光纤各有优缺点,都得到了广泛的应用。

在实用中光纤的外面还有一层塑料保护层,并将多根光纤组合起来成为一根光缆。光缆有保护外皮,内部还加有增加机械强度的钢线和辅助功能的电线。

为了使光波在光纤中传输时受到最小的衰减,以便传输尽量远的距离,希望将光波的波长选择在光纤传输损耗最小的波长上。图 7-13 示出了光纤损耗与光波波长的关系,可见在 $1.31~\mu m$ 和 $1.55~\mu m$ 波长上出现了两个损耗最小点,这两个波长是目前应用最广的波长。在这两个波长之间 $1.4~\mu m$ 附近的损耗高峰是由于光纤材料中水分子的吸收造成的。1998 年朗讯科技公司发明了一项技术可以消除这一高峰,从而大大扩展了可用的波长范围。目前使用单个波长的单模光纤传输系统的传输速率已超过 10 Gb/s。若在同一根光纤中传输波长不同的多个信号,则总传输速率将能提高多倍。光纤的传输损耗也是很低的,单模光纤的传输损耗可达 0.2 dB/km 以下,因此,无中继的直接传输距离可达上百千米。

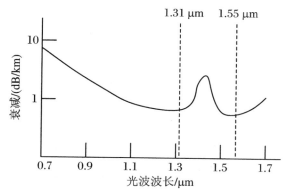

图 7-13 光纤损耗和光波波长的关系

7.3 信道的数学模型

为了讨论通信系统的性能,对于信道可以有不同的定义。之前讲授的信道是从调制和解调的观点定义的,这时把发送端调制器输出端至接收端解调器输入端之间的部分称为信道,其中可能包括放大器、变频器和天线等装置。在研究各种调制制度的性能时使用这种定义是方便的,所以有时称之为调制信道。此外,有时为了便于分析通信系统的总体性能,把调制和解调等过程的电路特性(例如一些滤波器的特性)对信号的影响也折合到信道特性中一并考虑。在讨论数字通信系统中的信道编码和解码时,把编码器输出端至解码器输入端之间的部分称为编码信道。在研究利用纠错编码对数字信号进行差错控制的效果时,利用编码信道的概念是方便的。

7.3.1　调制信道模型

最基本的调制信道有一对输入端和一对输出端,其输入端信号电压 $e_i(t)$ 和输出端电压 $e_o(t)$ 间的关系可以用下式表示:

$$e_o(t) = f[e_i(t)] + n(t) \tag{7-5}$$

式中,$e_i(t)$ 为信道输入端信号电压,$e_o(t)$ 为信道输出端信号电压,$n(t)$ 为噪声电压。

由于信道中的噪声 $n(t)$ 是叠加在信号上的,而且无论有无信号,噪声 $n(t)$ 是始终存在的,因此通常称它为加性噪声或加性干扰。当没有信号输入时,信道输出端也有加性干扰输出。$f[e_i(t)]$ 表示信道输入和输出电压之间的函数关系,为了便于数学分析,通常假设 $f[e_i(t)] = k(t)e_i(t)$,即信道的作用相当于对输入信号乘一个系数 $k(t)$。这样,式(7-5)就可以改写为

$$e_o(t) = k(t)e_i(t) + n(t) \tag{7-6}$$

式(7-6)就是调制信道的一般数学模型。在图 7-14 中画出了此数学模型。

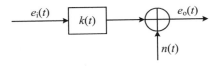

图 7-14　调制信道数学模型

$k(t)$ 是一个很复杂的函数,它反映信道的特性。一般说来,它是时间 t 的函数,即表示信道的特性是随时间变化的。随时间变化的信道称为时变信道。$k(t)$ 又可以看作是对信号的一种干扰,称为乘性干扰。因为它与信号是相乘的关系,所以当没有输入信号时,信道输出端也没有乘性干扰输出。作为一种干扰看待 $k(t)$,它会使信号产生各种失真,包括线性失真、非线性失真、时间延迟以及衰减等,这些失真都可能随时间做随机变化,所以 $k(t)$ 只能用随机过程表述。这种特性随机变化的信道称为随机参量信道,简称随参信道。另外,也有些信道的特性基本上不随时间变化,或变化极慢极小,这种信道称为恒定参量信道,简称恒参信道。综上所述,调制信道的模型可以分为两类:随参信道和恒参信道。

7.3.2　编码信道模型

调制信道对信号的影响是乘性干扰 $k(t)$ 和加性干扰 $n(t)$ 使信号的波形发生失真。编码信道的影响则不同。因为编码信道的输入和输出信号是数字序列,例如,在二进制信道中是"0"和"1"的序列,故编码信道对信号的影响是使传输的数字序列发生变化,即序列中的数字发生错误。所以,可以用错误概率来描述编码信道的特性。这种错误概率通常称为转移概率。在二进制系统中,就是"0"转移为"1"的概率和"1"转移为"0"的概率。按照这种原理可以画出一个二进制编码信道的简单模型,如图 7-15 所示。图中 $P(0/0)$ 和 $P(1/1)$ 是正确

转移概率，$P(1/0)$ 是发送"0"而接收"1"的概率，$P(0/1)$ 是发送"1"而接收"0"的概率。后面这两个概率为错误传输概率。实际编码信道转移概率的数值需要由大量的实验统计数据分析得出。在二进制系统中由于只有"0"和"1"这两种符号，所以由概率论的原理可知：

$$P(0/0) = 1 - P(1/0) \tag{7-7}$$

$$P(1/1) = 1 - P(0/1) \tag{7-8}$$

图 7-15 中的模型之所以称为"简单的"二进制编码信道模型，是因为已经假定此编码信道是无记忆信道，即前后码元发生的错误是互相独立的。也就是说，一个码元的错误和其前后码元是否发生错误无关。

类似地，可以画出无记忆四进制编码信道模型，如图 7-16 所示。最后指出，编码信道中产生错码的原因以及转移概率的大小主要是由于调制信道不理想造成的。

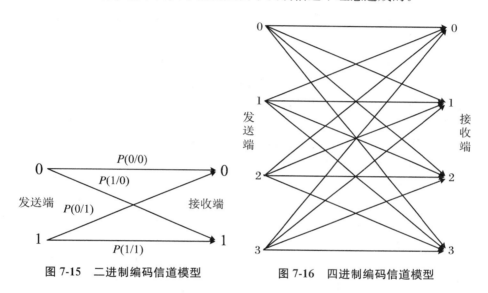

图 7-15　二进制编码信道模型　　　　图 7-16　四进制编码信道模型

7.4　信道特性对信号传输的影响

按照调制信道模型，信道可以分为恒参信道和随参信道两类。在之前章节讨论的无线信道和有线信道中，各种有线信道和部分无线信道，包括卫星链路和某些视距传输链路，可以当作恒参信道看待，因为它们的特性变化很小、很慢，可以视作其参量恒定。恒参信道实质上就是一个非时变线性网络，所以只要知道这个网络的传输特性，就可以利用信号通过线性系统的分析方法得知信号通过恒参信道时受到的影响。恒参信道的主要传输特性通常可以用其振幅-频率特性和相位-频率特性来描述。无失真传输要求振幅特性与频率无关，即其振幅-频率特性曲线是一条水平直线；要求其相位特性是一条通过原点的直线，或者等效地要求其传输群时延与频率无关，等于常数。实际的信道往往都不能满足这些要求。例如，电话信号的频带在 300～3400 Hz 范围内，而电话信道的振幅-频率特性和相位-频率特性的典型曲线则如图 7-17 所示。在此图中采用的是便于测量的实用参量，即用插入损耗和频率的关系表示振幅-频率特性，用群延迟和频率的关系表示相位-频率特性。

　　若信道的振幅特性不理想,则信号发生的失真称为频率失真。信号的频率失真会使信号的波形产生畸变。在传输数字信号时,波形畸变可引起相邻码元波形之间发生部分重叠,造成码间串扰。由于这种失真是一种线性失真,所以它可以用一个线性网络进行补偿。若此线性网络的频率特性与信道的频率特性之和,在信号频谱占用的频带内为一条水平直线,则此补偿网络就能够完全抵消信道产生的振幅-频率失真。

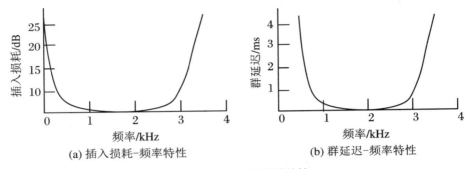

(a) 插入损耗-频率特性　　　　　(b) 群延迟-频率特性

图 7-17　典型电话信道特性

　　信道的相位特性不理想将使信号产生相位失真。在模拟话音信道(简称模拟话路)中,相位失真对通话的影响不大,因为人耳对于声音波形的相位失真不敏感。但是,相位失真对数字信号的传输则影响很大,因为它会引起码间串扰,使误码率增大。相位失真也是一种线性失真,所以也可以用一个线性网络进行补偿。

　　除了振幅特性和相位特性外,恒参信道中还可能存在其他一些使信号产生失真的因素,例如非线性失真、频率偏移和相位抖动等。非线性失真是指信道输入和输出信号的振幅关系不是直线关系,如图 7-18 所示。非线性特性将使信号产生新的谐波分量,造成所谓谐波失真。这种失真主要是由于信道中的元器件特性不理想造成的。频率偏移是指信道输入信号的频谱经过信道传输后产生了平移。这主要是由于发送端和接收端中用于调制解调或频率变换的振荡器的频率误差引起的。相位抖动也是由于这些振荡器的频率不稳定产生的。相位抖动的结果是对信号产生附加调制。上述这些因素产生的信号失真一旦出现,很难消除。

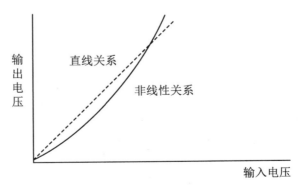

图 7-18　非线性特性

　　现在转入讨论随参信道对信号传输的影响。无线电信道中有一些是随参信道,例如依靠天波传播和地波传播的无线电信道、某些视距传输信道和各种散射信道。随参信道的特性是"时变"的。例如,在用天波传播时,电离层的高度和离子浓度随时间、季节和年份在不断变化,使信道特性随之变化;在用对流层散射传播时,大气层随气候和天气在变化着,也使信道特性发生变化。此外,在移动通信中,由于移动台在运动,收、发两点间的传输路径自然也在变化,使得信道参量在不断变化。一般说来,各种随参信道具有的共同特性是:① 信号的传输衰减随时间而变;② 信号的传输时延随时间而变;③ 信号经过几条路径到达接收端,而且每条路径的长度(时延)和衰减都随时间而变,即存在多径传播现象。多径传播对信号的影响称为多径效应。由于它对信号传输质量的影响很大,下面对其做专门的讨论。

设发射信号为 $A\cos\omega_0 t$,它经过 n 条路径传播到接收端,则接收信号 $R(t)$ 可以表示为

$$R(t) = \sum_{i=1}^{n} \mu_i(t)\cos\omega_0\big[t - \tau_i(t)\big]$$

$$= \sum_{i=1}^{n} \mu_i(t)\cos\big[\omega_0 t + \varphi_i(t)\big] \tag{7-9}$$

式中,$\mu_i(t)$ 为第 i 条路径到达的接收信号振幅,$\tau_i(t)$ 为第 i 条路径到达的信号时延,$\varphi_i(t) = -\omega_0\tau_i(t)$。

式(7-9)中的 $\mu_i(t)$、$\tau_i(t)$、$\varphi_i(t)$ 都是随机变化的。

应用三角公式可以将式(7-9)改写成

$$R(t) = \sum_{i=1}^{n} \mu_i(t)\cos\varphi_i(t)\cos\omega_0 t - \sum_{i=1}^{n} \mu_i(t)\sin\varphi_i(t)\sin\omega_0 t \tag{7-10}$$

实验观察表明,在多径传播中,和信号角频率 ω_0 的周期相比,$\mu_i(t)$ 和 $\varphi_i(t)$ 随时间变化很缓慢。所以,式(7-10)中的接收信号 $R(t)$ 可以看成是由互相正交的两个分量组成的。这两个分量的振幅分别是缓慢随机变化的 $\mu_i(t)\cos\varphi_i(t)$ 和 $\mu_i(t)\sin\varphi_i(t)$。设

$$X_c(t) = \sum_{i=1}^{n} \mu_i(t)\cos\varphi_i(t) \tag{7-11}$$

$$X_s(t) = \sum_{i=1}^{n} \mu_i(t)\sin\varphi_i(t) \tag{7-12}$$

则 $X_c(t)$ 和 $X_s(t)$ 都是缓慢随机变化的。将式(7-11)和式(7-12)代入式(7-10),得

$$R(t) = X_c(t)\cos\omega_0 t - X_s(t)\sin\omega_0 t$$

$$= V(t)\cos\big[\omega_0 t + \varphi(t)\big] \tag{7-13}$$

式中

$$V(t) = \sqrt{X_c^2(t) + X_s^2(t)} \tag{7-14}$$

为接收信号 $R(t)$ 的包络;

$$\varphi(t) = \arctan\frac{X_s(t)}{X_c(t)} \tag{7-15}$$

为接收信号 $R(t)$ 的相位。

这里的 $V(t)$ 和 $\varphi(t)$ 也是缓慢随机变化的,所以式(7-13)表示接收信号是一个振幅和相位做缓慢变化的余弦波,即接收信号 $V(t)$ 可以看作是一个包络和相位随机缓慢变化的窄带信号,如图 7-19 所示。和振幅恒定、单一频率的发射信号对比,接收信号波形的包络有了起伏,频率也不再是单一频率,而是有了扩展,成为窄带信号。这种信号包络因传播有了起伏的现象称为衰落。多径传播使信号包络产生的起伏虽然比信号的周期缓慢,但是仍然可能是在秒或秒以下的数量级,衰落的周期常能和数字信号的一个码元周期相比较,故通常将由多径效应引起的衰落称为快衰落。即使没有多径效应,仅由一条无线电路径传播时,由于

路径上季节、日夜、天气等的变化,也会使信号产生衰落现象。这种衰落的起伏周期可能较长,甚至以若干小时或若干天计,故称这种衰落为慢衰落。

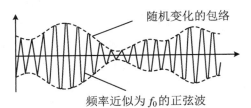

随机变化的包络

频率近似为 f_0 的正弦波

图 7-19　窄带信号波形

为简单起见,下面将对仅有两条路径的最简单的快衰落现象做进一步的讨论。

设多径传播的路径只有两条,并且这两条路径具有相同的衰减,但是时延不同;设发射信号为 $f(t)$,它经过两条路径传播后到达接收端分别为 $Af(t - \tau_0)$ 和 $Af(t - \tau_0 - \tau)$,其中 A 是传播衰减,τ_0 是第一条路径的时延,τ 是两条路径的时延差。现在来求出这个多径信道的传输函数。设发射信号 $f(t)$ 的傅里叶变换(即其频谱)为 $F(\omega)$,并将其用下式表示:

$$f(t) \Leftrightarrow F(\omega) \tag{7-16}$$

则有

$$Af(t - \tau_0) \Leftrightarrow AF(\omega)\mathrm{e}^{-\mathrm{j}\omega\tau_0} \tag{7-17}$$

$$Af(t - \tau_0 - \tau) \Leftrightarrow AF(\omega)\mathrm{e}^{-\mathrm{j}\omega(\tau_0+\tau)} \tag{7-18}$$

$$Af(t - \tau_0) + Af(t - \tau_0 - \tau) \Leftrightarrow AF(\omega)\mathrm{e}^{-\mathrm{j}\omega\tau_0}(1 + \mathrm{e}^{-\mathrm{j}\omega\tau}) \tag{7-19}$$

式(7-19)的两端分别是接收信号的时间函数和频谱函数。将式(7-16)和式(7-19)的右端相除,就得到此多径信道的传输函数:

$$H(\omega) = \frac{AF(\omega)\mathrm{e}^{-\mathrm{j}\omega\tau_0}(1 + \mathrm{e}^{-\mathrm{j}\omega\tau})}{F(\omega)}$$

$$= A\mathrm{e}^{-\mathrm{j}\omega\tau_0}(1 + \mathrm{e}^{-\mathrm{j}\omega\tau}) \tag{7-20}$$

式(7-20)右端,A 是一个常数衰减因子,$\mathrm{e}^{-\mathrm{j}\omega\tau_0}$ 表示一个确定的传输时延 τ_0,最后一个因子是和信号频率 ω 有关的复因子,其模为

$$|1 + \mathrm{e}^{-\mathrm{j}\omega\tau}| = |1 + \cos\omega\tau - \mathrm{j}\sin\omega\tau|$$

$$= |\sqrt{(1 + \cos\omega\tau)^2 + \sin^2\omega\tau}|$$

$$= 2\left|\cos\frac{\omega\tau}{2}\right| \tag{7-21}$$

按照上式画出的模与角频率 ω 关系曲线示于图 7-20 中。它表示此多径信道的传输衰减和信号频率及时延差 τ 有关。在角频率 $\omega = 2n\pi/\tau$(n 为整数)处的频率分量最强,而在 $\omega = (2n + 1)\pi/\tau$ 处的频率分量为零。这种曲线的最大值和最小值位置决定于两条路径的相对时延差 τ,而 τ 是随时间变化的,所以对于给定频率的信号,其强度随时间而变,这种现象称为衰落现象。由于这种衰落和频率有关,故称其为频率选择性衰落。特别是对于宽带信号,若信号带宽大于 $(1/\tau)$ Hz,则信号频谱中不同频率分量的幅度之间必然出现强烈的差异。将 $(1/\tau)$ Hz 称为此两条路径信道的相关带宽。

实际的多径信道中通常有不止两条路径,并且每条路径的信号衰减一般也不相同,所以不会出现图 7-20 中所示的零点。但是,接收信号的包络肯定会出现随机起伏。这时,设 τ_m 为多径中最大的相对时延差,并将 $(1/\tau_m)$ Hz 定义为此多径信道的相关带宽。为了使信号

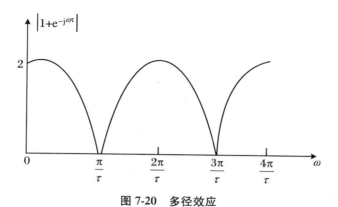

图 7-20 多径效应

基本不受多径传播的影响,要求信号的带宽小于多径信道的相关带宽($1/\tau_m$)。

多径效应会使数字信号的码间串扰增大。为了减小码间串扰的影响,通常要降低码元传输速率。码元速率降低,则信号带宽将随之减小,多径效应的影响也随之减轻。

综合上述,还可以将经过信道传输后的数字信号分为三类。第一类称为确知信号,即接收端能够准确知道其码元波形的信号,这是理想情况。第二类称为随机相位信号,简称随相信号。这种信号的相位由于传输时延的不确定而带有随机性,使接收码元的相位随机变化。即使是经过恒参信道传输,大多数也属于这种情况。第三类称为起伏信号,这时接收信号的包络随机起伏,相位也随机变化。通过多径信道传输的信号都具有这种特性。

7.5 信道中的噪声

将信道中存在的不需要的电信号统称为噪声。通信系统中的噪声是叠加在信号上的,没有传输信号时通信系统中也有噪声,噪声永远存在于通信系统中。噪声可以看成是信道中的一种干扰,也称为加性干扰,因为它是叠加在信号之上的。噪声对于信号的传输是有害的,它能使模拟信号失真,使数字信号发生错码,并限制着信息的传输速率。

按照来源分类,噪声可以分为人为噪声和自然噪声两大类。人为噪声是由人类的活动产生的,例如电钻和电气开关瞬态造成的电火花、汽车点火系统产生的电火花、荧光灯产生的干扰、其他电台和家电用具产生的电磁波辐射等。自然噪声是自然界中存在的各种电磁波辐射,例如闪电、大气噪声和来自太阳、银河系等的宇宙噪声。此外还有一种很重要的自然噪声,即热噪声。热噪声来自一切电阻性元器件中电子的热运动,例如导线、电阻和半导体器件等均会产生热噪声。所以热噪声是无处不在,不可避免地存在于一切电子设备中的,除非设备处于热力学温度 0 K。在电阻性元器件中,自由电子因具有热能而不断运动,在运动中和其他粒子碰撞而随机地以折线路径运动,即呈现为布朗运动。在没有外界作用力的条件下,这些电子的布朗运动产生的电流平均值等于零,但是会产生一个交流电流分量,这个交流分量即为热噪声。热噪声的频率范围很广,它均匀分布在大约从接近零频率开始,直到 10^{12} Hz。在一个阻值为 R 的电阻两端,在频带宽度为 B 的范围内,产生的热噪声电压有效值为

$$V = \sqrt{4kTRB} \tag{7-22}$$

式中，$k = 1.38 \times 10^{-23}$ J/K 为玻耳兹曼常数，T 为热力学温度（K），R 为电阻（Ω），B 为带宽（Hz）。

由于在一般通信系统的工作频率范围内热噪声的频谱是均匀分布的，好像白光的频谱在可见光的频谱范围内均匀分布那样，所以热噪声又常称为白噪声。由于热噪声是由大量自由电子的运动产生的，其统计特性服从高斯分布，故常将热噪声又称为高斯白噪声。

按照性质分类，噪声可以分为脉冲噪声、窄带噪声和起伏噪声三类。脉冲噪声是突发性地产生的，幅度很大，其持续时间比间隔时间短得多。由于其持续时间很短，故其频谱较宽，可以从低频一直分布到甚高频，但是频率越高其频谱的强度越小。电火花就是一种典型的脉冲噪声。窄带噪声可以看作是一种非所需的连续的已调正弦波，或简单地看作是一个振幅恒定的单一频率的正弦波。通常它来自相邻电台或其他电子设备，其频谱或频率位置通常是确知的或可以测知的。起伏噪声有在时域和频域内的随机噪声，包括热噪声、电子管内产生的散弹噪声和宇宙噪声等都属于起伏噪声。

上述各种噪声中，脉冲噪声不是普遍地持续地存在的，对于语音通信的影响也较小，但是对于数字通信可能有较大影响。窄带噪声也是只存在于特定频率、特定时间和特定地点，所以它的影响是有限的。只有起伏噪声无处不在。所以，在讨论噪声对于通信系统的影响时，主要是考虑起伏噪声，特别是热噪声的影响。

如上所述，热噪声本身是"白色"的。但是，在通信系统接收端解调器中对信号解调时，叠加在信号上的热噪声已经经过了接收机带通滤波器的过滤，从而其带宽受到了限制，故它不再是"白色"的了，成为了窄带噪声或称为带限白噪声。由于滤波器是一种线性电路，高斯过程通过这线性电路后，仍为一高斯过程，故此窄带噪声又常称为窄带高斯噪声。设经过接收滤波器后的噪声双边功率谱密度为 $P_n(f)$，如图 7-21 所示，则此噪声的功率为

$$P_n = \int_{-\infty}^{+\infty} P_n(f)\mathrm{d}f \tag{7-23}$$

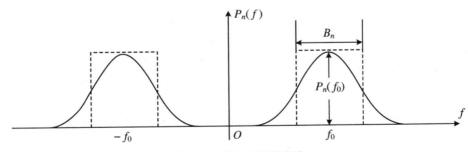

图 7-21 噪声功率谱密度

为了描述窄带噪声的带宽，引入噪声等效带宽概念。这时，将噪声功率谱密度曲线的形状变为矩形（见图中虚线），并保持噪声功率不变。若令矩形的高度等于原噪声功率谱密度曲线的最大值 $P_n(f_0)$，则此矩形的宽度为

$$B_n = \frac{\int_{-\infty}^{+\infty} P_n(f)\mathrm{d}f}{2P_n(f_0)} = \frac{\int_{0}^{+\infty} P_n(f)\mathrm{d}f}{P_n(f_0)} \tag{7-24}$$

式(7-24)保证了图 7-21 中矩形虚线下面的面积和功率谱密度曲线下面的面积相等，即功率相等，故将式(7-24)中的 B 称为噪声等效带宽。利用噪声等效带宽的概念，在之后讨论

通信系统的性能时可以认为窄带噪声的功率谱密度在带宽 B_n 内是恒定的。

7.6　信息及其度量

通信的根本目的在于传输消息中所包含的信息。信息是指消息中所包含的有效内容，或者说是受信者预先不知而待知的内容。消息是信息的物理表现形式，信息是其内涵。不同形式的消息，可以包含相同的信息。例如，用话音和文字发送的天气预报，所含信息内容相同。如同运输货物多少采用"货运量"来衡量一样，传输信息的多少可以采用"信息量"去衡量。现在的问题是如何度量消息中所含的信息量。

消息是多种多样的。因此度量消息中所含信息量的方法，必须能够用来度量任何消息，而与消息的种类无关。同时，这种度量方法也应该与消息的重要程度无关。

在一切有意义的通信中，对于接收者而言，某些消息所含的信息量比另外一些消息更多。例如，"某客机坠毁"这条消息比"今天下雨"这条消息包含有更多的信息。这是因为，前一条消息所表达的事件几乎不可能发生，它使人感到惊讶和意外；而后一条消息所表达的事件很可能发生，不足为奇。这表明，对接收者来说，只有消息中不确定的内容才构成信息，而且，信息量的多少与接收者收到消息时感到的惊讶程度有关。消息所表达的事件越不可能发生，越不可预测，就会越使人感到惊讶和意外，信息量就越大。

概率论告诉我们，事件的不确定程度可以用其出现的概率来描述。因此，消息中包含的信息量与消息发生的概率密切相关。消息出现的概率越小，则消息中包含的信息量就越大。假设 $P(x)$ 表示消息发生的概率，I 表示消息中所含的信息量，则根据上面的认知，I 与 $P(x)$ 之间的关系应当反映如下规律：

（1）消息中所含的信息量是该消息出现的概率的函数，即

$$I = I[P(x)]$$

（2）$P(x)$ 越小，I 越大，反之 I 越小；且当 $P(x)=1$ 时 $I=0$，$P(x)=0$ 时 $I=\infty$。

（3）若干个互相独立事件构成的消息，所含信息量等于各独立事件信息量之和，也就是说信息具有相加性，即

$$I[P(x_1)P(x_2)\cdots] = I[P(x_1)] + I[P(x_2)] + \cdots$$

不难看出，若 I 与 $P(x)$ 之间的关系式为

$$I = \log_a \frac{1}{p(x)} = -\log_a p(x) \tag{7-25}$$

则可满足上述三项要求。所以定义式(7-25)为消息 x 所含的信息量。

信息量的单位和式(7-25)中对数的底 a 有关。如果 $a=2$，则信息量的单位为比特(bit)，可简记为 b；如果 $a=e$，则信息量的单位为奈特(nat)；如果 $a=10$，则信息量的单位为哈特莱(Hartley)。通常广泛使用的单位为比特，这时有

$$I = \log_2 \frac{1}{p(x)} = -\log_2 p(x) \quad \text{(b)} \tag{7-26}$$

下面来讨论等概率出现的离散消息的度量。先看一个简单例子：

例 7-1　设一个二进制离散信源以相等的概率发送数字"0"或"1"，则信源每个输出的信

息含量为

$$I(0) = I(1) = \log_2 \frac{1}{1/2} = \log_2 2 = 1 \quad (b) \tag{7-27}$$

由此可见，传送等概率的二进制波形之一的信息量为 1 b。在工程应用中，习惯把一个二进制码元称作 1 b。同理，传送等概率的四进制波形之一（$P = 1/4$）的信息量为 2 b，这时每一个四进制波形需要用 2 个二进制脉冲表示；传送等概率的八进制波形之一（$P = 1/8$）的信息量为 3 b，这时至少需要 3 个二进制脉冲。

综上所述，对于离散信源，M 个波形等概率（$P = 1/M$）发送，且每一个波形的出现是独立的，即信源是无记忆的，则传送 M 进制波形之一的信息量为

$$I = \log_2 \frac{1}{P} = \log_2 \frac{1}{1/M} = \log_2 M \quad (b) \tag{7-28}$$

式中，P 为每一个波形出现的概率，M 为传送的波形进制数。

若 M 是 2 的整幂次，比如 $M = 2^k (k = 1, 2, 3, \cdots)$，则式(7-28)可改写为

$$I = \log_2 2^k = k \quad (b) \tag{7-29}$$

式中，k 是二进制脉冲的数目。也就是说，传送每一个 $M(M = 2^k)$ 进制波形的信息量就等于用二进制脉冲表示该波形所需的脉冲数目 k。

现在再来考查非等概率情况。设离散信源是一个由 M 个符号组成的集合，其中每个符号 $x_i (i = 1, 2, 3, \cdots, M)$ 按一定的概率 $P(x_i)$ 独立出现，即有

$$\begin{bmatrix} x_1, & x_2, & \cdots, & x_M \\ P(x_1), & P(x_2), & \cdots, & P(x_M) \end{bmatrix}$$

且有

$$\sum_{i=1}^{M} P(x_i) = 1$$

则 $x_1, x_2, \cdots, x_M$ 所包含的信息量分别为

$$-\log_2 P(x_1), \quad -\log_2 P(x_2), \quad \cdots, \quad -\log_2 P(x_M)$$

于是，每个符号所含信息量的统计平均值，即平均信息量为

$$H(x) = P(x_1)[-\log_2 P(x_1)] + P(x_2)[-\log_2 P(x_2)] + \cdots + P(x_M)[-\log_2 P(x_M)]$$

$$= -\sum_{i=1}^{M} P(x_i) \log_2 P(x_i) \quad (b/\text{符号}) \tag{7-30}$$

由于 H 同热力学中的熵形式相似，故通常又称它为信息源的熵，其单位为 b/符号。显然，当 $P(x_i) = 1/M$（每个符号等概率独立出现）时，式(7-30)即成为式(7-28)，此时信源的熵有最大值。

例 7-2　一离散信源由 0、1、2、3 四个符号组成，它们出现的概率分别为 3/8、1/4、1/4、1/8，且每个符号的出现都是独立的。试求某消息 2010201302130020321010032101002310200201031203210020210 的信息量。

解　此消息中，"0"出现 23 次，"1"出现 14 次，"2"出现 13 次，"3"出现 7 次，共有 57 个符号，故该消息的信息量为

$$I = 23 \log_2 8/3 + 14 \log_2 4 + 13 \log_2 4 + 7 \log_2 8 = 108 \quad (b)$$

每个符号的算术平均信息量为

$$\bar{I} = \frac{I}{\text{符号数}} = \frac{108}{57} = 1.89 \quad (b/\text{符号})$$

若用熵的概念来计算,由式(7-30)可得

$$H = -\frac{3}{8}\log_2\frac{3}{8} - \frac{1}{4}\log_2\frac{1}{4} - \frac{1}{4}\log_2\frac{1}{4} - \frac{1}{8}\log_2\frac{1}{8} = 1.906 \quad (\text{b/符号})$$

则该消息的信息量为

$$I = 57 \times 1.906 = 108.64 \quad (\text{b})$$

7.7　信　道　容　量

信道容量是指信道能够传输的最大平均信息速率。信道分为连续信道和离散信道两类,两类信道容量的描述方法不同。下面分别做简要介绍。

7.7.1　离散信道容量

离散信道的容量有两种不同的度量单位。一种是用每个符号能够传输的平均信息量最大值表示信道容量 C,另一种是用单位时间(秒)内能够传输的平均信息量最大值表示信道容量 C_t,两者之间可以互换。若知道信道每秒能够传输多少个符号,则不难从第一种表示转换成第二种表示。因此,这两种表示方法在实质上是一样的,可以根据需要选用。

现在将图 7-16 中的信道模型推广到有 n 个发送符号和 m 个接收符号的一般形式,如图 7-22 所示。图中发送符号 $x_1, x_2, \cdots, x_n$ 的出现概率为 $P(x_i)(i=1,2,\cdots,n)$,收到 y 的概率是 $P(y_j)(j=1,2,\cdots,m)$。$P(y_j/x_i)$ 是转移概率,即发送 x_i 的条件下收到 y_j 的条件概率。

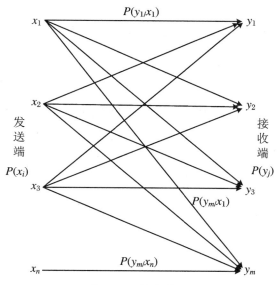

图 7-22　信道模型

从信息量的概念得知,发送 x_i 时收到 y_j 所获得的信息量,等于发送 x_i 前接收端对 x_i 的不确定程度(即 x_i 的信息量)减去收到 y_j 后接收端对 x_i 的不确定程度(即给定 y_j 条件下 x_i

的不确定程度)。

发送 x_i 时收到 y_j 所获得的信息量为

$$- \log_2 P(x_i) - \left[- \log_2 P(x_i/y_j) \right] \qquad (7\text{-}31)$$

对所有的 x_i 和 y_j 取统计平均值,得出收到一个符号时获得的平均信息量。

平均信息量／符号

$$= - \sum_{i=1}^{n} P(x_i) \log_2 P(x_i) - \left[- \sum_{j=1}^{m} P(y_j) \sum_{i=1}^{n} P(x_i/y_j) \log_2 P(x_i/y_j) \right]$$

$$= H(x) - H(x/y) \qquad (7\text{-}32)$$

式中,$H(x) = - \sum_{i=1}^{n} P(x_i) \log_2 P(x_i)$,为每个发送符号 x_i 的平均信息量,称为信源的熵;

$H(x/y) = - \sum_{j=1}^{m} P(y_j) \sum_{i=1}^{n} P(x_i/y_j) \log_2 P(x_i/y_j)$,为接收 y_j 符号已知后,发送符号 x_i 的平均信息量。

由式(7-32)可知,收到一个符号的平均信息量只有 $[H(x) - H(x/y)]$,而发送符号的信息量原为 $H(x)$,少了的部分 $H(x/y)$ 就是传输错误引起的损失。

对于二进制信源,设发送"1"的概率 $P(1) = \alpha$,则发送"0"的概率 $P(0) = 1 - \alpha$。当 α 从 0 变到 1 时,信源的熵 $H(\alpha)$ 可以写成:

$$H(\alpha) = - \alpha \log_2 \alpha - (1 - \alpha) \log_2 (1 - \alpha) \qquad (7\text{-}33)$$

按照式(7-33)画出的曲线示于图 7-23 中。由此图可见,当 $\alpha = 1/2$ 时,此信源的熵达到最大值。这时两个符号的出现概率相等,其不确定性最大。

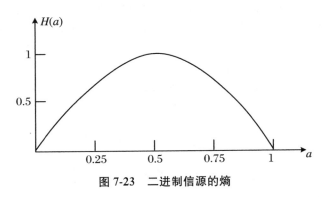

图 7-23　二进制信源的熵

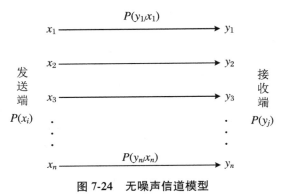

图 7-24　无噪声信道模型

对于无噪声信道,发送符号和接收符号有一一对应关系,这时信道模型将变成如图 7-24 所示;并且在接收到符号 y_j 后,可以确知发送的符号是 $x_i (i=1,2,\cdots,n)$,因此收到的信息量是 $-\log_2 P(x_i)$。于是,由式(7-31)可知,$P(x_i/y_j)=0$;由式(7-31)可知,$H(x/y)=0$。所以在无噪声条件下,从接收一个符号获得的平均信息量为 $H(x)$。而原来在有噪声条件下,从一个符号获得的平均信息量为 $[H(x)-H(x/y)]$。这再次说明 $H(x/y)$ 即为因噪声而损失的平均信息量。

从式(7-31)得知,每个符号传输的平均信息量和信源发送符号概率 $P(x)$ 有关,将其对 $P(x_i)$ 求出的最大值定义为信道容量,即

$$C = \max_{P(x)}[H(x) - H(x/y)] \quad \text{(b/符号)} \tag{7-34}$$

若信道中的噪声极大,则 $H(x/y)=H(x)$,这时 $C=0$,即信道容量为零。

设单位时间内信道传输的符号数为 r(符号/s),则信道每秒传输的平均信息量等于

$$R = r[H(x) - H(x/y)] \quad \text{(b/s)} \tag{7-35}$$

求 R 的最大值,即得出容量 C_t 的表达式:

$$C_t = \max_{P(x)}\{r[H(x) - H(x/y)]\} \quad \text{(b/s)} \tag{7-36}$$

例 7-3 设信源由两种符号"0"和"1"组成,符号传输速率为 1000 符号/s,且两种符号的出现概率相等,均为 1/2。信道为对称信道,其传输的符号错误的概率为 1/128。试画出此信道模型,并求此信道的容量 C 和 C_t。

解 此信道模型如图 7-25 所示。

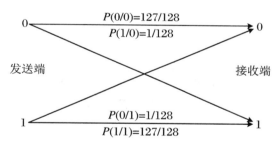

图 7-25 对称信道模型

由式(7-32)知,此信源的平均信息量(熵)为

$$H(x) = -\sum_{i=1}^{n} P(x_i) \log_2 P(x_i)$$

$$= -\left(\frac{1}{2}\log_2\frac{1}{2} + \frac{1}{2}\log_2\frac{1}{2}\right) = 1 \text{ (b/符号)}$$

由给定条件:

$$P(y_1/x_1) = P(0/0) = 127/128$$
$$P(y_2/x_2) = P(1/1) = 127/128$$
$$P(y_2/x_1) = P(1/0) = 1/128$$
$$P(y_1/x_2) = P(1/0) = 1/128$$

根据概率论中的贝叶斯公式:

$$P(x_i/y_j) = P(x_i)P(y_j/x_i)\bigg/ \sum_{i}^{n} P(x_i)P(y_j/x_i)$$

可以计算出

$$P(x_1/y_1) = \frac{P(x_1)P(y_1/x_1)}{P(x_1)P(y_1/x_1) + P(x_2)P(y_1/x_2)}$$

$$= \frac{(1/2)(127/128)}{(1/2)(127/128) + (1/2)(1/128)}$$

$$= 127/128$$

以及 $P(x_2/y_1) = 1/128, P(x_1/y_2) = 1/128, P(x_1/y_1) = 127/128$。

而条件信息量 $H(x/y)$ 可以按照式(7-32)写为

$$H(x/y) = -\sum_{j=1}^{m} P(y_j) \sum_{i=1}^{n} \left[P(x_i/y_i) \log_2 P(x_i/y_i) \right]$$

$$= -\{ P(y_1)[P(x_1/y_1) \log_2 P(x_1/y_1) + P(x_2/y_1) \log_2 P(x_2/y_1)]$$

$$+ P(y_2)[P(x_1/y_2) \log_2 P(x_1/y_2) + P(x_2/y_2) \log_2 P(x_2/y_2)]\}$$

将上面求出的各条件概率值代入上式,并考虑到 $P(y_1) = P(y_2) = 1/2$,可得

$$H(x/y) = -[(127/128) \log_2(127/128) + (1/128) \log_2(1/128)]$$

$$= -[(127/128) \times (-0.01) + (1/128) \times (-7)] \approx 0.065$$

上面已经计算出 $H(x) = 1$,故此信道的容量为

$$C = \max_{P(x)}[H(x) - H(x/y)] = 0.935(\text{b/符号})$$

由式(7-36),求得

$$C_t = \max_{P(x)}\{r[H(x) - H(x/y)]\} = 1000 \times 0.935 = 935(\text{b/s})$$

7.7.2　连续信道容量

连续信道的容量也有两种不同的计量单位,这里只介绍按单位时间计算的容量。

对于带宽有限、平均功率有限的高斯白噪声连续信道,可以证明其信道容量为

$$C_t = B \log_2 \left(1 + \frac{S}{N}\right) \quad (\text{b/s}) \tag{7-37}$$

式中,S 为信号平均功率(W),N 为噪声功率(W),B 为带宽(Hz)。

设噪声单边功率谱密度为 $n_0(\text{W/Hz})$,则 $N = n_0 B$,故式(7-37)可以改写成

$$C_t = B \log_2 \left(1 + \frac{S}{n_0 B}\right) \quad (\text{b/s}) \tag{7-38}$$

由式(7-38)可见,连续信道的容量 C_t 和信道带宽 B、信号功率 S、噪声功率谱密度 n_0 三个因素有关。增大信号功率 S 或减小噪声功率谱密度 n_0,都可以使信道容量 C_t 增大。当 $S \to \infty$ 或 $n_0 \to 0$ 时,$C_t \to \infty$。但是,当 $B \to \infty$ 时,C_t 将趋向何值? 为了回答这个问题,令 $x = S/n_0 B$,这样式(7-38)可以改写为

$$C_t = \frac{S}{n_0} \frac{Bn_0}{S} \log_2 \left(1 + \frac{S}{n_0 B}\right) = \frac{S}{n_0} \log_2 (1 + x)^{1/x} \tag{7-39}$$

利用关系式:

$$\lim_{x \to 0} \ln (1 + x)^{1/x} = 1 \tag{7-40}$$

及

$$\log_2 a = \log_2 e \cdot \ln a \tag{7-41}$$

可以由式(7-39)写出

$$\lim_{B \to \infty} C_t = \lim_{x \to 0} \frac{S}{n_0} \log_2 (1 + x)^{1/x} = \frac{S}{n_0} \log_2 e \approx 1.44 \frac{S}{n_0} \tag{7-42}$$

式(7-42)表明,当给定 S/n_0 时,若带宽 B 趋于无穷大,信道容量不会趋于无限大,而只是 S/n_0 的 1.44 倍。这是因为当带宽 B 增大时,噪声功率也随之增大。图 7-26 示出了按照式(7-37)画出的信道容量 C_t 和带宽 B 的关系曲线。

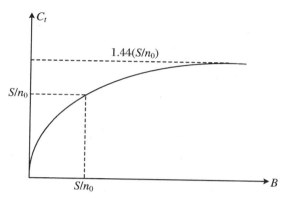

图 7-26 信道容量和带宽关系

式(7-38)还可以改写成如下形式:

$$C_t = B \log_2 \left(1 + \frac{S}{n_0 B} \right) = B \log_2 \left(1 + \frac{E_b / T_b}{n_0 B} \right) = B \log_2 \left(1 + \frac{E_b}{n_0} \right) \tag{7-43}$$

式中,E_b 为每比特能量,$T_b = 1/B$ 为每比特持续时间。

式(7-43)表明,为了得到给定的信道容量 C_t,可以增大带宽 B 以换取 E_b 的减小;另一方面在接收功率受限的情况下,由于 $E_b = ST_b$,可以增大 T_b 以减小 S 来保持 E_b 和 C_t 不变。例如,在宇宙飞行和深空探测时,接收信号的功率 S 很微弱,就可以用增大带宽 B 和比特持续时间 T_b 的办法保证对信道容量 C_t 的要求。

例 7-4 已知黑白电视机图像信号每帧有 30 万个像素,每个像素有 8 个亮度电平,各电平独立地以等概率出现,图像每秒发送 25 帧。若要求接收图像信噪比达到 30 dB,试求所需传输带宽。

解 因为每个像素独立地以等概率取 8 个亮度电平,故每个像素的信息量为

$$I_p = - \log_2 (1/8) = 3 (\text{b/pix})$$

并且每帧图像的信息量为

$$I_F = 300000 \times 3 = 900000 (\text{b/F})$$

因为每秒传输 25 帧图像,所以要求传输速率为

$$R_b = 900000 \times 25 = 22500000 = 22.5 \times 10^6 (\text{b/s})$$

信道的容量 C_t 必须不小于此 R_b 值。将上述数值代入式(7-38),得

$$22.5 \times 10^6 = B \log_2 (1 + 1000) \approx 9.97 B$$

最后得出所需带宽

$$B = 22.5 \times 10^6 / 9.97 \approx 2.26 (\text{MHz})$$

习　　题

7-1　无线信道有哪几种?

7-2　何谓多径效应?

7-3　什么是快衰落? 什么是慢衰落?

7-4　何谓恒参信道? 何谓随参信道? 它们分别对信号传输有哪些主要影响?

7-5　何谓加性干扰? 何谓乘性干扰?

7-6　信道中的噪声有哪几种?

7-7　某个信息源由 A、B、C、D 等 4 个符号组成。设每个符号独立出现,其出现概率分别为 1/4、1/4、3/16、5/16,经过信道传输后,每个符号正确接收的概率为 1021/1024,错为其他符号的条件概率 $P(x_j/y_i)$ 均为 1/1024,则该信道的容量 C 等于多少比特/符号?

7-8　若上例中的 4 个符号分别用二进制码组 00、01、10、11 表示,每个二进制码元用宽度为 0.5 ms 的脉冲传输,试求该信道的容量 C_t (等于多少 b/s)。

7-9　设一幅黑白数字相片有 400 万个像素,每个像素有 16 个亮度等级。若用 3 kHz 带宽的信道传输它,且信号噪声功率比等于 20 dB,试计算需要传输多少时间。

7-10　设有 4 个符号,其中前 3 个符号的出现概率分别为 1/4、1/8、1/8,且各符号的出现是相对独立的,试计算该符号集的平均信息量。

第 8 章　调　制

　　一般来说,直接从文本、语音、图像等消息源转换的电信号是频率很低的信号。这类信号低频成分非常丰富(如话音信号的频率范围在 0.3～3.4 kHz),有时还包括直流分量,这种信号通常称为基带信号。基带信号可以直接通过架空明线、电缆或光缆等有线信道传输,但是不可能直接在无线信道中传输。因为根据电磁场理论,无线电信号能够有效发射的条件之一就是频率应足够高。同时即使在有线信道中传输,一对线路上也只能传输一路信号,其信道利用率非常低,而且传输损耗很大,传输距离短。

　　为了解决上述问题,调制应运而生。所谓调制,就是把信号转换成适合在信道中传输的一种过程。广义的调制分为基带调制和带通调制(也称载波调制)。在无线通信和其他大多数场合,调制一词均指载波调制。载波调制就是用调制信号去控制载波的参数的过程,使载波的某一个或某几个参数按照调制信号的规律而变化。

　　为何要进行载波调制呢? 基带信号对载波的调制是为了实现下列一个或多个目的:

　　(1) 为了有效辐射。调制把基带信号的频谱搬移到载频附近,以适应信道频带要求,使信号特性与信道特性相匹配,便于发送和接收。如无线传输时必须将基带信号调制到高频载波上,才能将电磁能量有效地向空间辐射(基带信号的低频分量丰富,如果直接传送信号损耗太大);而天线能有效发射电磁波的另一条件是所发射的信号波长与天线的尺寸可相比拟。载波的频率较高(波长较短),发射天线易于制作。

　　(2) 实现信道复用。信道复用是在一个信道中同时传输多路信号,以提高信道的利用率。如若干个广播电台同时工作时,由于不同电台的基带信号频谱所占据的频带大致相同,若不进行不同载波频率的调制,广播电台就无法同时工作。载波调制时,只要把各个基带信号分别调制到不同的频带上,然后将它们一起送入信道传输即可。这种在频域上实现的多路复用称为频分复用(FDM)。

　　(3) 提高系统抗噪声性能。通信中难免受噪声的影响,通过选择适当的调制方式可以减少它们的影响,不同的调制方式具有不同的抗噪声性能。例如,通过调制使信号的传输带宽变宽,用增加带宽的方法换取噪声影响的减少,这是通信系统设计中经常采用的一种方法。

　　调制方式有很多。根据调制信号是模拟信号还是数字信号,载波是连续波(通常是正弦波)还是脉冲序列,相应的调制方式有模拟连续波调制(简称模拟调制)、数字连续波调制(简称数字调制)、模拟脉冲调制和数字脉冲调制等。本章 8.1 节和 8.2 节重点介绍模拟调制方式,8.4 节介绍数字调制方式。一般来说数字调制与模拟调制的基本原理相同,但是数字信号有离散取值的特点,因此数字调制技术有两种方法:一是利用模拟调制的方法去实现数字式调制,即把数字调制看成是模拟调制的一个特例,把数字基带信号当作模拟信号的特殊情况处理;二是利用数字信号的离散取值特点通过开关键控载波,从而实现数字调制。

　　调制在通信系统中的作用至关重要,例如,图 8-1 是模拟调制系统的基本方框图,从图中可以看出,在发送端,模拟信源经过调制,变成适合信道传输的信号,经信道传输到接收端,解调还原得到发送的信息。

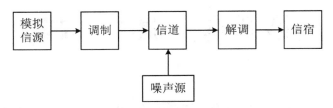

图 8-1 模拟调制系统的基本方框图

由于模拟调制的理论和技术是数字调制的基础,且现有设备中还有大量的模拟通信设备,故本章将首先讨论模拟调制的基本原理,而后再讨论数字调制的基本原理。

8.1 模拟幅度调制

在模拟调制系统中幅度调制包括标准调幅(AM)、抑制载波的双边带(DSB)调制、单边带(SSB)调制以及残留边带(VSB)调制,它们都属于线性调制。

幅度调制是用调制信号 $m(t)$ 控制高频载波 $c(t)$ 的振幅,使载波的振幅随调制信号做线性变化。其数学模型如图 8-2 所示。

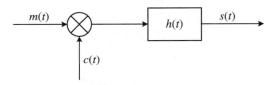

图 8-2 幅度调制器的一般模型

图 8-2 中 $h(t)$ 是滤波器的冲激响应,它的传输特性用 $H(f)$ 表示。图中载波 $c(t) = A_0\cos(2\pi f_c t + \theta_0)$,调幅信号的一般时域表达式为

$$s(t) = [m(t)c(t)] * h(t) = [m(t)A_0\cos(2\pi f_c t + \theta_0)] * h(t) \tag{8-1}$$

设 $A_0 = 1, \theta_0 = 0$,则有

$$s(t) = [m(t)\cos(2\pi f_c t)] * h(t)$$

若调制信号 $m(t)$ 频谱为 $M(f)$,载波 $c(t)$ 的频谱 $C(f) = \frac{1}{2}[\delta(f+f_c) + \delta(f-f_c)]$,调幅信号的一般频域表达式为

$$S(f) = [M(f) * C(f)] \cdot H(f) = \frac{1}{2}[M(f+f_c) + M(f-f_c)]H(f) \tag{8-2}$$

适当选择滤波器的传输特性 $H(f)$,便可以得到各种幅度调制信号,例如 AM、DSB、SSB 及 VSB 信号等。

8.1.1　标准调幅（AM）

1. AM 信号的时域表达式和波形

调制信号 $m(t)$ 叠加直流 A_0 后与载波相乘，滤波器为全通网络（$H(f)=1$），就可形成调幅（AM）信号。图 8-3 为 AM 调制器模型，因为滤波器 $H(f)=1$，所以可省略它。

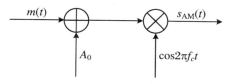

图 8-3　AM 调制器模型

AM 信号的时域表达式为

$$s_{AM}(t) = [A_0 + m(t)]\cos 2\pi f_c t = A(t)\cos 2\pi f_c t \tag{8-3}$$

式中假定 $|m(t)|_{max} \leqslant A_0$。其波形如图 8-4 所示。

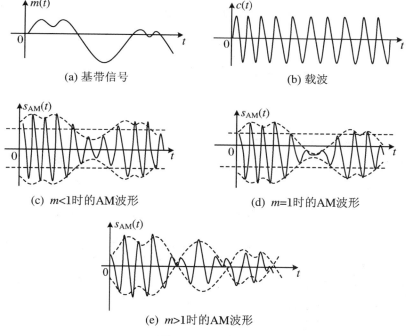

(a) 基带信号　　　　　　　　　　(b) 载波

(c) $m<1$ 时的 AM 波形　　　　　　(d) $m=1$ 时的 AM 波形

(e) $m>1$ 时的 AM 波形

图 8-4　AM 波形

由图 8-4 可知，当满足 $|m(t)|_{max} \leqslant A_0$ 条件时，AM 信号振幅包络的形状与基带信号形状一致，即 AM 信号的振幅包络随基带信号的瞬时值按一定比例变化。所以用包络检波的方法对 AM 信号进行解调，是能够恢复出原始的调制信号的。但是，如果不满足 $|m(t)|_{max} \leqslant A_0$ 条件，将会出现过调幅现象而产生包络失真。调幅波包络不失真的条件是基带信号最大振幅值不大于载波信号的幅度，即

$$|m(t)|_{max} \leqslant A_0$$

幅度调制的一个重要参数是调幅度 m，定义为

$$m = \frac{[A(t)]_{\max} - [A(t)]_{\min}}{[A(t)]_{\max} + [A(t)]_{\min}} \tag{8-4}$$

正常调幅时，$m < 1$。当 $m = 1$ 时，称为满调幅，或称 100% 调幅，此时 $|m(t)|_{\max} = A_0$，调幅波的最小瞬时振幅为零。当 $m > 1$ 时，$[A(t)]_{\min}$ 为负值，AM 信号包络过零点处载波相位反相，包络和基带信号不再保持线性关系，产生了"过调幅失真"。此时，信号不能用包络检波器进行解调，为了保证无失真解调，只能采用同步解调。

调幅度 m 是用来衡量调制深度的，为了使调幅波的包络不失真，应该使调幅系数 $m \leqslant 1$。工程上通常取 $m = 0.3 \sim 0.8$。

例 8-1 已知调幅波瞬时振幅的最大值和最小值分别为 $[A(t)]_{\max} = 5$ V，$[A(t)]_{\min} = 1$ V，求调幅系数 m。

解 $m = \dfrac{[A(t)]_{\max} - [A(t)]_{\min}}{[A(t)]_{\max} + [A(t)]_{\min}} = \dfrac{5-1}{5+1} = 0.67$。

例 8-2 已知调幅波 $s_{AM}(t) = (100 + 30\cos\Omega t + 20\cos3\Omega t)\cos2\pi f_c t$（V），求其调幅系数。

解 此调幅波的瞬时振幅为 $A(t) = 100 + 30\cos\Omega t + 20\cos3\Omega t$。

当 $t = 0$ 时，瞬时振幅有最大值

$$A(t)_{\max} = 100 + 30 + 20 = 150(\text{V})$$

当 $t = \dfrac{\omega}{\pi}$ 时，瞬时振幅有最小值

$$A(t)_{\min} = 100 - 30 - 20 = 50(\text{V})$$

因此

$$m = \frac{150 - 50}{150 + 50} = 0.5$$

2. AM 信号的频域表达式和频谱

对 AM 信号的时域表达式 $s_{AM}(t) = [A_0 + m(t)]\cos2\pi f_c t$ 进行傅氏变换，可得到 AM 信号的频谱函数为

$$S_{AM}(f) = \frac{A_0}{2}[\delta(f + f_c) + \delta(f - f_c)] + \frac{1}{2}[M(f + f_c) + M(f - f_c)] \tag{8-5}$$

可把 $A_0 + m(t)$ 看成含有直流成分的基带信号。设基带信号 $m(t)$ 的频谱 $M(f)$ 如图 8-5(a) 所示，则 AM 信号的频谱示意图如图 8-5(c) 所示，图 8-5(b) 是载波的频谱示意图。AM 信号的频谱 $S_{AM}(f)$ 由载频分量和上、下两个边带组成，上边带的频谱结构与原调制信号的频谱结构相同，下边带是上边带的镜像。AM 信号的带宽是基带信号最高频率 f_m 的 2 倍，即 $B_{AM} = 2f_m$（Hz），真正携带基带信号信息的是边带分量。

例 8-3 求调幅波 $s_{AM}(t) = (100 + 30\cos2\pi Ft + 20\cos6\pi Ft)\cos2\pi f_c t$ 中含有的频率成分和调幅波的带宽。

解 有

$$\begin{aligned}
s_{AM}(t) &= (100 + 30\cos2\pi Ft + 20\cos6\pi Ft)\cos2\pi f_c t \\
&= 100\cos2\pi f_c t + 30\cos2\pi Ft \times \cos2\pi f_c t + 20\cos6\pi Ft \times \cos2\pi f_c t \\
&= 100\cos2\pi f_c t + 15\cos2\pi(f_c + F)t + 15\cos2\pi(f_c - F)t \\
&\quad + 10\cos2\pi(f_c + 3F)t + 10\cos2\pi(f_c - 3F)t
\end{aligned}$$

所以 AM 的带宽 $B_{AM} = 2 \times 3F = 6F$（Hz），频谱示意图如图 8-6 所示。

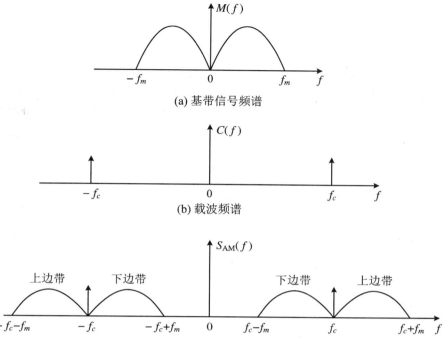

(a) 基带信号频谱

(b) 载波频谱

(c) AM信号频谱图

图 8-5 基带信号、载波、AM 信号频谱示意图

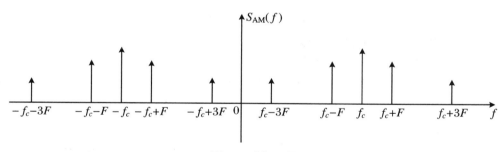

图 8-6 例 8-3 图

3. AM 信号的功率和调制效率

AM 信号在 1 Ω 电阻上的平均功率应等于 $s_{AM}(t)$ 的均方值。当 $m(t)$ 为确知信号时，$s_{AM}(t)$ 的均方值为

$$P_{AM} = \lim_{T \to \infty} \frac{1}{T} \int_{-\frac{T}{2}}^{\frac{T}{2}} s_{AM}^2(t) \mathrm{d}t = \overline{s_{AM}^2(t)}$$

$$= \overline{[A(t)\cos 2\pi f_c t]^2} = \overline{A^2(t)\cos^2 2\pi f_c t}$$

这里假定调制信号 $m(t)$ 没有直流分量，即 $\overline{m(t)} = 0$，一般调制信号都满足此条件。由于 $\cos^2 2\pi f_c t = \frac{1}{2} + \frac{1}{2}\cos 4\pi f_c t$，且 $\overline{\cos 4\pi f_c t} = 0$，所以

$$P_{AM} = \frac{1}{2}\overline{A^2(t)} = \frac{1}{2}\overline{[A_0 + m(t)]^2} = \frac{1}{2}A_0^2 + \frac{1}{2}\overline{m^2(t)} = P_c + P_s$$

其中，载频功率为 $P_c = \frac{1}{2}A_0^2$，边带功率为 $P_s = \frac{1}{2}\overline{m^2(t)}$。

　　由于调幅信号中携带信息的不是载频分量而是边带分量,所以将边带功率与调幅信号平均功率的比值称为调幅信号的调制效率:

$$\eta_{AM} = \frac{P_s}{P_c + P_s} \tag{8-6}$$

　　显然,调制效率 $\eta_{AM} < 1$。调幅效率越大,表明调幅信号平均功率中真正携带信息的部分就越多。在"满调幅"条件下,如果 $m(t)$ 为矩形波,则最大可得到 $\eta_{AM} = 50\%$,而 $m(t)$ 为正弦波时可得到 $\eta_{AM} = 33.3\%$。说明 AM 信号的功率利用率比较低,载波分量占据大部分信号功率,含有信息的两个边带占有的功率较小。AM 信号的优点是除了采用同步(相干)解调外,还可以采用设备简单、不需本地同步载波信号的包络检波法解调。

8.1.2　抑制载波双边带(DSB)调制

　　AM 信号的调制效率比较低,是因为不含信息的载波分量占据大部分信号功率。如果只传送两个边带分量,而抑制载波分量,就能够提高功率利用率,这种抑制载波的调幅也称为双边带(DSB)调制。其原理框图如图 8-7 所示,其中滤波器为全通网络($H(f) = 1$),所以可省略它。

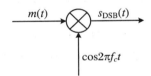

图 8-7　DSB 调制器模型

1. DSB 信号的时域表达式和波形

　　抑制载波只需将式(8-3)中的直流 A_0 去掉,即可得到双边带信号的时域表达式:

$$s_{DSB}(t) = m(t)\cos 2\pi f_c t \tag{8-7}$$

其波形如图 8-8 所示。

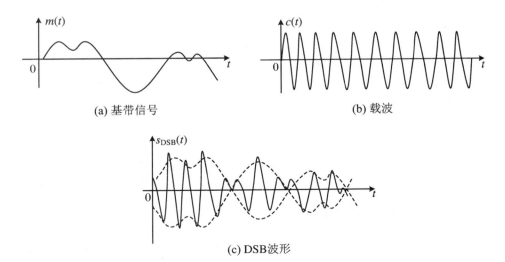

(a) 基带信号　　　　　　　　　　　　(b) 载波

(c) DSB 波形

图 8-8　基带信号、载波、DSB 波形示意图

DSB 波形的特点：

（1）过零点处双边带信号的载波相位出现反相。

（2）双边带信号的包络不再与基带信号的变化规律保持一致，所以 DSB 信号不能用包络检波器解调，只能采用相干解调。

2. DSB 信号的频域表达式和频谱

对 DSB 信号的时域表达式进行傅氏变换，得到 DSB 信号的频域表达式：

$$S_{\text{DSB}}(f) = \frac{1}{2}\big[M(f + f_c) + M(f - f_c)\big] \tag{8-8}$$

其频谱示意图如图 8-9 所示。

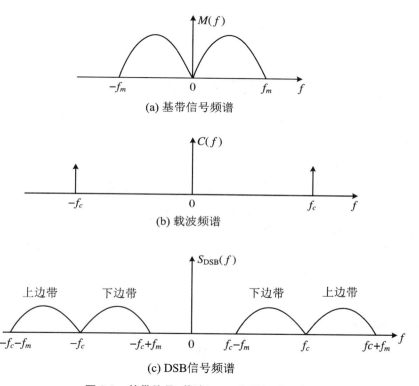

图 8-9 基带信号、载波、DSB 信号频谱示意图

由频谱图可知，DSB 信号虽然节省了载波功率，功率利用率提高了，但它的频带宽度仍是基带信号带宽的两倍，与 AM 信号带宽相同。由于 DSB 信号的上、下两个边带是完全对称的，它们都携带了基带信号的全部信息，因此仅传输其中一个边带即可，这就是单边带调制提出的目的。

8.1.3 单边带(SSB)调制

1. SSB 信号的时域表达式

直接推导 SSB 信号的时域表达式比较困难，可以从单频调制出发，得到 SSB 信号的时域表达式，然后再推广到一般表达式。

设单频调制信号 $m(t) = A_m\cos 2\pi F_m t$，载波 $c(t) = \cos 2\pi f_c t$，两者相乘得到 DSB

信号：

$$s_{\text{DSB}}(t) = A_m \cos 2\pi F_m t \cdot \cos 2\pi f_c t$$

$$= \frac{1}{2} A_m \cos 2\pi (f_c + F_m) t + \frac{1}{2} A_m \cos 2\pi (f_c - F_m) t$$

保留上边带项，则得上边带（USB）信号：

$$s_{\text{USB}}(t) = \frac{1}{2} A_m \cos 2\pi (f_c + F_m) t$$

$$= \frac{1}{2} A_m \cos 2\pi F_m t \cdot \cos 2\pi f_c t - \frac{1}{2} A_m \sin 2\pi F_m t \cdot \sin 2\pi f_c t$$

保留下边带项，则得下边带（LSB）信号：

$$s_{\text{LSB}}(t) = \frac{1}{2} A_m \cos 2\pi (f_c - F_m) t$$

$$= \frac{1}{2} A_m \cos 2\pi F_m t \cdot \cos 2\pi f_c t + \frac{1}{2} A_m \sin 2\pi F_m t \cdot \sin 2\pi f_c t$$

把上、下边带合并起来得到 SSB 信号的一般表达式为

$$s_{\text{SSB}}(t) = \frac{1}{2} A_m \cos 2\pi F_m t \cdot \cos 2\pi f_c t \mp \frac{1}{2} A_m \sin 2\pi F_m t \cdot \sin 2\pi f_c t \qquad (8\text{-}9)$$

式中取"－"表示上边带信号，取"＋"表示下边带信号。

$A_m \sin 2\pi F_m t$ 可以看成是 $A_m \cos 2\pi F_m t$ 相移 $\pi/2$ 得到。把一个信号所含的所有频率成分相移 $\pi/2$ 的过程称为希尔伯特变换，所形成的信号称为原信号的正交信号，记为"$\hat{\ }$"，即

$$A_m \widehat{\cos 2\pi F_m t} = A_m \sin 2\pi F_m t$$

虽然式(8-9)是在单频调制下得到的，但是它不失一般性，因为任意一个基带信号总可以表示成许多正弦信号之和。因此，由式(8-9)可以推广得到任意调制 SSB 信号的时域表达式：

$$s_{\text{SSB}}(t) = \frac{1}{2} m(t) \cos 2\pi f_c t \mp \frac{1}{2} \hat{m}(t) \sin 2\pi f_c t \qquad (8\text{-}10)$$

2．SSB 信号的产生方法

根据滤除方法的不同，产生 SSB 信号的方法有滤波法和相移法。

（1）滤波法

把双边带信号通过一个边带滤波器，保留其中的一个边带，滤除另一个边带，如图 8-10 所示。

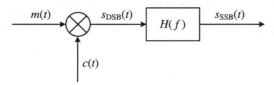

图 8-10　SSB 调制器的一般模型

如果需要上边带输出，则将图 8-10 中的滤波器 $H(f)$ 设计成理想高通特性 $H_{\text{USB}}(f)$，这时输出的 SSB 信号为上边带（USB）信号，如图 8-11 所示。如果需要下边带输出，则将滤波器设计成理想低通特性 $H_{\text{LSB}}(f)$，这时输出的 SSB 信号为下边带（LSB）信号。

用滤波法产生 SSB 信号的技术难点是，当调制信号具有丰富的低频成分时，DSB 信号的上、下边带之间的间隔很窄，这就要求单边带滤波器在 f_c 附近具有陡峭的频率截止特性，

才能有效地抑制另一个边带。这种滤波器的设计和制作很困难,有时甚至难以实现。为此,在工程中往往采用多级(一般采用两级)DSB 调制及边带滤波的方法。

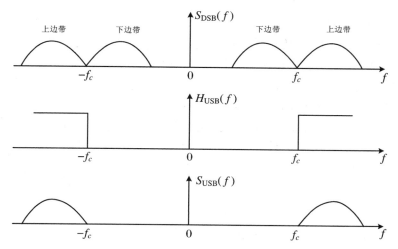

图 8-11 滤波法形成上边带信号的频谱图

(2) 相移法

根据 SSB 信号的时域表达式(8-10)式,可以画出用相移法产生单边带信号的原理框图,如图 8-12 所示。图中 $H_h(f)$ 为希尔伯特滤波器的传递特性,它实质上是一个宽带相移网络,将 $m(t)$ 的所有频率分量相移 $\pi/2$,而幅度保持不变,即得到 $\hat{m}(t)$。

用相移法产生 SSB 信号的困难是宽带相移网络 $H_h(f)$ 的制作,当调制信号 $m(t)$ 频谱很宽(含有丰富的频率成分)时,要对 $m(t)$ 中的所有频率分量均严格相移 $\pi/2$ 是很困难的。

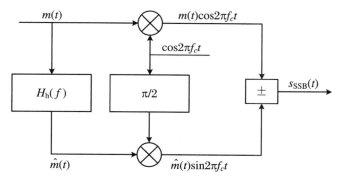

图 8-12 相移法产生 SSB 信号模型

单边带调制的优点:

(1) 节省了发射功率。因为只发射一个边带,相比其他幅度调制节约了发射功率。

(2) 减少了占用的信道带宽。SSB 信号的带宽 $B_{SSB}=f_m$,与基带信号的带宽相同,比 AM 和 DSB 信号的带宽减少一半。

8.1.4 残留边带(VSB)调制

如果基带信号的频谱很宽,并且低频分量的振幅又很大,比如电视图像基带信号频谱带宽达 6 MHz,且低频分量振幅很大,上、下边带连在一起,在这种情况下,不论是滤波法还是相移法 SSB 调制均不易实现,这时一般采用残留边带调制。

残留边带调制是介于双边带调制与单边带调制之间的一种折中方案。通常用滤波法产生,用同步检波器解调。图 8-13(b)所示为 VSB 频谱,图中虚线表示相应的 SSB 的频谱。由图可见,VSB 信号不是像 SSB 那样完全抑制一个边带,而是残留一小部分(残留部分带宽为 f_v),因此,滤波器的边缘特性不要求完全陡峭,实现上比 SSB 要容易。VSB 的信号带宽为 $f_m + f_v$,介于 DSB 信号和 SSB 信号带宽之间。

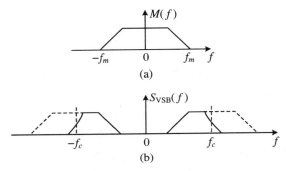

图 8-13 VSB 信号的频谱

VSB 信号的产生(滤波法)与解调原理如图 8-14 所示。下面分析 $H_{VSB}(f)$ 应如何设计才能不失真地恢复原调制信号。由图 8-14(a)可知,残留边带信号的频谱为

$$S_{VSB}(f) = S_{DSB}(f) \cdot H_{VSB}(f)$$

$$= \frac{1}{2}[M(f+f_c) + M(f-f_c)]H_{VSB}(f)$$

残留边带信号 VSB 解调时,$S_{VSB}(f)$ 与相干载波 $\cos 2\pi f_c t$ 相乘后所得信号 $s(t)$ 的频谱为

$$S(f) = \frac{1}{2}[S_{VSB}(f+f_c) + S_{VSB}(f-f_c)]$$

$$= \frac{1}{4}[M(f-2f_c) + M(f)]H_{VSB}(f-f_c)$$

$$+ \frac{1}{4}[M(f+2f_c) + M(f)]H_{VSB}(f+f_c)$$

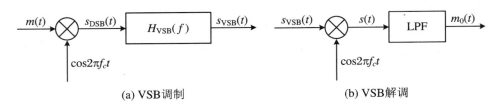

(a) VSB调制   (b) VSB解调

图 8-14 VSB 调制和解调器模型

选择合适的低通滤波器(截止频率为 f_c),滤除掉其中的二次谐波 $M(f-2f_c)$ 和 $M(f+2f_c)$ 部分,则低通滤波器的输出信号 $m_0(t)$ 的频谱 $M_0(f)$ 为

$$M_0(f) = \frac{1}{4} M(f)\left[H_{\text{VSB}}(f + f_c) + H_{\text{VSB}}(f - f_c)\right]$$

为了保证相干解调的输出无失真地重现调制信号,即 $M_0(f)$ 与 $M(f)$ 相同,必须要求

$$H_{\text{VSB}}(f + f_c) + H_{\text{VSB}}(f - f_c) = C \quad (\mid f \mid \leqslant f_m) \tag{8-11}$$

式中,C 为常数,f_m 是调制信号的最高频率。式(8-11)就是确定残留边带滤波器传输特性 $H_{\text{VSB}}(f)$ 所必须遵循的条件。通常把满足上式的残留边带滤波器特性称为具有互补对称特性。满足上式的 $H_{\text{VSB}}(f)$ 的可能形式有两种:图 8-15(a)所示的低通滤波器形式和图 8-15(b) 所示的带通(或高通)滤波器形式。

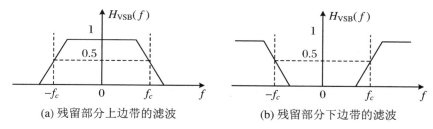

(a) 残留部分上边带的滤波　　　　(b) 残留部分下边带的滤波

图 8-15　残留边带滤波器特性

8.1.5　相干解调与包络检波

解调的方法可分为两类:相干解调和包络检波(非相干解调)。

1. 相干解调

相干解调也称为同步检波,图 8-16 是它的原理框图,图中 $s_r(t)$ 为接收的已调信号, $c(t)$ 为接收机提供的本地相干载波,这里假设它与接收的载波同频同相,即 $c(t) = \cos 2\pi f_c t$。

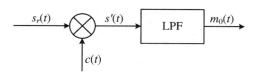

图 8-16　相干解调原理框图

如果解调正确,输出信号 $m_0(t)$ 应与发送端的原始基带信号 $m(t)$ 成线性关系。AM、 DSB、SSB、VSB 均可以采用相干解调方式恢复出原始信号。

(1) AM 信号相干解调

$$s'(t) = s_r(t) \cdot c(t) = s_{\text{AM}}(t) \cdot \cos 2\pi f_c t = \left[A_0 + m(t)\right] \cos^2(\omega_c t)$$
$$= \frac{1}{2}\left[A_0 + m(t)\right] + \frac{1}{2}\left[A_0 + m(t)\right]\cos 2\pi \times 2f_c t$$

通过低通滤波器 LPF,抑制高频分量 $2f_c$,消除直流分量,得

$$m_0(t) = \frac{1}{2} m(t)$$

(2) DSB 信号相干解调

$$s'(t) = s_r(t) \cdot c(t) = s_{\text{DSB}}(t) \cdot \cos 2\pi f_c t = m(t) \cos^2(2\pi f_c t)$$
$$= \frac{1}{2} m(t) + \frac{1}{2} m(t)\cos(2\pi \times 2f_c t)$$

通过低通滤波器 LPF,抑制高频分量 $2f_c$,得

$$m_0(t) = \frac{1}{2}m(t)$$

（3）SSB 信号相干解调

$$s'(t) = s_r(t) \cdot c(t) = s_{\text{SSB}}(t) \cdot \cos 2\pi f_c t$$

$$= \frac{1}{2}[m(t)\cos(2\pi f_c t) \mp \hat{m}(t)\sin 2\pi f_c t] \cdot \cos(2\pi f_c t)$$

$$= \frac{1}{4}m(t) + \frac{1}{4}m(t)\cos(2\pi \times 2f_c t) \mp \frac{1}{4}\hat{m}(t)\sin(2\pi \times 2f_c t)$$

通过低通滤波器 LPF,抑制高频分量 $2f_c$,得

$$m_0(t) = \frac{1}{4}m(t)$$

（4）VSB 信号相干解调

$$s'(t) = s_r(t) \cdot c(t) = s_{\text{VSB}}(t) \cdot \cos 2\pi f_c t$$

当残留边带滤波器传输特性 $H_{\text{VSB}}(f)$ 满足式(8-11)时,根据前面分析的结论,得

$$m_0(t) = \frac{1}{4}m(t)$$

2. 包络检波

　　包络检波也称为非相干解调,图 8-17(a)是包络检波的原理框图。相对于相干解调,由于不需要本地相干载波,故其解调方式相对简单。当 AM 不发生过调幅时,可以采用这种解调方式。

　　包络检波器如图 8-17(b)所示,由二极管 **VD** 和 *RC* 低通滤波器组成。其工作过程是:在输入信号的正半周,二极管导通,电容器很快充电到输入信号的峰值。当输入信号小于二极管导通电压时,二极管截止,电容器通过电阻缓慢放电,直到下一个正半周输入信号大于电容器两端的电压使二极管再次导通为止,电容器又被充电到新的峰值,如此不断重复。只要电容、电阻选值恰当,电容器两端就可以得到一个与输入信号的包络十分相近的输出电压,如图 8-17(b)所示。通常检波器输出含有载波频率的信号,通过低通滤波器(LPF)可以把它滤除,恢复基带信号,如图 8-17(c)所示。

　　包络检波电路简单,因而广泛用于 AM 信号的解调。但是只有在包络不失真的前提条件下才能不失真地恢复原调制信号,如不满足包络不失真条件,则不能正确恢复原基带信号,而必须用相干解调。

8.2　模拟角度调制

　　前面讨论了幅度调制,即用高频载波的幅度携带基带信号。而一个正弦载波有幅度、频率和相位三个参量,如果用载波的频率去携带基带信号,则称为频率调制;如果用载波的相位去携带基带信号,则称为相位调制。因为频率调制或相位调制都会使载波的角度随着基带信号变化,故都属于角度调制。

　　角度调制的已调信号频谱不再是原调制信号频谱的线性搬移,而是产生了新的频率成

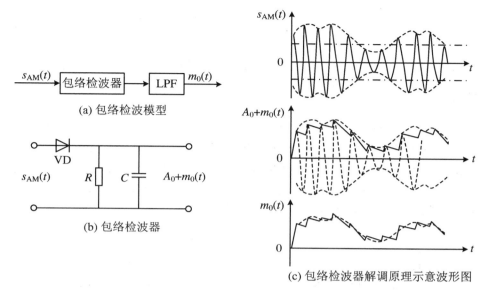

(a) 包络检波模型

(b) 包络检波器

(c) 包络检波器解调原理示意波形图

图 8-17 包络检波原理框图

分,频谱的搬移过程是非线性变换,故又称为非线性调制。

频率调制简称调频(FM),它是使载波信号的频率随基带调制信号的瞬时值做线性变化。因此,FM 信号是频率随基带信号变化的等幅高频振荡信号。

相位调制简称调相(PM),它是使载波信号的相位随基带调制信号的瞬时值做线性变化。因此,PM 信号是相位随基带信号变化的等幅高频振荡信号。

一个信号的频率和相位之间存在着微分与积分的关系,因此调频与调相之间存在密切的关系。下面在对 FM 和 PM 信号的时域、频域进行分析之前,先讨论频率和相位间的变化关系。

1. 正弦信号频率和相位的关系

一个正弦信号,如果它的振幅保持不变,则可表示为

$$c(t) = A_0 \cos\theta(t)$$

式中,$\theta(t)$ 是正弦信号的总相角,又称为瞬时相位,是时间 t 的函数。而瞬时角频率为

$$\omega(t) = \frac{\mathrm{d}\theta(t)}{\mathrm{d}t}$$

因此

$$\theta(t) = \int_{-\infty}^{t} \omega(\tau)\mathrm{d}\tau$$

对于未调载波 $c(t) = A_0 \cos[\omega_c t + \theta_0] = A_0 \cos[2\pi f_c t + \theta_0]$,其瞬时相位为

$$\theta(t) = \omega_c t + \theta_0 = 2\pi f_c t + \theta_0$$

瞬时角频率为

$$\omega(t) = \frac{\mathrm{d}\theta(t)}{\mathrm{d}t} = 2\pi f_c$$

式中 f_c 是载波的频率,由于没有被调制,$\omega(t)$ 为常数。

2. 角度调制信号的时域分析

前面已经提到,调频就是使高频载波的瞬时角频率随基带信号线性变化的调制方式,因

此 FM 信号的瞬时角频率为

$$\omega(t) = \omega_c + k_f m(t)$$

FM 信号的瞬时相位为

$$\theta(t) = \int_0^t \omega(\tau)\mathrm{d}\tau + \theta_0 = \int_0^t 2\pi f(\tau)\mathrm{d}\tau + \theta_0 = 2\pi f_c t + k_f \int_0^t m(\tau)\mathrm{d}\tau + \theta_0$$

FM 信号的时域表达式为

$$s_{\mathrm{FM}}(t) = A_0 \cos\left[2\pi f_c t + k_f \int_{-\infty}^t m(\tau)\mathrm{d}\tau + \theta_0\right] \tag{8-12}$$

　　为了对 FM 信号的波形有一个直观的认识,假设 $m(t)$ 为图 8-18(a)所示的三角波,图 8-18(b)是其瞬时角频率的变化曲线,图 8-18(c)为 FM 的波形示意图,图中 $t = a$ 处 $m(t)$ 最大,这时 $s_{\mathrm{FM}}(t)$ 的瞬时角频率最高,故波形最密。由此可见 FM 波形实际是一个疏密变化的等幅波,其疏密的变化反映调制信号的变化规律。

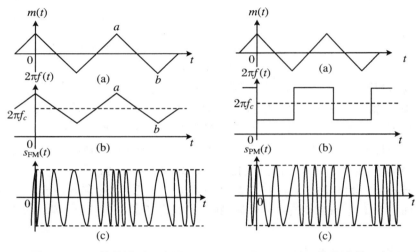

图 8-18　FM 信号波形示意图　　　　图 8-19　PM 信号波形示意图

　　调相就是使高频载波的瞬时相位随基带信号线性变化的调制方式,因此 PM 信号的瞬时相位为

$$\theta(t) = 2\pi f_c t + k_p m(t)$$

PM 信号的时域表达式为

$$s_{\mathrm{PM}}(t) = A_0 \cos\left[2\pi f_c t + k_p m(t) + \theta_0\right]$$

PM 信号的瞬时频率为

$$\omega(t) = \frac{\mathrm{d}\theta(t)}{\mathrm{d}t} = 2\pi f_c + k_p \frac{\mathrm{d}m(t)}{\mathrm{d}t}$$

　　图 8-19(c)是 PM 信号的波形示意图。图中可见,PM 波形也是一个疏密变化的等幅波,但它的疏密变化不直接反映基带信号的变化规律,而是反映导数 $\dfrac{\mathrm{d}m(t)}{\mathrm{d}t}$ 的变化规律。注意,可以利用调频的方法间接地实现调相,也可以利用调相的方法间接地实现调频。

　　利用调相的方法间接地实现调频的具体做法是,对调制信号 $m(t)$ 进行积分,产生 $g(t) = \int_0^t m(\tau)\mathrm{d}\tau$ 信号,然后把 $g(t)$ 视为基带信号,对 $g(t)$ 进行调相,完成对 $m(t)$ 的调频,如图 8-20(a)所示。

利用调频的方法间接地实现调相的具体做法是,对调制信号 $m(t)$ 进行微分,产生 $y(t)$ $= \dfrac{\mathrm{d}m(t)}{\mathrm{d}t}$ 信号,然后把 $y(t)$ 视为基带信号,对 $y(t)$ 进行调频,完成对 $m(t)$ 的调相,如图 8-20(b)所示。

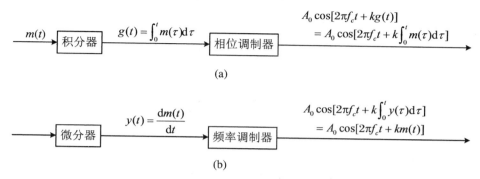

图 8-20 间接调频和调相法

从以上分析可见,调频与调相并无本质区别,两者之间可相互转换。在实际应用中多采用调频信号。

3. 角度调制信号的参量

不论是 PM 还是 FM,其调制程度可由频率偏移和调制指数这两个参量衡量。

(1)频率偏移 $\Delta f(\Delta\omega)$

频率偏移的定义是调角信号瞬时频率偏离未调载波频率的最大偏移量,即

$$\Delta\omega = \mid \omega(t) - \omega_c \mid_{\max} \quad \text{或} \quad \Delta f = \mid f(t) - f_c \mid_{\max}$$

对 FM 信号:

$$\Delta\omega = k_f \mid m(t) \mid_{\max}$$

对 PM 信号:

$$\Delta\omega = k_p \left| \frac{\mathrm{d}m(t)}{\mathrm{d}t} \right|_{\max}$$

一般 $\Delta\omega$ 与 Δf 都称为频率偏移,除非特别强调,一般不做区别。

$$\Delta f = \Delta\omega/2\pi$$

(2)调制指数 m

调制指数的定义是调角信号的总相角偏离未调载波总相角的最大偏移量,即

$$m = \mid \Delta\theta(t) \mid_{\max}$$

对 FM 信号:调制指数

$$m = m_f = k_f \left| \int_0^t m(\tau)\mathrm{d}\tau \right|_{\max}$$

对 PM 信号:调制指数

$$m = m_p = k_p \mid m(t) \mid_{\max}$$

例 8-4 已知某调角波为 $s(t) = 2\cos(10^7\pi t + 5\cos 10^4\pi t)$。

(1)求调制指数 m 和频率偏移 Δf。

(2)如 $s(t)$ 是 PM 信号,且 $k_p = 2 \text{ rad}/(\text{s} \cdot \text{V})$,求基带信号 $m(t)$。

(3)如 $s(t)$ 是 FM 信号,且 $k_f = 2000 \text{ rad}/(\text{s} \cdot \text{V})$,求基带信号 $m(t)$。

解 (1)因为 $\theta(t) = 10^7\pi t + 5\cos 10^4\pi t$,$\Delta\theta(t) = 5\cos 10^4\pi t$,$m = \mid \Delta\theta(t) \mid_{\max} = 5$,所

以瞬时角频率为

$$\omega_i(t) = \frac{\mathrm{d}\theta(t)}{\mathrm{d}t} = 10^7\pi - 5\times10^4\pi\sin10^4\pi t$$

瞬时角频率偏移为

$$\Delta\omega_i(t) = -5\times10^4\pi\sin10^4\pi t$$

频率偏移为

$$\Delta f = \frac{\Delta\omega}{2\pi} = \frac{1}{2\pi}\mid\Delta\omega_i(t)\mid_{\max} = \frac{1}{2\pi}\times5\times10^4\pi = 25\times10^3\,(\mathrm{Hz})$$

(2) 对于 PM,有

$$\Delta\theta(t) = k_p m(t) = 5\cos10^4\pi t$$

$$m(t) = \frac{5}{2}\cos10^4\pi t$$

(3) 对于 FM,有

$$\Delta\omega_i(t) = k_f m(t) = -5\times10^4\pi\sin10^4\pi t$$

$$m(t) = -25\pi\sin10^4\pi t$$

8.3　数字基带信号传输

数字基带信号是数字信息的电脉冲表示。数字信息的表示方式和电脉冲的形状多种多样,对于相同的数字信息,采用不同的表示方式和电脉冲形状,可得到不同特性的数字基带信号。数字信息的表示方式称为数字基带信号的码型,相应的电脉冲形状称为数字基带信号的波形。

8.3.1　数字基带信号

数字基带信号的码型种类很多,每一种码型都有它自己的特点,实际中应根据具体的传输信道选择合适的码型。下面以矩形脉冲为波形介绍一些常用的码型及它们的特点。

1. 单极性不归零码(单极性全占空码)

在单极性不归零码中,用一个宽度等于码元间隔 T_s 的正脉冲表示信息"1",没有脉冲表示信息"0",亦可相反表示。设数字序列为 1010110,则其单极性不归零码如图 8-21 所示。

图 8-21　单极性不归零码

这是一种最常用的数字信息表示方式,用这种码型表示的数字基带信号其直流分量不为零。

2. 双极性不归零码(双极性全占空码)

它是用宽度等于码元间隔 T_s 的两个幅度相同但极性相反的矩形脉冲来表示信息,如正脉冲表示"1",负脉冲表示"0";也可以用正脉冲表示"0",负脉冲表示"1"。用这种码型表示的信号当"1""0"等概时,直流分量等于 0。设数字序列为 1010110,则其双极性不归零码如图 8-22 所示。

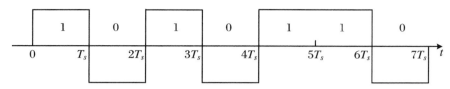

图 8-22　双极性不归零码

3. 单极性归零码

信息为 1010110 的单极性归零码如图 8-23 所示,它与单极性不归零码类似,也是用脉冲的有无来表示信息,所不同的只是脉冲的宽度不等于码元间隔而是小于码元间隔。因此,每个脉冲都在相应的码元间隔内回到零电位,所以称为单极性归零码。当脉冲的宽度等于码元间隔的一半时,称为单极性半占空码。码元间隔相同时,归零码的脉冲宽度比不归零码窄,因而它的带宽比不归零码的带宽要宽,这种码型的信号其直流分量也不等于零。

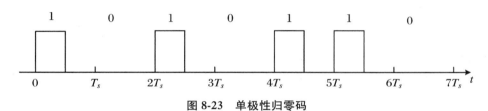

图 8-23　单极性归零码

4. 双极性归零码

双极性归零码如图 8-24 所示,它与双极性不归零码相似,不同的也只是脉冲的宽度小于码元间隔,因此,在码元间隔相同的情况下,用双极性归零码表示的信号其带宽要大于双极性不归零码信号的带宽。

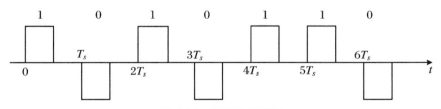

图 8-24　双极性归零码

5. 差分码

差分码是用相邻码元的变化与否来表示原数字信息。通常采用这样的编码规则:差分码相邻码元发生变化表示信息"1",差分码相邻码元不发生变化表示"0"。根据这个编码规则,得到的差分码 b_n 与原数字信息 a_n 之间有这样的关系式:

$$b_n = a_n \oplus b_{n-1} \quad (n = 1,2,3,\cdots) \tag{8-13}$$

其中$\oplus$为异或运算或模 2 运算。

当给定信息序列 a_n 时,可根据关系式(8-13)求相应的差分码。

例 8-5　求数字信息序列 1010110 的差分码。

解　根据给定的数字序列可知:

$$a_1 = 1, \quad a_2 = 0, \quad a_3 = 1, \quad a_4 = 0, \quad a_5 = 1, \quad a_6 = 1, \quad a_7 = 0$$

根据求差分码关系式(8-13),得

$$b_1 = a_1 \oplus b_0 = 1 \oplus 0 = 1$$
$$b_2 = a_2 \oplus b_1 = 0 \oplus 1 = 1$$
$$b_3 = a_3 \oplus b_2 = 1 \oplus 1 = 0$$
$$b_4 = a_4 \oplus b_3 = 0 \oplus 0 = 0$$
$$b_5 = a_5 \oplus b_4 = 1 \oplus 0 = 1$$
$$b_6 = a_6 \oplus b_5 = 1 \oplus 1 = 0$$
$$b_7 = a_7 \oplus b_6 = 0 \oplus 0 = 0$$

所以数字信息 1010110 的差分码为 01100100。

在编码时,差分码中的第一位即 b_0 自己设定,可设为"0"也可设为"1"。本例中设 b_0 为"0"。设 b_0 为"1"时的差分码请读者自己求解,并注意比较两者的结果,找出它们之间的关系。

差分码的表示可以采用单极性码,也可采用双极性码;可以采用不归零码,也可以采用归零码。

接收端收到相对码 b_n 后,可由 b_n 恢复绝对码 a_n。根据差分码编码表达式(8-13)可得

$$a_n = b_n \oplus b_{n-1}$$

6. 多元码

上述码型的电平取值只有两种,即一个二进制码对应一个脉冲。为了提高频带利用率,可以采用多电平波形或多值波形。由于多电平波形的一个脉冲对应多个二进制码,在波特率相同(传输带宽相同)的条件下,比特率提高了,因此多电平波形在频带受限的高速数据传输系统中得到广泛应用。

8.3.2 码间串扰

设发送端发送的数字基带信号如图 8-25(a)所示,这是一个双极性矩形脉冲序列,它是由不同时延的一系列正负矩形脉冲相加而成的。当系统具有理想的传输特性且带宽为无穷大时,单个矩形脉冲通过它时,没有受到任何的失真,所以当输入数字基带信号时,系统输出端得到的波形和输入波形形状相同,前后码元之间不存在互相干扰。但实际基带传输系统的带宽是有限的,持续时间有限的单个矩形脉冲通过这样的系统传输后其波形在时域上必定是无限延伸的,如图 8-25(b)所示。所以数字基带信号通过实际系统后的输出波形如图 8-25(c)所示,由于每个码元的脉冲通过系统后在时域上的扩展,使得前后码元在时间上有重叠,这种重叠称为码间串扰。

从上面的分析可以看出,由于系统的带限性,每个码元的输出波形在时间上是无限扩展的,所以在每一个码元的取样判决处,除了本码元的取样值外,前后许多码元在这一时刻的取样值不为零,从而形成了码间串扰。码间串扰会使判决产生错误,所以希望通过合理设计系统,使每一个码元的输出波形在其他码元取样判决时刻的值为零,从而消除前后码元之间的码间串扰,这样的码元输出波形称为无码间串扰传输波形。那么无码间串扰传输波形是什么样的呢?下面首先对码间串扰做简单的数学分析,然后再介绍无码间串扰的传输波形。

图 8-26 是数字基带传输系统的主要部分,其输出 $y(t)$ 用于取样判决。其中 $H_T(f)$、

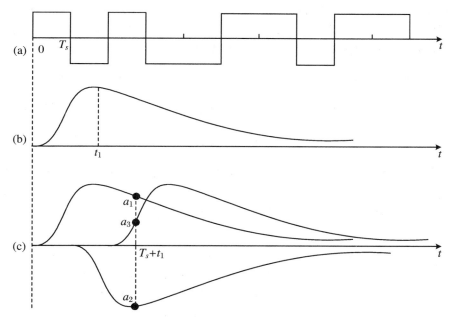

图 8-25 码间串扰示意图

$H_C(f)$、$H_R(f)$ 分别表示发送滤波器、信道及接收滤波器的传输特性，$H(f)$ 表示从发送滤波器输入端至接收滤波器输出端的总传输特性。由图 8-26 可知，$H(f)$ 可表示为

$$H(f) = H_T(f)H_C(f)H_R(f)$$

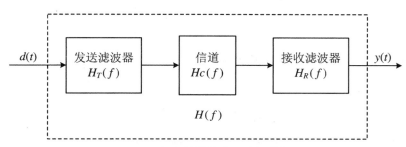

图 8-26 数字基带传输系统数学模型

设图 8-26 的输入 $d(t)$ 是经过码型变换的单位冲激序列，码元间隔为 T_s，可表示为

$$d(t) = \sum_{n=-\infty}^{+\infty} a_n\delta(t - nT_s)$$

根据频谱分析的知识知道，当一个单位冲激脉冲输入到传输特性为 $H(f)$ 的系统时，输出则为这个系统的冲激响应 $h(t)$，$h(t)$ 与 $H(f)$ 是一对傅氏变换，即

$$h(t) = \int_{-\infty}^{+\infty} H(f)e^{j2\pi ft}df$$

当 $d(t)$ 输入到图 8-26 所示的系统时，输出 $y(t)$ 为

$$y(t) = \sum_{k=-\infty}^{+\infty} b_kh(t - kT_s) \tag{8-14}$$

式中 b_k 为第 k 个输入脉冲的相对幅度，它由输入的信息决定，与码型有关，是随机的，如码型为双极性，则 b_k 有 $+1$、-1 两种取值。

$y(t)$ 送到取样判决器，设第 m 个码元的取样判决时刻为 $mT_s + t_0$，其中 mT_s 表示第 m

个发送码元的起始时刻,t_0 为时偏。由于每个码元的最佳判决时刻不一定在接收码元的起始时刻,而往往有一定的时延;另外,信道和收发滤波器也有一定的时延,t_0 则为这两部分时延之和,根据式(8-14)得到第 m 个码元取样判决时刻接收滤波器输出为

$$y(mT_s + t_0) = \sum_{k=-\infty}^{+\infty} b_k h(mT_s + t_0 - kT_s) \tag{8-15}$$

把 $k=m$ 的一项单独列出,则有式(8-16),它表示在第 m 个码元取样时刻的取样值:

$$y(mT_s + t_0) = b_m h(t_0) + \sum_{\substack{k=-\infty \\ k \neq m}}^{+\infty} b_k h(mT_s + t_0 - kT_s) \tag{8-16}$$

此取样值包括两部分:第一项是第 m 个码元输出波形的取样值,它携带着第 m 个发送码元的信息,是所需要的值。第二项是除第 m 个码元外,其他所有码元的输出波形在第 m 个码元取样判决时刻的取样值总和,这个值对第 m 个码元的判决起干扰作用,称这个值为码间串扰。

从上面的分析可以看出,要想消除码间串扰对数字基带系统性能的影响,必须设法使式(8-16)中的第二项为零,即在第 m 个码元的取样判决处,其他所有码元的输出波形在这一时刻的取样值总和等于零。由于此码间串扰项的大小与输入的随机序列 b_k 及系统的冲激响应 $h(t)$ 有关,又因为 b_k 是随机序列,且 $h(t)$ 在时域上是无限扩展的,所以要想使此码间串扰项为零,必须合理设计系统,才能得到无码间串扰的冲激响应 $h(t)$。

1. 理想低通滤波器的冲激响应

设理想低通滤波器的传输特性 $H(f)$ 为

$$H(f) = \begin{cases} \dfrac{1}{2B} & (|f| \leqslant B) \\ 0 & (|f| > B) \end{cases}$$

其中 B 为理想低通滤波器的带宽,如图 8-27(a)所示。

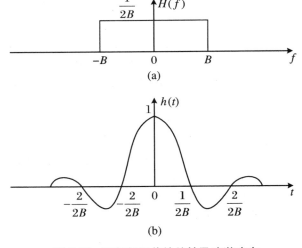

图 8-27　理想低通传输特性及冲激响应

根据频谱分析知识可得理想低通滤波器的冲激响应为

$$h(t) = \int_{-\infty}^{+\infty} H(f) e^{j2\pi ft} \, df = \int_{-B}^{B} \frac{1}{2B} e^{j2\pi ft} \, df = \mathrm{Sa}(2\pi Bt)$$

$h(t)$ 的波形图如图 8-27(b)所示。由图可知,理想低通滤波器的冲激响应 $h(t)$ 在 $t = \pm \dfrac{n}{2B}$(n 为不等于 0 的整数)时有周期性零点。如果发送码元波形的时间间隔为 $\dfrac{1}{2B}$(码元速率为 $R_s = 2B$),接收端在 $t = \dfrac{n}{2B}$ 时刻对第 n 个码元取样,前后码元的输出波形在这点刚好都是零点,因而是无码间串扰的。图 8-28 画出了无码间串扰的示意图。

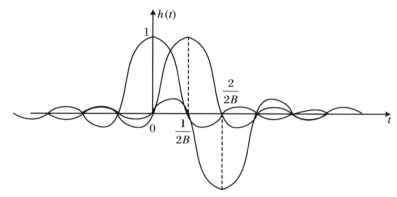

图 8-28　无码间串扰示意图

此 $h(t)$ 是一个无码间串扰的传输波形,相应的系统 $H(f)$ 称为无码间串扰传输系统。但需要注意的是,即使是无码间串扰传输系统,也只能按某些特定速率传输码元才能达到无码间串扰的目的,这些特定的速率称为无码间串扰传输速率。

由图 8-28 可知,当发送码元的间隔小于 $\dfrac{1}{2B}$ 时,任一码元的取样时刻都不在其他码元输出波形的零点上,此时系统有码间串扰。因此,$\dfrac{1}{2B}$ 是确保无码间串扰的最小码元间隔,此时的码元速率 $2B$ 波特称为最大无码间串扰速率。从图 8-28 也可以看出,当码元的发送间隔为 $\dfrac{1}{2B}$ 的正整数倍时,即码元间隔 $T_s = \dfrac{n}{2B}$(n 为正整数)时,在任一码元的取样点上,其他码元的输出波形也都刚好是零点,因此码间串扰也为零。因此,带宽为 B 的理想低通系统其无码间串扰速率为

$$R_s = \frac{2B}{n} \quad (n = 1,2,3,\cdots) \tag{8-17}$$

$n = 1$ 对应最大无码间串扰速率 $2B$,此速率称为奈奎斯特速率,对应的码元间隔 $\dfrac{1}{2B}$ 称为奈奎斯特间隔,此时频带利用率 $\eta = \dfrac{R_s}{B} = \dfrac{2B}{B} = 2$(Baud/Hz),称为奈奎斯特频带利用率,这是数字基带系统的极限频带利用率,目前任何一种实用系统的频带利用率都小于 2 Baud/Hz。

由以上分析可知,理想低通特性是一种无码间串扰传输特性,且可达到最大频带利用率。但是这种传输条件实际上不可能达到,因为理想低通的传输特性意味着有无限陡峭的过渡带,这在工程上是无法实现的。即使获得了这种传输特性,其冲激响应波形的尾部衰减特性也很差,即波形的拖尾振荡大,衰减慢,这样就要求接收端的取样定时脉冲必须准确无误,稍有偏差,就会引入较大的码间串扰。

2. 升余弦传输特性的冲激响应

设升余弦传输特性为

$$H(f) = \begin{cases} \dfrac{1}{2B}\left(1 + \cos\dfrac{\pi f}{B}\right) & (|f| \leqslant B) \\ 0 & (|f| > B) \end{cases} \tag{8-18}$$

其中 B 是升余弦传输特性的截止频率,也就是系统的带宽。升余弦传输特性如图 8-29(a) 所示。

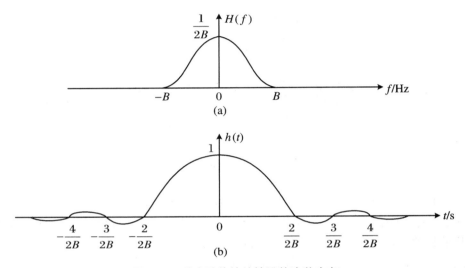

图 8-29　升余弦传输特性及其冲激响应

当系统输入为单位冲激脉冲时,接收波形的频谱函数就等于系统的传输特性 $H(f)$,由 式(8-18)可求出系统的冲激响应即接收波形为

$$h(t) = \frac{\mathrm{Sa}(\pi Bt) \cdot \cos(\pi Bt)}{1 - 4B^2 t^2}$$

$h(t)$ 的波形如图 8-29(b)所示。升余弦传输特性的冲激响应 $h(t)$ 在 $t = \pm\dfrac{n}{B}(n \neq 0)$

时有周期性零点,如果发送码元波形的时间间隔为 $\dfrac{n}{B}(n = 1,2,3,\cdots)$,则在每个码元的取样 时刻($h(t)$ 最大值处)是无码间串扰的。因此,对具有升余弦传输特性的系统,其无码间串 扰传输速率为

$$R_s = \frac{B}{n} \quad (n = 1,2,3,\cdots) \tag{8-19}$$

由上式可知,最大无码间串扰速率为 $R_{smax} = B$,最大频带利用率为

$$\eta = \frac{R_{smax}}{B} = 1(\mathrm{Baud/Hz})$$

和具有理想低通传输特性的系统相比,升余弦传输特性系统的频带利用率降低了,但它 的冲激响应的拖尾振荡小、衰减快,因此接收端对定时准确性的要求相对较低。

理想低通传输特性和升余弦传输特性的共同特点是它们的冲激响应具有周期性的零 点,很显然,这是无码间串扰接收波形的条件。除了上述介绍的两种无码间串扰传输特性 外,还有很多传输特性也具有这种特点,它们也都是无码间串扰的传输特性。

3. 余弦滚降特性

从以上的讨论知道,如果得到了系统的冲激响应 $h(t)$,就能判断此系统是否是无码间串扰系统(看是否有周期性的零点)以及求得无码间串扰的传输速率。但在通信系统的设计和实现中,经常用系统的传输特性 $H(f)$ 来描述系统。因此,现在要解决的问题是:当给定系统的传输特性 $H(f)$ 时,如何来判断系统有无码间串扰? 如果是无码间串扰系统,那么无码间串扰速率是多少呢?

最基本的方法是根据系统的传输特性 $H(f)$ 求得系统的冲激响应 $h(t)$,根据 $h(t)$ 判断系统有无码间串扰及计算无码间串扰的速率等。但由 $H(f)$ 求 $h(t)$ 的过程往往十分繁琐,如果能找到无码间串扰传输特性的特点,就可以直接根据 $H(f)$ 来判断系统有无码间串扰。

传输特性 $H(f)$ 与冲激响应 $h(t)$ 是一对傅里叶变换,因此,要想使得 $h(t)$ 具有周期性的零点,$H(f)$ 肯定得具备某个特点。经数学推导证明:具有奇对称滚降特性的 $H(f)$,它的冲激响应有周期性的零点,具有无码间串扰传输特性。

什么是奇对称滚降特性呢? 以图 8-30 所示的余弦滚降传输特性来说明这个问题。传输特性 $H(f)$ 从 b 点开始滚降,到 c 点截止。所谓奇对称性是指曲线 ac 绕中心点 a 顺时针或逆时针旋转能和曲线 ab 重合。所以余弦滚降特性是一种无码间串扰传输特性,α 为滚降系数,取值在 $0 \sim 1$ 之间,代表着滚降的速度。

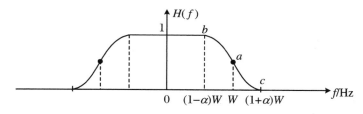

图 8-30　余弦滚降传输特性

通过数学分析可以证明,具有奇对称滚降特性 $H(f)$ 的系统,无码间串扰传输速率为

$$R_s = \frac{2W}{n} \quad (n = 1,2,3,\cdots) \tag{8-20}$$

其中 W 是滚降曲线中点所对应的频率。此系统的带宽为 $B = (1+\alpha)W$,由式(8-20)可得它的最大无码间串扰速率为 $R_{s\max} = 2W$,所以此余弦滚降系统的最大频带利用率为

$$\eta_{\max} = \frac{R_{s\max}}{B} = \frac{2W}{(1+\alpha)W} = \frac{2}{(1+\alpha)}(\text{Baud/Hz})$$

当 $\alpha = 0$ 时,频带利用率为 2 Baud/Hz,对应于理想低通传输特性;当 $\alpha = 1$ 时,频带利用率为 1 Baud/Hz,对应于升余弦传输特性。

例 8-6　系统的传输特性 $H(f)$ 如图 8-31 所示,求此系统的所有无码间串扰速率及最大频带利用率。

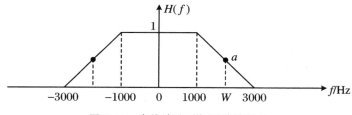

图 8-31　直线滚降(梯形)传输特性

解 滚降曲线以 a 点呈现奇对称,所以它具有无码间串扰传输特性。

求无码间串扰速率的思路是:找出滚降特性呈现奇对称的中心点 a 所对应的频率值 W,然后即可用式(8-20)求出所有的无码间串扰速率。

所以关键是求中心点 a 所对应的频率值 W。W 的简单求法是找出传输特性滚降开始点的频率值及滚降结束点的频率值,本例题中分别为 1000 Hz 和 3000 Hz,然后再求这两个值的中间值,得到的这个中间值就是所要求的 W,所以

$$W = (1000 + 3000)/2 = 2000 \text{ (Hz)}$$

由式(8-20)得到此梯形传输特性系统的所有无码间串扰速率为

$$R_s = \frac{2W}{n} = \frac{4000}{n} \text{(Baud)} \quad (n = 1, 2, 3, \cdots)$$

将 $n = 1$ 代入上述公式,得到此系统的最大无码间串扰速率 $R_{smax} = 4000$ Baud。

最大频带利用率为

$$\eta_{max} = \frac{R_{smax}}{B} = \frac{4000}{3000} \approx 1.33 \text{(Baud/Hz)}$$

例 8-7 设基带传输系统的发送滤波器、信道及接收滤波器组成的系统总传输特性为 $H(f)$,若要求以 $2/T_s$ 波特的速率进行数据传输,试检验图 8-32 所示各 $H(f)$ 是否满足消除取样点上码间串扰的条件。

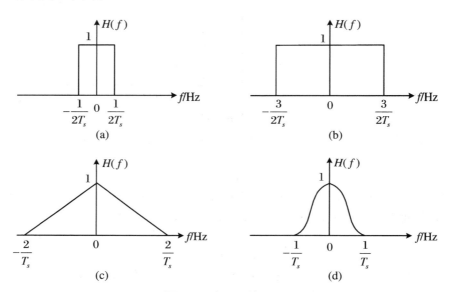

图 8-32 例 8-7 的图形

解 (1)由图可知,理想低通特性的带宽 $B = 1/2T_s$,根据式(8-20)得所有无码间串扰速率为

$$R_s = \frac{2B}{n} = \frac{1/T_s}{n} = \frac{1}{nT_s} \text{(Baud)} \quad (n = 1, 2, 3, \cdots)$$

此系统的最大无码间串扰速率为 $R_{smax} = 1/T_s < 2/T_s$。所以当传输速率为 $2/T_s$ 时,在取样点上是有码间串扰的。

(2)由图可知,理想低通特性的带宽 $B = 3/2T_s$,根据式(8-20)得所有无码间串扰速率为

$$R_s = \frac{2B}{n} = \frac{3/T_s}{n} = \frac{3}{nT_s}(\text{Baud}) \quad (n = 1,2,3,\cdots)$$

此系统的无码间串扰速率有 $3/T_s,3/2T_s,1/T_s,\cdots$。显然 $2/T_s$ 不是此系统的一个无码间串扰速率。所以,尽管系统的最大无码间串扰速率大于 $2/T_s$ 波特,当传输速率为 $2/T_s$ 时,在取样点上也是有码间串扰的。

(3)由图可知,滚降开始处的频率值为 0,滚降结束处的频率值为 $2/T_s$,所以滚降曲线中心点的频率为 $W = (0 + 2/T_s)/2 = 1/T_s$,根据公式得此系统的所有无码间串扰速率为

$$R_s = \frac{2W}{n} = \frac{2/T_s}{n} = \frac{2}{nT_s}(\text{Baud}) \quad (n = 1,2,3,\cdots)$$

它的无码间串扰速率有 $2/T_s,1/T_s,2/3T_s,\cdots$。$2/T_s$ 是它的一个无码间串扰速率,所以当传输速率为 $2/T_s$ 时,在取样点上是无码间串扰的。

(4)由图可知,这是一个升余弦传输特性,滚降开始处的频率值为 0,滚降结束处的频率值为 $1/T_s$,所以滚降曲线中心点的频率为 $W = (0 + 1/T_s)/2 = 1/2T_s$,根据式(8-20)得此系统的所有无码间串扰速率为

$$R_s = \frac{2W}{n} = \frac{1/T_s}{n} = \frac{1}{nT_s}(\text{Baud}) \quad (n = 1,2,3,\cdots)$$

它的无码间串扰速率有 $1/T_s,1/2T_s,1/3T_s,\cdots$。显然 $2/T_s$ 不是它的一个无码间串扰速率,它的最大无码间串扰速率小于 $2/T_s$,所以,当传输速率为 $2/T_s$ 时,在取样点上是有码间串扰的。

8.3.3 眼图

在实际工程中,由于部件调试不理想或信道特性发生变化等原因,不可能完全做到无码间串扰的要求。当码间串扰和噪声同时存在时,系统性能就很难定量分析。目前,人们通常是通过"眼图"来估计码间串扰的大小及噪声的影响,并借助眼图对电路进行调整。

将接收滤波器输出的波形加到示波器的输入端,调整示波器的扫描周期,使它与信号码元的周期同步,这样接收滤波器输出的各码元波形就会在示波器的显示屏上重叠起来,显示出一个像人眼一样的图形,这个图形称为"眼图"。观察图 8-33 可以了解双极性二元码的眼图形成情况。图(a)为没有失真时的波形,示波器将此波形每隔 T_s 重复扫描一次,利用示波器的余辉效应,扫描所得的波形重叠在一起,结果形成图(b)所示的"开启"的眼图。图(c)是有失真时的接收滤波器的输出波形,波形的重叠性变差,眼图的张开程度变小,如图(d)所示。接收波形的失真通常是由噪声和码间串扰造成的,所以眼图的形状能定性地反映系统的性能。另外也可以根据此眼图对接收滤波器的特性加以调整,以减小码间串扰和改善系统的传输性能。

眼图对数字基带信号传输系统的性能给出了很多有用的信息,为了说明眼图和系统性能之间的关系,可把眼图抽象为一个模型,称为眼图的模型,如图 8-34 所示。

由眼图可以获得的信息:

(1)最佳取样时刻应选在眼图张开最大的时刻,此时的信噪比最大,判决引起的错误最小。

(2)眼图斜边的斜率代表系统对定时误差的灵敏度,斜边越陡,对定时误差越灵敏,对定时稳定度要求越高。

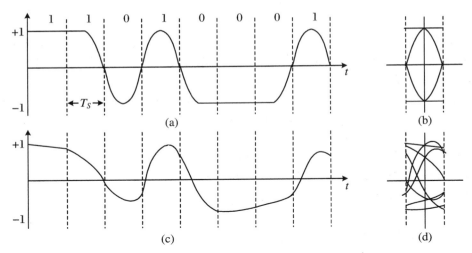

图 8-33　眼图形成示意图

（3）在取样时刻,上、下两个阴影区的高度称为信号的最大失真量,它是噪声和码间串扰叠加的结果。

（4）在取样时刻,距门限最近的迹线至门限的距离称为噪声容限,噪声瞬时值超过它就可能发生判决错误。

（5）对于从信号过零点来得到位定时信息的接收系统,眼图斜边与横轴相交的区域的大小,表示零点位置的变动范围,这个变动范围的大小对提取定时信息有重要的影响,过零点失真越大,对位定时提取越不利。

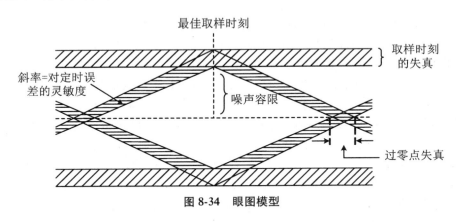

图 8-34　眼图模型

8.4　二进制数字调制

由 8.3 节可知,数字基带信号是低通型信号,其功率谱集中在零频附近,可以直接在低通型信道中传输。然而,实际信道很多是带通型的,数字基带信号无法直接通过带通型信道。因此,在发送端需要把数字基带信号的频谱搬移到带通信道的通带范围内,以便信号在带通型信道中传输,这个频谱的搬移过程称为数字调制,频谱搬移前的数字基带信号称为调制信号,频谱搬移后的信号称为已调信号。相应地在接收端需要将已调信号的频谱搬移回来,还原为原数字基带信号,这个频谱的反搬移过程称为数字解调,如图 8-35 所示。数字调制和数字解调统称为数字调制。

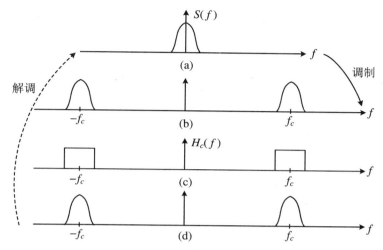

图 8-35　数字调制与解调过程示意图

数字基带信号通过带通型信道传输的系统如图 8-36 所示。和数字基带传输系统相对应,这个系统又称为数字频带传输系统。发送端的调制器完成数字基带信号频谱的搬移,接收端解调器完成已调信号频谱的反搬移。

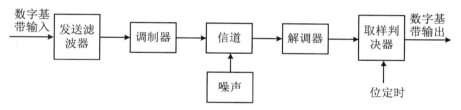

图 8-36　数字调制原理

调制的目的是实现频谱的搬移,而实现频谱搬移的方法是用基带信号去控制正弦波的某个参量,使这个参量随基带信号的变化而变化。由于基带信号可分为数字基带信号和模拟基带信号两种,所以调制也分为数字调制和模拟调制两大类。模拟调制在前面已做详细介绍,本节讨论数字调制。由于正弦波有幅度、频率和相位三个参数,所以和模拟调制技术相似,数字调制技术也有三种基本形式:数字振幅调制、数字频率调制和数字相位调制。由于数字信息只有离散的有限种取值,所以调制后的载波参量也只有离散的有限种取值,数字调制的过程就像用数字信息去控制开关一样,从几个具有不同参量的独立振荡源中选择参量,所以常把数字调制称为"键控"。因此分别称数字振幅调制、数字频率调制和数字相位调制为振幅键控(ASK)、频移键控(FSK)和相移键控(PSK)。当基带信号为二进制数字信号时,三种数字调制分别称为二进制振幅键控(2ASK)、二进制频移键控(2FSK)和二进制相移键控(2PSK),如图 8-37 所示。

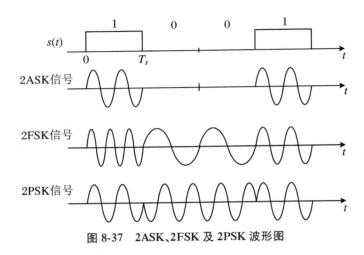

图 8-37   2ASK、2FSK 及 2PSK 波形图

8.4.1   二进制振幅键控

二进制振幅键控就是用二进制数字基带信号控制正弦载波的幅度,使载波振幅随着二进制数字基带信号而变化。由于二进制数字基带信号只有两个不同的码元(符号),所以幅度受控后的正弦波也只有两个不同的振幅,如图 8-38 所示。$s(t)$ 为调制信号,每个码元的持续时间为 T_s,在二进制中,码元宽度等于比特宽度,所以在二进制数字调制中有 $T_s = T_b$。$s_{2ASK}(t)$ 为已调信号,它的幅度受 $s(t)$ 控制,也就是说它的幅度上携带有 $s(t)$ 的信息。

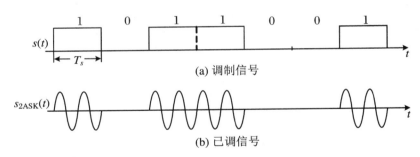

图 8-38   二进制振幅键控波形

1. 2ASK 信号的产生

如图 8-39 所示为用相乘器实现的 2ASK 调制器框图及 2ASK 信号产生过程的波形示意图。输入是单极性全占空二进制数字基带信号 $s(t)$,载波信号是 $c(t)$,输出是已调信号 $s_{2ASK}(t)$。

2ASK 信号 $s_{2ASK}(t)$ 的主要能量集中在什么频率范围? 传输这个信号的信道至少需要多少带宽? 要想了解 $s_{2ASK}(t)$ 的这些特性,必须对 $s_{2ASK}(t)$ 进行功率谱分析。可以看到,$s_{2ASK}(t)$ 等于调制信号 $s(t)$ 乘以载波信号 $c(t)$,所以 $s_{2ASK}(t)$ 的数学表达式为

$$s_{2ASK}(t) = s(t)\cos 2\pi f_c t \tag{8-21}$$

为了方便,设载波幅度为 1。$s(t)$ 为二进制单极性全占空信号,可求出 $s(t)$ 的功率谱,用 $P(f)$ 来表示。根据式(8-21)及频移定理,得到 $s_{2ASK}(t)$ 信号的功率谱为

$$P_{2ASK}(f) = \frac{1}{4}\big[P(f + f_c) + P(f - f_c)\big] \tag{8-22}$$

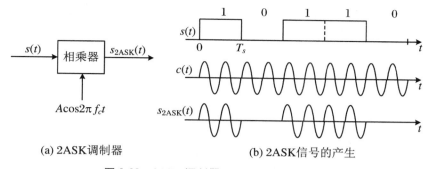

(a) 2ASK调制器　　　　　　(b) 2ASK信号的产生

图 8-39　2ASK 调制器及 2ASK 信号的产生

图 8-40 给出了 2ASK 信号的功率谱示意图。由图可知，2ASK 信号的功率谱是基带信号功率谱的线性搬移，其频谱的主瓣宽度是二进制基带信号频谱主瓣宽度的两倍，即

$$B_{2ASK} = 2f_s \qquad (8\text{-}23)$$

式中 f_s 是数字基带信号的带宽，在数值上等于数字基带信号的码元速率。

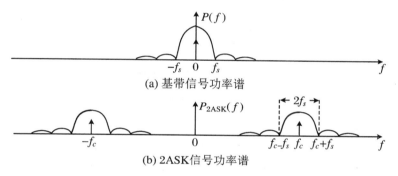

(a) 基带信号功率谱

(b) 2ASK信号功率谱

图 8-40　2ASK 信号的功率谱

例 8-8　有码元速率为 2000 Baud 的二进制数字基带信号，对频率为 10000 Hz 的载波进行调制，问传输这个已调信号的信道带宽至少应为多少。

解　因为数字基带信号的码元速率为 2000 Baud，所以 $f_s = 2000$ Hz，根据式（8-23）得已调信号的带宽为 $B_{2ASK} = 2f_s = 2 \times 2000 = 4000$（Hz）。所以为传输这个已调信号，信道的带宽至少应为 4000 Hz。

2. 2ASK 信号的解调及抗噪声性能

从频域看，解调就是将已调信号的频谱搬回来，还原为调制前的数字基带信号，而从时域看，解调的目的就是将已调信号振幅上携带的数字基带信号检测出来，恢复发送的数字信息。完成解调任务的部件称为解调器。2ASK 信号的解调有两种方法，即相干解调和包络解调。

（1）相干解调

相干解调也称为同步解调，因为这种解调方式需要一个和发送载波同频同相的本地载波，其方框图如图 8-41 所示。为说明图 8-41 所示部件能从已调 2ASK 信号中检测出原发送信息，在忽略噪声的情况下画出了方框图中各点的波形，如图 8-42 所示，为便于比较，图 8-42 中同时画出了原数字基带信号。

带通滤波器让信号通过的同时尽可能地滤除带外噪声，在不考虑噪声时，(a) 波形就是接收的 2ASK 信号。位定时信号由位定时提取电路提供，取样判决器在位定时信号的控制

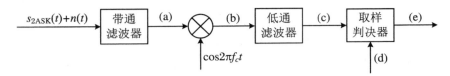

图 8-41　2ASK 信号的相干解调器

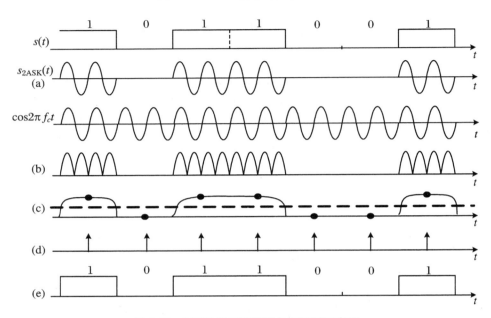

图 8-42　2ASK 相干解调器各点波形示意图

下对(c)波形进行取样,将取样得到的样值与设定的门限进行比较(取样值和门限都标在(c)波形图上),当取样值大于门限时,判决发送信号为"1",当取样值小于门限时,判决发送信号为"0",判决得到的信号如(e)波形所示。由波形图可以看到,在没有噪声时,这个解调器能正确无误地从接收到的 2ASK 信号中恢复原发送信息。但实际通信是有噪声的,噪声会使判决产生错误。下面对噪声引起的误码率进行数学分析。

为了求出图 8-41 所示的相干解调器的误码率,必须先得到用于判决的取样值的分布规律。下面分两种情况加以讨论。

① 发"1"码时

发"1"码时,输入的 2ASK 信号为 $a\cos2\pi f_c t$,它能顺利地通过带通滤波器。$n(t)$ 为零均值高斯白噪声,经带通滤波器滤波后变为窄带高斯噪声,用 $n_i(t)$ 表示为

$$n_i(t) = n_I(t)\cos2\pi f_c t - n_Q(t)\sin2\pi f_c t$$

因此发"1"码时,带通滤波器的输出为

$$a\cos2\pi f_c t + n_i(t) = [a + n_I(t)]\cos2\pi f_c t - n_Q(t)\sin2\pi f_c t$$

经乘法器后输出为

$$\{[a + n_I(t)]\cos2\pi f_c t - n_Q(t)\sin2\pi f_c t\}\cos2\pi f_c t$$

$$= \frac{1}{2}[a + n_I(t)] + \frac{1}{2}[a + n_I(t)]\cos4\pi f_c t - \frac{1}{2}n_Q(t)\sin4\pi f_c t$$

经低通滤波器滤波后,高频成分被滤除。设输出信号为 $x(t)$,则

$$x(t) = a + n_I(t)$$

$x(t)$用于取样判决。需要说明的是忽略系数 1/2 不会影响误码率的计算结果。

② 发"0"码时

发"0"码时,2ASK 信号为 0,带通滤波器只输出噪声 $n_i(t)$,所以相乘器的输出为

$$[n_I(t)\cos2\pi f_c t - n_Q(t)\sin2\pi f_c t]\cos2\pi f_c t$$
$$= \frac{1}{2}n_I(t) + \frac{1}{2}n_I(t)\cos4\pi f_c t - \frac{1}{2}n_Q(t)\sin4\pi f_c t$$

忽略系数 1/2 后,低通滤波器的输出为

$$x(t) = n_I(t)$$

此输出用于取样判决。

综合上述分析,可得

$$x(t) = \begin{cases} a + n_I(t) & (发"1"码) \\ n_I(t) & (发"0"码) \end{cases} \tag{8-24}$$

式(8-24)中的 $n_I(t)$是均值为 0 的低通型高斯噪声,它的方差与 $n_i(t)$的方差相同,即

$$\sigma_n^2 = n_0 B_{2ASK} = 2n_0 f_s$$

$a + n_I(t)$是均值为 a 的低通型高斯噪声,所以 $n_I(t)$和 $a + n_I(t)$的取样值都是高斯随机变量,方差都为 σ_n^2,均值分别为 0 和 a。所以发"0"码和发"1"码时,用于判决的取样值的概率密度函数分别为

$$f_0(x) = \frac{1}{\sqrt{2\pi}\sigma_n}e^{-\frac{x^2}{2\sigma_n^2}}$$

$$f_1(x) = \frac{1}{\sqrt{2\pi}\sigma_n}e^{-\frac{(x-a)^2}{2\sigma_n^2}}$$

曲线示意图如图 8-43 所示。

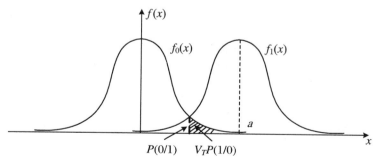

图 8-43 取样值概率密度函数示意图

误码率计算公式为

$$P_e = P(0)P(1/0) + P(1)P(0/1) \tag{8-25}$$

式中 $P(0)$、$P(1)$分别为发"0"码和发"1"码的概率;$P(1/0)$是发"0"码时误判为"1"码的概率;$P(0/1)$是发"1"码时误判为"0"码的概率。当 $P(0) = P(1)$时,最佳判决门限应选在两条曲线的交点处,由于这两条曲线形状完全相同,所以判决门限为 $V_T = a/2$。

根据图 8-43 及式(8-25),得 2ASK 相干解调器的误码率公式:

$$P_e = \frac{1}{2}\int_{a/2}^{+\infty}f_0(x)dx + \frac{1}{2}\int_{-\infty}^{a/2}f_1(x)dx = \int_{a/2}^{+\infty}f_0(x)dx = \int_{-\infty}^{a/2}f_1(x)dx$$

$$= \frac{1}{2}\mathrm{erfc}\left(\frac{a}{2\sqrt{2}\sigma_n}\right) = \frac{1}{2}\mathrm{erfc}\left(\frac{\sqrt{r}}{2}\right) \tag{8-26}$$

式中 r 定义为 $r = \dfrac{a^2/2}{\sigma_n^2}$

（2）包络解调

包络解调是一种非相干解调，其原理框图如图 8-44 所示。

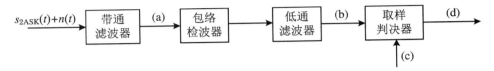

图 8-44　2ASK 信号的包络解调器

为说明图 8-44 对 2ASK 信号的解调，图 8-45 画出了图 8-44 中各点的波形（不考虑噪声的影响）。对比原信息波形 $s(t)$ 及恢复的信息波形（d）发现，图 8-44 所示的解调器在无噪声干扰下能正确解调出原信息。

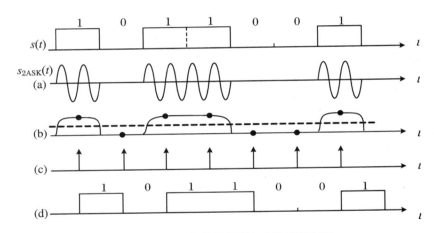

图 8-45　2ASK 包络解调器各点波形示意图

当存在噪声时，解调器会发生错误判决，产生误码。下面求此解调器的误码率计算公式。

求误码率公式的方法和步骤与前面所述相同：

① 求出用于判决的取样值的概率密度曲线。

② 确定判决门限。

③ 求出"1"码错判成"0"码的概率 $P(0/1)$ 及"0"码错判成"1"码的概率 $P(1/0)$。

④ 根据公式 $P_e = P(0)P(1/0) + P(1)P(0/1)$ 求出平均误码率。

当发送"1"码时，考虑噪声后（a）波形的数学表达式为

$$a\cos 2\pi f_c t + n_i(t) = [a + n_I(t)]\cos 2\pi f_c t - n_Q(t)\sin 2\pi f_c t \tag{8-27}$$

此波形送到包络检波器，包络检波器输出此波形的包络：

$$x(t) = \sqrt{\{[a + n_I(t)]\}^2 + [n_Q(t)]^2} \tag{8-28}$$

因为正弦波加窄带高斯过程的包络的瞬时值服从莱斯分布，所以式（8-28）所示包络信号送到取样器取样后，取样值服从莱斯分布，其概率密度函数为

$$f_1(x) = \frac{x}{\sigma_n^2} I_0 \left(\frac{ax}{\sigma_n^2} \right) \mathrm{e}^{-(x^2+a^2)/2\sigma_n^2}$$

曲线如图 8-46 所示。

当发送"0"码时,包络检波器的输入只有窄带高斯噪声:

$$n_i(t) = n_I(t)\cos 2\pi f_c t - n_Q(t)\sin 2\pi f_c t \tag{8-29}$$

包络检波器的输出则为式(8-29)的包络,即窄带高斯噪声的包络,它服从瑞利分布,其概率密度函数为

$$f_0(x) = \frac{x}{\sigma_n^2} \mathrm{e}^{-\frac{x^2}{2\sigma_n^2}} \tag{8-30}$$

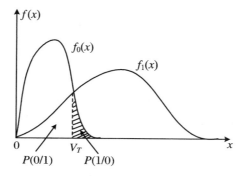

图 8-46　2ASK 包络解调器取样值的概率密度函数

当"1""0"等概时,使平均误码率最小的最佳判决门限 V_T 在两条概率密度函数的交点处,经分析得

$$V_T \approx \frac{a}{2} \left(1 + \frac{8\sigma_n^2}{a^2} \right)^{1/2} \tag{8-31}$$

当信噪比 $r = \dfrac{a^2/2}{\sigma_n^2} \gg 1$ 时,式(8-31)近似为 $V_T \approx \dfrac{a}{2}$,此时 $P(0/1)$、$P(1/0)$ 分别为

$$P(0/1) = \int_0^{a/2} f_1(x)\mathrm{d}x$$

$$P(1/0) = \int_{a/2}^{+\infty} f_0(x)\mathrm{d}x$$

所以在大信噪比时,包络解调的平均误码率为

$$P_e = P(0)P(1/0) + P(1)P(0/1) \approx \frac{1}{2}\mathrm{e}^{-r/4}$$

由于在小信噪比条件下,包络解调的误码性能比相干解调差,所以包络解调方式主要用于大信噪比接收环境。

8.4.2　二进制频移键控

二进制频移键控是用二进制数字信息控制正弦波的频率,使正弦波的频率随二进制数字信息的变化而变化。由于二进制数字信息只有两个不同的符号,所以调制后的已调信号有两个不同的频率 f_1 和 f_2,f_1 对应数字信息"1",f_2 对应数字信息"0"。二进制数字信息及已调信号如图 8-47 所示。

在 2FSK 信号中,当载波频率发生变化时,载波的相位一般来说是不连续的,这种信号

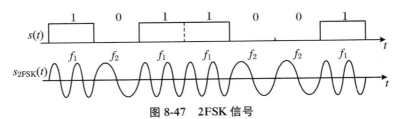

图 8-47　2FSK 信号

称为相位不连续 2FSK 信号。相位不连续的 2FSK 通常用频率选择法产生，方框图如图8-48所示。两个独立的振荡器作为两个频率的载波发生器，它们受控于输入的二进制信号。二进制信号通过两个与门电路，控制其中的一个载波通过。调制器各点波形如图 8-49 所示。

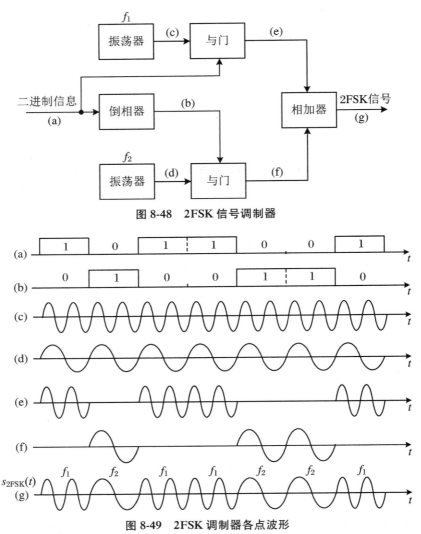

图 8-48　2FSK 信号调制器

图 8-49　2FSK 调制器各点波形

由图 8-49 可知，波形(g)是波形(e)和(f)的叠加，所以二进制频率调制信号 2FSK 可以看成是两个载波频率分别为 f_1 和 f_2 的 2ASK 信号的和，由于"1""0"统计独立，因此 2FSK 信号功率谱密度等于这两个 2ASK 信号功率谱密度之和，即

$$P_{2FSK}(f) = P_{2ASK}(f)\,|_{f_1} + P_{2ASK}(f)\,|_{f_2}$$

2FSK 信号的功率谱密度如图 8-50 所示。

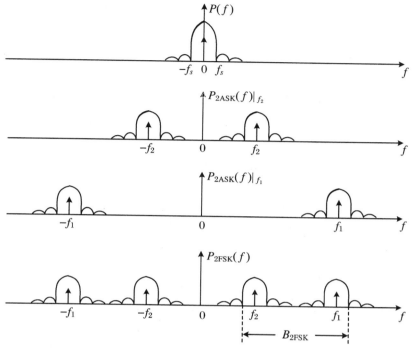

图 8-50 2FSK 信号的功率谱

由图 8-50 可以看出，2FSK 信号的功率谱既有连续谱又有离散谱，离散谱位于两个载波频率 f_1 和 f_2 处，连续谱分布在 f_1 和 f_2 附近，若取功率谱第一个零点以内的成分计算带宽，显然 2FSK 信号的带宽为

$$B_{2\text{FSK}} = \mid f_1 - f_2 \mid + 2f_s \tag{8-32}$$

为了节约频带，同时为了能够区分 f_1 和 f_2，通常取 $\mid f_1 - f_2 \mid = 2f_s$，因此 2FSK 信号的带宽为

$$B_{2\text{FSK}} = \mid f_1 - f_2 \mid + 2f_s = 4f_s$$

当 $\mid f_1 - f_2 \mid = f_s$ 时，图 8-50 中 2FSK 的功率谱由双峰变成单峰，此时带宽为

$$B_{2\text{FSK}} = \mid f_1 - f_2 \mid + 2f_s = 3f_s$$

对于功率谱是单峰的 2FSK 信号，可采用动态滤波器来解调。下面介绍功率谱为双峰的 2FSK 信号的解调。

2FSK 信号的解调也有相干解调和包络解调两种。由于 2FSK 信号可看作是两个 2ASK 信号之和，所以 2FSK 解调器由两个并联的 2ASK 解调器组成。图 8-51 示出了相干 2FSK 和包络 2FSK 解调器的方框图，其原理和 2ASK 信号的解调相同。

1. 相干 2FSK 解调器的误码率

相干 2FSK 抗噪声性能的分析方法和相干 2ASK 很相似。将 2FSK 信号表示为

$$s_{2\text{FSK}}(t) = \begin{cases} a\cos 2\pi f_1 t & \text{（发“1”码时）} \\ a\cos 2\pi f_2 t & \text{（发“0”码时）} \end{cases}$$

当发送数字信息为"1"时，2FSK 信号的载波频率为 f_1，信号能通过上支路的带通滤波器，上支路带通滤波器的输出是信号和窄带噪声 $n_{i1}(t)$ 的叠加（噪声中的下标 1 表示上支路

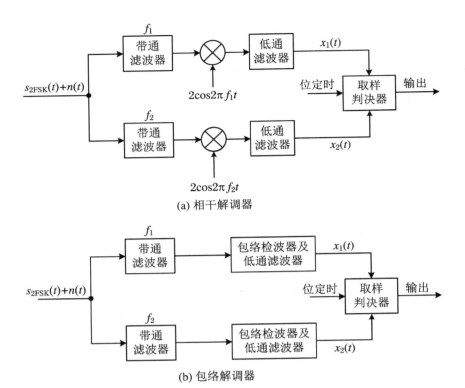

(a) 相干解调器

(b) 包络解调器

图 8-51　2FSK 信号解调器

窄带高斯噪声），即

$$a\cos2\pi f_1 t + n_{i1}(t) = a\cos2\pi f_1 t + n_{I1}(t)\cos2\pi f_1 t - n_{Q1}(t)\sin2\pi f_1 t$$

此信号与同步载波 $\cos2\pi f_1 t$ 相乘，再经低通滤波器滤除其中的高频成分，送给取样判决器的信号为

$$x_1(t) = a + n_{I1}(t) \tag{8-33}$$

上式中未计入系数 1/2。与此同时，频率为 f_1 的 2FSK 信号不能通过下支路中的带通滤波器，因为下支路中的带通滤波器的中心频率为 f_2，于是下支路带通滤波器的输出只有窄带高斯噪声，即

$$n_{i2}(t) = n_{I2}(t)\cos2\pi f_2 t - n_{Q2}(t)\sin2\pi f_2 t$$

此噪声与同步载波 $\cos2\pi f_2 t$ 相乘，经低通滤波器滤波后输出

$$x_2(t) = n_{I2}(t) \tag{8-34}$$

上式中未计入系数 1/2。定义

$$x(t) = x_1(t) - x_2(t) = a + n_{I1}(t) - n_{I2}(t)$$

取样判决器对 $x(t)$ 取样，取样值为

$$x = a + n_{I1} - n_{I2}$$

上式中 n_{I1}、n_{I2} 都是均值为 0、方差为 $\sigma_n^2 = n_0 B_{2\text{ASK}} = 2n_0 f_s$ 的高斯随机变量，所以 x 是均值为 a、方差为 $\sigma_x^2 = 2\sigma_n^2$ 的高斯随机变量，x 的概率密度函数为

$$f_1(x) = \frac{1}{\sqrt{2\pi}\sigma_x}\mathrm{e}^{-\frac{(x-a)^2}{2\sigma_x^2}} \tag{8-35}$$

概率密度曲线如图 8-52 所示。

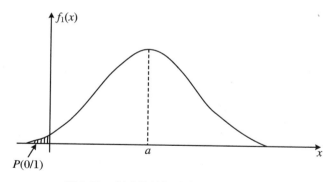

图 8-52　判决值的概率密度函数示意图

判决器对 x 进行判决,当 $x>0$ 时,判决发送信息为"1",此判决是正确的;当 $x<0$ 时,判决发送信息为"0",显然此判决是错误的。由此可见,x 小于 0 的概率就是发"1"错判成"0"的概率,即

$$P(0/1) = P(x<0) = \int_{-\infty}^{0} f_1(x)\mathrm{d}x \tag{8-36}$$

当发送数字信号"0"时,下支路有信号,上支路没有信号。用与上面分析完全相同的方法,可得到发"0"码时错判成"1"码的概率 $P(1/0)$,容易发现,此概率与式(8-36)表示的 $P(0/1)$ 相同,所以解调器的平均误码率为

$$P_e = P(1)P(0/1) + P(0)P(1/0) = P(0/1)[P(1) + P(0)] = P(0/1)$$

由式(8-36)得

$$P_e = \frac{1}{2}\mathrm{erfc}\left(\sqrt{\frac{r}{2}}\right) \tag{8-37}$$

式中

$$r = \frac{a^2/2}{\sigma_n^2}$$

注意式(8-37)无需"1""0"等概这一条件。

2. 包络 2FSK 解调器的误码率

包络解调器如图 8-51(b)所示。参照 2ASK 包络解调的分析方法,要想求出此解调器的误码率,必须首先求出上、下两个支路中包络检波器输出端信号瞬时值的概率密度函数。

当发送信息"1"时,接收端收到频率为 f_1 的载波 $a\cos2\pi f_1 t$,此信号能通过上支路中的带通滤波器,但无法通过下支路中的带通滤波器,所以上支路带通滤波器的输出是信号和窄带高斯噪声的叠加,而下支路带通滤波器的输出却只有窄带高斯噪声。上支路包络检波器输出 $x_1(t)$ 的瞬时值服从莱斯分布,下支路包络检波器输出 $x_2(t)$ 的瞬时值服从瑞利分布,所以上、下两个支路的取样值 x_1、x_2 的概率密度函数为

$$f(x_1) = \frac{x_1}{\sigma_n^2}I_0\left(\frac{ax_1}{\sigma_n^2}\right)\mathrm{e}^{-\frac{(x_1+a)^2}{2\sigma_n^2}} \tag{8-38}$$

$$f(x_2) = \frac{x_2}{\sigma_n^2}\mathrm{e}^{-\frac{x_2^2}{2\sigma_n^2}} \tag{8-39}$$

x_1 和 x_2 的概率密度曲线如图 8-53 所示。

判决器的作用是比较两个取样值 x_1 和 x_2,当 $x_1>x_2$ 时,判"1",判决是正确的,不产生误码;当 $x_1<x_2$ 时,判"0",判决错误,产生误码,即发"1"错判成了"0"。由概率论知识得"1"

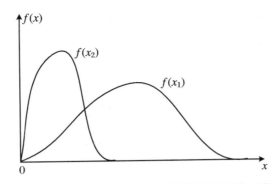

图 8-53　2FSK 包络解调器取样值的概率密度函数

码错判成"0"码的概率 $P(0/1)$ 为

$$P(0/1) = P(x_1 < x_2) = \int_0^{+\infty} f_1(x_1) \int_{x_1}^{+\infty} f_2(x_2) \mathrm{d}x_2 \mathrm{d}x_1 \tag{8-40}$$

将式(8-38)、式(8-39)代入式(8-40),经积分运算,得

$$P(0/1) = \frac{1}{2}\mathrm{e}^{-\frac{r}{2}} \tag{8-41}$$

式中 $r = \dfrac{a^2}{2\sigma_n^2}$,与相干解调误码率公式中 r 相同。

　　由包络解调器方框图可知,发"0"时,接收的 2FSK 信号为 $a\cos 2\pi f_2 t$,下支路有信号,上支路无信号,因此下支路取样值服从莱斯分布,上支路取样值服从瑞利分布。当下支路的取样值小于上支路的取样值时发生错判。显然,"0"错判成"1"的概率与"1"错判成"0"的概率是相等的,即

$$P(1/0) = P(0/1) = \frac{1}{2}\mathrm{e}^{-\frac{r}{2}} \tag{8-42}$$

将式(8-41)、式(8-42)代入平均误码率公式 $P_e = P(1)P(0/1) + P(0)P(1/0)$,得包络解调器平均误码率为

$$P_e = \frac{1}{2}\mathrm{e}^{-\frac{r}{2}} \tag{8-43}$$

　　同样,式(8-43)也不需要"1""0"等概这一条件。

8.4.3　二进制相移键控

　　二进制相移键控就是用二进制数字信息控制正弦载波的相位,使正弦载波的相位随着二进制数字信息的变化而变化。由于二进制数字信息控制载波相位的方法不同,二进制数字相位调制又分为二进制绝对调相(2PSK)和二进制相对调相(2DPSK)两种。

　　由于数字相位调制信号在抗噪声性能上优于 ASK 和 FSK,而且频带利用率较高,因此数字相位调制方式在数字通信中,特别是在中、高速数字信息传输中得到广泛应用。

1. 二进制绝对调相(2PSK)

(1) 2PSK 信号的产生

　　二进制绝对调相是用数字信息直接控制载波的相位。例如,当数字信息为"1"时,使载波反相(即发生 180°变化);当数字信息为"0"时,载波相位不变。如图 8-54 所示(为作图方

便,在 1 个码元周期内画了 2 个周期的载波)。

图 8-54 中(a)为数字信息,(b)为载波,(c)为 2PSK 波形,(d)为双极性数字基带信号。从图 8-54 可以看出,2PSK 信号可以看成是双极性基带信号乘以载波而产生的,即

$$s_{2PSK}(t) = s'(t)\cos2\pi f_c t \tag{8-44}$$

式中,$s'(t)$ 为双极性基带信号,每个码元宽度为 T_s,其波形图如图 8-54(d)所示。

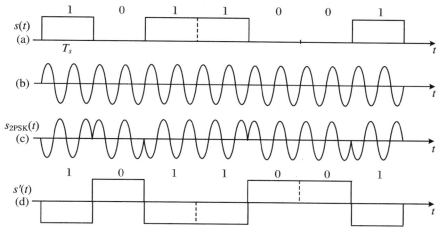

图 8-54 2PSK 信号波形图

必须强调的是:2PSK 波形相位是相对于载波相位而言的,因此画 2PSK 波形时,必须先把载波画好,然后根据数字信息与载波相位的对应关系,画出 2PSK 信号的波形。当码元宽度不是载波周期整数倍的情况下,先画载波,然后再画 2PSK 波形,这点尤为重要。

例 8-9 画出数字信息 1100101 的 2PSK 信号的波形。

(1) 设码元周期是载波周期的整数倍(为画图方便设 $T_s = 2T_c$);

(2) 设码元周期不是载波周期的整数倍(设 $T_s = 1.5T_c$)。

解 设调制规则为:数字信息为"1",载波反相;数字信息为"0",载波相位不变。这一规则常称作"1"变"0"不变。(当然也可采用相反的规则:数字信息为"0",载波反相;数字信息为"1",载波相位不变,即"0"变"1"不变。)

$T_s = 2T_c$ 和 $T_s = 1.5T_c$ 时的 2PSK 波形图分别如图 8-55(A)、(B)所示。

图 8-55 中,(c)是数字信息,(d)是 $T_s = 2T_c$ 时的载波,(e)是 $T_s = 2T_c$ 时的 2PSK 波形,(f)是 $T_s = 1.5T_c$ 时的载波,(g)是 $T_s = 1.5T_c$ 时的 2PSK 波形。

理解了 2PSK 信号的波形后,下面介绍产生 2PSK 信号的部件,即 2PSK 调制器。由式(8-40)可知,2PSK 调制器可以采用相乘器来实现,如图 8-56 所示。

图 8-56 中,电平变换器的作用是将输入的数字信息变换成双极性全占空数字基带信号 $s'(t)$。但需要注意的是,相同的数字信息可变换成两种极性相反的全占空数字基带信号,如图 8-57 所示。一个调制器中只能采用其中的一种变换,至于采用哪一种变换,完全由调制规则决定。如采用"1"变"0"不变的调制规则,则电平变换器将数字信息"1"变换成一个负的全占空矩形脉冲,将数字信息"0"变换成一个正的全占空矩形脉冲,如(a)波形所示。(b)波形对应的调制规则是"0"变"1"不变。

由式(8-44)及图 8-57 可知,双极性全占空数字基带信号 $s'(t)$ 乘以 $\cos2\pi f_c t$ 产生 2PSK 信号。根据频谱变换原理,2PSK 信号的功率谱为

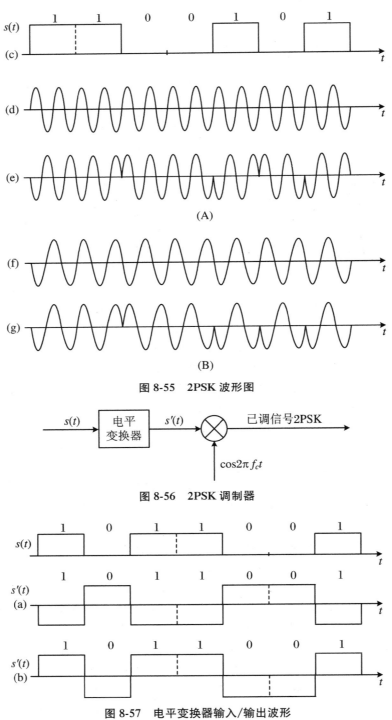

图 8-55 2PSK 波形图

图 8-56 2PSK 调制器

图 8-57 电平变换器输入/输出波形

$$P_{2PSK}(f) = \frac{1}{4}\big[P_{s'}(f - f_c) + P_{s'}(f + f_c)\big]$$

其中 $P_{s'}(f)$ 为双极性全占空矩形脉冲序列 $s'(t)$ 的功率谱。功率谱 $P_{s'}(f)$ 及 $P_{2PSK}(f)$ 的示意图如图 8-58 所示。2PSK 信号的功率谱与 2ASK 信号的功率谱形状相同,只是少了一个离散的载波分量,这是由于双极性数字基带信号在"1""0"等概时直流分量等于 0 的缘故。

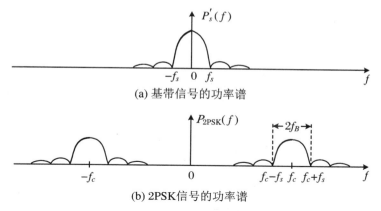

(a) 基带信号的功率谱

(b) 2PSK信号的功率谱

图 8-58 2PSK 信号的功率谱

由图 8-58 可知,2PSK 信号的带宽为

$$B_{2PSK} = 2f_s$$

即 2PSK 信号的带宽是数字信息码元速率值的两倍。

(2) 2PSK 信号的解调及抗噪声性能

由于 2PSK 信号的功率谱中无载波分量,所以 2PSK 信号的解调只有相干解调这一种方法,这种相干解调方法又称为极性比较法。2PSK 信号的解调框图如图 8-59 所示。

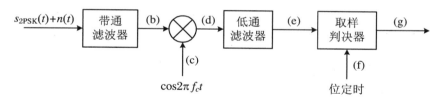

图 8-59 2PSK 信号的相干解调器

2PSK 信号解调过程中的波形图如图 8-60 所示。为对比方便,图中画出了原调制信息 $s(t)$。

图 8-60 中,(b)是收到的 2PSK 波形,(c)是本地载波提取电路提取的载波信号,此载波信号与调制用的载波信号同频同相,(d)是接收 2PSK 信号(b)与本地载波(c)相乘得到的波形示意图,此波形经低通滤波器滤波后得到低通信号(e),取样判决器在位定时信号(f)的控制下对(e)波形取样,再与门限进行比较,做出相应的判决,得到恢复的信息(g)。需要强调的是:判决规则应与调制规则相一致。如调制规则采用"1"变"0"不变时,判决规则为:取样值大于门限 V_d 时判为"0",取样值小于门限 V_d 时判为"1"。当"1""0"等概时,判决门限 V_d =0。反之,当调制规则采用"0"变"1"不变时,判决规则为:取样值大于门限 V_d 时判为"1",取样值小于门限 V_d 时判为"0"。

以上说明了图 8-59 所示的 2PSK 解调器在无噪声情况下能对 2PSK 信号进行正确解调,下面讨论此 2PSK 解调器在噪声干扰下的误码率。误码率的基本分析方法依然是:

① 求出发"1"及发"0"时低通滤波器输出信号的数学表达式。

② 求出取样值的概率密度函数。

③ 求出解调器的平均误码率公式。

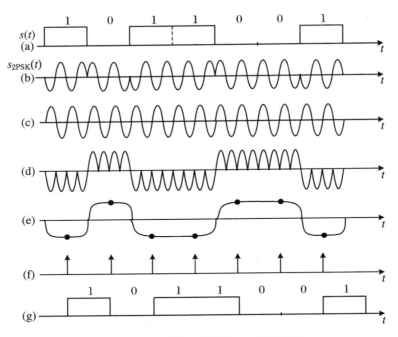

图 8-60　2PSK 相干解调器各点波形示意图

设调制采用"1"变"0"不变规则。当发送端发"1"时,收到的 2PSK 信号为

$$s_{2\text{PSK}}(t) = -a\cos2\pi f_c t$$

带通滤波器的输出是信号加窄带噪声:

$$-a\cos2\pi f_c t + n_i(t) = [-a + n_I(t)]\cos2\pi f_c t - n_Q(t)\sin2\pi f_c t$$

上式与本地载波 $\cos2\pi f_c t$ 相乘,得

$$[-a\cos2\pi f_c t + n_i(t)]\cos2\pi f_c t$$
$$= [-a + n_I(t)]\cos^2 2\pi f_c t - n_Q(t)\sin2\pi f_c t\cos2\pi f_c t$$
$$= \frac{1}{2}[-a + n_I(t)] + \frac{1}{2}[-a + n_I(t)]\cos4\pi f_c t - \frac{1}{2}n_Q(t)\sin4\pi f_c t \quad (8\text{-}45)$$

式(8-45)所示信号经低通滤波后得

$$x(t) = -a + n_I(t)$$

显然, $x(t)$ 的瞬时值是均值为 $-a$、方差为 $\sigma_n^2 = n_0 B_{2\text{PSK}} = 2n_0 f_s$ 的高斯随机变量,所以 $x(t)$ 的取样值的概率密度函数为

$$f_1(x) = \frac{1}{\sqrt{2\pi}\sigma_n}\mathrm{e}^{-\frac{(x+a)^2}{2\sigma_n^2}} \quad (8\text{-}46)$$

同理,发送端发"0"时,收到的 2PSK 信号为

$$s_{2\text{PSK}}(t) = a\cos2\pi f_c t$$

带通滤波器的输出是信号加窄带噪声:

$$a\cos2\pi f_c t + n_i(t) = [a + n_I(t)]\cos2\pi f_c t - n_Q(t)\sin2\pi f_c t$$

上式与本地载波 $\cos2\pi f_c t$ 相乘,得

$$[a\cos2\pi f_c t + n_i(t)]\cos2\pi f_c t$$
$$= [a + n_I(t)]\cos^2 2\pi f_c t - n_Q(t)\sin2\pi f_c t\cos2\pi f_c t$$

$$= \frac{1}{2}[a + n_I(t)] + \frac{1}{2}[a + n_I(t)]\cos 4\pi f_c t - \frac{1}{2}n_Q(t)\sin 4\pi f_c t \qquad (8\text{-}47)$$

式(8-47)所示信号经低通滤波后得(不计系数 1/2)

$$x(t) = a + n_I(t)$$

$x(t)$ 的瞬时值是均值为 a、方差为 $\sigma_n^2 = n_0 B_{2PSK} = 2n_0 f_s$ 的高斯随机变量,所以 $x(t)$ 的取样值的概率密度函数为

$$f_0(x) = \frac{1}{\sqrt{2\pi}\sigma_n} e^{-\frac{(x-a)^2}{2\sigma_n^2}} \qquad (8\text{-}48)$$

式(8-46)及式(8-48)的概率密度函数曲线如图 8-61 所示。

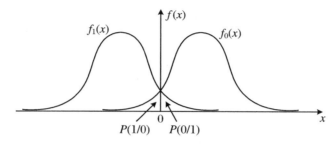

图 8-61　取样值概率密度函数示意图

当"1""0"等概时,最佳判决门限为 0。由图 8-61 可知,发"1"错判成"0"的概率为

$$P(0/1) = \int_0^{+\infty} f_1(x)\mathrm{d}x$$

将式(8-46)代入上式得

$$P(0/1) = \frac{1}{2}\mathrm{erfc}(\sqrt{r})$$

"0"错判成"1"的概率等于"1"错判成"0"的概率,即

$$P(1/0) = P(0/1) = \frac{1}{2}\mathrm{erfc}(\sqrt{r})$$

根据平均误码率公式 $P_e = P(0)P(1/0) + P(1)P(0/1)$ 得解调器平均误码率为

$$P_e = \frac{1}{2}\mathrm{erfc}(\sqrt{r})[P(0) + P(1)] = \frac{1}{2}\mathrm{erfc}(\sqrt{r}) \qquad (8\text{-}49)$$

式中 r 同前。

(3) 2PSK 解调器的反向工作问题

2PSK 信号是以一个固定初相的未调载波作为参考的,因此解调时必须有与此同频同相的同步载波。接收端恢复载波常常采用二分频电路,它存在相位模糊,即用二分频电路恢复的载波与发送载波有时同相,有时反相。当本地参考载波反相,变为 $\cos(2\pi f_c t + \pi)$ 时,则相乘器输出波形都和载波同频同相时的情况相反,判决器输出的数字信号全错,与发送数码完全相反,这种情况称为反向工作。反向工作时的解调器输出波形见图 8-62。

将图 8-62 与图 8-60 对比,发现当本地载波反相时,取样值的极性相反。由于判决是根据调制规则确定的,当调制规则采用"1"变"0"不变时,判决规则仍为:取样值大于 0 时判"0"码,取样值小于 0 时判"1"码,所以判决来的数字信息与原数字信息相反。这对于数字信号的传输来说当然是不能允许的。为了克服相位模糊引起的反向工作问题,通常要采用差分相位(相对相位)调制。

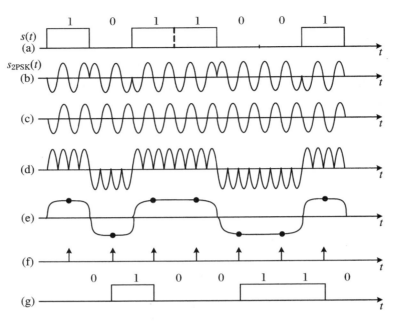

图 8-62　2PSK 相干解调器反向工作时的各点波形示意图

2．二进制相对相位调制（2DPSK）

（1）2DPSK 信号的产生

二进制相对相位调制就是用二进制数字信息去控制载波相邻两个码元的相位差，使载波相邻两个码元的相位差随二进制数字信息变化。载波相邻两码元的相位差定义为

$$\Delta \varphi_n = \varphi_n - \varphi_{n-1}$$

式中 φ_n、φ_{n-1} 分别表示第 n 及 $n-1$ 个码元的载波初相。由于二进制数字信息只有"1"和"0"两个不同的码元，受二进制数字信息控制的载波相位差 $\Delta \varphi_n$ 也只有两个不同的值。通常选用 $0°$ 和 $180°$ 两个值。"1"码、"0"码和 $0°$、$180°$ 之间有两种一一对应关系，如图 8-63 所示。

$$\text{"1"码} \longrightarrow \Delta \varphi_n = 180° \qquad \text{"1"码} \longrightarrow \Delta \varphi_n = 0°$$
$$\text{"0"码} \longrightarrow \Delta \varphi_n = 0° \qquad \text{"0"码} \longrightarrow \Delta \varphi_n = 180°$$

图 8-63　二进制数字信息与载波相邻码元相位差之间的对应关系

图 8-63 中的两种对应关系都可用来进行 2DPSK 调制。下面的讨论中，2DPSK 调制都采用对应关系（1），即当第 n 个数字信息为"1"码时，控制相位差 $\Delta \varphi_n = 180°$，也就是第 n 个码元的载波初相相对于第 $n-1$ 个码元的载波初相改变 $180°$；当第 n 个数字信息为"0"码时，控制 $\Delta \varphi_n = 0°$，也就是第 n 个码元的载波初相相对于第 $n-1$ 个码元的载波初相没有变化。此对应关系也称为"1"变"0"不变规则，2DPSK 波形如图 8-64 所示（设 $T_s = 2T_c$，即 1 个码元宽度里画 2 个周期的载波）。由于 2DPSK 调制规则中的"变"与"不变"是相对于前一码元的载波初相，所以画 2DPSK 波形时，无需画出调制载波的波形，但必须画出起始的参考信号，参考信号的初相可任意设定。

图 8-64（a）中设参考信号的初相为 $0°$，（b）中设参考信号的初相为 $180°$。两个波形表面上看不同，但前后码元载波相位的"变"与"不变"这一规律却完全一样，所以这两个波形携带有相同的数字信息。

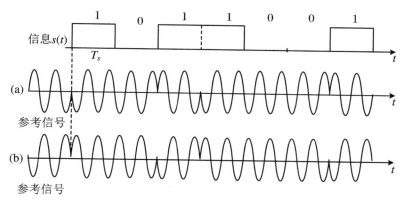

图 8-64 2DPSK 波形

2DPSK 信号的产生过程是：首先对数字基带信号进行差分编码，即将绝对码变为相对码（差分码），然后再进行 2PSK 调制。基于这种形成过程，二进制相对调相也称为二进制差分调相。2DPSK 调制器方框图及波形如图 8-65 所示。

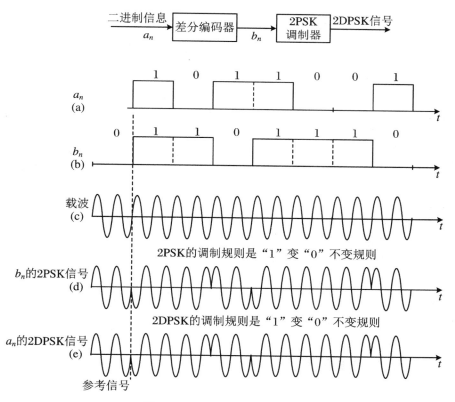

图 8-65 2DPSK 调制器及波形

通常采用的差分编码规则为

$$b_n = a_n \oplus b_{n-1} \tag{8-50}$$

式中 $\oplus$ 为模 2 加，b_{n-1} 为 b_n 的前一码元，最初的 b_{n-1} 可任意设定。由已调波形可知，当采用式（8-50）差分编码规则时，相应的 2DPSK 调制规则是"1"变"0"不变。

为便于比较，图 8-65 中同时画出了根据定义得到的 2DPSK 波形，如图波形（e）所示，此

2DPSK 波形与由相对码 b_n 经 2PSK 调制后得到的波形（d）完全相同。这说明采用图 8-65 所示的调制器可产生 2DPSK 信号。如果想得到初始相位为 180° 的 2DPSK 信号，只要在差分编码时设初始码元为"1"即可。

由图 8-65 可见，2DPSK 调制器的输出信号对输入的绝对码 a_n 而言是 2DPSK 信号，但对相对码 b_n 而言是 2PSK 信号，所以对于相同的数字信息序列，2PSK 信号和 2DPSK 信号具有相同的功率谱密度函数，因此，2DPSK 信号的带宽也为

$$B_{2DPSK} = 2f_s$$

其中 f_s 在数值上等于数字信息的码元速率。

（2）2DPSK 信号的解调及抗噪声性能

2DPSK 信号的解调有两种方法：极性比较法和相位比较法。

极性比较法是一种根据 2DPSK 信号的产生过程来恢复原数字信息的方法。由 2DPSK 调制器框图图 8-65 可知，差分码 b_n 进行 2PSK 调制得 a_n 的 2DPSK 信号，解调是调制的反过程，所以 a_n 的 2DPSK 信号经 2PSK 解调可得差分码 b_n，再对差分码进行译码可得原调制信息 a_n。根据这一思想构成的 2DPSK 极性比较法解调器如图 8-66 所示。

图 8-66　2DPSK 极性比较法解调器

由前面的讨论知道，2PSK 解调器有反向工作问题。但图 8-66 所示的解调器虽然包含有 2PSK 解调器，却没有反向工作问题，也就是说 2DPSK 调制方式克服了 2PSK 所存在的反向工作问题。下面用图 8-67 所示的例子来加以说明。设发送端发送信息码 a_n 为 1011001，如图 8-67(a) 所示。此信息经差分编码器得差分码 b_n 为 01101110，如图 8-67(b) 所示。对差分码进行 2PSK 调制得发送信息码的 2DPSK 信号。接收端收到 2DPSK 信号后，对此 2DPSK 信号进行 2PSK 解调得到差分码，如果解调器本地载波和调制用载波同频同相，则 2PSK 解调器解调出来的差分码与发送端发出的差分码相同（不考虑噪声等影响），但如果本地载波和调制用的载波相差 180°，此时 2PSK 解调器解调出来的差分码与发送端发出的差分码 b_n 完全相反，如图 8-67(c) 所示。但差分码并不是最终的接收信息，对差分码进行差分译码才能得到发送端发送的信息码。根据差分编码规则式(8-50)得差分译码规则为

$$a_n = b_n \oplus b_{n-1} \tag{8-51}$$

用此差分译码规则对图 8-67(b)、(c) 所示的差分码进行译码，发现尽管两个波形所示的差分码极性完全相反，但译码后得到的绝对码 a_n 却完全相同，并不受 2PSK 解调器反向工作的影响，如图 8-67(d) 所示。

由此也可以看出，2DPSK 信号解调之所以能克服载波相位模糊引起的反向工作问题，就是因为数字信息是用载波相位的相对变化来表示的。

由于 2DPSK 调制用数字信息控制载波相邻两码元的相位差，换句话说，数字信息携带在载波相邻两码元的相位差上，所以通过比较载波相邻两码元的相位即可恢复数字信息。根据这一思路构成的解调器称为相位比较法解调器，其方框图及各点波形如图 8-68 所示。

由图 8-68 可见，用这种方法解调 2DPSK 信号时不需要恢复本地载波，只需由收到的信号单独完成。将 2DPSK 信号延迟一个码元间隔 T_s，然后与 2DPSK 信号本身相乘。相乘器起相位比较的作用，如果前后两个码元内的载波初相相反，则相乘结果为负；如果前后两个

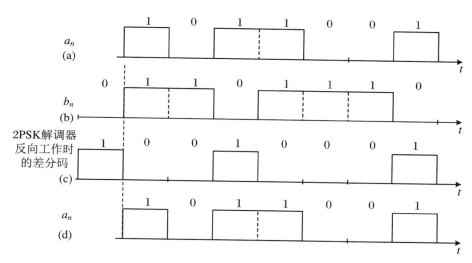

图 8-67　2DPSK 克服反向工作波形示意图

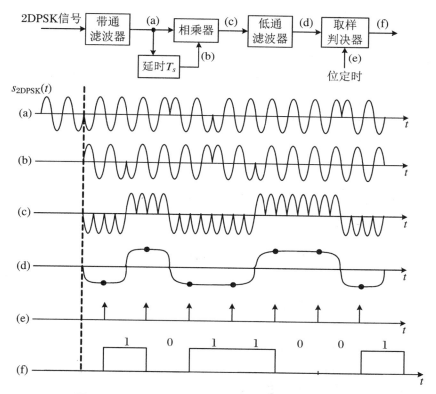

图 8-68　2DPSK 相位比较法解调器及各点波形示意图

码元内的载波初相相同,则相乘结果为正。相乘结果经低通滤波后再取样判决,即可恢复原数字信息。只有差分相位调制信号才能采用这种方法解调。

下面讨论两种 2DPSK 解调器的误码率。

由图 8-66 可知,2DPSK 极性比较法解调器由 2PSK 解调器和码变换两部分组成,2PSK解调器的误码率已做分析,所以只要再考虑码变换对误码率的影响,就可得到 2DPSK 解调器的误码率。

　　设 2PSK 解调器输出的差分码有错，带有错误的差分码送差分译码器译码。由于差分译码器输出码元是输入两相邻码元的模 2 加，即 $a_n = b_n \oplus b_{n-1}$，因此其输出的错误情况与其输入密切相关，如图 8-69 所示。若输入差分码中有单独一个码元错误，则输出将引起两个相邻码元错误。图中带"×"的码元表示错码。若输入差分码中有两个相继的错误，则输出也引起两个码元错误。若输入差分码中连续 k 个码元错误，则输出中仍引起两个码元错误。当差分码误码较少，即 2PSK 解调器的误码率 P_e 较小时，相对码中几乎没有连续误码的可能，此时差分码每一个错误，将引起绝对码出现两个错误，所以绝对码的误码率近似为相对码误码率的 2 倍，即 2DPSK 解调器的误码率近似为 2PSK 解调器误码率的 2 倍，为

$$P_e = 2 \times \frac{1}{2}\mathrm{erfc}(\sqrt{r}) = \mathrm{erfc}(\sqrt{r}) \tag{8-52}$$

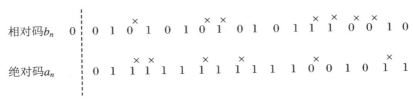

图 8-69　差分译码器发生错误的情况

　　对 2DPSK 相位比较法解调器误码率的分析，基本方法仍然是求出发"1"和发"0"时低通滤波器输出信号瞬时值的概率密度函数，再确定最佳判决门限，最后求出平均误码率。但过程比较繁琐，主要原因是和接收信号相乘的不是本地载波，而是前一码元的接收信号，该信号中混有噪声。限于篇幅，本书直接给出结论，即

$$P_e = \frac{1}{2}\mathrm{e}^{-r}$$

8.4.4　二进制数字调制技术的性能比较

　　在前面几节中，已经分别研究了几种主要的二进制数字调制的波形、功率谱、带宽和它们的产生、解调及抗噪性能。下面对它们的性能做简单比较。

　　(1) 频带宽度：当数字基带码元宽度为 T_s 时，2ASK、2PSK 和 2DPSK 信号的带宽近似为 $2/T_s = 2f_s$，2FSK 信号的带宽为 $|f_1 - f_2| + 2/T_s = |f_1 - f_2| + 2f_s$。因此从频带宽度或频带利用率的观点看，2FSK 调制方式最差。

　　(2) 抗噪声性能(误码率)：当调制信号受到零均值高斯白噪声干扰时，解调器会错判，产生误码。为便于比较，将各种二进制调制技术的误码率列于表 8-1。由表 8-1 可见，按抗噪声性能优劣的排列是 2PSK 相干解调、2DPSK 相干解调(极性比较法)、2DPSK 非相干解调(相位比较法)、2FSK 相干解调、2FSK 非相干解调、2ASK 相干解调、2ASK 非相干解调。

表 8-1 二进制数字调制系统的误码率比较

调制方式		2ASK	2FSK	2PSK	2DPSK
误码率 P_e	相干	$P_e = \dfrac{1}{2}\operatorname{erfc}\left(\sqrt{\dfrac{r}{4}}\right)$	$P_e = \dfrac{1}{2}\operatorname{erfc}\left(\sqrt{\dfrac{r}{2}}\right)$	$P_e = \dfrac{1}{2}\operatorname{erfc}(\sqrt{r})$	$P_e = \operatorname{erfc}(\sqrt{r})$
	非相干	$P_e = \dfrac{1}{2}\mathrm{e}^{-\frac{r}{4}}$	$P_e = \dfrac{1}{2}\mathrm{e}^{-\frac{r}{2}}$	/	$P_e = \dfrac{1}{2}\mathrm{e}^{-r}$

(3) 对信道特性变化的敏感性：选择数字调制方式时，还应考虑它的最佳判决门限对信道特性的变化是否敏感。在 2FSK 中是比较两个取样值的大小来做判决的，没有人为设定门限。在 2PSK 中，判决电平为 0，通常选地电位，它很稳定，并且与输入信号幅度无关，接收机总能保证工作于最佳判决门限状态。然而对 2ASK，最佳判决门限为 $a/2$，它与信号幅度有关。因此，在信道特性变化时，2ASK 方式不能保证始终工作于最佳判决状态，它对信道特性变化敏感，性能最差。

(4) 设备的复杂程度：对于三种调制技术，发送端设备的复杂程度相差不大，但接收端的复杂程度却和解调方式有密切关系。对同一种调制方式，相干解调的设备比非相干解调的设备要复杂得多，因为相干解调需要提取与调制载波同频同相的本地载波。对不同的调制方式，2FSK 解调相对较复杂，因为它需要两个支路。

习 题

8-1 何谓调制？调制在通信系统中的作用是什么？

8-2 什么是线性调制？常见的线性调制方式有哪些？

8-3 AM 信号的波形和频谱有哪些特点？

8-4 与未调载波的功率相比，AM 信号在调制过程中功率增加了多少？

8-5 为什么要抑制载波？相对 AM 信号来说，抑制载波的双边带信号可以增加多少功效？

8-6 SSB 信号的产生方法有哪些？各有何技术难点？

8-7 VSB 滤波器的传输特性应满足什么条件？为什么？

8-8 什么是频率调制？什么是相位调制？两者关系如何？

8-9 什么是门限效应？AM 信号采用包络检波时为什么会产生门限效应？

8-10 为什么相干解调不存在门限效应？

8-11 已知线性调制信号表示式如下：(1) $s_1(t) = \cos\Omega t\cos\omega_c t$；(2) $s_2(t) = (1 + 0.5\sin\Omega t)\cos\omega_c t$，式中 $\omega_c = 6\,\Omega$。试分别画出它们的波形图和频谱图。

8-12 已知调制信号 $m(t) = \cos(2000\pi t) + \cos(4000\pi t)$，载波为 $\cos 10^4\pi t$，进行单边带调制，试确定该单边带信号的表示式，并画出频谱图。

8-13 已知 $m(t)$ 的频谱如题 8-13 图(a)所示，载频 $\omega_1 \ll \omega_2$，$\omega_1 > \omega_H$，且理想低通滤波器的截止频率为 ω_1，采用的调制方框图如题 8-13 图(b)所示，试求输出信号 $s(t)$，并说明

$s(t)$为何种已调信号。

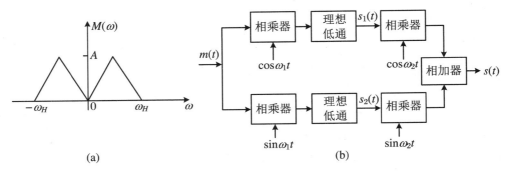

题 8-13 图

8-14　某调制系统如题 8-14 图所示,为了在输出端同时分别得到 $f_1(t)$ 及 $f_2(t)$,试确定接收端的 $c_1(t)$ 和 $c_2(t)$。

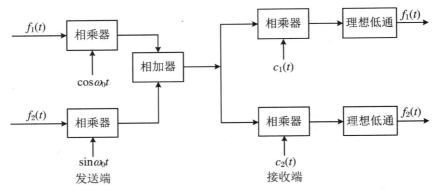

题 8-14 图

8-15　设二进制符号序列为 10010011,试以矩形脉冲为例,分别画出相应的单极性、双极性、单极性归零、双极性归零、二进制差分波形和四电平波形。

8-16　设基带传输系统的发送滤波器、信道及接收滤波器组的总特性为 $H(\omega)$。若要求以 $2/T_B$ 波特的速率进行数据传输,试验证题 8-16 图所示的各种 $H(\omega)$ 能否满足抽样点上无码间串扰的条件。

8-17　为了传送码元速率 $R_B = 10^3$ Baud 的数字基带信号,采用题 8-17 图中的哪一种传输特性较好? 简要说明理由。

8-18　设发送的二进制信息序列为 1011001,码元速率为 2000 Baud,载波信号为 $\sin(8\pi \times 10^3 t)$。

(1) 每个码元中包含多少个载波周期?

(2) 画出 OOK、2PSK 及 2DPSK 信号的波形,并注意观察波形各有什么特点。

(3) 计算 2ASK、2PSK、2DPSK 信号的第一谱零点带宽。

8-19　设某 2FSK 调制系统的码元速率为 2000 Baud,已调信号的载频分别为 6000 Hz(对应"1"码)和 4000 Hz(对应"0"码)。

(1) 若发送的信息序列为 1011001,试画出 2FSK 信号的时间波形。

(2) 试画出 2FSK 信号的功率谱密度示意图,并计算 2FSK 信号的第一谱零点带宽。

(3) 讨论应选择什么解调方法解调该 2FSK 信号。

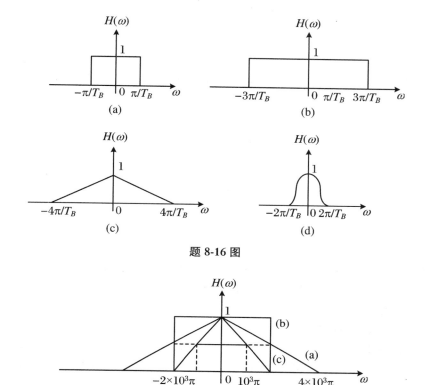

题 8-16 图

题 8-17 图

8-20 设二进制信息为 0101，采用 2FSK 系统传输的码元速率为 1200 Baud，已调信号的载频分别为 4800 Hz（对应"1"码）和 2400 Hz（对应"0"码）。

（1）若采用包络检波方式进行解调，试画出各点时间波形。

（2）若采用相干方式进行解调，试画出各点时间波形。

8-21 设某 2PSK 传输系统的码元速率为 1200 Baud，载波频率为 2400 Hz，发送数字信息为 010110。

（1）画出 2PSK 信号的调制器原理框图和时间波形。

（2）若采用相干解调方式进行解调，试画出各点时间波形。

（3）若发送"0"和"1"的概率分别为 0.6 和 0.4，试求出该 2PSK 信号的功率谱密度表示式。

第9章　信息的典型军事应用

9.1　声　　呐

声呐,是英语"sound navigation and ranging"的缩写 SONAR 的音译,也译作声纳。声呐是利用水中声波进行探测、定位和通信的电子设备。其任务包括对水中目标进行搜索、警戒、识别、跟踪、监视和运动参数的测定,以及进行水下通信和导航等等。

1. 声呐的分类

声呐的分类方式很多:按工作方式分为主动式声呐和被动式声呐;按装备场合分为水面舰艇声呐、潜艇声呐、航空声呐以及海岸声呐等;按战术用途分为搜索警戒声呐、识别声呐、探雷声呐等;按基阵携带方式,可分为舰壳声呐、拖曳声呐、吊放声呐、浮标声呐等。通常情况下,按照工作方式分类进行研究。

（1）主动式声呐

主动式声呐或称为有源声呐,其基本组成如图 9-1 所示。图 9-1 中所示的基阵,是由若干水声换能器以一定几何形状排列组合而成的阵列,常见外形有球形、柱形、平板形及线列形等。所谓水声换能器是发射和接收水下声信号的装置;其中应用最广泛的是完成电声转换的水声换能器,就是把电信号转换为水中声信号的水声换能器,以及把水中声信号转换为电信号的声波接收器或称水听器。声呐的水声换能器及其组成的基阵,其功能和工作方式十分类似于雷达的天线,只不过前者收发的是声波,后者收发的是电磁波。

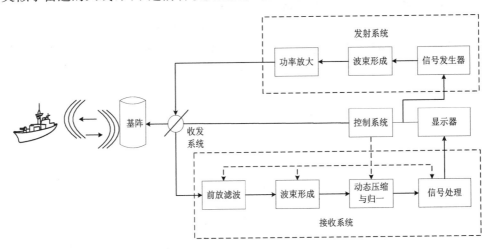

图 9-1　主动式声呐的基本组成

　　主动式声呐大多采用脉冲波体制,工作频率从较早期的超声波段即 20～30 kHz 范围向低频发展,目前一般为 3～5 kHz;发射功率可达 100～150 kW,最高已达 1 MW。其工作过程大致如下:由控制分系统定时触发发射机的信号发生器产生脉冲信号,经波束形成矩阵和多路功率放大,再经转发转换网络,输入发射基阵,形成单个或多个具有一定扇面的指向性波束,向水中辐射声脉冲信号,也可能辐射无方向性的水波声脉冲信号。在发射基阵向水中辐射声脉冲信号的同时,有部分信号能量被耦合到接收机,作为计时起点信号,也就是距离零点信号。声呐发射的水波声脉冲信号遇到目标,就形成发射回波,回传到声呐的接收基阵,被转换为电信号,经过放大、滤波等处理,形成单个或多个指向性接收波束,在背景噪声中提取有用信号;基于与雷达定位类似的原理,可以测定水中目标的距离和方位。测得目标的有关信息后在终端设备(显示器、耳机、扬声器、记录器等)输出。

　　主动式声呐的功能特点:一是可以探测静止无声的目标;二是既可测定目标的方位,又可测定目标的距离。20 世纪 90 年代初期的大致水平:主动探测距离可达十至数十海里;利用数字多波束和单波束电子扫描技术,可以实现对目标的水平定向或三维空间搜索,可以搜索和跟踪多个目标。主动式声呐的主要缺点是隐蔽性差,增加了受敌干扰和攻击的威胁。

　　主动式声呐是水面舰艇声呐的主要体制,完成对水下目标的探测定位等任务。如法国大型水面舰艇装备的 SS-48 型声呐,在良好水文条件下,目标为中型潜艇,本舰航速 19～20 节,其主动探测距离:全向发射时为 15 海里,定向发射时为 20 海里。

　　(2) 被动式声呐

　　被动式声呐或称无源声呐,又称噪声声呐,其基本组成和工作过程都大体相当于主动式声呐的接收部分。它通过被动接收舰船等目标在水中产生的噪声和目标水声设备发射的信号,来测定目标方位。通常同时采用多波束和单波束两种波束体制以及宽带和窄带两种信号处理方式。多波束接收和宽带处理有利于对目标的搜索和监视,单波束接收和窄带处理有利于对目标的精确跟踪和识别等。将若干水听器按适当间距配置,可同时测定目标的方位和距离。

　　被动式声呐的优缺点恰与主动式声呐相反,它不能探测静止无声的目标,一般只能测定目标的方位,不能测距。最重要的优点是隐蔽性好,因此潜艇声呐在大多数情况下都以被动方式工作,对水中目标进行警戒、探测、跟踪和识别。海岸声呐工作通常也以被动方式为主。

2. 声呐系统测距方法

　　声呐系统的主要任务之一是完成目标距离的测定。

　　(1) 主动测距方法

　　在主动声呐中,测定目标的距离要利用目标的回波或应答信号,而在被动声呐中,目标距离的测定只能利用目标声源发出的信号或噪声。两类声呐对目标距离的测量方法有本质的不同,因而测距的精度也大不相同。然而,无论何种测距方法,都是利用距离不同引起的信号的各种变化来进行间接测量的。

　　① 脉冲测距法

　　脉冲测距是利用接收回波与发射脉冲信号间的时间差来测距的方法。若有一目标与换能器的距离为 R,则换能器发射声脉冲经目标反射后往返传播时间为

$$t = \frac{2R}{c} \tag{9-1}$$

由此,在已知声速 c 的情况下,可求得目标的距离为

$$R = \frac{1}{2}ct \tag{9-2}$$

因此,只要测得声脉冲往返时间 t,便可求得目标距离。

在主动声呐系统中,广泛使用脉冲法测距,因为该方法简单易行,且可对多个目标和固定目标进行测距。

② 调频信号测距法

利用调频信号来发现目标并测量目标的距离是近代声呐中常用的方法。其基本原理是发射调频信号,利用收发信号的频差来测量距离。目前声呐中常用的调频信号测距法主要包括线性调频信号测距法、三角波调频测距法、阶跃调频测距法和双曲线调频测距法等。调频测距方法的共同优点是测距精度较高。当直接采用测量收发频差时,由于对不同距离的目标收发频差不同,可利用回波音调的变化用听觉进行判断。当采用匹配滤波器接收时,调频测距法因其信号处理增益,更显现出其检测性能的优越性。然而一般来说,调频测距法(对于直接测频)只适用于近距离目标检测,而且不能进行多目标的检测。此外,通常采用周期性连续发射方式,致使收发换能器无法共用。发射对接收的干扰始终存在,必须采取措施抑制这种干扰。

③ 相位测距法

相位测距法是利用收、发信号之间的相位差进行测距的方法。设发射信号为

$$u_T(t) = U_1\sin(\omega t + \varphi_0) \tag{9-3}$$

其中 φ_0 为信号的初相位。接收回波为

$$u_r(t) = U_2\sin\left(\omega t + \varphi_0 - \omega\frac{2R}{c} + \varphi_c\right) \tag{9-4}$$

式中 φ_c 是反射引起的相位差,$\frac{2R}{c}$ 为传播延迟。收、发信号间的相位差为

$$\Delta\varphi = \frac{2\omega R}{c} - \varphi_c \tag{9-5}$$

当忽略 φ_c 的影响时可得

$$R \approx \frac{c}{2\omega}\Delta\varphi = \frac{c}{4\pi f}\Delta\varphi \tag{9-6}$$

可见,只要测得收发信号间的相位差,就可推出目标距离 R。但由于目标反射引起的相移 φ_c 一般未知,且其数值可能较大,甚至达 $180°$,此外,当相位大于 $360°$ 时,会造成测相模糊,因而难以用上式直接测出距离,必须在消除相位多值性和目标反射引起的相位差 φ_c 之后,方可正确测定目标距离。

采用双频载波法可以有效地解决上述问题,其原理如图 9-2 所示。

利用两个发射机分别工作于 f_1 和 f_2 上,使其混频后得一差频信号,结果可使收、发相位差在 2π 内,避免相位多值。设发射的两个信号为

$$\begin{cases} u_{T1} = U\sin(\omega_1 t + \varphi_{01}) \\ u_{T2} = U\sin(\omega_2 t + \varphi_{02}) \end{cases} \tag{9-7}$$

两信号在同一目标上反射后接收信号为

$$\begin{cases} u_{r1} = U'\sin\left[\omega_1\left(t - \frac{2R}{c}\right) + \varphi'_{01}\right] \\ u_{r2} = U'\sin\left[\omega_2\left(t - \frac{2R}{c}\right) + \varphi'_{02}\right] \end{cases} \tag{9-8}$$

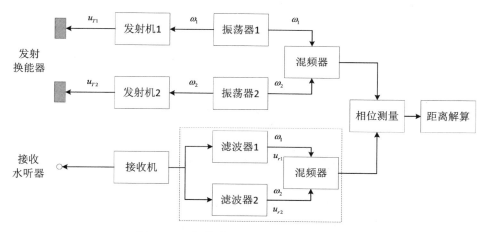

图 9-2　双频载波法相位测距原理示意图

两回波信号的相位差为

$$\varphi_2 - \varphi_1 = (\omega_2 - \omega_1)\left(t - \frac{2R}{c}\right) + (\varphi'_{02} - \varphi'_{01}) \tag{9-9}$$

其中 φ'_{01}、φ'_{02} 包含了发射信号初相、目标引起的相移。这样,由于 $\omega_2 - \omega_1$ 数值较小,易使在最大探测距离 $R_{\max}$ 上满足

$$(\omega_2 - \omega_1)\frac{2R_{\max}}{c} < 2\pi \tag{9-10}$$

使相位测量不产生多值。再引入一个基准信号,它由两个发射信号混频而成。混频后的信号相位为

$$(\omega_2 - \omega_1)t + \varphi_{03} \tag{9-11}$$

两个混频后的信号做相位比较,得到的相位差为

$$\Delta\varphi = (\omega_2 - \omega_1)\frac{2R}{c} + \varphi_{03} - (\varphi'_{02} - \varphi'_{01}) = 2\pi(f_2 - f_1)\frac{2R}{c} + \varphi_0 \tag{9-12}$$

式中 $\varphi_0 = \varphi_{03} - (\varphi'_{02} - \varphi'_{01})$。由于目标造成的相位差均包含在 φ'_{01}、φ'_{02} 之中,而 $\varphi'_{02} - \varphi'_{01}$ 中已消去了这种影响,因而可得到计算目标距离的公式为

$$R = \frac{c\Delta\varphi}{4\pi(f_2 - f_1)} \tag{9-13}$$

由于双频载波相位测距方法的测量精度只与 $\Delta f = f_2 - f_1$ 有关,而与具体的 f_1 或 f_2 无关,因而对目标多普勒不敏感。而由式(9-12)亦可知,当 f_1 与 f_2 比较接近时,两个频率的信号因多普勒引起的附加相位亦接近相同,因而相减后的相位差不因目标多普勒而有明显的变化。

相位测距法可以测量很小的目标距离,它取决于相位测量设备的最小相位分辨力。此外,它的测量精度高,与最大距离对应的相位差越大,测量精度越高。然而,相位测距法不能测量多个目标。例如用连续波,当发射功率增大时,由于漏功率的存在,使接收机难以接收远距离目标的弱回波,从而限制了作用距离。但是采用脉冲发射方式可以克服上述困难。

（2）被动测距方法

被动测距方法分为方位法和时差法,其共同点是利用了间距相当长的 2 个或 3 个子阵,子阵本身具有一定的指向性,可获得好的空间处理增益。方位法测距利用 2 个子阵,如图

9-3所示。A、B 为两个方向性子阵,相距为 D。

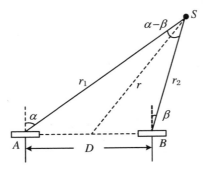

图 9-3　方位法被动测距原理示意图

利用两个子阵分别测出两个方位角 α、β。由正弦定理可知

$$\frac{r_1}{\cos\beta} = \frac{D}{\sin(\alpha - \beta)} \tag{9-14}$$

$$\frac{r_2}{\cos\alpha} = \frac{D}{\sin(\alpha - \beta)} \tag{9-15}$$

式中,r_1、r_2 为目标 S 与两个子阵声中心的距离。因此可由 α、β、D 求出 r_1、r_2,从而求得目标距离为

$$r = \frac{1}{2}\sqrt{2(r_1^2 + r_2^2) - D^2} \tag{9-16}$$

　　这一方法在远场平面波假设条件下利用各子阵测目标方位角,亦即要求子阵的尺寸小于 r_1、r_2。此外 D 应足够大,否则 α 与 β 的差别太小,误差加大。一般来说,这一方法测距误差较大,因而常被时差法所取代。

　　时差法一般利用 3 个子阵,其机理是测量波阵面的曲率。此时假定目标是点源,声波按柱面波或球面波方式传播。

　　如图 9-4 所示,在直线上布放 3 个等间距的阵元或 3 个子阵,间距为 d。要测量的是点声源目标 M 与中心阵元 B 的距离与方位角 α。

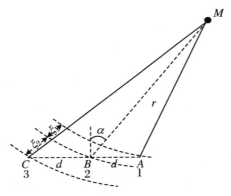

图 9-4　三元阵被动测距几何关系

点源发出的声波到达阵元 A、B、C 的声程差 ξ_1、ξ_2 为

$$\xi_1 = MB - MA = r - MA \tag{9-17}$$

$$\xi_2 = MC - MB = MC - r \tag{9-18}$$

式(9-18)与式(9-17)相减,得

$$MA + MB - 2r = \xi_2 - \xi_1 \tag{9-19}$$

由余弦定理得

$$MA^2 = r^2 + d^2 - 2rd\cos\left(\frac{\pi}{2} - \alpha\right) = r^2 + d^2 - 2rd\sin\alpha \tag{9-20}$$

$$MC^2 = r^2 + d^2 - 2rd\cos\left(\frac{\pi}{2} + \alpha\right) = r^2 + d^2 + 2rd\sin\alpha \tag{9-21}$$

或写为

$$MA = r\left(1 + \frac{d^2}{r^2} - \frac{2d}{r}\sin\alpha\right)^{\frac{1}{2}} \tag{9-22}$$

$$MC = r\left(1 + \frac{d^2}{r^2} + \frac{2d}{r}\sin\alpha\right)^{\frac{1}{2}} \tag{9-23}$$

利用$(1+x)^{\frac{1}{2}} = 1 + \frac{1}{2}x - \frac{1}{8}x^2 + \cdots$,在$\frac{d}{r} \ll 1$或$d \ll r$时,取到第二项,则式(9-22)、式(9-23)可写为

$$MA \approx r\left[1 + \frac{1}{2}\left(\frac{d^2}{r^2} - \frac{2d}{r}\sin\alpha\right) - \frac{1}{8}\left(\frac{d^2}{r^2} - \frac{2d}{r}\sin\alpha\right)^2\right] \tag{9-24}$$

$$MC \approx r\left[1 + \frac{1}{2}\left(\frac{d^2}{r^2} + \frac{2d}{r}\sin\alpha\right) - \frac{1}{8}\left(\frac{d^2}{r^2} + \frac{2d}{r}\sin\alpha\right)^2\right] \tag{9-25}$$

略去$\frac{1}{r^3}$以上的高次项后,将式(9-24)、式(9-25)相加,得

$$MA + MC \approx 2r + \frac{d^2}{r^2}(1 - \sin^2\alpha) = 2r + \frac{d^2}{r^2}\cos^2\alpha \tag{9-26}$$

$$MA + MC - 2r = \frac{d^2}{r^2}\cos^2\alpha \tag{9-27}$$

比较式(9-19)与式(9-27),得

$$\xi_2 - \xi_1 = \frac{d^2}{r}\cos^2\alpha \tag{9-28}$$

由于$\xi_1 = c\tau_{12}$,$\xi_2 = c\tau_{23}$,而τ_{12}、τ_{23}为与程差ξ_1、ξ_2对应的时差,于是式(9-28)成为

$$c(\tau_{23} - \tau_{12}) = \frac{d^2}{r}\cos^2\alpha \tag{9-29}$$

由此得到目标距离为

$$r = \frac{d^2\cos^2\alpha}{(\tau_{23} - \tau_{12})c} = \frac{d^2\cos^2\alpha}{\tau_d c} \tag{9-30}$$

其中,$\tau_d = \tau_{23} - \tau_{12}$为两个时差之差。因此,在已知阵元(或子阵声学中心)间距d、声速c时,测得τ_{12}、τ_{23}及角度α便可求出目标距离r。

α的测量可利用远场平面波近似,此时有

$$\sin\alpha = \frac{\xi_1 + \xi_2}{2d} = \frac{c(\tau_{12} + \tau_{23})}{2d} \tag{9-31}$$

3. 声呐系统测速方法

在海军作战中,为了指挥武器的射击,特别是鱼雷和导弹的发射,需要知道目标的瞬时速度,以便给出武器射击的提前量。目标速度的测定也是声呐的重要任务之一。速度测量的基本原理是利用速度引起的信号的某些参数的变化及反映,一般采用间接测量方法。当

目标与舰艇有相对径向速度时,回波存在多普勒频移,利用这一特性测量目标径向运动速度是声呐测速的常用方法。

（1）连续正弦波测速

连续正弦波测速原理如图 9-5 所示。发射机发射频率为 f_0 的连续正弦波,经目标反射后,接收的信号为 $f_0 + f_d$,其中 f_d 为多普勒频率,由速度和频率的关系可知

$$f_d = f_0 \frac{2v_r}{c} \tag{9-32}$$

其中 v_r 为舰艇与目标相对径向运动速度。将接收的信号与发射信号混频后,经滤波取出多普勒频移信号,利用频率测量装置,测出 f_d,即可由式(9-32)计算得到径向速度为

$$v_r = \frac{c}{2} \cdot \frac{f_d}{f_0} \tag{9-33}$$

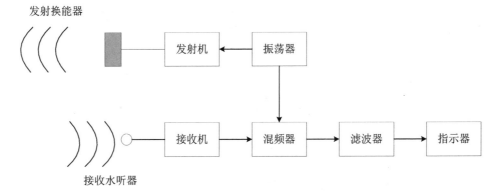

图 9-5　连续正弦波测速原理

该方法因为使用了连续单频正弦波,故信号在频率轴上体现为一根极窄的谱线。多普勒频率 f_d 是一个在 f_0 上的增量,故可用窄带滤波器滤出,有利于提高接收系统的输出信噪比。同时,因信号是一个单频率分量信号,多普勒频率可以精确测量,从而使测速精度也得以提高。这种方法需要收、发换能器分开,且必须克服发射对接收系统的干扰。

（2）单频脉冲测速

单频脉冲的频带宽度近似为 $\Delta f = \frac{1}{T}$（T 为脉宽）,而一般由于目标径向运动速度造成的多普勒频移大于此值。为了能迅速测出多普勒频率,在可能的接收频带内设置一组滤波器,各对应一个径向速度。

如图 9-6 所示,若每个滤波器带宽为 Δf_d,则对应的速度分辨率为

$$\Delta v_r = \frac{c}{2} \cdot \frac{\Delta f_d}{f_0} \tag{9-34}$$

如目标回波的频率为 $f_0 + kf_d$,则第 k 个滤波器输出最大,对应的径向速度为

$$v_r = \frac{c}{2} \cdot \frac{k\Delta f_d}{f_0} \tag{9-35}$$

通过最大值选择器,可以立即得知目标的径向速度。当采用调频信号时,滤波器组为匹配滤波器,覆盖一个目标径向速度范围。

除了滤波器组方法外,另一个常用的方法是频率锁定法——频率跟踪法。其基本原理是利用一个频率跟踪器,使其输出信号频率总是等于接收信号频率,再将此信号与发射信号

频率比较,得到多普勒频率 f_d。频率锁定法测速原理如图 9-7 所示。

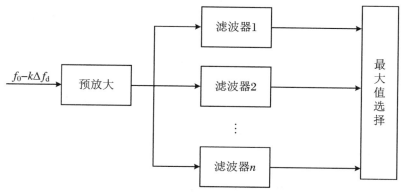

图 9-6　滤波器组测速原理

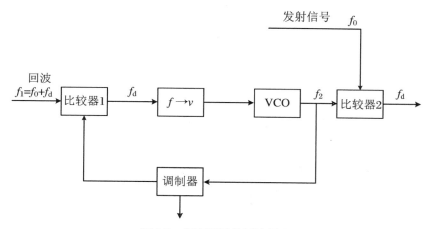

图 9-7　频率跟踪法测速原理

设发射信号频率为 f_0,接收信号为 $f_1 = f_0 + f_d$。起始状态时电压控制振荡器(VCO)输出振荡的频率为 f_0,它在频率比较器 1 中与接收信号频率 f_1 进行比较,得出信号的频差 f_d。此频差 f_d 经频率-电压变换器变为与 f_d 成正比的电压信号,这个电压信号加到 VCO 上,使其输出频率 f_2 向 $f_0 + f_d$ 靠近。如此反复,直到 $f_2 = f_1 = f_0 + f_d$ 时,比较器 1 输出频差为 0,然后将 f_2 的信号送至频率比较器 2 与发射信号频率 f_0 比较得到 f_d。

调制器实际上是一个距离门,控制信号来自距离跟踪系统,以便使频率比较器在回波到达时进行比较。频率跟踪器实际上是一个自动跟踪接收信号的窄带滤波器,也是一个最佳滤波器。它可以在有干扰的情况下发现目标,并进行测速。对于单频脉冲,测量回波频率还有许多其他非常规方法,例如准正交采样的瞬时频率估计法、自适应陷波滤波器测频法等。

4. 声呐系统定向方法

声呐系统的重要任务之一是测定目标的位置,目标在水平面内的位置由目标的方向角(或方位角)和距离决定,关于目标距离的测定已在前面讨论,下面讨论目标方位的测定问题。

测向方法与声学系统的结构有关。采用单个换能器、两个换能器或多个换能器阵元组成的系统,各有不同的测向方法。然而不论采用何种方法测向,其本质上均有共同之处,都是利用声波到达水听器系统的声程差和相位差来进行测量。如图 9-8 所示的二元基阵,若

其间距为 d ,则平面波到达两阵元的声程差为

$$\xi_a = d\sin\alpha \tag{9-36}$$

其中 α 为目标的方位角,定义为声线与基阵法线方向的夹角。两接收器接收声压或输出电压间的时间差为

$$\tau = \frac{\xi_a}{c} = \frac{d}{c}\sin\alpha \tag{9-37}$$

相位差为

$$\varphi_a = 2\pi f\tau = \frac{2\pi f\xi_a}{c} = 2\pi f\frac{d}{c}\sin\alpha = 2\pi\frac{d}{\lambda}\sin\alpha \tag{9-38}$$

其中 $\alpha \in \left(0,\pm\frac{\pi}{2}\right)$ 。由式(9-37)、式(9-38)可知,两基元信号的时间差和相位差与目标的方位角一一对应。可见,测量出反映声程差的时间差或相位差,就可测出目标方位。

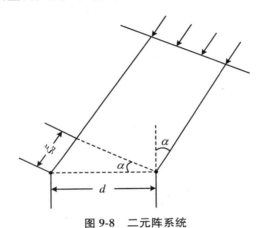

图 9-8　二元阵系统

(1) 最大值测向

最大值测向方法是声呐系统中常用而行之有效的方法。由于换能器或基阵输出电压随目标方位角的变化而变化,因而可以利用接收到的信号幅度达到最大时换能器或基阵的指向来测量目标方位。这种方法不是直接测量相位差的,故属于间接测量方法。

最大值方法的优点是简单,利用人耳或视觉指示器均可判断最大信号幅度值,因而在分析其性能时要和具体的指示器联系起来。该方法的另一优点是利用人耳还可判别目标的性质,此外,由于人耳的特殊功能,使得在小信号噪声比下仍可判别目标的方位。此方法的缺点是定向精度不高,这是由于声系统的指向性图有一定的宽度,而这一指向性在主轴附近随角度变化迟钝,致使目标方位的小变化引起的输出信号幅度变化不大。这一方法一般不能迅速判别目标偏离声主轴的方向,需要反复多次方可判别。对多个目标的情况,这一方法显得无能为力。当存在多个目标时,常常利用多波束接收系统进行测向。

最大值测向方法的测向精度,主要取决于声系统方向性主瓣的宽度、指示器的类型、声系统转动装置的精度,以及声呐操作员的生理学特性。因为不论何种基阵均可补偿成一个等效线阵,因而以线阵为例来分析最大定向法。

(2) 和差式相位法测向

和差式相位测向方法是目前许多主、被动声呐广泛使用的方法。将声系统分为两个系统的子阵,构成两路信号,经和、差和相移处理送到显示器上,便可通过显示器上亮线的偏角

测出目标方位,如图 9-9 所示为和差相位测向法的原理框图。

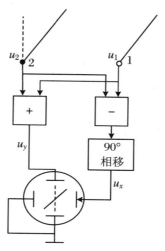

图 9-9　和差式相位测向原理

设两子阵的输出电压为

$$u_1 = A\cos\omega t$$
$$u_2 = A\cos(\omega t - \varphi)$$

和路输出为

$$u_y = u_1 + u_2 = 2A\cos\frac{\varphi}{2} \cdot \cos\left(\omega t - \frac{\varphi}{2}\right) \tag{9-39}$$

差路输出为

$$u'_x = u_1 - u_2 = 2A\sin\frac{\varphi}{2} \cdot \sin\left(\omega t - \frac{\varphi}{2}\right) \tag{9-40}$$

可见 u_y 和 u'_x 两路信号相差 90° 相位。将 u'_x 移相 90° 后得到

$$u_x = 2A\sin\frac{\varphi}{2} \cdot \cos\left(\omega t - \frac{\varphi}{2}\right) \tag{9-41}$$

若将 u_x、u_y 分别加到示波管的水平及垂直偏转板上,则显示的扫描线与垂直线的夹角满足

$$\tan\beta = \frac{\eta_x u_x}{\eta_y u_y} = \frac{\eta_x}{\eta_y} \cdot \frac{\sin\frac{\varphi}{2}}{\cos\frac{\varphi}{2}} = \frac{\eta_x}{\eta_y} \cdot \tan\frac{\varphi}{2} \tag{9-42}$$

其中 η_x 和 η_y 是水平与垂直偏转灵敏度。若 $\eta_x = \eta_y$,则有

$$\beta = \frac{\varphi}{2} \tag{9-43}$$

或

$$\beta = \frac{\pi d}{\lambda}\sin\alpha \tag{9-44}$$

除了以上两种常用的测向方法外,随着信号处理技术的发展,近年来发展了一些新的测向方法,如互功率谱精确测向法等。

9.2 无人机机载光电系统

侦察和监视是无人机的首要任务,是无人机应用最早、最多的领域。无人机可以升空进行大面积、大范围的搜索侦察,或者逼近敌作战前沿甚至飞临敌方上空进行盘旋式的连续侦察,获取有针对性的、实时的、详细的、不间断的信号情报,也可以对特定的敏感目标进行连续侦察,还可对生化战剂进行侦测和识别,而这些任务的完成主要靠无人机机载光电系统。目前,无人机机载光电系统主要实现两个功能,即目标成像和目标搜索跟踪。

1. 目标成像

目前,无人机安装的光电侦察设备主要有高分辨率面阵 CCD 电视摄像机、前视红外仪、红外行扫仪、激光测距/目标指示器、航空照相机、激光雷达等。CCD 电视摄像机、前视红外仪、红外行扫仪具有实时信号传输的能力,其中,电视摄像机主要在昼间使用,前视红外仪和红外行扫仪主要用于夜间和能见度差的白天。

航空照相机虽具有极高的分辨率,但需回收冲洗,不能满足实时情报的军事需要。机载可见光成像技术要求摄像系统体积小、质量轻、功耗低、寿命长、可靠性高、耐冲击等,目前只有 CCD 摄像机能够满足这些要求,这使它在无人机中获得了广泛应用。CCD 摄像机不仅用于监视、侦察获取实时图像情报,还用于辅助地面操纵员遥控驾驶。另外,CCD 摄像机易于和红外焦平面阵列结合形成多光谱摄像系统,是微型无人机首选甚至是唯一供选的图像情报探测设备,很受军方重视。

红外行扫仪和前视红外仪属于机载无源探测设备,它们的最大优点是能探测地面物体自然的红外辐射而无需借助环境光的照射,隐蔽性好,可进行夜间监视和侦察。由于前视红外仪的迅速发展,目前红外行扫仪已很少在无人机上使用,可以说前视红外仪是高性能昼夜全天候侦察无人机不可替代的设备。

激光雷达和激光测距/目标指示器是主动式传感器系统,所发射的激光信号经目标反射后被接收系统接收,实现对目标的测量及成像跟踪。激光雷达及激光测距/目标指示器的分辨率高、抗干扰能力强、隐蔽性好,缺点是激光受大气及气象影响大,并且由于激光束窄,难以搜索和捕获目标。激光雷达除了进行空中侦察外,还可以进行武器鉴定试验、武器火控、跟踪识别、指挥引导和化学毒剂测量等。

2. 目标搜索跟踪

目前,具有检测、识别、分类并确定目标的能力是对无人机设备的要求。现代光电系统大多已发展成为成像系统,其相应的搜索跟踪系统也就变为成像搜索跟踪系统。各类不同的搜索跟踪系统其原理大同小异,基本原理结构如图 9-10 所示。机载光电搜索跟踪系统基本原理:由光电成像传感器获取目标图像信号,图像预处理电路对获得的目标视频信号进行预处理,以增强对比度,改善信噪比,经过图像分割、特征提取之后,可以有效识别目标,提取目标的方位信息及相应于光轴的偏差,并将这个方位、俯仰偏差信号送到伺服系统,控制跟踪架位置的变化,使所跟踪的目标始终保持在光轴附近,或者说在视场之内,从而可以进行长距离探测和跟踪侦察特定目标。

此外,通过加入相应的传感器和采用一定的算法,还可以实现对目标的相对定位。定位

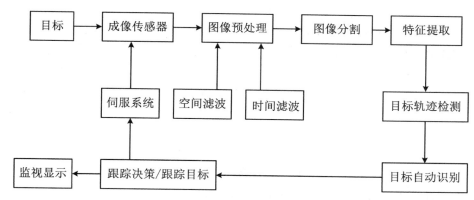

图 9-10　无人机光电成像搜索跟踪系统原理结构图

方式有主动定位和被动定位两种方式,主动定位是用激光测距仪通过测量目标相对无人机的距离得到精确的目标相对位置和相对速度;被动定位是用电视/红外成像测量传感器平台测量目标的角度变化,得到粗略目标距离。

（1）搜索

无人机最常见的任务之一是侦察和大范围监视,这要求无人机及其操作员搜索地面上的大范围区域,寻找某类目标和活动,目前搜索类型有点搜索、区域搜索、路径搜索三种。搜索时连续回转传感器会造成一些模糊,掩盖目标运动,而且需要高的数据率以便传送不断变化的场景。当搜索区域和位置已指定时,就用步进和凝视相结合的方式扫描该区域。按照这种方式,传感器的指向可以很快地移动到地面上待观察视场的中心,然后停留一段时间,以便观察一个固定场景,接着传感器快速地回转移到下一个视场。传感器分别搜索区域内的每个位置,存储被探测到的目标,并按优先序排列和关联要求,以便将来进行脱机分析。如果实现了目标的自动识别,那么就有可能通过减少在每一场景上的驻留时间很快完成搜索。

（2）跟踪

ATR 算法是运动目标识别跟踪系统的关键技术之一,通常由四部分组成:预处理、图像分割、特征提取与选择、目标预测与跟踪。

① 图像预处理

由于成像探测器以及环境干扰等原因,实际目标图像不可避免地受到随机噪声、起伏背景的干扰,弱小目标常常淹没在强的背景中,因此在目标识别之前,必须对图像进行滤波,以达到抑制背景噪声、改善图像质量的目的。背景抑制的方法有多种,可以分为空域和频域,如邻域平均、低通滤波、自适应滤波及中值滤波等,每种方法针对的噪声不同,因此需针对不同噪声采用相应图像处理方法。

② 图像分割

这个阶段的主要目的是把待识别的目标图像从原始图像中分离出来。图像分割是依据一定的阈值将目标图像从背景中分割出来的过程,它通常是成像跟踪算法中必须首先解决的一个重要环节,包括阈值计算和目标分割两个过程。

阈值的设定是图像分割的关键,确定一个合适的阈值,就可以对图像进行正确、方便的分割。确定最佳阈值可以采用实验法、直方图法、最小误差法等,也可以采取自适应阈值方法确定阈值。

③ 特征提取与目标识别

完成目标图像的分割后,要计算每个目标的一组特征量,即目标特征提取。对分割出的目标,实时提取的目标特征有辐射分布特征、形状特征、关系特征等。根据提取的特征可进行目标识别,目前提出的识别算法主要有:基于参数分类的 ATR,基于模型的 ATR,基于多传感器融合的 ATR,基于人工神经网络的 ATR,基于知识的 ATR 图像分割和特征提取技术。

④ 目标预测与跟踪

目标识别后,系统经过滤波确定出跟踪线位置,计算出误差用以控制瞄准线对准目标,实现自动跟踪。基于多图像传感器的图像跟踪算法研究与实现是光电跟踪系统的核心内容,目前有多种算法可用于目标跟踪,如形心跟踪、质心跟踪、波门跟踪、边缘跟踪、区域平衡跟踪、相关跟踪等。

9.3　炮兵防空兵雷达

随着高新技术在军事上的广泛应用,人类面临的是高技术武器装备和与之相适应的作战方式相结合的战争。现代战争的特点决定了现代陆军战场侦察装备应具备以往从未有过的超凡能力。通过监视战场变化,及时获取准确的情报,炮兵防空兵雷达系统为指挥员进行战略决策提供依据,确保武器作战效能的充分发挥,可以取得意料不到的巨大效果。

炮兵防空兵雷达指的是在陆军战场起主要作用的雷达武器系统,它能够远距离、全天候、高精度地提供战场上被测目标的各种信息,是合成军队指挥员获取敌情等情报的重要手段,是定下正确决心的基础,是陆军战斗行动的首要保障。

炮兵防空兵雷达的用途主要包括以下三个方面:

一是搜索、发现目标。在全天候条件下,在其探测范围内,控制天线转动,使天线波束在目标所处空间内沿方位角和高低角进行不断的扫描,搜索并发现目标。

二是捕获、跟踪目标。雷达发现目标后,对需要跟踪的目标进行选定,使天线波束在方位角和高低角以及距离上同时对准目标,并转入自动跟踪方式,使天线波束在方位角和高低角上以及在距离上自动地跟随目标运动。

三是测量目标坐标。雷达能连续、准确地对目标的坐标进行测量,并对测得的数据进行计算处理,为火力系统提供射击参数或射击诸元。

炮兵防空兵雷达是军用雷达的一个重要组成部分,通常可以按照其装备的部队分为炮兵雷达和防空雷达。

1. 炮兵雷达

炮兵雷达通常可分为炮位侦察校射雷达和活动目标侦察校射雷达。

（1）炮位侦察校射雷达

炮位侦察校射雷达主要用于侦察敌方火炮、火箭炮的发射阵地,并为我方火炮、火箭炮校射。该类型雷达通过测定炮弹的飞行轨迹来确定迫击炮、身管火炮和火箭炮的位置。在侦察敌方炮位时,雷达波束在敌方炮弹弹道的升弧段上搜捕飞行中的炮弹,根据捕获的一段炮弹轨迹采用弹道外推的方法确定出敌方炮位的位置。在校正我方火炮射击时,雷达波束是在我方炮弹弹道的降弧段上搜捕飞行中的炮弹,采用弹道外推的方法确定出炮弹落点的位置,通过计算炮弹落点与目标点的偏差量达到校射目的。

炮位侦察校射雷达出现于 20 世纪 40 年代初,由炮瞄雷达发展而来,最初用于侦察迫击炮位置,后来也用于侦察射角较大的榴弹炮位置。20 世纪 50 年代以前基本上采取跟踪式,需要对弹道上的炮弹进行跟踪才能测出火炮位置。20 世纪 60 年代以来多为非跟踪式,即用双波束或多波束扇扫,只要炮弹穿过波束,即可测出火炮位置。20 世纪 70 年代出现了相控阵体制的炮位侦察校射雷达,具有边扫描边跟踪能力和抗干扰能力,可以探测射角较小的火炮位置,并能同时测定多门火炮,定位过程全部自动化。

美国的 AN/TPQ-36、AN/TPQ-37 和 AN/TPQ-47 雷达都是炮位侦察校射雷达的典型代表。AN/TPQ-36 雷达主要用于侦察迫击炮,工作在 X 波段。1981 年开始装备美国陆军,取代 AN/MPQ-4A 迫击炮侦察雷达。该雷达由操控单元和天线拖车组成。雷达对迫击炮作用距离为 15 km,精度为 30 m;对火炮和火箭炮作用距离为 24 km,精度为 50 m。搜索扇面 90°,天线方位旋转 ±180°。经过多次改进,现已发展到 7 型、8 型系统(第二阶段改进),主要改进包括提高机动性、增加自主定位定向功能、采用新的高速处理机、增加探测距离、提高定位精度、增加探测目标的数目等。AN/TPQ-37 雷达主要用于侦察火炮和火箭,工作在 S 频段,对火炮的作用距离为 30 km,对火箭炮的作用距离为 50 km,定位精度为 35 m。该雷达由天线收发单元、操作控制方舱和发电机三部分组成。在第一次海湾战争中,美军成功地运用 AN/TPQ-37 雷达侦察到了伊拉克纵深内的导弹发射阵地等 300 多个目标。针对 AN/TPQ-37 雷达存在的问题,进行了两个阶段的改进。第一阶段的改进大多数是吸取海湾战争中的经验教训而提出的,主要是改进运载天线的拖车,提高机动性;增加模块化方位确定系统,解决确定自身位置坐标的能力;改进冷却系统,提高雷达的可靠性;改进软件,减少目标位置计算中的错误,并可对目标进行较远距离的跟踪。第二阶段改进后的雷达命名为 AN/TPQ-47 雷达。改进后雷达的最大作用距离达到 400 km,方位扇扫 90°,对迫击炮、火炮、火箭炮的侦察距离分别提高到了 30 km、60 km、100 km,对战术导弹的侦察距离为 300 km,定位精度也比 AN/TPQ-37 雷达提高 25%,增加了处理目标数目,每分钟可同时跟踪 50 个目标,能够自动与新型指挥系统交换信息。

(2) 活动目标侦察校射雷达

活动目标侦察校射雷达用于侦察地面或水面上的活动目标,并为我方火炮提供校射。该类雷达通过直接测量地面(水面)的活动目标来测定目标坐标。根据侦察的目标对象,可分为地面活动目标侦察校射雷达和对海活动目标侦察校射雷达;根据安放的平台,又可分为车载活动目标侦察校射雷达和机载活动目标侦察校射雷达等类型。

活动目标侦察校射雷达于 20 世纪 40 年代中期由岸防雷达发展而来,最初是普通的脉冲雷达。20 世纪 70 年代以来,这种雷达大多采用脉冲多普勒体制,应用多普勒效应原理抑制地物杂波,提高了发现和识别活动目标和炸点的能力。

法国的拉西特 E 雷达是活动目标侦察校射雷达的典型代表。近几十年来,法国近程拉达克(RATAC)雷达系列、中远程拉西特(RASIT)雷达系列在地面战场侦察雷达中占有重要地位。法国已向世界许多国家出口了上百部拉达克、拉西特系列雷达,其中拉西特 E 雷达和德国的 BOR-A550 近、中程地面海面侦察雷达一起代表了 20 世纪 90 年代后期的水平。

拉西特 E 采用了一台能相干探测的超外差接收机,接收机包括低噪声放大器、带通滤波器。该系统采用脉冲多普勒技术,可以探测运动目标,可以自动或手动调谐接收机的灵敏度、频率来降低干扰影响。系统响应时间很短,在监视模式下,一旦探测到目标就能立即自动告警,探测概率90%,虚警概率很低。该雷达工作在 X 波段,有 10 个转换频率,平均功率 3 W,脉冲宽度 0.33 μs。该系统探测单兵目标时作用距离 20 km,探测轻型车辆时作用距离 30 km,探测重型车辆时作用距离 40 km,此外还可探测低空运动目标和直升机。该雷达距离精度 10 m,方位角精度 0.6°,雷达扫描速度为 8°/s,每次扫描都能做出信息分析。

2. 防空雷达

防空雷达通常按照功能分为目标指示雷达和火控雷达。目标指示雷达用于掌握空情和指示目标,具有良好的搜索和发现目标的能力;火控雷达主要用于控制高炮和地空导弹射击。

(1) 目标指示雷达

目标指示雷达按照工作时测量坐标的种类可以分为两坐标目标指示雷达和三坐标目标指示雷达。两坐标目标指示雷达包括测量目标距离和方位的平面雷达、测量目标距离和高度的测高雷达;三坐标目标指示雷达能够同时获取目标的方位、距离和仰角参数。测高雷达和平面雷达配合也可以获取目标的三坐标信息。根据作用距离可以分为远程高空目标指示雷达(作战空域为距离400~500 km 以内,高度在 32 km 以下)、中远程中高空目标指示雷达(作战空域为距离 300 km 以内,高度在 18 km 以下)、中近程中低空目标指示雷达(作战空域为距离 250 km 以内,高度在 12 km 以下)、近程低空目标指示雷达(作战空域为距离 60 km 以内,高度在 8 km 以下)。

目前,各国在大力研制相控阵三坐标目标指示雷达,同时也在积极发展高性能的低空平面两坐标米波、分米波雷达来实现远程警戒和低空补盲,综合提高雷达防空网的生存能力。

美国陆军的“哨兵”系列相控阵雷达就是目标指示雷达的典型代表。“哨兵”防空雷达是美国重要的空中监视、目标捕获与跟踪传感器,其主要任务是为机动部队和重要设施提供防御巡航导弹、无人机以及旋转翼或固定翼飞机的能力。目前,现役“哨兵”系列雷达主要有 AN/MPQ64 和 AN/MPQ64F1 两种型号,在世界范围内的装备数量超过 220 部。该系统与陆军的前方地区防空指挥、控制和情报系统一起使用,可通过数据链路或直接使用增强型定位报告系统或“辛嘎斯”系统数据无线电台,向近程防空武器系统和战场指挥官提供重要的目标数据。其传感器为目标捕获距离达 40 km 的先进三维战场 X 波段防空相控阵雷达,能在白天和黑夜,在不利的气候条件下和有沙尘、浓烟、大雾及敌方干扰等恶劣的战场环境下工作。在进行目标捕获和跟踪时,它能提供 360°全方位覆盖,自动对巡航导弹、无人机、旋转翼飞机和固定翼飞机目标进行监视、跟踪、分类、识别和报告,从而缩短防空武器的反应时间,能在最佳距离作战。

(2) 高炮火控雷达

火控雷达用于跟踪被射击目标,并控制火炮或者导弹进行射击,根据其配套的武器装备可以分为高炮火控雷达和导弹制导雷达。高炮火控雷达根据配套的高炮类型又可以细分为牵引高炮火控雷达、自行高炮火控雷达和弹炮结合武器系统火控雷达。

火控雷达是伴随着防空武器系统的发展而发展的,起初是发展不同口径的高炮火控雷达。20 世纪 80 年代,美国和苏联主要发展防空导弹和弹炮武器结合系统火控雷达,并形成了比较完整的系列,在近距离又发展了闭环武器系统。欧洲一些国家主要重视牵引和自行高炮火控雷达的发展,特别是法国、瑞士、荷兰等国家装备研制的型号较多。目前,国外在发展防空导弹武器系统时,多采用三坐标相控阵体制雷达,同时加强了对战术导弹和地空导弹的探测能力。

高炮火控雷达用于控制高炮对目标进行瞄准攻击,能够连续准确地测量目标坐标,并迅速将射击数据传递给高炮系统。随着反导、反中低空和超低空目标的高炮武器系统的发展,高炮武器系统有采用双雷达体制实现对目标的全空域搜索与跟踪的趋势;利用 X 波段工作的全相干脉冲多普勒体制搜索雷达,可以有效地截获 0.3~20 km 范围内的目标;利用 Ka 波段的单脉冲体制跟踪雷达可以有效地跟踪低空小型目标;还有将雷达与光学、激光、电视和红外等光电装置结合起来使用的趋势,以使火控系统有不同的测角和测距方式,使它们互为补充,从而提高火控系统的全天候作战能力和抗电子干扰能力。

俄"道尔"- M1 防空导弹系统配用的雷达就是高炮火控雷达的典型代表。"道尔"- M1 防空系统主要作战装备包括一部目标搜索雷达、一部跟踪制导雷达。目标搜索雷达安装在炮塔的后部,该雷达为三坐标脉冲多普勒雷达,采用了人工智能技术,工作在 C 波段,具备数字数据处理和脉冲压缩能力,能自动识别目标的国籍和类型,并可按危险程度进行排序。雷达探测距离 25 km,能在主动式和被动式干扰条件下作战,能同时探测 48 个目标,跟踪其中12 个目标,并能根据威胁程度选择优先跟踪的目标,根据指挥官的抉择,自动跟踪目标。跟踪制导雷达安装在炮塔前部,雷达工作在 K 波段,采用相控阵天线和数字处理系统。该雷达的任务是跟踪目标和对飞行中的导弹进行制导,跟踪距离达 25 km,可同时跟踪 2 个最大速度为 700 km/h 的目标,可同时制导 2 枚导弹攻击 1~2 个目标。

(3) 防空导弹制导雷达

防空导弹制导雷达是地空导弹武器系统的主要组成部分,担负搜索、捕获、识别、跟踪目标和制导导弹的任务,其性能直接关系到导弹性能的发挥和战斗效果。根据作用距离和功能,导弹制导雷达可以分为远程高空、中远程中高空、中近程中低空、近程低空导弹系列需要的搜索雷达和跟踪制导雷达。

当导弹飞行至引入段和导引段时,制导雷达对目标与导弹的距离、方位角和仰角不断进行测量,根据坐标参数及采用的制导方法形成指控指令,并将指令发送给导弹,控制导弹飞向目标。当导弹飞近到离目标一定距离时,发射一次指令解除导弹上的无线电引信保险,并观察射击效果。

随着空袭武器的发展,地空导弹制导雷达在体制上向着相控阵体制发展,远程地空导弹制导雷达逐步被多功能相控阵雷达代替,同时雷达的战术性能得到改进。由于能否有效拦截战术导弹和各种空地导弹是国外先进防空武器系统的重要指标,因此与其配套的搜索跟踪雷达也具备了拦截战术导弹和空地导弹的能力。

俄 SA-17"灰熊"(俄代号"山毛榉"M1-2)防空系统配用的雷达是防空导弹制导雷达的典型代表。该雷达包含目标搜索雷达、照射和导弹制导雷达。其多功能相控阵目标搜索雷达系统用于目标探测、敌我识别和目标的搜索跟踪、分类,为指挥车提供空情图,依靠无线电拉杆天线和电线进行通信。该雷达的搜索范围为方位角 360°、高低角 50°,最大探测距离160 km,方位角采用机械扫描,高低角为电扫,扫描周期为 4.5~6.0 s。制导雷达使用电子扫描相控阵雷达天线进行工作,该天线具有很好的抗干扰性能,装在一根高 21 m 的伸缩桅杆顶部。照射和导弹制导雷达进行目标搜索和跟踪、目标分类与空情分析,在系统作战模式下,该雷达的任务是照射目标并把弹道修正指令传输给飞行中的导弹。雷达的通信依靠无线电拉杆天线和电线来实现。雷达的搜索和跟踪区域可达 640°,搜索距离 120 km,跟踪范围为方位角 ±60°、高低角 5°~85°,通道数目搜索时为 10 个,发射时为 4 个。

习　题

9-1　简述主动式声呐和被动式声呐的基本组成、基本工作过程、功能特点和应用场合。

9-2　简述主动测距的主要方法。

9-3　简述被动测距的主要方法。

9-4　简述声呐系统常用测速方法。

9-5　简述声呐系统常用测向方法。

9-6　简述激光测距/目标指示器的基本原理和主要特点。

9-7　简述无人机机载光电系统的主要功能。

9-8　请谈谈你对无人机机载光电系统在信息获取、传输、处理、使用等方面的认识。

9-9　简述机载光电搜索跟踪系统的基本原理。

9-10　简述炮兵防空兵雷达的主要用途。

9-11　简述炮位侦察校射雷达侦察敌方火炮阵地的基本原理。

9-12　简述炮位侦察校射雷达用于我方火炮校射的基本原理。

习 题 答 案

第 1 章

1-1 信息是人们要了解或掌握的某种事物的属性(信息的定义答案不唯一)。信息的作用:认知作用、管理作用、控制作用、交流作用、娱乐作用等。

1-2 信号是信息的载体。

1-3 信号的传输、交换和处理是借助于系统而实现的。

1-4 (a) 连续时间信号; (b) 连续时间信号; (c) 数字信号; (d) 离散时间信号; (e) 数字信号; (f) 数字信号。

1-5 (1) 连续时间信号; (2) 离散时间信号; (3) 数字信号; (4) 离散时间信号; (5) 离散时间信号。

1-6 (1) $\dfrac{\pi}{5}$; (2) $\dfrac{\pi}{5}$; (3) $\dfrac{\pi}{8}$; (4) 对于 $t>0$,信号周期为 $2T$。

1-7 结果一致。

1-8 (4)。

1-9 见图 1。

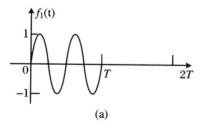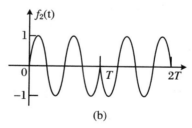

(a)　　　　　　　　　　　　　(b)

图 1

1-10 (a) $f(t)=\left(-\dfrac{|t|}{2}+1\right)\left[u(t+2)-u(t-2)\right]$;

　　　(b) $f(t)=u(t)+u(t-1)+u(t-2)$;

　　　(c) $f(t)=E\sin\left(\dfrac{\pi}{T}t\right)\left[u(t)-u(t-T)\right]$。

1-11 (1) $f(-t_0)$; (2) $f(t_0)$; (3) $u\left(\dfrac{t_0}{2}\right)$; (4) $u(-t_0)$; (5) e^2-2;

(6) $\dfrac{\pi}{6}+\dfrac{1}{2}$; (7) $1-\mathrm{e}^{-\mathrm{j}\omega t_0}$。

1-12 (1) 线性、时不变、因果; (2) 线性、时变、因果; (3) 非线性、时变、因果;

(4) 线性、时变、非因果； (5) 线性、时变、非因果； (6) 非线性、时不变、因果；

(7) 线性、时不变、因果。

1-13 $r_2(t) = \dfrac{\mathrm{d}}{\mathrm{d}t}[\mathrm{e}^{-\alpha t}u(t)] = \delta(t) - \alpha\mathrm{e}^{-\alpha t}u(t)$ 。

第 2 章

2-1 传声器是一种将声信号转变为相应的电信号的电声换能器，俗称话筒，又称微声器、麦克风。在语言通信（如电话）中使用的传声器，一般叫作传话器。它的作用是将声音信号转换成电信号，再送往调音台或放大器，最后从扬声器中播放出来。传声器在声音系统中是用来拾取声音的，它是整个音响系统的第一个环节，其性能、质量的好坏，对整个音响系统的影响很大。

2-2 动圈式传声器主要由振动膜片、线圈、永久磁铁等组成，通常由一个约 0.35 mm 厚的聚酯薄膜来充当传声器的振膜。薄膜上精细地附着一个绕有导线的芯，叫线圈，它精确地悬挂在高强度磁场中，当人对着话筒讲话时，膜片就随着声音前后颤动。当声波冲击薄膜的表面时，附着的线圈随声波的频率和振幅成正比例移动，使线圈切割永久磁铁提供的磁力线，根据电磁感应原理，在线圈两端就会产生感应音频电动势，线圈导线中就产生了有着特定大小和方向的模拟电信号，从而完成声电转换。

2-3 驻极体式传声器的工作原理和一般电容式传声器相同，将驻极体材料用于电容式传声器的振膜或固定极板时，因其表面电位的存在而不需要加极化电压，省去了电源，可以简化电路，使传声器小型化，并降低了造价。当声波到来时，振膜在声压的驱动下前后运动，两个极板之间的距离就发生了变化；极板距离变化导致电容器的电容量发生变化；由于负载电阻极大，电容器上的电荷很难运动，此时可以认为电容器上的电量 Q 不变；根据公式 $U = Q/C$，电容量 C 的变化导致电容器两端的电压 U 发生变化。这样，电压的变化→电容量的变化→电压的变化，声音信号转化成电信号。

2-4 内光电效应分为光电导效应和光生伏特效应。光电导效应是光照变化引起半导体材料电导变化的现象。当光照射到半导体材料时，材料吸收光子的能量，使得非传导态电子变为传导态电子，引起载流子浓度增大，从而导致材料电导率增大；光伏效应指光照使不均匀半导体或半导体与金属组合的不同部位之间产生电位差的现象。

2-5 当物质中的电子吸收了足够高的光子能量，电子将逸出物质表面成为真空中的自由电子，这种现象称为光电发射效应或称为外光电效应。

2-6 天线的主要作用，一是能量的转换：自由空间的电磁能量与高频电流能量的相互转换。二是能量的分配：使空间传播的电磁波能量在指定的空域内辐射传播。常见的天线有振子天线、鞭状天线、抛物面天线、微带天线、喇叭天线等。

2-7 电磁波在空间传播时，如果遇到导体，会使导体产生感应电流，感应电流的频率跟激起它的电磁波的频率相同。因此利用放在电磁波传播空间中的导体，就可以接收到电磁波了。当接收电路的固有频率跟接收到的电磁波的频率相同时，接收电路中产生的振荡电流最强（这种现象叫作电谐振）。

2-8 信息获取技术是指能够对各种信息进行测量、存储、感知和采集的技术,特别是直接获取重要信息的技术。

电磁波信息获取的常用手段有三种:① 由物质、物体自身辐射的电磁波或者反射的自然电磁波(比如太阳光),来获取其信息,这是一种被动的信息获取方式,相应的应用有被动遥感、光学成像、热成像等,人的视觉也是这样的原理;② 人为设置电磁波辐射源,由物质、物体反射、散射或透射的电磁波来获取其信息,这是一种主动的信息获取方式,相应的应用有雷达、主动遥感、电磁检测、X 射线透视等;③ 物体通过其他辐射源的电磁波,来获取关于自身的信息,相应的应用有定位、导航等。

第 3 章

3-1 (1) $\dfrac{1}{\alpha}(1-e^{-\alpha t})u(t)$;

(2) $\cos(\omega t+45°)$;

(3) $\left(\dfrac{1}{2}t^2-\dfrac{1}{2}\right)[u(t-1)-u(t-2)]+\left(-\dfrac{1}{2}t^2+t+\dfrac{3}{2}\right)[u(t-2)-u(t-3)]$;

(4) $-2(\sin\omega)\sin(\omega t)$;

(5) $\dfrac{1}{\alpha^2+1}(e^{-\alpha t}+\alpha\sin t-\cos t)u(t)$。

3-2 (1) $s(t)=t[u(t)-u(t-1)]-(t-2)[u(t-1)-u(t-2)]$;

(2) $s(t)=(t-2)[u(t-2)-u(t-3)]-(t-4)[u(t-3)-u(t-4)]$。

可见,(2)的卷积结果可由(1)的卷积结果右移 2 得到。

3-3 如图 2 所示。

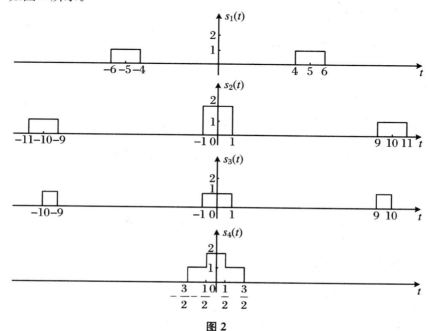

图 2

3-4　　$h(t) = \dfrac{1}{2}\mathrm{e}^{-2t}u(t)$。

3-5　　$h(t) = 0$。

3-6　　(1) $r(t) = \mathrm{e}^{-2t}(\mathrm{e}^{t}-1)u(t) + \mathrm{e}^{-2t}(\beta \mathrm{e}^{4}+\mathrm{e}^{2}-\mathrm{e}^{t})u(t-2)$；

　　　　(2) $\beta = -\mathrm{e}^{-4}\displaystyle\int_{0}^{2}\mathrm{e}^{2\tau}x(\tau)\mathrm{d}\tau$。

3-7　　如图 3 所示。

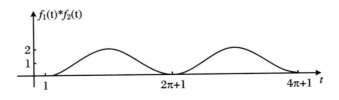

$$f_{1}(t) * f_{2}(t) = [1 - \cos(t-1)]u(t-1)$$

图 3

第　4　章

4-1　　$\dfrac{2E\tau\cos\left(\dfrac{\tau\omega}{2}\right)}{\pi\left[1 - \left(\dfrac{\omega\tau}{\pi}\right)^{2}\right]}$，图略。

4-2　　(a) $\mathrm{j}\dfrac{2E}{\omega}\left[\cos\left(\dfrac{\omega T}{2}\right) - \mathrm{Sa}\left(\dfrac{\omega T}{2}\right)\right]$，$F(0) = 0$；

　　　　(b) $\dfrac{E}{\omega^{2}T}(1 - \mathrm{j}\omega T - \mathrm{e}^{-\mathrm{j}\omega T})$；

　　　　(c) $\mathrm{j}\dfrac{2E\omega_{1}}{\omega_{1}^{2}-\omega^{2}}\sin\left(\dfrac{\omega T}{2}\right)\mathrm{e}^{-\mathrm{j}\frac{\omega T}{2}}$，$F(\omega_{1}) = \dfrac{ET}{2\mathrm{j}}\left(\omega_{1} = \dfrac{2\pi}{T}\right)$；

　　　　(d) $\mathrm{j}\dfrac{2E\omega_{1}}{\omega^{2}-\omega_{1}^{2}}\sin\left(\dfrac{\omega T}{2}\right)$，$F(\omega_{1}) = \dfrac{ET}{2\mathrm{j}}\left(\omega_{1} = \dfrac{2\pi}{T}\right)$。

4-3　　(a) $f(t) = \dfrac{A\omega_{0}}{\pi}\mathrm{Sa}[\omega_{0}(t+t_{0})]$；　　(b) $f(t) = \dfrac{-2A}{\pi t}\sin^{2}\left(\dfrac{\omega_{0}t}{2}\right)$。

4-4　　$F_{1}(-\omega)\mathrm{e}^{-\mathrm{j}\omega t_{0}}$。

4-5　　(1) $f(t) = \dfrac{1}{2\pi}\mathrm{e}^{\mathrm{j}\omega_{0}t}$；　　(2) $f(t) = \dfrac{\omega_{0}}{\pi}\mathrm{Sa}(\omega_{0}t)$；　　(3) $f(t) = \dfrac{\omega_{0}^{2}}{\pi^{2}}\mathrm{Sa}(\omega_{0}t)$。

4-6　　$2\mathrm{j}E\tau\sin\left(\dfrac{\omega\tau}{2}\right)\mathrm{Sa}\left(\dfrac{\omega\tau}{2}\right)$，图略。

4-7　　(1) 4；　　(2) 2π。

4-8　　$\dfrac{8E}{\omega^{2}(\tau-\tau_{1})}\sin\dfrac{\omega(\tau+\tau_{1})}{4}\sin\dfrac{\omega(\tau-\tau_{1})}{4}$，图略。

4-9　(1) $\dfrac{1}{(a+\mathrm{j}\omega)^2}$；(2) 证明略。

4-10　(1) $\dfrac{1}{2}\mathrm{j}\dfrac{\mathrm{d}F\left(\frac{\omega}{2}\right)}{\mathrm{d}\omega}$；　(2) $\mathrm{j}\dfrac{\mathrm{d}F(\omega)}{\mathrm{d}\omega}-2F(\omega)$；　(3) $-F\left(-\dfrac{\omega}{2}\right)+\dfrac{\mathrm{j}}{2}\cdot\dfrac{\mathrm{d}F\left(-\frac{\omega}{2}\right)}{\mathrm{d}\omega}$；

　　　(4) $-F(\omega)-\omega\dfrac{\mathrm{d}F(\omega)}{\mathrm{d}\omega}$；　(5) $F(-\omega)\mathrm{e}^{-\mathrm{j}\omega}$；　(6) $-\mathrm{j}\dfrac{\mathrm{d}F(-\omega)}{\mathrm{d}\omega}\mathrm{e}^{-\mathrm{j}\omega}$；

　　　(7) $\dfrac{1}{2}F\left(\dfrac{\omega}{2}\right)\mathrm{e}^{-\mathrm{j}\frac{5}{2}\omega}$。

4-11　单边正弦函数：$\sin(\omega_0 t)u(t)\leftrightarrow\dfrac{\mathrm{j}\pi}{2}\left[\delta(\omega+\omega_0)-\delta(\omega-\omega_0)\right]+\dfrac{\omega_0}{\omega_0^2-\omega^2}$。

　　　单边余弦函数：$\cos(\omega_0 t)u(t)\leftrightarrow\dfrac{\pi}{2}\left[\delta(\omega+\omega_0)+\delta(\omega-\omega_0)\right]+\dfrac{\mathrm{j}\omega}{(\omega^2-\omega_0^2)}$。

4-12　略。

4-13　(1) $\dfrac{100}{\pi},\dfrac{\pi}{100}$；　(2) $\dfrac{200}{\pi},\dfrac{\pi}{200}$；　(3) $\dfrac{100}{\pi},\dfrac{\pi}{100}$；　(4) $\dfrac{120}{\pi},\dfrac{\pi}{120}$。

4-14　(1) $\dfrac{1}{3000}$；(2) 梯形周期重复，周期为 6000π，幅度为 $\dfrac{3}{2}$。

4-15　$F(\omega)=\displaystyle\sum_{n=-\infty}^{+\infty}\dfrac{4\sin\frac{n\pi}{4}}{n}\left[2+(-1)^n\right]\delta(\omega-n\pi)$。

第 5 章

5-1　(1) $\dfrac{\alpha}{s(s+\alpha)}$；

　　(3) $\dfrac{1}{(s+2)^2}$；

　　(5) $\dfrac{s+3}{(s+1)^2}$；

　　(7) $\dfrac{2}{s^3}+\dfrac{2}{s^2}$；

　　(9) $\dfrac{\beta}{(s+\alpha)^2-\beta^2}$；

　　(11) $\dfrac{1}{(s+\alpha)(s+\beta)}$；

　　(13) $\dfrac{(s+2)\mathrm{e}^{-(s-1)}}{(s+1)^2}$；

　　(15) $aF(as+a^2)$；

　　(17) $\dfrac{2s^3-24s}{(s^2+4)^3}$；

(2) $\dfrac{2s+1}{s^2+1}$；

(4) $\dfrac{2}{(s+1)^2+4}$；

(6) $\dfrac{1}{s+\beta}-\dfrac{s+\beta}{(s+\beta)^2+\alpha^2}$；

(8) $2-\dfrac{3}{s+7}$；

(10) $\dfrac{1}{2}\left(\dfrac{1}{s}+\dfrac{s}{s^2+4\Omega^2}\right)$；

(12) $\dfrac{(s+1)\mathrm{e}^{-a}}{(s+1)^2+\omega^2}$；

(14) $aF(as+1)$；

(16) $\dfrac{1}{4}\left[\dfrac{3s^2-27}{(s^2+9)^2}+\dfrac{s^2-81}{(s^2+81)^2}\right]$；

(18) $-\ln\left(\dfrac{s}{s+\alpha}\right)$；

(19) $\ln\left(\dfrac{s+5}{s+3}\right)$；

(20) $\dfrac{\pi}{2}-\arctan\left(\dfrac{s}{\alpha}\right)$。

5-2　(1) $\dfrac{\omega}{s^2+\omega^2}(1+\mathrm{e}^{-\frac{T}{2}s})$；

(2) $\dfrac{\omega\cos\varphi+s\sin\varphi}{s^2+\omega^2}$。

5-3　(1) $\dfrac{1}{s+1}\mathrm{e}^{-2(s+1)}$；

(2) $\dfrac{1}{s+1}\mathrm{e}^{-2s}$；

(3) $\dfrac{\mathrm{e}^2}{s+1}$；

(4) $\dfrac{2\cos2+s\sin2}{s^2+4}\mathrm{e}^{-s}$；

(5) $\dfrac{1}{s^2}[1-(1+s)\mathrm{e}^{-s}]\mathrm{e}^{-s}$。

5-4　(1) $\mathrm{e}^{-t}u(t)$；

(2) $2\mathrm{e}^{-\frac{3}{2}t}u(t)$；

(3) $\dfrac{4}{3}(1-\mathrm{e}^{-\frac{3}{2}t})u(t)$；

(4) $\dfrac{1}{5}[1-\cos(\sqrt{5}t)]u(t)$；

(5) $\dfrac{3}{2}(\mathrm{e}^{-2t}-\mathrm{e}^{-4t})u(t)$；

(6) $(6\mathrm{e}^{-4t}-3\mathrm{e}^{-2t})u(t)$；

(7) $\sin t\,u(t)+\delta(t)$；

(8) $(\mathrm{e}^{2t}-\mathrm{e}^{t})u(t)$；

(9) $(1-\mathrm{e}^{-\frac{t}{RC}})u(t)$；

(10) $(1-2\mathrm{e}^{-\frac{t}{RC}})u(t)$；

(11) $\dfrac{RC\omega}{1+(RC\omega)^2}\left[\mathrm{e}^{-\frac{t}{RC}}-\cos(\omega t)+\dfrac{1}{RC\omega}\sin(\omega t)\right]u(t)$；

(12) $(7\mathrm{e}^{-3t}-3\mathrm{e}^{-2t})u(t)$；

(13) $\dfrac{100}{199}(49\mathrm{e}^{-t}+150\mathrm{e}^{-200t})u(t)$；

(14) $[\mathrm{e}^{-t}(t^2-t+1)-\mathrm{e}^{-2t}]u(t)$；

(15) $\dfrac{A}{K}\sin(Kt)u(t)$；

(16) $\dfrac{1}{6}\left[\dfrac{\sqrt{3}}{3}\sin(\sqrt{3}t)-t\cos(\sqrt{3}t)\right]u(t)$；

(17) $\dfrac{-a}{(\alpha-a)^2+\beta^2}\left\{\mathrm{e}^{-at}-\left[\cos(\beta t)+\dfrac{\alpha^2+\beta^2-a\alpha}{a\beta}\sin(\beta t)\right]\mathrm{e}^{-\alpha t}\right\}u(t)$；

(18) $\dfrac{1}{(\beta^2+\alpha^2-\omega^2)^2+(2\alpha\omega)^2}\{(\beta^2+\alpha^2-\omega^2)\cos(\omega t)+2\alpha\omega\cos(\omega t)+$

$\mathrm{e}^{-\alpha t}\left[(\omega^2-\beta^2-\alpha^2)\cos(\beta t)-\dfrac{\alpha}{\beta}(\omega^2+\beta^2+\alpha^2)\sin(\beta t)\right]\Big\}u(t)$；

(19) $\dfrac{1}{4}[1-\cos(t-1)]u(t-1)$；

(20) $\dfrac{1}{t}(\mathrm{e}^{-9t}-1)u(t)$。

5-5　(1) $f(0_+)=1,f(\infty)=0$；

(2) $f(0_+)=0,f(\infty)=0$。

5-6　$E\left(1+\dfrac{R}{r}\mathrm{e}^{-\frac{R}{L}t}\right)u(t)$。

5-7　$\dfrac{R_2E}{R_1+R_2}\left(1-\mathrm{e}^{-\frac{R_1+R_2}{R_1R_2C}t}\right)u(t)$。

5-8　设符号 $\alpha=\dfrac{1}{2RC}$，$\omega_0=\dfrac{1}{\sqrt{LC}}$，$\omega_d^2=\omega_0^2-\alpha^2$，有

$$i(t)=\dfrac{E}{R}\left[1-\dfrac{2\alpha}{\omega_d}\mathrm{e}^{-\alpha t}\sin(\omega_d t)\right]u(t)$$

5-9　(a) 设符号 $\alpha=\dfrac{R+R_0}{2RR_0C}$，$\omega_0=\dfrac{1}{\sqrt{LC}}$，$\omega_d^2=\omega_0^2-\alpha^2$，且假设 $\alpha<\omega_0$，有

$$h(t) = \frac{1}{RC}e^{-\alpha t}\left[\cos(\omega_d t) - \frac{\alpha}{\omega_d}\sin(\omega_d t)\right]u(t)$$

（b）设符号 $\alpha = \dfrac{1}{R_1 R_2 C_1 C_2}$，$\beta = R_1 C_1 + R_1 C_2 + R_2 C_2$，有

$$p_1 = \frac{\alpha}{2}\left(-\beta + \sqrt{\beta^2 - \frac{4}{\alpha}}\right), \quad p_2 = \frac{\alpha}{2}\left(-\beta - \sqrt{\beta^2 - \frac{4}{\alpha}}\right)$$

$$h(t) = \delta(t) + \frac{1}{p_2 - p_1}\left[(p_1 \alpha \beta + \alpha)e^{p_1 t} - (p_2 \alpha \beta + \alpha)e^{p_2 t}\right]u(t)$$

5-10　（a）$\dfrac{s}{RC\left(s^2 + \dfrac{3}{RC}s + \dfrac{1}{R^2 C^2}\right)}$；　（b）$-\dfrac{s - \dfrac{1}{RC}}{s + \dfrac{1}{RC}}$；　（c）$\dfrac{1}{6}$。

5-11　（1）$H(s) = \dfrac{K}{s^2 + (3 - K)s + 1}$；

（2）当 $K = 2$ 时，$h(t) = \dfrac{4}{\sqrt{3}}e^{-\frac{1}{2}t}\sin\left(\dfrac{\sqrt{3}}{2}t\right)u(t)$。

5-12　（a）$H(s) = \dfrac{C_1}{C_1 + C_2}\dfrac{s + \dfrac{1}{C_1 R}}{s + \dfrac{1}{(C_1 + C_2)R}}$，

$$v_2(t) = \frac{C_1}{C_1 + C_2}\left[\delta(t) + \frac{C_2}{C_1(C_1 + C_2)R}e^{-\frac{t}{R(C_1 + C_2)}}u(t)\right]$$；

（b）$H(s) = \dfrac{L_2}{L_1 + L_2}\dfrac{s}{s + \dfrac{R}{L_1 + L_2}}$，$v_2(t) = \dfrac{L_2}{L_1 + L_2}\left[\delta(t) - \dfrac{R}{L_1 + L_2}e^{-\frac{R}{L_1 + L_2}t}u(t)\right]$；

（c）$H(s) = \dfrac{s}{10s^2 + s + 10}$，$v_2(t) = \dfrac{1}{10}e^{-\frac{t}{20}}\left[\cos\left(\dfrac{\sqrt{399}}{20}t\right) - \dfrac{1}{\sqrt{399}}\sin\left(\dfrac{\sqrt{399}}{20}t\right)\right]u(t)$；

（d）$H(s) = \dfrac{0.1s}{s + 1}$，$v_2(t) = 0.1\left[\delta(t) - e^{-t}u(t)\right]$。

5-13　（a）$\dfrac{s^2}{s^2 + 3s + 1}$；　　　　　　　（b）$\dfrac{s^2}{s^2 + 3s + 1}$；

（c）$\dfrac{1}{(4s^2 + 1)^2 + (4s^2 + 1) - 1}$；　（d）$\dfrac{s^3}{(s^2 + 1)^2 + (s^2 + 1) - 1}$。

5-14　$\dfrac{3}{2}\delta(t) + (e^{-2t} + 8e^{3t})u(t)$。

5-15　$\left(1 - \dfrac{1}{2}e^{-2t}\right)u(t)$。

5-16　（1）$H(s) = \dfrac{5}{s^2 + s + 5}$；　　　（2）极点 $p_{1,2} = \dfrac{-1 \pm j\sqrt{19}}{2}$；

（3）$h(t) = \dfrac{10}{\sqrt{19}}e^{-\frac{t}{2}}\sin\left(\dfrac{\sqrt{19}}{2}t\right)u(t)$，

$$g(t) = 1 - e^{-\frac{t}{2}}\left[\cos\left(\dfrac{\sqrt{19}}{2}t\right) + \dfrac{1}{\sqrt{19}}\sin\left(\dfrac{\sqrt{19}}{2}t\right)\right]u(t)$$。

5-17　（1）$H(s) = \dfrac{ks}{s^2 + (4 - k)s + 4}$；　　（2）$k < 4$；

（3）$h(t) = 4\cos(2t)u(t)$。

第 6 章

6-1 (1) $\left[\dfrac{1}{3}+\dfrac{2}{3}\cos\left(\dfrac{2n\pi}{3}\right)+\dfrac{4\sqrt{3}}{3}\sin\left(\dfrac{2n\pi}{3}\right)\right]u[n]$；

(2) $y(n)\approx[9.26+0.66\,(-0.2)^{n}-0.2\,(0.1)^{n}]u(n)$；

(3) $[0.5-0.45\,(0.9)^{n}]u(n)$；

(4) $[0.5+0.45\,(0.9)^{n}]u(n)$；

(5) $\left[\dfrac{n}{6}+\dfrac{5}{36}-\dfrac{5}{36}(-5)^{n}\right]u(n)$；

(6) $\dfrac{1}{9}[3n-4+13\,(-2)^{n}]u(n)$。

6-2 (1) $\dfrac{2z}{2z-1}\left(|z|>\dfrac{1}{2}\right)$；   (2) $\dfrac{4z}{4z+1}\left(|z|>\dfrac{1}{4}\right)$；

(3) $\dfrac{z}{z-3}(|z|>3)$；   (4) $\dfrac{1}{1-3z}\left(|z|<\dfrac{1}{3}\right)$；

(5) $\dfrac{2z}{2z-1}\left(|z|<\dfrac{1}{2}\right)$；   (6) $z(|z|<+\infty)$；

(7) $\dfrac{1-\left(\dfrac{1}{2z}\right)^{10}}{1-\dfrac{1}{2z}}(|z|>0)$；   (8) $\dfrac{z(12z-5)}{(2z-1)(3z-1)}\left(|z|>\dfrac{1}{2}\right)$；

(9) $1-\dfrac{1}{8}z^{-3}(|z|>0)$。

6-3 $\dfrac{-3z}{(z-2)(2z-1)}\left(\dfrac{1}{2}<|z|<2\right)$。

6-4 (1) $\dfrac{Az^{2}\cos\phi-Arz\cos(\omega_0-\phi)}{z^{2}-2rz\cos\omega_0+r^{2}}(|z|>r)$；   (2) $\dfrac{1-z^{-N}}{1-z^{-1}}(|z|>0)$。

6-5 (1) $(-0.5)^{n}u(n)$；   (2) $\left[4\left(-\dfrac{1}{2}\right)^{n}-3\left(-\dfrac{1}{4}\right)^{n}\right]u(n)$；

(3) $\left(-\dfrac{1}{2}\right)^{n}u(n)$；   (4) $(a-a^{-1})a^{-n}u(n)-a\delta(n)$。

6-6 (1) $\left[20\left(\dfrac{1}{2}\right)^{n}-10\left(\dfrac{1}{4}\right)^{n}\right]u(n)$；   (2) $5[1+(-1)^{n}]u(n)$；

(3) $\dfrac{1}{\sin\omega}\{\sin(n\omega)+\sin[(n+1)\omega]\}u(n)$。

6-7 (1) $n6^{n-1}u(n)$；   (2) $\delta(n)-\cos\left(\dfrac{n\pi}{2}\right)u(n)$。

6-8 零点 $z_1=0$，极点 $p_1=2,p_2=\dfrac{1}{2}$。

(1) $\left[\left(\dfrac{1}{2}\right)^{n}-2^{n}\right]u(n)$；   (2) $\left[2^{n}-\left(\dfrac{1}{2}\right)^{n}\right]u(-n-1)$；

(3) $\left(\dfrac{1}{2}\right)^n u(n)+2^n u(-n-1)$。

6-9　(1) $x(0)=1$,终值不存在；　(2) $x(0)=1,x(\infty)=0$；　(3) $x(0)=0,x(\infty)=2$。

6-10　(1) $\dfrac{b}{b-a}\left[a^n u(n)+b^n u(-n-1)\right]$；

　　　(2) $a^{n-2}u(n-2)$；

　　　(3) $\dfrac{1}{a-1}(a^n-1)u(n)$。

6-11　$\dfrac{1-a^{n+1}}{1-a}u(n)-\dfrac{1-a^{n-N+1}}{1-a}u(n-N)$。

6-12　(1) $1(|z|\geqslant 0)$；　　　　　　(2) $\dfrac{1}{1-100z}(|z|>0.01)$；

　　　(3) $\dfrac{ze^{-b}\sin\omega_0}{z^2-2ze^{-b}\cos\omega_0+e^{-2b}}(|z|>e^{-b})$。

6-13　(1) 稳定；　(2) 不稳定；　(3) 临界稳定；　(4) 临界稳定。

6-14　(1) $(-3)^n u(n)$；　(2) $\dfrac{1}{32}\left[-9\cdot(-3)^n+8n^2+20n+9\right]u(n)$。

6-15　(1) 差分方程 $\dfrac{y(n+1)}{a}=\dfrac{b_1 y(n)}{a}+\dfrac{b_2 y(n-1)}{a}+u(n)$；

　　　(2) $H(z)=az\left[\dfrac{\dfrac{1}{\sqrt{b_1^2+4b_2}}}{z-P_1}+\dfrac{-\dfrac{1}{\sqrt{b_1^2+4b_2}}}{z-P_2}\right]$；

　　　(3) $h(n)=\dfrac{a}{p_1-p_2}(p_1^n-p_2^n)u(n)$,其中 $P_1,P_2=\dfrac{b_1\pm\sqrt{b_1^2+4b_2}}{2}$。

6-16　不是因果系统,系统是稳定的。$h(n)=0.5^n u(n)+10^n u(-n-1)$。

6-17　(1) 临界稳定,$h(n)=(-1)^n u(n)$；　(2) $5[1+(-1)^n]u(n)$。

6-18　(1) $y(n)=\displaystyle\sum_{k=0}^{7}a^k x(n-k)$；(2) $H(z)=\dfrac{Y(z)}{X(z)}=\dfrac{1-a^8 z^{-8}}{1-az^{-1}}$；

　　　(3) $h(n)=a^n\left[u(n)-u(n-8)\right]$。

6-19　(1) $h(n)=\left(\dfrac{1}{3}\right)^n u(n)$；　(2) $x(n)=\left(\dfrac{1}{2}\right)^n u(n-1)$。

6-20　$H(z)=\dfrac{\dfrac{10}{3}z}{z-\dfrac{1}{2}}-\dfrac{\dfrac{7}{3}z}{z-\dfrac{1}{4}}\left(|z|>\dfrac{1}{2}\right)$,$h(n)=\left[\dfrac{10}{3}\left(\dfrac{1}{2}\right)^n-\dfrac{7}{3}\left(\dfrac{1}{4}\right)^n\right]u(n)$。

第 7 章

7-1　天波传播,地波传播,视线传播,散射传播。

7-2　信号经过几条路径到达接收端,而且每条路径的长度(时延)和衰减都随时间而变,即存在多径传播现象。多径传播对信号的影响称为多径效应。

7-3　由多径效应引起的衰落使信号包络产生的起伏比信号的周期缓慢，仍然在秒或秒以下的数量级，衰落的周期常能和数字信号的一个码元周期相比较，称为快衰落；由于路径上季节、日夜、天气等的变化，使信号产生衰落现象，这种衰落的起伏周期可能较长，甚至以若干小时或若干天计，称这种衰落为慢衰落。

7-4　特性随机变化的信道称为随机参量信道，简称随参信道。另外，也有些信道的特性基本上不随时间变化，或变化极慢极小，将这种信道称为恒定参量信道，简称恒参信道。

恒参信道实质上就是一个非时变线性网络。所以只要知道这个网络的传输特性，就可以利用信号通过线性系统的分析方法得知信号通过恒参信道时受到的影响。

随参信道具有的共同特性是：① 信号的传输衰减随时间而变；② 信号的传输时延随时间而变；③ 信号经过几条路径到达接收端，而且每条路径的长度（时延）和衰减都随时间而变，即存在多径传播现象。

7-5　$e_o(t) = k(t)e_i(t) + n(t)$，由于信道中的噪声 $n(t)$ 是叠加在信号上的，而且无论有无信号，噪声 $n(t)$ 是始终存在的，因此通常称它为加性噪声或加性干扰；$k(t)$ 是时间 t 的函数，可以看作是对信号的一种干扰，称为乘性干扰。

7-6　按照来源分类，噪声可以分为人为噪声和自然噪声两大类。人为噪声是由人类的活动产生的。自然噪声是自然界中存在的各种电磁波辐射。此外还有一种很重要的自然噪声，即热噪声。热噪声来自一切电阻性元器件中电子的热运动。

按照性质分类，噪声可以分为脉冲噪声、窄带噪声和起伏噪声三类。脉冲噪声是突发性地产生的，幅度很大，其持续时间比间隔时间短得多。由于其持续时间很短，故其频谱较宽，可以从低频一直分布到甚高频，但是频率越高其频谱的强度越小。窄带噪声可以看作是一种非所需的连续的已调正弦波，或简单地看作是一个振幅恒定的单一频率的正弦波。起伏噪声有在时域和频域内的随机噪声。

7-7　1.967（b/符号）。

7-8　1967（b/s）。

7-9　800～802（s）。

7-10　1.75（bit/符号）。

第 8 章

8-1　所谓调制，就是把信号转换成适合在信道中传输的形式的一种过程。

调制在通信系统中的作用主要体现在以下几个方面：一是通过调制把基带信号的频谱搬至较高的载波频率上，使已调信号的频谱与信道的带通特性相匹配，这样就可以提高传输性能，以较小的发送功率与较短的天线来辐射电磁波；二是把多个基带信号分别搬移到不同的载频处，以实现信道的多路复用，提高信道利用率；三是扩展信号带宽，提高系统抗干扰、抗衰落能力，还可实现传输带宽与信噪比之间的互换。

8-2　线性调制是指已调信号频谱相对于基带信号频谱，只是在频域上的简单搬移，由于这种搬移是线性的，因此称为线性调制。常见的线性调制方式有 AM、DSB、SSB 和 VSB。

8-3　AM 波形特点：当满足条件 $|m(t)|_{max} \leqslant A_0$ 时，AM 波形的包络与调制信号 $m(t)$

的波形完全一样；如果上述条件没有满足，就会出现"过调幅"现象。

AM 频谱特点：AM 信号的频谱由载频分量、上边带、下边带三部分组成。上边带的频谱结构与原调制信号的频谱结构相同，下边带是上边带的镜像。

8-4 $\dfrac{2}{3}$。

8-5 因为载波分量不携带信息，信息完全由边带传送，通过抑制载波可以提高调制效率和功率利用率。增加 $\dfrac{2}{3}$ 功效。

8-6 SSB 信号的产生方法有滤波法和相移法。

滤波法的技术难点是边带滤波器的制作。因为实际滤波器都不具有理想特性，即在载频处不具有陡峭的截止特性，而是有一定的过渡带。

相移法的技术难点是宽带相移网络的制作。该网络必须对调制信号的所有频率分量均精确相移 $\dfrac{\pi}{2}$，这一点即使近似达到也是困难的。

8-7 残留边带滤波器的特性 $H(\omega)$ 在 $\pm\,\omega_c$ 处必须具有互补对称（奇对称）特性，即 $H(\omega+\omega_c)+H(\omega-\omega_c)=$ 常数$(\,|\,\omega\,|\leqslant\omega_H)$，相干解调时才能无失真地从残留边带信号中恢复所需的调制信号。

8-8 频率调制是指载波的频率随调制信号变化。

相位调制是指载波的相位随调制信号变化。

由于频率和相位之间存在微分与积分的关系，所以频率调制和相位调制之间是可以相互转换的。

8-9 输出信噪比不是按比例随着输入信噪比下降，而是急剧恶化，通常把这种现象称为解调器的门限效应。

在大信噪比情况下，AM 信号包络检波器的性能几乎与相干解调法相同。但当输入信噪比低于门限值时，将会出现门限效应，这时解调器的输出信噪比将急剧恶化，系统无法正常工作。

8-10 用相干解调的方法解调各种线性调制信号时不存在门限效应。原因是信号与噪声可分别进行解调，解调器输出端总是单独存在有用信号项。

8-11 （1）波形和频谱示意图如图 4 所示。

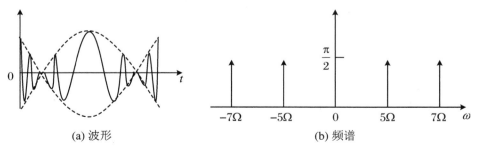

(a) 波形   (b) 频谱

图 4

（2）波形和频谱示意图如图 5 所示。

8-12 上边带信号 $s_{\text{USB}}(t)=\dfrac{1}{2}\cos(12000\pi t)+\dfrac{1}{2}\cos(14000\pi t)$；

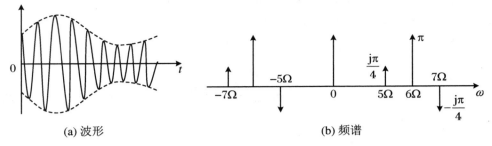

(a) 波形   (b) 频谱

图 5

下边带信号 $s_{\text{LSB}}(t) = \dfrac{1}{2}\cos(8000\pi t) + \dfrac{1}{2}\cos(6000\pi t)$。

8-13 $s(t) = \dfrac{1}{2}m(t)\cos(\omega_2 - \omega_1)t - \dfrac{1}{2}\hat{m}(t)\sin(\omega_2 - \omega_1)t$，$s(t)$是载波为$(\omega_2 - \omega_1)$的上边带信号。

8-14 $c_1(t) = \cos\omega_0 t$，$c_2(t) = \sin\omega_0 t$。

8-15   如图6所示。

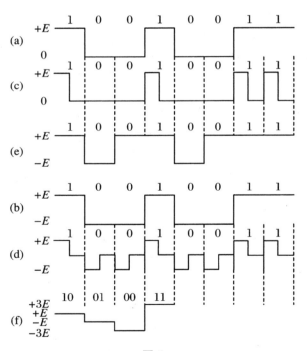

图 6

8-16   (a) 不能；   (b) 不能；   (c) 满足；   (d) 不能。

8-17   选择传输函数(c)较好。

8-18   (1) 2个。   (2) 如图7所示。   (3) $B_{\text{2PSK}} = B_{\text{2DPSK}} = B_{\text{2ASK}} = 2R_B = 4000$ Hz。

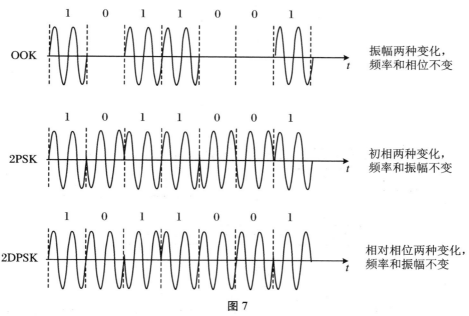

图 7

8-19　（1）如图 8 所示。

　　　（2）6000 Hz，如图 9 所示。

　　　（3）相干解调或非相干解调。

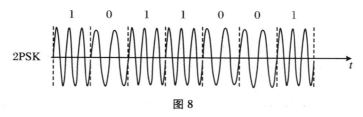

图 8

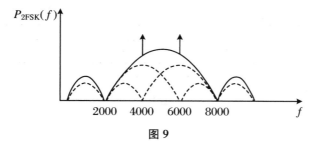

图 9

8-20　（1）2FSK 信号的包络检波原理图及其各点时间波形如图 10 所示。

　　　（2）相干解调原理图及其各点时间波形如图 11 所示。

8-21　（1）2PSK 调制器（键控法）原理图和时间波形如图 12 所示。

　　　（2）相干解调原理图及其各点时间波形如图 13 所示。

　　　（3）$P_{2PSK}(f) = 288 \left[|G(f+f_c)|^2 + |G(f-f_c)|^2 \right] + 0.01 \left[\delta(f+f_c) + \delta(f-f_c) \right]$。

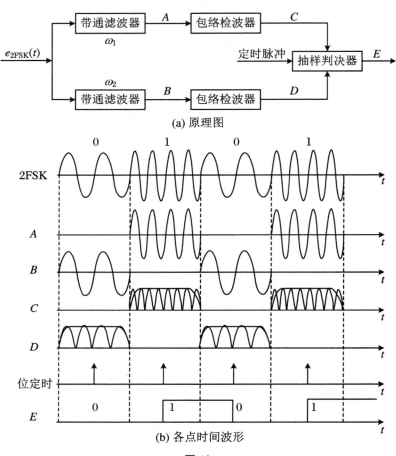

(a) 原理图

(b) 各点时间波形

图 10

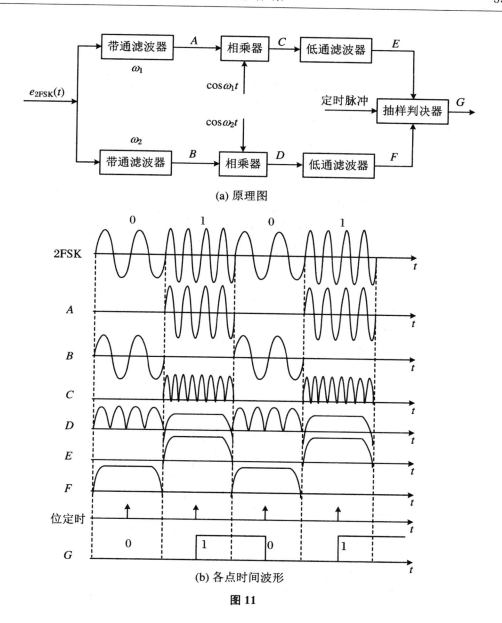

(a) 原理图

(b) 各点时间波形

图 11

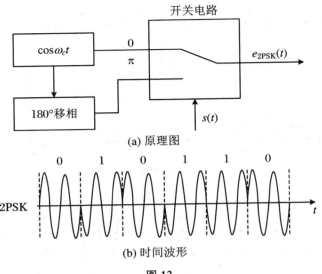

(a) 原理图

(b) 时间波形

图 12

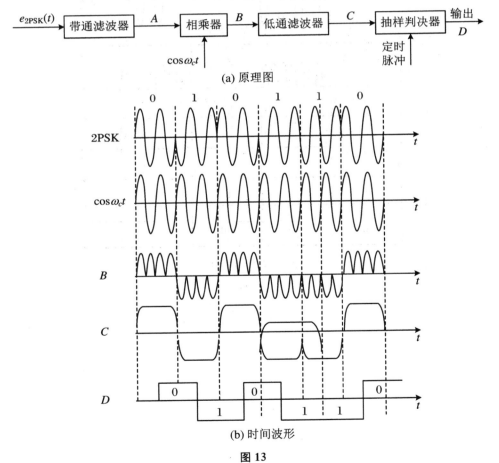

(a) 原理图

(b) 时间波形

图 13

第 9 章

9-1 主动式声呐主要由基阵、发射系统和接收系统组成。基阵是由若干水声换能器以一定几何形状排列组合而成的阵列,常见外形有球形、柱形、平板形及线列形等。其工作过程大致如下:由控制分系统定时触发发射机的信号发生器,产生脉冲信号,经波束形成矩阵和多路功率放大,再经转发转换网络,输入发射基阵,形成单个或多个具有一定扇面的指向性波束,向水中辐射声脉冲信号,也可能辐射无方向性的水波声脉冲信号。在发射基阵向水中辐射声脉冲信号的同时,有部分信号能量被耦合到接收机,作为计时起点信号,也就是距离零点信号。声呐发射的水波声脉冲信号遇到目标,就形成发射回波,回传到声呐的接收基阵,被转换为电信号,经过放大、滤波等处理,形成单个或多个指向性接收波束,在背景噪声中提取有用信号;基于与雷达定位类似的原理,可以测定水中目标的距离和方位。测得目标的有关信息,最后在终端设备(显示器、耳机、扬声器、记录器等)输出。主动式声呐的功能特点:一是可以探测静止无声的目标;二是既可测定目标的方位,又可测定目标的距离。主动式声呐是水面舰艇声呐的主要体制,完成对水下目标的探测定位等任务。

被动式声呐或称无源声呐,又称噪声声呐,其基本组成和工作过程,都大体相当于主动式声呐的接收部分。它通过被动接收舰船等目标在水中产生的噪声和目标水声设备发射的信号,测定目标方位。通常同时采用多波束和单波束两种波束体制,宽带和窄带两种信号处理方式。多波束接收和宽带处理有利于对目标的搜索和监视,单波束接收和窄带处理有利于对目标的精确跟踪和识别等。将若干水听器按适当间距配置,可同时测定目标的方位和距离。被动式声呐的优缺点恰与主动式声呐相反,它不能探测静止无声的目标,一般只能测定目标的方位,不能测距。最重要优点是隐蔽性好,因此潜艇声呐在大多数情况下都以被动方式工作,对水中目标进行警戒、探测、跟踪和识别。海岸声呐工作通常也以被动方式为主。

9-2 主动测距方法主要包括脉冲测距法、调频信号测距法和相位测距法三种。脉冲测距是利用接收回波与发射脉冲信号间的时间差来测距的方法;调频信号测距法利用调频信号来发现目标并测量目标的距离,是近代声呐中常用的方法;相位测距法是利用收、发信号之间的相位差进行测距的方法。

9-3 被动测距方法分为方位法和时差法,其共同点是利用间距相当长的 2 个或 3 个子阵,子阵本身具有一定的指向性,可获得好的空间处理增益。方位法测距利用 2 个子阵,时差法一般利用 3 个子阵,其机理是测量波阵面的曲率。

9-4 当目标与舰艇有相对径向速度时,回波存在多普勒频移,利用这一特性测量目标径向运动速度是声呐测速的常用方法。其主要方法包括连续正弦波测速和单频脉冲测速。

9-5 采用单个换能器、两个换能器或多个换能器阵元组成的系统,则有不同的测向方法。其本质都是利用声波到达水听器系统的声程差和相位差来进行。常见的测向方法有最大值测向、和差式相位法测向,随着信号处理技术的发展,近年来发展了新的测向方法,如互功率谱精确测向法等。

9-6 激光测距/目标指示器是主动式传感器系统,利用所发射激光信号,经目标反射后被接收系统接收,实现对目标的测量及成像跟踪。激光雷达及激光测距/目标指示器的分辨率高、抗干扰能力强、隐蔽性好,缺点是激光受大气及气象影响大,并且由于激光束窄,难以搜索和捕获目标。

9-7　无人机机载光电系统主要实现两个功能,即目标成像和目标搜索跟踪。

9-8　无人机机载光电系统主要依靠红外仪、激光测距/目标指示器、航空照相机、激光雷达等光电侦察设备实现信息的获取,然后对获取到的图像信息进行滤波等处理以达到抑制背景噪声、改善图像质量,接着依据一定的阈值将目标图像从背景中分割出来,即完成图像分割。完成目标图像的分割后,实时提取目标特征,并根据提取的特征进行目标识别、预测与跟踪,最终实现对光电侦察设备获取到信息的处理和使用。

9-9　机载光电搜索跟踪系统基本原理:由光电成像传感器获取目标图像信号,图像预处理电路对获得的目标视频信号进行预处理,以增强对比度,改善信噪比。经过图像分割、特征提取之后,可以有效识别目标,提取目标的方位信息及相应于光轴的偏差,并将这个方位、俯仰偏差信号送到伺服系统,控制跟踪架位置的变化,使所跟踪的目标始终保持在光轴附近,或者说在视场之内,从而可以进行长距离探测和跟踪侦察特定目标。

9-10　炮兵防空兵雷达的用途主要包括以下三个方面:

一是搜索、发现目标。在全天候条件下,在其探测范围内,控制天线转动,使天线波束在目标所处空间内沿方位角和高低角进行不断的扫描,搜索并发现目标。

二是捕获、跟踪目标。雷达发现目标后,对需要跟踪的目标进行选定,使天线波束在方位角和高低角以及距离上同时对准目标,并转入自动跟踪方式,使天线波束在方位角和高低角上以及在距离上自动地跟随目标运动。

三是测量目标坐标。雷达能连续、准确地对目标的坐标进行测量,并对测得的数据进行计算处理,为火力系统提供射击参数或射击诸元。

9-11　炮位侦察校射雷达在侦察敌方炮位时,雷达波束在敌方炮弹弹道的升弧段上搜捕飞行中的炮弹,根据捕获炮弹的一段轨迹采用弹道外推的方法确定出敌方炮位的位置。

9-12　在校正我方火炮射击时,雷达波束是在我方炮弹弹道的降弧段上搜捕飞行中的炮弹,采用弹道外推的方法确定出炮弹落点的位置,我方火炮通过计算炮弹落点与目标点的偏差量达到校射目的。

参 考 文 献

［1］ 郑君里,应启珩,杨为理.信号与系统［M］.3 版.北京:高等教育出版社,2011.
［2］ 谷源涛,应启珩,郑君里.信号与系统:MATLAB综合实验［M］.北京:高等教育出版社,2008.
［3］ 樊昌信,曹丽娜.通信原理［M］.7 版.北京:国防工业出版社,2015.
［4］ 唐朝京,刘培国,陈莘,等.军事信息技术基础［M］.北京:科学出版社,2017.
［5］ 朱诗兵,胡欣杰.军事信息技术及应用［M］.北京:国防工业出版社,2019.
［6］ 高秀峰,刘剑峰.军事信息技术基础［M］.北京:电子工业出版社,2017.
［7］ 奥本海姆.信号与系统［M］.2 版.刘树棠,译.北京:电子工业出版社,2013.
［8］ 格雷克.信息简史［M］.北京:人民邮电出版社,2013.
［9］ 李启虎.声呐信号处理引论［M］.北京:科学出版社,2018.
［10］ 朱埜.主动声呐检测信息原理［M］.北京:科学出版社,2018.
［11］ Richards M A.雷达信号处理基础［M］.邢孟道,王彤,李真芳,等,译.北京:电子工业出版社,2012.
［12］ 朱晓华.雷达信号分析与处理［M］.北京:国防工业出版社,2011.
［13］ 王宣.机载光电平台稳定跟踪系统关键技术研究［D］.长春:中国科学院长春光学精密机械与物理研究所,2017.
［14］ 周春祎.基于无人机光电侦察平台的运动目标速度测量［D］.南京:南京航空航天大学,2014.
［15］ 吴慧.无线传感器网络快速信息传播与主动信息获取技术［D］.杭州:浙江大学,2018.
［16］ 靳太明.基于双目视觉的运动目标深度信息提取方法研究［D］.成都:电子科技大学,2017.
［17］ 吴奕佳.高速无线数据传输链路的设计与实现［D］.成都:电子科技大学,2019.